6. Magdeburger Gewässerschutzseminar

H. Guhr / A. Prange / P. Punčochář /
R.-D. Wilken / B. Büttner (Hrsg.)

Die Elbe im Spannungsfeld zwischen Ökologie und Ökonomie

Magdeburger Gewässerschutzseminare

Nachhaltige Lösungen für Aufgabenstellungen im Umweltschutz und in der Umweltvorsorge erfordern neue Handlungsansätze in Politik, Wirtschaft und Verwaltung. Dabei hat die Wissenschaft ihren Beitrag zu erbringen, indem neue Herangehens- und Betrachtungsweisen gesicherte Erkenntnisse für das praktische Handeln in allen Bereichen vermitteln.

Vor allem die den Menschen so eng berührenden Umweltfragen erfordern einen breiten Dialog mit allen Betroffenen und an den Lösungskonzepten Beteiligten. Es wird immer mehr sichtbar, daß eine von breitem Konsens getragene Umweltvorsorge ohne Umweltinformation und Umweltbildung nicht denkbar ist. Die Magdeburger Gewässerschutzseminare haben sich in diesem Sinne zu einem anerkannten Forum entwickelt.

Das Institut für Weiterbildung und Beratung im Umweltschutz Magdeburg, das mit der Organisation und Durchführung des 6. Magdeburger Gewässerschutzseminares an der Elbemündung in Cuxhaven beauftragt wurde, dankt allen, die aus der Bundesrepublik Deutschland und aus der Tschechischen Republik zum Gelingen dieser internationalen Fachtagung beigetragen haben.

Besonderer Dank gilt dem *GKSS Forschungszentrum Geesthacht*, das die inhaltliche Konzeption der Tagung federführend erarbeitet hat, und der *Deutschen Bundesstiftung Umwelt* in Osnabrück, die mit der Übernahme der Schirmherrschaft durch ihren Generalsekretär, Herrn Fritz Brickwedde, und mit der Förderung der Fachtagung einen großen Beitrag geleistet hat.

Dr. Hans-Peter Barkenthien
Institutsleiter und Geschäftsführer des
Instituts für Weiterbildung und Beratung im Umweltschutz e. V. Magdeburg

Die Elbe im Spannungsfeld zwischen Ökologie und Ökonomie

6. Magdeburger Gewässerschutzseminar

Internationale Fachtagung in Cuxhaven
vom 8. bis 12. November 1994

Herausgegeben von

Dr. Helmut Guhr
GKSS Forschungszentrum – Institut für Gewässerschutz, Magdeburg

Dr. Andreas Prange
GKSS Forschungszentrum – Institut für Physik, Geesthacht

Dr. Pavel Punčochář
Forschungsinstitut für Wasserwirtschaft T. G. Masaryka, Prag

Dr. Rolf-Dieter Wilken
GKSS Forschungszentrum – Institut für Chemie, Geesthacht

Dipl.-Math. Bettina Büttner
GKSS Forschungszentrum – Institut für Gewässerschutz, Magdeburg

B. G. Teubner Verlagsgesellschaft
Stuttgart · Leipzig 1994

Gedruckt auf chlorfrei gebleichtem Papier.

Die Deutsche Bibliothek – CIP-Einheitsaufnahme

Die **Elbe im Spannungsfeld zwischen Ökologie und Ökonomie :**
internationale Fachtagung in Cuxhaven vom 8. bis 12. November 1994 /
6. Magdeburger Gewässerschutzseminar.
Hrsg. von Helmut Guhr ... – Stuttgart ; Leipzig : Teubner, 1994
ISBN-13:978-3-8154-3512-0 e-ISBN-13:978-3-322-83425-6
DOI: 10.1007/978-3-322-83425-6

NE: Guhr, Helmut [Hrsg.]; Magdeburger Gewässerschutzseminar <6,
1994>

Softcover reprint of the hardcover 1st edition 1994

Umschlaggestaltung: E. Kretschmer, Leipzig

Geleitwort

Mit ihrem 1.091 km langen Fließweg ist die Elbe eine bedeutende Lebensader für die Bundesrepublik Deutschland und die Tschechische Republik. Sie prägt mit ihren Nebenflüssen auf einer Fläche von fast 150.000 km^2 das Bild der Landschaft und ist wichtige Voraussetzung für vielfältige Gewässernutzungen sowie für die wirtschaftliche und kulturelle Entwicklung beider Länder.

Gerade die Elbe zeigt uns, insbesondere durch die Entwicklung ihrer Gewässerbeschaffenheit, mit Nachdruck die Möglichkeiten und Grenzen des Menschen im Umgang mit seinen natürlichen Lebensbedingungen.

Wenn in den letzten Jahren eine schrittweise Verbesserung der Wassergüte des Elbestroms zu verzeichnen ist, so ist das auch ein Ergebnis der konstruktiven Bemühungen von Politik, Wirtschaft und Wissenschaft in beiden Ländern.

Das Magdeburger Gewässerschutzseminar hat sich auch in diesem Jahr das Ziel gesetzt, Bilanz über das Erreichte zu ziehen und Impulse für ganzheitliche und interdisziplinäre Forschung zu vermitteln.

Die Deutsche Bundesstiftung Umwelt will mit der Förderung des 6. Magdeburger Gewässerschutzseminars den Dialog zwischen Politik, Wirtschaft, Wissenschaft und Umweltverbänden zu diesem wichtigen Vorhaben unterstützen.

Die Deutsche Bundesstiftung Umwelt hat vom Gesetzgeber den Auftrag erhalten, Vorhaben zum Schutz der Umwelt unter besonderer Berücksichtigung der mittelständischen Wirtschaft zu fördern. Gerade die Unternehmen dieses Bereiches haben einen erheblichen Beitrag zur nachhaltigen Verbesserung der Gewässerbeschaffenheit in der Elbe zu erbringen.

Mit dem vorliegenden Tagungsband werden wichtige Arbeitsergebnisse und neue Betrachtungsweisen zur umfassenden Umweltvorsorge einem breiten Personenkreis zugänglich gemacht. Die veröffentlichten Ergebnisse sollen Einsichten in die notwendigen Entwicklungserfordernisse in der Auseinandersetzung des Menschen mit der ihn umgebenden Natur vermitteln und über die Tagung hinaus Grundlage für einen immer breiteren Dialog in der Auseinandersetzung um die Erhaltung unserer existentiellen Lebensbedingungen sein.

Fritz Brickwedde
Generalsekretär der Deutschen Bundesstiftung Umwelt

Grußwort

Die Elbe und ihre Nebenflüsse gehören auch heute noch trotz einer ersten Besserung der Gewässergüte zu den am stärksten belasteten Gewässern ihrer Größenordnung in Europa. Dieses Schicksal teilen sie mit der Oder, der Wolga und dem Unterlauf der Donau. Grund dafür ist, daß es sowohl in der ehemaligen DDR als auch in der Tschechischen Republik entweder gar keine kommunalen und industriellen Kläranlagen gab oder, wenn solche existierten, sie nur mit unzureichender Klärleistung betrieben wurden. Zwar hat bereits die Wiedervereinigung Deutschlands und die Umstrukturierung der ostdeutschen Industrie zu einer deutlichen Abwasserlastsenkung geführt, die Wegstrecke bis zur Erzielung einer ähnlich guten Gewässerqualität wie am Rhein ist jedoch noch weit.

Unmittelbar nach dem Beitritt der DDR zur Bundesrepublik Deutschland am 3.10.1990 wurde am 8.10.1990 die Vereinbarung über die Internationale Kommission zum Schutz der Elbe (IKSE) unterzeichnet. Der IKSE gelang es in kurzer Zeit, Vorschläge für konkrete Maßnahmen zur Sanierung der Elbe in Form eines Sofortprogrammes für den Zeitraum von 1992 - 1995 zu erarbeiten. Der darin vorgesehene Bau einer großen Anzahl kommunaler und industrieller Kläranlagen wird gegenwärtig realisiert und hat bereits erhebliche Reduzierungen der Abwasserlasten bewirkt. Derzeit wird ein langfristiges Aktionsprogramm bis zum Jahre 2000 vorbereitet.

Inzwischen sind an der Elbe und ihren Nebenflüssen durch die erfolgreiche Arbeit der IKSE deutliche Erfolge zu verbuchen. So sind die vormaligen Problemstoffe der Elbe, Quecksilber und Cadmium, von 1985 bis 1993 auf 7% bzw. 38% der damaligen Frachten, bezogen auf Schnakenburg, reduziert worden.

Das "Magdeburger Gewässerschutzseminar", das sich nach den politischen Umwälzungen in der ehemaligen DDR nun zum dritten Mal mit der Situation an der Elbe befaßt, hat für die Verbreitung der Kenntnisse zum Zustand der Elbe und ihrer Nebenflüsse einen entscheidenden Beitrag geleistet, insbesondere dadurch, daß es die Fachleute zusammenbrachte, die Situation und den Handlungsbedarf analysierte und dokumentierte.

In dem Tagungsband des "6. Magdeburger Gewässerschutzseminars - Die Elbe im Spannungsfeld zwischen Ökologie und Ökonomie?" werden weitere in die Zukunft weisende Themen der Elbeforschung diskutiert. Neben Situationsschilderungen finden sich Beiträge aus dem Bereich der industriellen Abwasserreinigung ebenso wie aus den Bereichen Ökologie der Elbeauen sowie Einfluß wasserbaulicher Maßnahmen auf die Elbe. Damit werden wichtige Beiträge zu aktuellen Schwerpunktthemen geliefert.

Der Band stellt ebenso wie das Seminar selbst einen herausragenden wichtigen Eckpunkt für die weitere positive Entwicklung an der Elbe und ihrem Einzugsgebiet dar.

Prof. Klaus Töpfer
Bundesminister für Umwelt, Naturschutz und Reaktorsicherheit

Inhalt

Vorträge

Elbebewirtschaftung - Ökonomisch / ökologische Strategien

Belastungspotential: Elbenebenflüsse

Belastungspotential: Elbestrom

Stand und Perspektiven der kommunalen Abwasserbehandlung

Stand und Perspektiven der industriellen Abwasserbehandlung

Wasserbauliche Maßnahmen und Ökologie

Belastungsveränderungen und ihre Auswirkungen auf Lebensgemeinschaften

Elbauen: ihre ökologischen Aspekte

Posterbeiträge

I. Belastungsquellen und Methoden der Erfassung

II. Auswirkungen und Gewässerschutzmaßnahmen

Elbebewirtschaftung - Ökonomisch / ökologische Strategien

Stand der Durchführung der im "Sofortprogramm" der IKSE enthaltenen Maßnahmen und deren Auswirkungen auf die Gewässer

M. Simon; Magdeburg

1 Einleitung

Mit der am 08. Oktober 1990 in Magdeburg unterzeichneten "Vereinbarung über die IKSE" wurden für die Elbe und ihr Einzugsgebiet nachstehende Hauptziele vereinbart:

- die Nutzungen, vor allem die Gewinnung von Trinkwasser aus Uferfiltrat und die landwirtschaftliche Verwendung des Wassers und der Sedimente zu ermöglichen,
- ein möglichst naturnahes Ökosystem mit einer gesunden Artenvielfalt zu erreichen und
- die Belastung der Nordsee aus dem Elbeeinzugsgebiet nachhaltig zu verringern.

Um diese Ziele zu erreichen, ist
- eine Verbesserung des Zustandes der Elbe und ihrer Nebenflüsse in physikalischer, chemischer und biologischer Hinsicht in den Komponenten Wasser, Schwebstoffe, Sediment und Organismen sowie
- die Erhöhung des ökologischen Wertes des Elbetales

vordringlich.

Die ungenügend bzw. teilweise überhaupt nicht behandelten kommunalen, industriellen und landwirtschaftlichen Abwässer in der Tschechischen Republik und den neuen Bundesländern Deutschlands sorgten für eine hohe Belastung der Gewässer im Einzugsgebiet der Elbe. Obwohl durch Produktionsstillegungen und -reduzierungen und teilweise durchgeführte Abwasserbehandlungsmaßnahmen bereits eine bestimmte Verbesserung bei den Abwassereinleitungen eingetreten ist, kann in der gegenwärtigen Situation noch nicht von einem intakten Ökosystem die Rede sein.

Um die Belastung der Elbe und der Gewässer in ihrem Einzugsgebiet kurzfristig zu reduzieren, waren die Aktivitäten der IKSE auf eine schnelle Beseitigung bzw. Minderung der größten Verschmutzungsquellen orientiert.

2 Das "Sofortprogramm" der IKSE

Auf der Grundlage von Bestandsaufnahmen der wichtigsten Abwassereinleiter wurde das "Erste Aktionsprogramm 'Sofortprogramm' zur Reduzierung der Schadstofffrachten in der Elbe und ihrem Einzugsgebiet" als erster Teil eines langfristigen Aktionsprogrammes für die Elbe erarbeitet. Es wurde auf der 4. Sitzung der IKSE am 09./10.12.1991, d. h. also bereits ein Jahr nach der Unterzeichnung der "Vereinbarung über die IKSE", in Magdeburg beschlossen.

Folgende Prioritäten wurden für das "Sofortprogramm" für den Zeitraum 1992 - 1995 vereinbart:

Kommunale Einleitungen

1. Fertigstellung aller im Bau befindlichen kommunalen Kläranlagen mit einer Abwasserlast über 20 000 EGW
2. Kurzfristige Vorbereitung und Baubeginn spätestens bis 1995 von Kläranlagen mit einer Abwasserlast über 50 000 EGW
3. Um mit den begrenzt zur Verfügung stehenden Finanzmitteln eine möglichst große Lastsenkung zu erreichen, sind vorerst viele Kläranlagen bis zur biologischen Reinigung auszubauen. Bei der Planung und Projektierung ist aber die

weitergehende Nährstoffreduzierung (Phosphor- und Stickstoffelimination) bereits zu berücksichtigen.

Die Zielstellungen des "Sofortprogrammes" für den kommunalen Bereich sind aus nachstehender Tabelle ersichtlich:

Land	Fertigstellung aller im Bau befindlichen kommunalen Kläranlagen mit einer Abwasserlast > 20 000 EGW			Kurzfristige Vorbereitung des Baues und des Baubeginns bis 1995 bei Kläranlagen mit einer Abwasserlast > 50 000 EGW		
	Anzahl der Kläranlagen	Vorgesehene Lastsenkung (t BSB_5/a)	Geschätzte Kosten (Mill. DM/Kčs)	Anzahl der Kläranlagen	Vorgesehene Lastsenkung (t BSB_5/a)	Geschätzte Kosten (Mill. DM/Kčs)
ČR	30	38 400	7 080*	13	25 000	3 733*
Deutschland	31	66 900	3 010	65	109 000	13 624
Summe	61	105 300		78	134 000	

* Die Angaben für die Tschechische Republik (Mill. Kčs) entsprechen der Preisbasis 1990.

Tab. 1: Zielsetzungen des "Sofortprogrammes der IKSE"

Industrielle Direkteinleiter

1. Realisierung ausgewählter vordringlicher Maßnahmen zur Reduzierung der Industriebelastung
2. Schwerpunktmäßige Realisierung solcher Maßnahmen bei den industriellen Direkteinleitern, die insgesamt eine Reduzierung der eingeleiteten Mengen der 15 ausgewählten prioritären Stoffe und Parameter (z. B. CSB, anorg. N, AOX, Hg und Cd) um mindestens 30 % bis 1995 gegenüber dem Basisjahr 1989 gewährleisten.

Mit der Realisierung der im "Sofortprogramm" enthaltenen Maßnahmen sollten bereits wesentliche Senkungen der in die Gewässer eingeleiteten Abwasserlasten sowohl aus dem kommunalen als auch aus dem industriellen Bereich erreicht werden.

3 Stand der Durchführung der im "Sofortprogramm" enthaltenen Maßnahmen

3.1 Kommunaler Bereich

Bis Mitte 1994 wurden bei den Kläranlagen mit einer Abwasserlast > 20 000 EGW in der Tschechischen Republik von den geplanten 30 Kläranlagen 20 fertiggestellt, und in Deutschland wurden von den geplanten 31 Kläranlagen 22 fertiggestellt bzw. mit Teilkapazitäten in Betrieb genommen. Von besonderer Bedeutung ist die Inbetriebnahme folgender Kläranlagen:

- Biologische Kläranlage Dresden-Kaditz mit einer Kapazität von 1 200 TEGW; die Einleitung der unbehandelten Abwässer in die Elbe bildete den Schwerpunkt der Gewässerbelastung in Deutschland.
- Nitrateliminierung in der Kläranlage Berlin-Ruhleben mit 1 613 TEGW
- Kläranlage Cottbus mit P- und N-Eliminierung für 750 TEGW
- Biologische Gemeinschaftskläranlage des Zellstoffwerkes Větřní und der Stadt Český Krumlov mit 713 TEGW
- Biologische Gemeinschaftskläranlage des chemischen Betriebes Synthesia Pardubice mit der Stadt Pardubice mit 578 TEGW; dieser Standort bildete einen der Schwerpunkte der Gewässerbelastung an der Elbe in der Tschechischen Republik.
- Kläranlage České Budějovice mit 320 TEGW mit Stickstoffeliminierung
- Kläranlage Tábor und Sezimovo Ústí mit 206 TEGW mit P- und N-Eliminierung
- Biologische Kläranlage Schwerin mit 200 TEGW
- Kläranlagen Hoyerswerda (180 TEGW), Stendal (115 TEGW) und Neustrelitz (100 TEGW) mit P- und N-Eliminierung

In Deutschland wurden über die im "Sofortprogramm" geplanten Kläranlagen hinaus weitere 27 Kläranlagen mit einer Kapazität > 20 000 EGW im Einzugsgebiet der Elbe fertiggestellt.

Bei den geplanten Kläranlagen mit einer Kapazität über 50 TEGW, mit deren Bau bis 1995 begonnen werden sollte, wurden bis Mitte 1994

- in Deutschland bei 30 Kläranlagen (Plan sind 65 Kläranlagen) und
- in der Tschechischen Republik bei 9 Kläranlagen (Plan sind 13 Kläranlagen)

die Arbeiten aufgenommen. Schwerpunkte bilden hierbei die Kläranlagen in Ústí n. L. (252 TEGW), Plzen (604 TEGW), Wittenberg/Lutherstadt (150 TEGW), Meißen (105 TEGW), Waßmannsdorf (480 TEGW) und Marienfelde (440 TEGW).

Erfreulich ist, daß eine große Verschmutzungsquelle im Einzugsgebiet der Elbe durch die Inbetriebnahme der Gemeinschaftskläranlage der Chemie AG Bitterfeld und der Stadt Wolfen mit einer Kapazität von 420 TEGW, davon 100 TEGW kommunales Abwasser, nach nur 2jähriger Bauzeit in Betrieb gegangen ist.

Bei der Realisierung des kommunalen Kläranlagenbaues (ohne Kanalisation) im Einzugsgebiet der Elbe wurden allein in den Jahren 1991 und 1992 in Deutschland 5,8 Mrd. DM und in der Tschechischen Republik 8,2 Mrd. Kčs eingesetzt. Dennoch bereitet die Finanzierung dieser umfangreichen Baumaßnahmen erhebliche Schwierigkeiten.

3.2 Industrieller Bereich

Bei allen im "Sofortprogramm" enthaltenen industriellen Direkteinleitern der chemischen Industrie sowie der Zellstoff- und Papierindustrie in der Tschechischen Republik wurden zwischenzeitlich Maßnahmen zur Senkung der Abwasserlast begonnen bzw. durchgeführt.

In Deutschland ist die Verminderung der Abwasserlasten vornehmlich auf Produktionsstillegungen oder Produktionseinschränkungen zurückzuführen. Aber auch hier ist inzwischen eine Reihe von Industriekläranlagen nachgerüstet oder neu bebaut worden, bei anderen wurde mit dem Bau begonnen. Dies gilt insbesondere für die Kläranlagen der Leunawerke und der Gärungschemie Dessau.

Gezielte Maßnahmen zur Verbesserung der Abwasserbehandlung wurden in den industriellen Bereichen in den neuen Bundesländern überall dort eingeleitet, wo die zukünftigen Produktionsbedingungen geklärt sind.

Eine zusammenfassende Bewertung der Entwicklung der in die Gewässer im Einzugsgebiet der Elbe eingeleiteten Abwasserlasten von den im "Sofortprogramm" der IKSE erfaßten Betrieben ist aus der nachfolgenden Tabelle ersichtlich.

Stoff	Jahr	Chemische und pharmazeutische Industrie (t/a)		Metallverarbeitende Industrie (t/a)		Zellstoff- und Papierindustrie (t/a)		Summe (t/a)	Reduzierung der Belastung auf %
		ČR	D	ČR	D	ČR	D		
	1989	43 750	358 055	15	-	84 000	358 561	844 381	-
CSB	1991	30 785	61 503	15	-	37 700	66 372	197 175	23,4
	1992	26 720	35 665	15	-	19 100	17 429	98 929	11,7
	1989	2 000	25 559	-	-	-	-	27 559	-
NH_4-N	1991	1 215	6 778	-	-	-	-	7 993	29,0
	1992	980	4 441	-	-	-	-	5 421	19,7
	1989	333	1 186,9	-	-	355	622	2 496,9	-
AOX	1991	285	341,1	-	-	317	322	1 277,1	51,1
	1992	137	232,1	-	-	240	48	657,1	27,4
	1989	2,3	17,1	-	-	-	-	19,4	-
Hg	1991	1,84	3,1	-	-	-	-	4,5	23,2
	1992	1,76	0,2	-	-	-	-	1,96	10,1
	1989	-	8,1	0,006	6,66	-	-	14,77	-
Cd	1991	-	0,2	< 0,006	1,51	-	-	1,72	11,6
	1992	-	0,1	< 0,006	1,51	-	-	1,62	11,0

Tab. 2: Verminderung der Abwasserlasten im Einzugsgebiet der Elbe bei den durch die IKSE erfaßten industriellen Direkteinleitern von 1989 bis 1992

Die Entwicklung der punktuellen Nährstoffbelastungen im Einzugsgebiet der Elbe auf dem Gebiet der neuen Bundesländer ist aus nachstehender Tabelle zu entnehmen:

Art der Einträge	1989		1991		Reduzierung der Einträge 1991 zu 1989		Anteile der Einträge (%) 1989		Anteile der Einträge (%) 1991	
	P	N	P	N	P	N	P	N	P	N
Einträge durch kommunale Abwässer (kt/a)	12,40	67,3	7,73	49,3	4,67	18,0	85,8	64,8	90,3	77,4
Einträge durch industrielle Direkteinleiter (kt/a)	2,05	36,6	0,83	14,4	1,22	22,2	14,2	35,2	9,7	22,6
Summe der punktuellen Einträge (kt/a)	14,45	103,9	8,56	63,7	5,89 (40,8%)	40,2 (38,7%)	100,0	100,0	100,0	100,0

Tab. 3: Entwicklung der punktuellen Nährstoffbelastung im Einzugsgebiet der Elbe auf dem Gebiet der neuen Bundesländer und Berlins (nach BEHRENDT)

Die Verminderung der P-Einträge um 5,89 kt P/a bzw. 59,2 % ist vorwiegend durch die Reduzierung im kommunalen Bereich entstanden (4,67 kt P/a), insbesondere durch die Einführung der P-freien Waschmittel nach der Währungsunion im II. Halbjahr 1990. Der Anteil der Reduzierung durch die P-freien Waschmittel dürfte im Einzugsgebiet der Elbe etwa 4 kt P/a ausmachen.

Der Rückgang der N-Einträge sowohl bei den kommunalen Abwässsern (18,0 kt N/a) als auch bei den industriellen Direkteinleitern (22,2 kt N/a) ist vorwiegend durch die Betriebsstillegungen und Produktionsreduzierungen entstanden.

4 Reduzierung der Stofffrachten in der Elbe infolge der Senkung der Stoffeinträge in die Gewässer im Einzugsgebiet der Elbe

Die Entlastung der Gewässer im Einzugsgebiet der Elbe durch die Reduzierung der Abwasserlast aus den kommunalen Kläranlagen und den industriellen Direkteinleitern hat zu einer Verringerung der Konzentrationen und Frachten in der Elbe beigetragen. Die Entwicklung der Wasserbeschaffenheit an dem Profil der Gütemeßstation Schnackenburg (Elbe-km 474,5) ist aus Tabelle 4 ersichtlich.

Die Entwicklung der Frachten im Zeitraum 1989 bis 1993 an der Meßstation Schnackenburg zeigt, daß in der Elbe eine Reduzierung bei der organischen Belastung etwa um 40 %, bei Stickstoff und Phosphor um 30 %, bei den Schwermetallen um 84 % (Hg) bis 22 % (Cd) sowie bei den Kohlenwasserstoffverbindungen um 93 % (Trichlormethan) bis 10 % (γ-HCH) eingetreten ist.

Durch diese Veränderungen der Wassergüte der Elbe haben sich erstmalig wieder die natürlichen Selbstreinigungsvorgänge im Gewässer, insbesondere im Bereich der neuen Bundesländer Deutschlands, verstärkt entwickelt.

Bei der Bewertung der Frachtdaten ist aber zu beachten, daß diese insbesondere durch hydrologische Verhältnisse beeinflußt werden. Darüber hinaus können auch Baumaßnahmen im Wasserlauf zur Remobilisierung der in den Flußsedimenten abgelagerten Stoffe führen.

Parameter	Konzentrationen (Median)				Frachten				
	Maß-einheit	1989	1992	1993	Maß-einheit	1989	1992	1993	Veränderung 1993/ 1989 auf (%)
Abfluß (MQ) Pegel Neu Darchau	m^3/s	520	515	510	m^3/s	520	515	510	
BSB_5	mg/l O_2	10,0*	7,9*	5,5*	kt/a O_2	140*	88*	86*	61
BSB_{21}	mg/l O_2	30	14,1	13,6	kt/a O_2	430	220	220	51
CSB (filtriert)	mg/l O_2	33	20	-	kt/a O_2	480	280	-	-
CSB (unfiltriert)	mg/l O_2	56	30	30	kt/a O_2	760	510	450	59
Ammonium (filtriert)	mg/l N	2,4	0,36	0,08	kt/a N	32	7,7	6,9	22
Nitrat (filtriert)	mg/l N	3,9	5,1	4,4	kt/a N	75	88	81	108
Gesamt-N	mg/l N	8,5	6,4	6,1	kt/a N	140	110	100	71
o-Phosphat (filtriert)	mg/l P	0,14	0,11	0,10	kt/a P	2,2	1,6	1,5	68
Gesamt-P	mg/l P	0,66	0,27	0,34	kt/a P	9,1	4,1	6,4	70
Quecksilber	µg/l	0,75	0,27	0,11	t/a	12	4,2	1,9	16
Cadmium	µg/l	0,43	0,36	0,32	t/a	6,4	5,3	5,0	78
Blei	µg/l	6,4	5,2	3,6	t/a	110	76	75	68
Kupfer	µg/l	15,3	8,7	5,8	t/a	270	150	110	41
Zink	µg/l	149	100	71	t/a	2 400	1 500	1100	46
Chrom	µg/l	14,1	7,5	4,8	t/a	190	130	81	43
Nickel	µg/l	13,8	7,4	5,9	t/a	200	130	93	47
Arsen	µg/l	3,1	4,2	4,2	t/a	53	65	67	126

* Abschätzung des BSB_5 aus dem BSB_7.

Tab. 4.a: Entwicklung der Wasserbeschaffenheit an der Meßstation Schnackenburg (Strom-km 474,5) berechnet aus Wochenmischproben (ARGE Elbe)

Parameter	Konzentrationen (Median) Maß-einheit	1989	1992	1993	Frachten Maß-einheit	1989	1992	1993	Veränderung 1993/1989 auf (%)
Trichlormethan	µg/l	0,761	0,09	<0,01	t/a	13	2,0	0,86	7
Tetrachlormethan	µg/l	0,116	0,02	0,01	t/a	2,6	0,7	0,30	12
Trichlorethen	µg/l	0,387	0,10	0,06	t/a	7,3	1,9	1,1	15
Tetrachlorethen	µg/l	0,360	0,09	0,05	t/a	8,1	1,6	0,79	10
Σ Trichlorbenzene	µg/l	0,059	0,010	0,009	t/a	1,1	0,1	0,12	11
1,2-Dichlorethan	µg/l	-	< 1	<1	t/a	-	<15	<15	-
Hexachlorbutadien	µg/l	0,004	<0,001	<0,001	kg/a	96	<15	<15	< 16
γ-HCH	µg/l	0,035	0,021	0,012	kg/a	490	320	440	90
Pentachlorphenol	µg/l	0,11	0,015	<0,01	kg/a	1 800	480	<150	8
Hexachlorbenzen	µg/l	0,009	0,002	0,005	kg/a	150	50	93	62
Σ PCBs (28, 52, 101, 138, 153, 180)	ng/l	0,007	<0,003	<0,003	kg/a	110	<45	<45	< 41
AOX	µg/l Cl	100	40	40	t/a Cl	1 600	760	760	48
Chloride	mg/l Cl	295	167	151	kt/a Cl	3 500	2 400	2400	69

Tab. 4.b: Entwicklung der Wasserbeschaffenheit an der Meßstation Schnackenburg (Strom-km 474,5) berechnet aus Wochenmischproben (ARGE Elbe)

5 Ausblick

Trotz der vorgenannten Verbesserung der Belastungssituation ist die Elbe immer noch einer der am stärksten belasteten Wasserläufe Europas, und es werden noch erhebliche Schadstoffmengen in die Gewässer im Einzugsgebiet der Elbe und damit in die Nordsee eingeleitet. Die zielgerichtete ökologische Sanierung des Einzugsgebietes der Elbe zur Gewährleistung der Nutzungen der Gewässer und zur Sicherung der Lebensraumqualität der Elbe und ihrer Hauptnebenflüsse steht erst am Anfang. Deshalb sind weiterhin verstärkt vielfältige internationale und nationale Aktivitäten sowie länderübergreifende Sanierungsmaßnahmen notwendig, um die Wasserqualität im Einzugsgebiet der Elbe weiter zu verbessern. Damit werden auch die Bedingungen für die Gestaltung eines möglichst naturnahen Ökosystems mit einer gesunden Artenvielfalt wesentlich unterstützt. Parallel zu den Sanierungsmaßnahmen bei den kommunalen und industriellen Abwassereinleitern zur weiteren Reduzierung der Stoffeinträge ist auch die Minderung der Stoffbelastung aus diffusen Quellen, insbesondere der Landwirtschaft, verstärkt erforderlich. Desweiteren sind zahlreiche Vorhaben zur Erhaltung und Verbesserung des ökologischen Zustandes der Flußauen notwendig.

Zur Erfüllung der hochgesetzten Ziele, die sich die IKSE zur Gewährleistung der Nutzungen und zur Sicherung der Lebensraumqualität im Einzugsgebiet der Elbe vorgegeben hat, bedarf es also noch erheblicher Anstrengungen. Deshalb wird für den Zeitraum nach 1995 ein langfristiges "Aktionsprogramm Elbe", das sowohl die erforderlichen Sanierungmaßnahmen bei den Abwassereinleitern und den diffusen Quellen als auch die notwendigen gewässerökologischen Maßnahmen enthalten wird, erarbeitet.

Die Identifikation der Hauptverschmutzungsquellen in der ČR durch das tschechische Elbeprojekt

I. Nesměrák, Praha

Das Vorhaben des Nationalprojektes Elbe, das im Zusammenhang mit dem Abschluß der Vereinbarung über die Gestaltung der Internationalen Kommission zum Schutz der Elbe (IKSE) entstanden ist, war einerseits auf die Verarbeitung der Unterlagen für die Formulierung der staatlichen ökologischen Politik auf dem Gebiet des Gewässerschutzes für das Einzugsgebiet Elbe und andererseits auf die allmähliche Bereitstellung von Unterlagen für weitere Arbeitsgruppen der IKSE zum Zeitpunkt des Beginnes ihrer Tätigkeit gerichtet.

Ziele des nationalen Elbeprojektes und der IKSE sind im wesentlichen dieselben - die Belastung der Elbe und deren Zuflüsse durch Verunreinigungen zu vermindern und somit die Nutzung des Wassers zur Erzeugung von Trinkwasser und für Bewässerungen zu ermöglichen sowie das gesamte Wasserökosystems zu verbessern. Schwerpunkt des nationalen Projektes wird jedoch auf die ganze Fläche des Einzugsgebietes der Elbe und auf die Bedürfnisse der Tschechischen Republik gelegt; die Ziele der IKSE sind für die Bearbeitung des Elbeprojektes eine Art Randbedingungen.

Zum Zeitpunkt der Formulierung der Vorhaben des Projektes Elbe (1990) fehlten Informationen über den Belastungszustand der Wasserläufe hinsichtlich Nährstoffe (Stickstoff- und Phosphorverbindungen) und prioritäre Schadstoffe (Schwermetalle und spezifische organische Stoffe) sowie über die Quellen dieser Belastung für das ganze Einzugsgebiet der Elbe; einige der ersten Informationen standen in der Wasserwirtschaftsdirektion Elbe lediglich für die Elbe oberhalb des Zusammenflusses mit der Moldau zur Verfügung. Der Grund für das Fehlen dieser Angaben war die ungenügende Laborgeräteausstattung der Labore der Wasserwirtschaftsdirektionen (Povodí).

Deswegen hat sich das Projekt Elbe auf die Ermittlung des Beschaffenheitszustandes in den Flüssen sowie in den Abwässern der Hauptquellen der Verunreinigung für folgende 4 Gruppen von Parametern konzentriert: organische Verunreinigung (die bis 1990 um etwa 50% gesenkt wurde), Nährstoffe, prioritäre Schadstoffe und Radionuklide (Gewinnung und Verarbeitung des Uranerzes).

Das Vorhaben des Elbeprojektes beinhaltete dann folgendes: aufgrund der Analyse des Wassergütezustandes in den Flüssen (einschließlich Sedimente und biotische Komponenten) und der Aufklärung der Hauptquellen für diese Belastung waren die Gewässerschutzmaßnahmen zu konzipieren und die Prioritäten vorzuschlagen.

Unter Berücksichtigung der Realisierungsdauer (4 Jahre) und der Schwierigkeiten bei der Finanzierung (alljährliche späte Freigabe der Finanzmittel; 1993 z.B. erst Ende August) wurde die Aufklärungsphase bei der Untersuchung der Gewässergüte in der Flüssen auf 3 Jahre (1991-1993) und bei den Verunreinigungsquellen auf 2 Jahre (1991-1992; 1993 sind lediglich 9 Wärmekraftwerke überprüft worden) konzentriert. Für 1994 wurde dann die Zusammenschau der Ergebnisse und die Erarbeitung der Schutzkonzeption vorgesehen; mit Teilarbeiten der Zusammenschau wurde schon 1993 bei den Verunreinigungsquellen begonnen.

Vorläufige Ergebnisse des Projektes Elbe

Im Rahmen der dreijährigen Untersuchung wurde eine große Menge an Daten gesammelt, die nach und nach ausgewertet und gegenüber gestellt wurden. Die daraus resultierenden Ergebnisse wurden aufbereitet.

Die Belastung der Flüsse ergibt sich aus folgenden Hauptsarten der Verschmutzungsquellen: Punktquellen der Verunreinigung (Kommunaler, Industrieller sowie Landwirtschaftlicher), diffuse Quellen (kleine Quellen kommunalen, industriellen und landwirtschaftlichen Charakters, in großer Menge auf der ganzen Fläche des Einzugsgebietes verstreut), Flächenquellen (direkte atmosphärische Deposition auf die Wasserfläche, Erosion des landwirtschaftlichen

Bodens, Abschwemmungen von den verfestigten Flächen usw.), direkter Abfluß kontaminierter Niederschläge und Abfluß der Niederschläge über die Grundwässer.

Den entscheidenden Anteil der Verunreinigung der Flüsse bilden die punktförmigen Verunreinigungsquellen: bei organischer Verunreinigung (BSB_5) etwa 60%, bei Nährstoffen etwa 30% beim Stickstoff und 65% beim Phosphor, bei Schwermetallen etwa 60%, beim Arsen etwa 90%, und bei spezifischen organischen Stoffen mehr als 90%.

Während die Erosion des Bodens nach den vorläufigen Bilanzen unter normalen Niederschlagverhältnissen keine bedeutsame Verunreinigungsquelle zu sein scheint, stellt die Kontamination der Atmosphäre, respektive die gesamte atmosphärische Deposition, eine bedeutungsvolle indirekte Verunreinigungsquelle dar. Die gesamte atmosphärische Deposition in den Jahren 1991-1993 betrug für die Fläche des Einzugsgebietes der Elbe (in Tonnen pro Jahr):

1 500	(1 500)	für P	2 200	(276)	für Zn
84 000	(46 000)	" N (anorg.)	80	(35)	": Ni
16	(1,5)	" Cd	40	(29)	" Cr
550	(26)	" Pb	160	(50)	" As
220	(64)	" Cu			

Bemerkung: In Klammern werden die Stofffrachten am Grenzprofil für die Jahre 1991-1993 in Tonnen pro Jahr angeführt.

Von dieser Menge kommen etwa 2% direkt in die Flüsse über die Wasserfläche und 4,4% als Oberflächen- und hypodermischer Abfluß. Von dem Rest gelangt dann ein Teil in die Flüsse durch den Grundabfluß (über die Grundwässer, die die Flüsse speisen).

Die Entwicklung der BSB_5-Belastung durch Einleiter (in den Jahren 1989-1992) aus 5 Gruppen von Verunreinigern wird in der Tabelle 1 angeführt. Aus der Tabelle geht hervor, daß es im Jahre 1992 gegenüber 1989 zu einem Rückgang der abgeleiteten Verunreinigung auf etwa 65% kam, was einerseits der Industrierezession, andererseits dem Einfluß der in diesem Zeitraum vollendeten Kläranlagen zu verdanken ist. Die Tabelle zeigt gleichzeitig den markanten Anteil der Städte und Gemeinden (mit öffentlicher Kanalisation) an der gesamten Belastung der Flüsse aus punktförmigen Verschmutzungsquellen (etwa 67%).

In der Tabelle 2 werden deshalb die Städte mit einem Belastungsausstoß von über 10.000 Tonnen CSB pro Jahr (8 Lokalitäten) laut Stand 1991-1992, wo die Erhebung im Rahmen des Elbeprojektes durchgeführt wurde, angeführt. Wie aus der Tabelle erkennbar ist, erfüllten die Städte weder die Emissionsstandards der Regierungsverordnung der ČR Nr. 171/92 Slg., noch die Richtlinie des Rates der Europäischen Gemeinschaft Nr. 91/271/EEC vom 21.5.1991.

Konzeption der Gewässerschutzemaßnahmen

An der Konzeption von Maßnahmen des Gewässerschutzes wird gegenwärtig gearbeitet. Die Situation der Bearbeiter wird jedoch erschwert, da das Umweltministerium gegenwärtig die staatliche ökologische Politik und das Ministerium für Landwirtschaft gemeinsam mit dem Umweltministerium die staatliche Politik der Wasserwirtschaft erarbeiten, wovon die Konzeption des Elbeprojektes ausgehen sollte.

Es scheint jedoch, daß die staatliche ökologische Politik sowie die Konzeption des Gewässerschutzes im Elbeprojekt die Ziele bis 2005 ungefähr folgendermaßen formulieren wird:

- bei Städten über 10.000 Einwohnergleichwerten biologische Klärung des Abwassers zu sichern
- die BSB_5-Belastung aus den Punktquellen auf 50 % des Standes von 1990 herabzusetzen
- die BSB_5-Belastung aus den diffusen Verunreinigungsquellen auf 80 % des Standes von 1990 herabzusetzen

- den Anteil der Länge der Hauptflüsse in der IV. und V. Gewässergüteklasse gemäß ČSN-Norm 757221 auf 80% des Standes 1990 herabzusetzen (bis 2015 ist zu erreichen, daß es keinen Fluß in der V. Gewässergüteklasse mehr gibt).

Es ist jedoch nicht klar, ob diese konkreten Ziele das von der staatlichen ökologischen Politik proklamierte Ziel sichern werden, daß bis 2005 bei den Umweltkomponenten der Stand erreicht wird, der dem Niveau der westeuropäischen Länder im Jahre 1990 entspricht.

Das Ergebnis der Projektbearbeitung Elbe wird neben der Konzeption der eigentlichen Schutzmaßnahmen auch ein Vorschlag für das Aktionsprogramm des Elbeprojektes bis 2005 sein, das dem Sofortprogramm der IKSE wegen seiner Auffassung, Philosophie sowie Formulierung der Ziele nahe sein wird.

	Jahre	1989	1990	1991	1992	1992/1989
Q	Städte	693,3	740,9	707,6	692,7	0,999
	L + L	52,5	40,6	37,7	34,0	0,800
	A	393,9	383,1	323,2	307,4	0,780,
	B	890,4	945,9	847,9	757,5	0,851
	C	42,8	27,4	59,0	57,5	1,341
	Insges.	2066,9	2137,8	1975,4	1849,1	0,895
BSB_5	Städte	67,3	66,2	48,9	46,1	0,686
	L + L	13,3	9,2	6,4	5,9	0,447
	A	18,9	19,9	13,8	12,8	0,676
	B	5,2	5,2	4,3	3,1	0,587
	C	0,9	0,7	1,0	0,9	0,974
	Insges.	105,6	101,2	74,4	68,8	0,852

Q Menge der Abwässer in Mio. m^3/Jahr
BSB_5 eingeleiteter BSB_5 in Tausenden t/Jahr
L + L landwirtschaftliche-, Holz- und Lebensmittelindustrie
A Chemie-, Papier- und Zelluloseindustrie, Textil- und lederverarbeitende Industrie
B Brennstoffe, Energetik, Hüttenwerke, Maschinenbau, elektrotechnische und metallverarbeitende Industrie
C Sonstiges (vor allem Dienstleistungen, Gesundheitswesen und Verteidigungsministerium)

Tab.1: Entwicklung des abgeleiteten BSB_5 im Einzugsgebiet der Elbe in den Jahren der Bearbeitung des Elbeprojektes und Vergleich mit dem Ausgangsjahr der IKSE (1989)

	Produktion		CSB		BSB$_5$		AS		P (gesamt)		AOX	
	1000 EWG	KA	kg/Tag	mg/l	kg/Tag	mg/l	kg/Tag	mg/l	kg/Tag	mg/l	kg/Tag	mg/l
Praha	1 366	ja	66 500	109	44 700	73	40 900	67	1 770	2,90	42,9	0,070
Ústí n.L.	252	nein	30 600	414	15 100	204	9 800	132	300	4,07	9,23	0,125
Pardubice	145	nein	20 600	456	8 700	193	7 700	171	186	4,11	16,9	0,374
Hr.Králové	126	nein	14 400	346	7 600	182	6 400	152	269	6,45	2,07	0,050
Plzeň	403	ja	16 800	233	7 500	99	7 700	105	239	3,28	8,80	0,113
Č.Budějovice	234	ja	12 700	219	12 100	219	5 000	84	265	4,66	2,70	0,061
Děčín	51	nein	10 600	310	3 000	89	3 700	108	156	4,56	3,19	0,093
Č.Krumlov	341	ja	10 500	213	6 400	132	3 800	86	20	0,41	1,50	0,029

KA - Kläranlage
AS - abfiltrierbare Stoffe
EWG-Einwohnergleichwerte

Tab.2: Belastungen aus den entscheidenden kommunalen Quellen in den Jahren 1991-1992

Die Bedeutung der Wassergütemeßstationen des internationalen Meßnetzes der IKSE für die Wassergütebetrachtung der Elbe

Arbeitsgruppe "M" der IKSE

1. Einleitung

Zur Überprüfung der Ziele der Internationalen Kommission zum Schutz der Elbe, die insbesondere im Rahmen von Aktionsprogrammen die Reduzierung der Schadstofffrachten in der Elbe durch Sanierungsmaßnahmen bei den Einleitern, Verringerung der diffusen Stoffeinträge sowie Vorsorgemaßnahmen zur Vermeidung unfallbedingter Gewässerbelastungen beinhalten, ist es notwendig, durch ein leistungsfähiges Gütemeßnetz die entsprechenden Dokumentationen und Nachweise zu erbringen. Zur Darstellung der Gewässergüte und zur Kontrolle der Lastsenkungen als Folge von Sanierungsmaßnahmen wurde seinerzeit ein international abgestimmtes Meß- und Untersuchungsprogramm unter Anbindung zahlreicher Meßstationen aktiviert. Neben den bereits vorhandenen Stationen in den alten Bundesländern wurden im Gebiet der Tschechischen Republik und in dem Gebiet der neuen Bundesländer nach einheitlichen Gesichtspunkten insgesamt 11 Meßstationen errichtet. Die Finanzierung erfolgt im Gebiet der Tschechischen Republik durch die EG im Rahmen des Phare-Projektes Nr. 90/ec/wat/13 "Monitoring Systems for Waterquality in the Elbe catchment area" und auf der Seite der Bundesrepublik Deutschland durch das Bundesministerium für Umwelt, Naturschutz und Reaktorsicherheit. Das Informationsnetz INES in beiden Ländern wurde aus Mitteln der Firma IBM (Schenkung) sowie des BMU zur Verfügung gestellt. Durch die Kombination der Datenermittlung aus Meßstationen und den Befunden aus den analytischen Laboratorien wird eine gemeinsame und vergleichbare Datenbasis zu Beschreibung der Verhältnisse der Gewässerbelastung an der Elbe umgesetzt. Die Meßstationen sind über das Informationsnetz Elbesanierung (INES) mit den zuständigen Landeszentralen sowie den nationalen Koordinierungsstellen und der Geschäftsstelle der IKSE verbunden. Das INES-System ermöglicht zwischen den Meßstationen und den Betreibern bzw. Nutznießern einen Daten- und Informationstransfer, der sowohl den Betriebszustand des Gewässergütemeßnetzes als auch den Belastungszustand der Elbe "on-line" sichtbar macht. Die Gewässermeßstationen geben nicht nur einen großräumigen Überblick über den aktuellen Zustand der Elbe, sondern auch über mittel- und langfristige Veränderungen.

2. Betrieb der Wassergütemeßstationen

Im Jahre 1991 wurde mit dem Entwurf des Gewässergütemeßnetzes im tschechischen Einzugsgebiet der Elbe begonnen. Der Aufbau erfolgt durch die künftigen Betreiber, den wasserwirtschaftlichen Betrieben Povodí Labe und Povodí Vltavy. Die Standorte der Meßstationen im tschechischen Elbebereich, die zugleich den Charakter einer Meßstelle im Rahmen des Internationalen IKSE-Meßprogrammes haben, sind ebenfalls in das nationale tschechische Meßnetz eingegliedert. Die Lage dieser Meßstationen wurde auf die Einflüsse von bedeutsamen Industrieballungsräumen und der wichtigsten Zuflüsse abgestimmt, um auch hier die Veränderungen durch Sanierungsmaßnahmen umfassend dokumentieren zu können. Drei von den insgesamt fünf Meßstationen im tschechischen Bereich der Elbe liegen oberhalb des Zuflusses der Moldau und wurden an den Meßorten Valy (km 227,2), Lysá nad Labem (km 149,9) sowie bei Obříství (km 114,0) errichtet. Sie befinden sich unterhalb der großen Industriebereiche Pardubice und Kolin, wo die Elbe überwiegend durch organische Stoffe und Schwermetalle beeinträchtigt wird. Die Meßstation Obříství befindet sich unterhalb des Chemiekombinates Spolana Neratovice und erfaßt zugleich die Belastung der Elbe vor dem Zufluß der Moldau. Die 4. Meßstation in Děčín (km 21,3) erfaßt den unteren tschechischen Elbeabschnitt mit dem industriellen Ballungsraum Ustí nad Labem und dem hochbelasteten Zufluß der Elbe, der Bilina, die in Ustí nad Labem in die Elbe einmündet. Sie trägt vor allem zur organischen Belastung aus dem Chemiewerk Spolchemie bei. Die 5. Meßstation befindet sich an der Moldau in Zelčín, 5 km oberhalb der Einmündung in die Elbe. Sie erfaßt einen der hydrologisch größten und wichtigsten Zuflüsse der Elbe auf tschechischem Gebiet, da die Moldau einen etwa zwei- bis dreimal höheren Abfluß als die Elbe aufweist. Diese Meßstation ermittelt die Gesamteinträge aus dem Einzugsgebiet der Moldau und umfaßt vor allem den Einfluß des Ballungsraumes Prag. Den Einfluß der ČR erfaßt die in der Grenznähe am rechten Ufer gelegene Meßstation Schmilka (km 4,1). Unterhalb des Ballungsraumes Dresden/Meißen liegt die 2. Meßstation bei Zehren (km 89,6). Es folgen dann die Meßstationen an den Hauptzuflüssen der Elbe in Gorsdorf an der Schwarzen Elster, Dessau an der Mulde sowie Rosenburg an der Saale. An diesen Meßstationen werden die Einträge aus den Einzugsgebieten der Nebenflüsse dokumentiert. Die Meßstation Magdeburg umfaßt den Gesamtbereich des ankommenden Elbewassers einschließlich der Hauptnebenflüsse bei km 318,1. Im unteren Abschnitt befindet sich die bereits bestehende Meßstation Schnackenburg km 474,5, die als ehemalige Grenzmeßstation die Vorbelastung der Oberlieger seit über 15 Jahren dokumentiert. An der stromab im Tidebereich gelegenen Meßstelle Zollenspieker (km 598,7) wird z. Zt. nur eine diskontinuierliche Probenahme durchgeführt. Die kontinuierliche Meßwerterfassung erfolgt kurz unterhalb der Stromspaltung an der Norderelbe durch die Meßstation Bunthaus (km 609,6). An dieser Stelle wird der Eintrag in das Stromspaltungsgebiet aus dem oberen Bereich der Elbe festgestellt. Unterhalb des Hamburger Hafens folgt dann im wieder vereinigten Elbestrom die Meßstation Seemannshöft (km 628,8), die dazu die Belastungen aus dem Hamburger Ballungsraum mit erfaßt. Im mittleren und unteren Elbeästuar schließen sich dann die Meßstationen Grauerort (km 660,5) im Brackwasserbereich sowie Cuxhaven (km 725,2) im unteren Brackwasserbereich als Übergang zum Ästuar an.

Die Einbindung des Gewässergütemeßnetzes in den Arbeitsplan der IKSE und die Verwendung von Daten und Informationen zur Umsetzung der Ziele der IKSE sind aus der Abbildung 1 zu entnehmen.

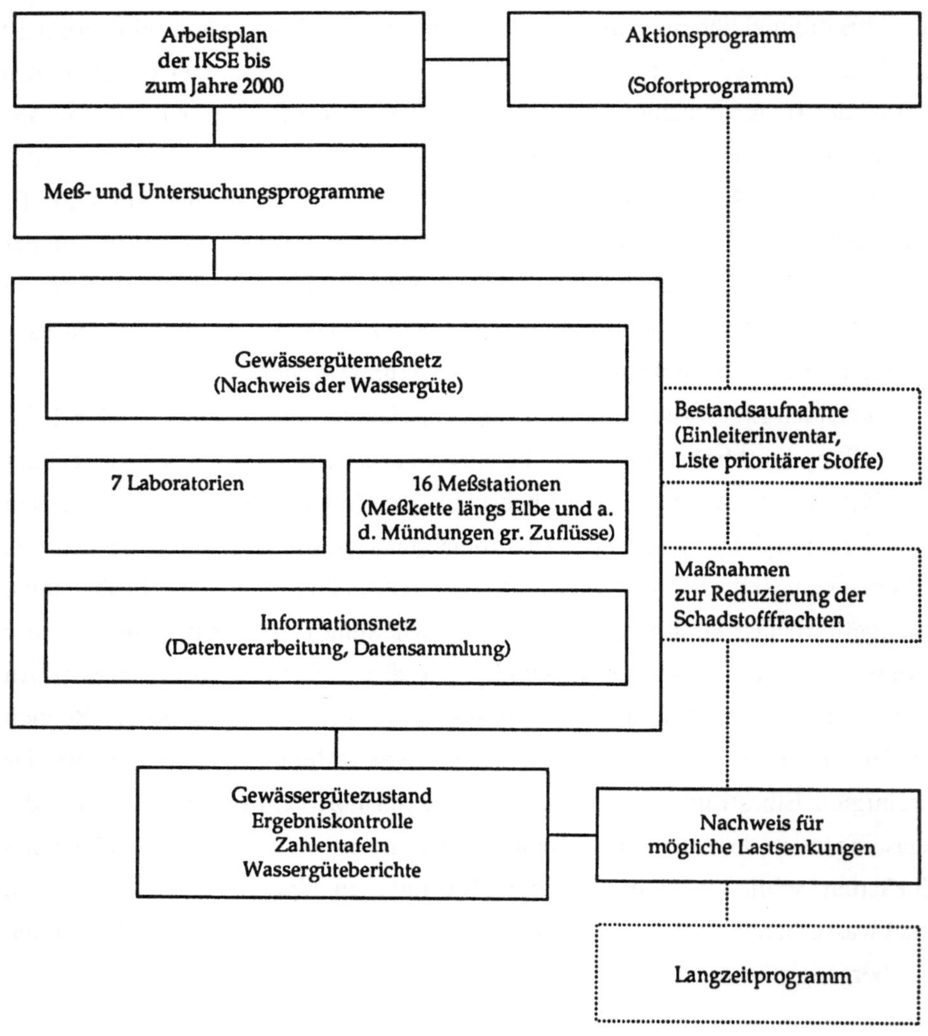

Abb.1: Struktur und Funktion des Wassergütemeßnetzes der IKSE

3. Aufgaben der Meßstationen

Die Aufgaben der Meßstationen im Bereich der Gewässergüte liegen vor allem in der

- **Erfassung der Einflüsse von Abwassereinleitungen auf die Wasserbeschaffenheit**
- **Aufnahme von Tages- und Jahresgängen**
- **Aufzeigen von Extrem- und Mittelwerten der verschiedenen Meßgrößen**
- **Erkennen toxischer Wirkungen von Wasserinhaltsstoffen**
- **Gewährleistung ereignisbezogener automatischer Probennahmen**
- **Frachtbestimmung von Wasserinhaltsstoffen aus Einzel- und Wochenmischproben.**

Auf die vorgenannten Aufgaben sind auch die Geräte und die Innenausstatttung der einzelnen Stationen abgestimmt worden. Die Konzeption der Meßstation wurde hauptsächlich von dem Gedanken getragen, ein kompatibles Meßnetz mit vergleichbarer Geräteausstattung zu strukturieren, um eine gemeinsame vergleichbare Datenbasis für die Gewässergütebewertung zu erhalten. Die Meßgeräte dienen zur Erfassung von hydrophysikalischen und physikalischchemischen Kenngrößen, wie beispielsweise Wassertemperatur, Sauerstoffgehalt, pH-Wert, Leitfähigkeit, Trübung und den Begleitgrößen Lufttemperatur und Globalstrahlung. Zur Erfassung von den chemischen Parametern wurden "on-line" Monitore für Ammonium, Phosphat, DOC und UV-Absorption bei 254 nm in den meisten Meßstationen eingebaut. Ein Schwerpunkt liegt ebenfalls auf dem Gebiet der Schwebstoffsammlung sowie dem aktiven Biomonitoring mit der Dreissena Polymorpha. Durch den Einbau von Durchflußmessungen, wie beispielsweise bei den Meßstationen Valy, Obříství und Zelčín, können ebenfalls mengenproportionale Proben und der damit verbundenen Frachtbestimmung von Wasserinhaltsstoffen realisiert werden. Auch die Durchführung von ereignisbezogenen Probenahmen bei Extremwerten oder bei Überschreitung von vorgegebenen Grenzwerten zur möglichen Identifizierung des Ereignisses sind vorhanden.

4. Datenerfassung

Die Datenerfassung für die kontinuierlich und quasikontinuierlich arbeitende Meßsysteme erfolgt ebenfalls in den Meßstationen. Das Erfassungssystem für Wassergütemeßwerte ist aus der nachstehenden Tabelle mit den dort beschriebenen wesentlichen Vorgängen zu entnehmen.

1. Datenerfassung	- analoge Daten - digitale Signale
2. Datenverarbeitung	- Mittelwertbildung - Grenzwertüberwachung - Extremwertbestimmung - Protokollierung
3. Datenspeicherung	- Zwischenspeicherung von Tagesdatensätzen (bis zu 60 Tagen auf Diskette)
4. Kommunikation	- Übertragung der Tagesdatensätze - Übertragung der Protokollmeldungen - Übertragung der Alarmmeldungen - Terminalbetrieb vom Betreiberrechner aus - Terminalbetrieb vom Alarm-PC aus
5. Überwachung und Steuerung	- Funktionskontrolle der Meßgeräte (soweit dies die Meßgeräte zulassen) - Überwachung von Funktionen der wichtigsten Aggregate (z. B.Stationspumpe)
6. Wartung	- Wartungsarbeiten (Markierung der Meßwerte) - Aufzeichnen der Nachkalibrierungen - Parametrierung der Meßkanäle

Tab. 1: Vorgänge und Funktionen des Erfassungssystems für Wassergütemeßwerte

Die nach dem internationalen Meßprogramm Elbe verabredeten Einzel- und Mischproben werden in den zuständigen Laboratorien untersucht. Die dort gewonnenen Analysenwerte können über das Labordatensystem LABSYS erfaßt und verwaltet sowie auf gleichem Weg ins Informationsnetz übertragen werden. Der Ablauf dieses Funktionsschemas ist Abb. 2 zu entnehmen.

Die Datenübertragung zwischen Meßstation und Betreiberrechner gestaltet sich dahingehend, daß der komplette Tagesdatensatz, der sich aus 10 Min.-Mittelwerten, den Extremwerten der Meßparameter und den Protokoll- und Fehlermeldungen zusammensetzt, täglich nachts vom Betreiberrechner angefordert wird. Der Stationsrechner überträgt dann den Tagesdatensatz an den Betreiberrechner. Die geprüften und freigegebenen Daten aus den Betreiberzentralen, d. h. den Wasserwirtschaftsverwaltungen bzw. Landesämtern werden durch manuelle Auslösung einer Exportfunktion auf dem Rechner der nationalen Zentrale nachts übertragen. Diese aufbereiteten Daten dienen der Veröffentlichung von Zahlentafeln, Berichten und ähnlichen Dokumentationen auf nationaler Basis.

5. Betrieb der Meßstationen

Zur Erfüllung des Aufgabenspektrums der Meßstationen ist es notwendig, einen möglichst störungsfreien Betrieb dieser Stationen zu garantieren. Hierbei können die Erfahrungen aus den alten Bundesländern, insbesondere dem Hamburger Bereich sehr wertvoll sein. Die hier schon länger betriebenen Stationen zeigen, daß nur durch eine regelmäßige vorbeugende Wartung von motiviertem und qualifiziertem Wartungspersonal ein reibungsloser Betrieb garantiert werden kann. Die Wartungshäufigkeit und der jeweils erforderliche zeitliche Aufwand sind abhängig von der jeweiligen Ausstattung und der Situation. Im Routinefall wird eine wöchentliche Wartung angestrebt. Es kann allerdings durchaus möglich sein, daß die Randbedingungen eine tägliche Reinigung von Pumpen, Rohrleitungen, Filtern und Armaturen notwendig machen, wenn beispielsweise durch Hochwasser oder durch Algenblüte entsprechende Probleme auftauchen. Die "on-line" Monitore und die biologischen Toxizitätstests sind wartungsintensiver als beispielsweise die

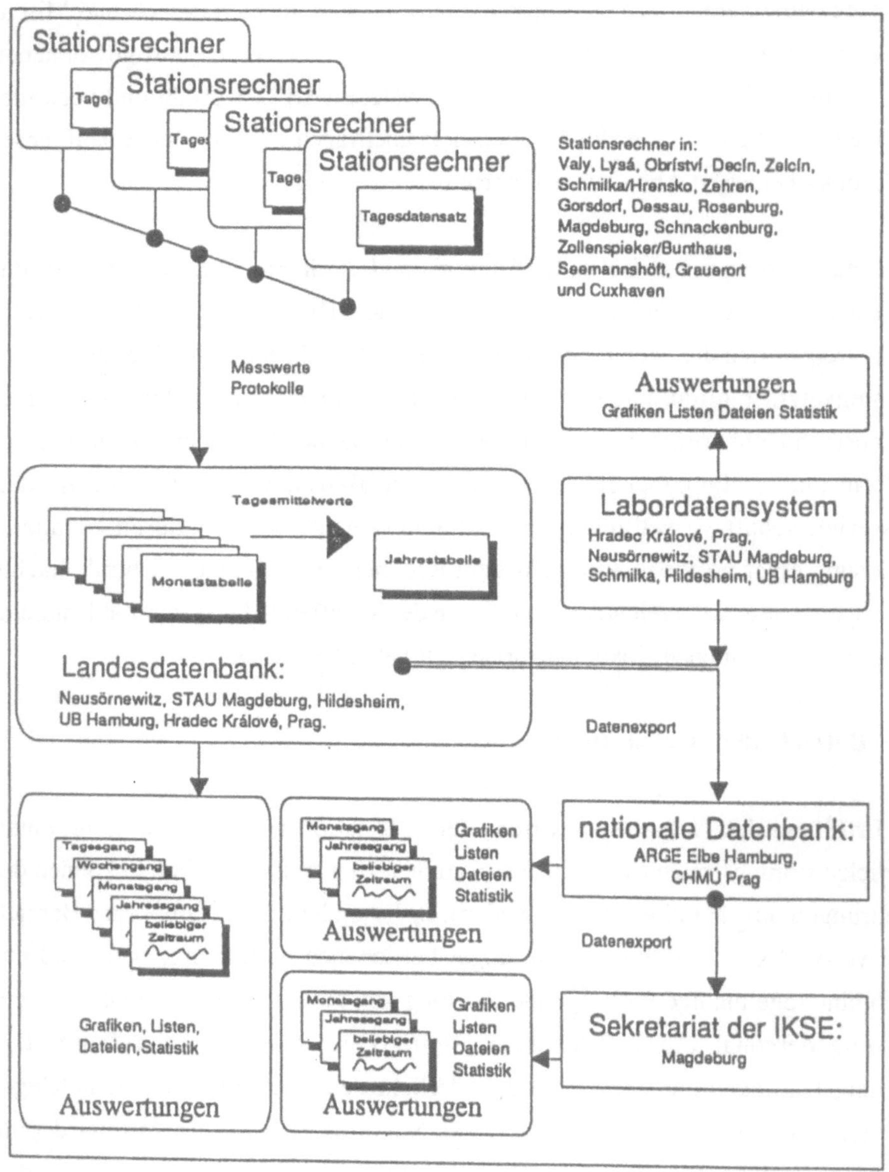

Abb. 2: Funktionen und Datentransfer im Gesamtsystem des Informationsnetzes

Meßgeräte zur Bestimmung der Leitparameter. Insofern ist auch hier ein erhöhter Unterhaltungsaufwand geboten.

6. Zusammenfassung

Mit der Inbetriebnahme des Meßstationsnetzes der Elbe von der Quelle bis zur Mündung liegt nunmehr nach einer etwa dreijährigen Aufbauphase ein leistungsfähiges Meßnetz vor. Die nach einheitlichen Gesichtspunkten errichtet und ausgerüsteten Stationen bilden konzeptionell eine Einheit an der Elbe. Sie werden einen kontinuierlichen und aktuellen Datenfluß zur Beschreibung der Gewässergütesituation garantieren und eignen sich in hervorragender Weise zur Dokumentation und Bewertung von Gewässergüteänderungen der Elbe und entsprechen somit den vorgegebenen Zielvorgaben der IKSE. Um auch künftig einen störungsfreien Dauerbetrieb zu erreichen, sind sicherlich noch viele Voraussetzungen und Abstimmungen notwendig, die aber bei der motivierten Bedienermannschaft sicherlich auch schnell gelöst werden können.

Literatur

Dokumentation
a) Betrieb der Wassergütemeßstationen

b) Aufbau und Funktion eines Infornationsneztes Elbe, INES-Informationskonzept

Hrsg.: Arbeitsgruppe "M" der IKSE
Veröffentlichung: 1995

Die Entwicklung der Belastung der Nordsee durch die Elbe und deren Anteil an der Gesamtbelastung der Nordsee

H. Herata; Berlin

1. Einleitung

Daten über die Einleitung von Schad- und Nährstoffen in die Nordsee werden national durch die Überwachungsprogramme der Flußgebietsgemeinschaften und Länderbehörden sowie zahlreiche Forschungsprojekte erhoben und bewertet. Im internationalen Rahmen erfolgt über die Kommissionen von Oslo und Paris (OSPARCOM) und die Internationale Nordseeschutzkonferenz eine Zusammenstellung und Bewertung der gesamten Einträge aller Anliegerstaaten in die Nordsee. Für einen Vergleich der über die Elbe, die Bundesrepublik Deutschland sowie über alle Nordseeanrainerstaaten eingetragenen Nähr- und Schadstoffe soll die Veröffentlichung der Oslo- und Paris-Kommission für 1990 herangezogen werden, wobei zur Beschreibung der Änderungen von Einträgen aus dem deutschen Einzugsgebiet auch Daten vor und nach 1990 Berücksichtigung finden.

2. Flußeinträge und direkte Einträge aus der Bundesrepublik Deutschland

Von der Paris-Kommission wurde beschlossen, ab 1990 Daten zu Flußeinträgen und direkten Einträgen (kommunale und industrielle Abwassereinträge) von Nähr- und Schadstoffen in die Nordsee nach zuvor festgelegten methodischen Richtlinien "Principles of the Comprehensive Study on Riverine Inputs" zu sammeln und zu bewerten. Unter direkten Einträgen sind darin Einleitungen in die Flußmündungsgebiete und entlang der Küsten zu verstehen, die unterhalb der Meßstelle im Fluß (Tide- oder Süßwassergrenze) eingetragen werden und demzufolge dort nicht erfaßt werden können. Dementsprechend sind auch die ermittelten Flußeinträge (Immissionen an der Tide- oder Süßwassergrenze) um ein Vielfaches höher als die direkten Einträge, wobei insgesamt ungefähr 90 % der Einträge in die Nordsee erfaßt werden.

2.1 Flußeinträge aus der Bundesrepublik Deutschland

In der Bundesrepublik Deutschland werden die dafür benötigten Daten von den Bundesländern Schleswig-Holstein, Niedersachsen und Bremen erhoben, wobei die Meßmethoden nicht immer einheitlich sind. Dabei werden die **Flußgebiete** der Elbe, Weser, Ems, Jade und Eider betrachtet, wobei folgende Probenahmefrequenz für die jeweiligen Flußgebiete gilt:

Elbe: 52 Meßwerte pro Jahr für den Hauptfluß (wöchentliche Querprofilmessungen) und 4-8 Probenahmen pro Jahr in den Nebenflüssen,

Weser: 12 Messungen pro Jahr (monatliche Einzelproben) für alle zu beobachtenden Parameter; keine Messungen in den Nebenflüssen,

Ems: 12 Messungen pro Jahr (monatliche Einzelproben) für Nährstoffe außer Gesamt-Phosphor, 6 Meßwerte pro Jahr für die restlichen zu beobachtenden Parameter; keine Messungen in den Nebenflüssen,

Eider: 26 Meßwerte pro Jahr für die Nährstoffe, γ-HCH und suspendierte partikuläre Stoffe, 23 Messungen pro Jahr für alle Schwermetalle einschließlich Chrom und Nickel; Messungen im Nebenfluß und zwar an der Meßstelle "Treene, Friedrichstadt" sind miteinbezogen.

Gegenwärtig erfolgt die Probenahme für die Flußeintragsdaten in der Elbe bzw. Eider an der Süßwassergrenze (Meßstelle Grauerort bzw. Meßstelle Eider, Nordfeld), in der Weser oberhalb der Süßwassergrenze (Meßstelle Farge) und in der Ems an der Tidegrenze (Meßstelle Herbrum). Die jährliche Fracht wird nach zwei verschiedenen Berechnungsmethoden ermittelt. So werden im Einzugsgebiet der Elbe

Tagesfrachten, die aus Einzelwerten der Konzentration und des Durchflusses gewonnen werden, über das Jahr aufsummiert. In den anderen Flußgebieten wird die Fracht aus dem Produkt aus der mittleren monatlichen Konzentration und der zugehörigen monatlichen Durchflußsumme berechnet und über das Jahr aufsummiert.

Die in Tabelle 1 dargestellten Frachtangaben für 1990 bis 1992 sind Schätzwerte, deren Qualität entscheidend vom Probenahmeort, der Meßfrequenz, der Entnahme von Einzel- oder Mischprobe, der angewandten Frachtberechnungsmethode sowie den analytischen Problemen (z.B. Nachweisgrenzen) abhängt. Ein Mangel ist auch, daß in den Flußgebieten der Weser und Ems zwischen 1991 und 1992 ein Meßstellenwechsel erfolgte. Hinzu kommt, daß Schwermetalle und Organohalogenverbindungen zu einem hohen Prozentsatz an Schwebstoff gebunden vorliegen, und demzufolge die jeweils ermittelte Stoffkonzentration entscheidend von der Schwebstoffmenge abhängt. Je nach Tidephase und Schwebstoffgehalt können somit Konzentrationsunterschiede von mehr als einer Größenordnung auftreten. Außerdem ist bei der Bewertung der Daten zu berücksichtigen, daß Schwermetalle, die im Gegensatz zu persistenten organischen Verbindungen auch als natürliche Bestandteile in der Umwelt vorkommen, je nach Element und geologischer Formation der Einzugsgebiete unterschiedlich hohe natürliche Hintergrundwerte aufweisen, die mit in die Berechnung der Eintragsdaten eingehen (Zn > Cu > Pb > Cd > Hg).

Trotz der methodischen Heterogenität bei der Abschätzung der Frachten ist erkennbar, daß die Einträge, die in Verbindung mit den jeweiligen Oberwasserabflüssen zu bewerten sind, für die Elbe im Jahr 1990 relativ hoch ausfallen. Das Verhältnis der Oberwasserabflüsse von Elbe, Weser und Ems beträgt in etwa 9 : 4 : 1. Eine Übertragung dieser Verhältnisse auf die ermittelten Schadstofffrachten zeigt, daß die Elbe 1990 mit HCB, HCH, Quecksilber, Kupfer, Zink und Blei deutlich am höchsten belastet ist, allerdings bei Cadmium in Weser und Ems ähnlich hohe Konzentrationen aufzutreten scheinen. Vergleicht man dazu den Schadstoffeintrag über die Elbe in die Nordsee zwischen 1984 und 1990 (Abbildung 1 und 2), so nimmt auch hier die Elbe gegenüber den anderen betrachteten Flußgebieten bei den Einträgen von Schwermetallen, chlorierten Pestiziden (HCB, HCH), polychlorierten Biphenylen und Nährstoffen eine herausragende Stellung ein. Allerdings fällt der Stoffeintrag 1990 gegenüber den Vorjahren deutlich geringer aus. Für den Zeitraum zwischen 1990 und 1992 ist im Einzugsgebiet der Elbe ebenfalls überall ein fallender Trend der Einträge in die Nordsee zu erkennen. Das ist darauf zurückzuführen, daß die Schadstoffbelastung der Elbe durch Einleitungen aus den neuen Bundesländern deutlich geringer war als in den Vorjahren. Dieser Rückgang der Belastung war das Ergebnis von Betriebsstillegungen (vor allem in der chemischen Industrie) und Produktionsrückgängen in den neuen Bundesländern.

2.2 Direkte Einträge aus der Bundesrepublik Deutschland

Die direkten Einträge (**kommunale und industrielle Abwassereinträge**) werden bei der Elbe unterhalb der Meßstelle Grauerort ermittelt. Die Einträge der großen Einleiter wurden aus den Einleiterüberwachungswerten bestimmt, soweit die Parameter im Überwachungsprogramm enthalten sind. Darüberhinausgehende Angaben sind Schätzungen. Der diffuse Eintrag konnte nicht ermittelt werden. Im Weser-, Ems- und Jadeeinzugsgebiet handelt es sich bei diesen angegebenen Stofffrachten um Schätzungen, wobei die Angaben zu kommunalen Abwassereinträgen auf der Grundlage von Einwohnergleichwerten hochgerechnet wurden. Die diffusen Einträge blieben ebenfalls unberücksichtigt. Alle Daten sind in den Tabellen 2 und 3 enthalten.

Betrachtet man den Zeitraum zwischen 1981 und 1990, so ist einzuschätzen, daß hinsichtlich Quantität und Qualität der kommunalen Abwassereinleitungen wesentliche Verbesserungen erreicht werden konnten. Die kommunalen Einleitungen gingen auf 1/7 bis 1/6 zurück, wobei aufgrund verschärfter gesetzlicher Bestimmungen und verbesserter Abwasserreinigungstechniken der Eintrag von Schwermetallen (Cd, Hg) meist überproportional gesenkt wurde. Zwischen 1990 und 1992 blieben die kommunalen Einleitungen annähernd konstant. Das gleiche trifft auch auf die gesamten industriellen Einleitungen für 1990 bis 1992 sowie auf die industriellen Einleitungen in das Elbeästuar im Zeitraum von 1982 bis 1990 zu.

3. Flußeinträge und direkte Einträge der Nordseeanliegerstaaten

Bei einem Vergleich der **Stoffeinträge über die Flüsse** ist wiederum der jeweilige Anteil der Flüsse am Gesamtabfluß in die Nordsee zu berücksichtigen. Für das Jahr 1990 ist festzustellen, daß die höchsten Einträge in die Nordsee an Schwermetallen, γ-HCH, PCB's und Nährstoffen von Deutschland (Elbe, Weser, Ems, Eider), den Niederlanden (Rhein) und Frankreich (Seine) ausgehen (Ab-bildung 3). Die großen Flüsse dieser Staaten haben einen großen Anteil am Gesamtsüßwasserzufluß in die Nordsee. Dies sagt jedoch wenig über die tatsächliche Belastung der einzelnen Flüsse aus. Im Fall der Elbe bzw. des Rheins tragen die Oberlieger ČSFR bzw. Frankreich, Schweiz und Deutschland erheblich zur Stofffracht der Flüsse bei.

Die mit Abstand höchsten **direkten Schadstoff- und Nährstoffeinträge** in die Nordsee kommen aus Großbritannien. Die direkten deutschen Einträge liegen demgegenüber an der Nachweisgrenze und sind im Vergleich zu den Flußeinträgen verhältnismäßig gering. Das ist allerdings darauf zurückzuführen, daß nur Einträge unterhalb der Meßstelle im Fluß (Tide- oder Süßwassergrenze) erfaßt werden. Um Aussagen über die eingetragenen Schadstoffe aus kommunalen Kläranlagen und industriellen Einleitern machen zu können, sollten jedoch die gesamten Emissionen im Einzugsgebiet erfaßt werden.

4. Bilanzierung der Gesamteinträge von Schad- und Nährstoffen in die Nordsee

In der nachfolgenden Tabelle ist für das Jahr 1990 ein Überblick über die geschätzten Nähr- und Schadstoffeinträge über verschiedene Eintragspfade in die Nordsee (einschließlich Skagerak jedoch ohne Englischen Kanal) gegeben, der von der Oslo- und Paris- Kommission 1992 zusammengestellt wurde.

	Cd in t	Hg in t	Cu in t	Pb in t	Zn in t	γ-HCH in t	PCB's in t	Gesamt N in kt	Gesamt P in kt
Flußeinträge und direkte Einträge	31-50	20-24	1300-1400	820-890	6800-6900	1,1-1,3	0,5-2,6	900-920	46-47
Atmosphärische Einträge	32	2,5 [6)]	321	960	2700	4 [2)6)]	-	400 [6)]	-
Einträge durch Verklappung (inklusive innere Gewässer): Baggergut [3)]	28	10	950	1800	5000	-	0,3	-	-
Klärschlamm	1	0,6	69	74	150	-	-	5,7 [5)]	0,4 [5)]
Industrieabfälle	0,3	0,2	180	220	440	-	-	8,5	0,00004

- keine Information
1) IUPAC Nr. 28, 52, 101, 118, 153, 138, 180
2) Ungenauer Schätzwert wegen geringer Datenbasis
3) Werte basieren auf Hafenbaggergut. Schätzungen zu hoch, da sie natürliche Hintergrundbelastungen einschließen.
4) Geographischer Bedeckungsgrad ist unvollständig.
5) Unvollständige Schätzung
6) Nach Schätzungen der Working Group on Atmospheric Inputs modifizierter Schätzwert.

Quelle: Oslo- und Paris-Kommission, Monitoring and Assessment, Teil B, 1992

Tab. 4: Geschätzte Stoffeinträge über verschiedene Eintragspfade in die Nordsee (ohne Englischen Kanal) im Jahr 1990

Daraus wird ersichtlich, daß die höchsten **Schwermetalleinträge** in die Nordsee mit Ausnahme von Blei über die Flüsse und direkten Einträge erfolgen. Bei einigen

Schwermetallen sind die Unterschiede zu den anderen Eintragswegen jedoch gering. Die relativen Eintragsmengen der organischen Schadstoffe **γ-HCH (Lindan)** und **PCB's** können nicht verglichen werden, da nicht alle Eintragspfade gemessen wurden, und da die Schätzwerte zu ungenau sind (viele Konzentrationen lagen unterhalb der Bestimmungsgrenze). Auch für **Nährstoffe** sind nicht alle Eintragspfade untersucht worden. Ein Vergleich der Flußeinträge und direkten Einträge mit den atmosphärischen Einträgen zeigt, daß die atmosphärischen Einträge wesentlich geringer sind.

5. Zusammenfassung

Zusammenfassend ist einzuschätzen, daß die Auswirkungen des Stoffeintrags auf das Ökosystem der Nordsee und seine einzelnen Komponenten wissenschaftlich fundiert in der Regel bisher nicht nachzuweisen sind. Auch wenn ein eindeutiger Zusammenhang nicht erbracht werden kann, so gibt es doch Beispiele dafür, daß Reduzierungsmaßnahmen eine Verringerung der Schadstoffbelastung erkennen lassen. So konnten zwischen 1981 und 1989 in Deutschland hinsichtlich der Quantität und Qualität der kommunalen Abwassereinleitungen wesentliche Verbesserungen erreicht werden, wobei auf Grund verschärfter gesetzlicher Bestimmungen und verbesserter Abwasserreinigungstechniken der Eintrag von Schwermetallen (Cadmium und Quecksilber) meist überproportional gesenkt werden konnte. Auch die Anwendung von bleifreiem Benzin scheint einen verminderten atmosphärischen Eintrag von Blei zur Folge zu haben. Diese im Ansatz vorhandenen positiven Effekte belegen, daß nur die konsequente Anwendung des Vorsorgeprinzips mit dem Grundsatz der Begrenzung von Stoffeinträgen an der Quelle (Emissionsprinzip) Grundlage für einen wirksamen Schutz der Nordsee ist.

Literatur

Oslo- und Paris-Kommission: Monitoring and Assessment. Teil B, 1992

BMU: Bericht über die Umsetzung der Beschlüsse der 3. Internationalen Nordseeschutzkonferenz (3. INK). Umweltpolitik; 1993

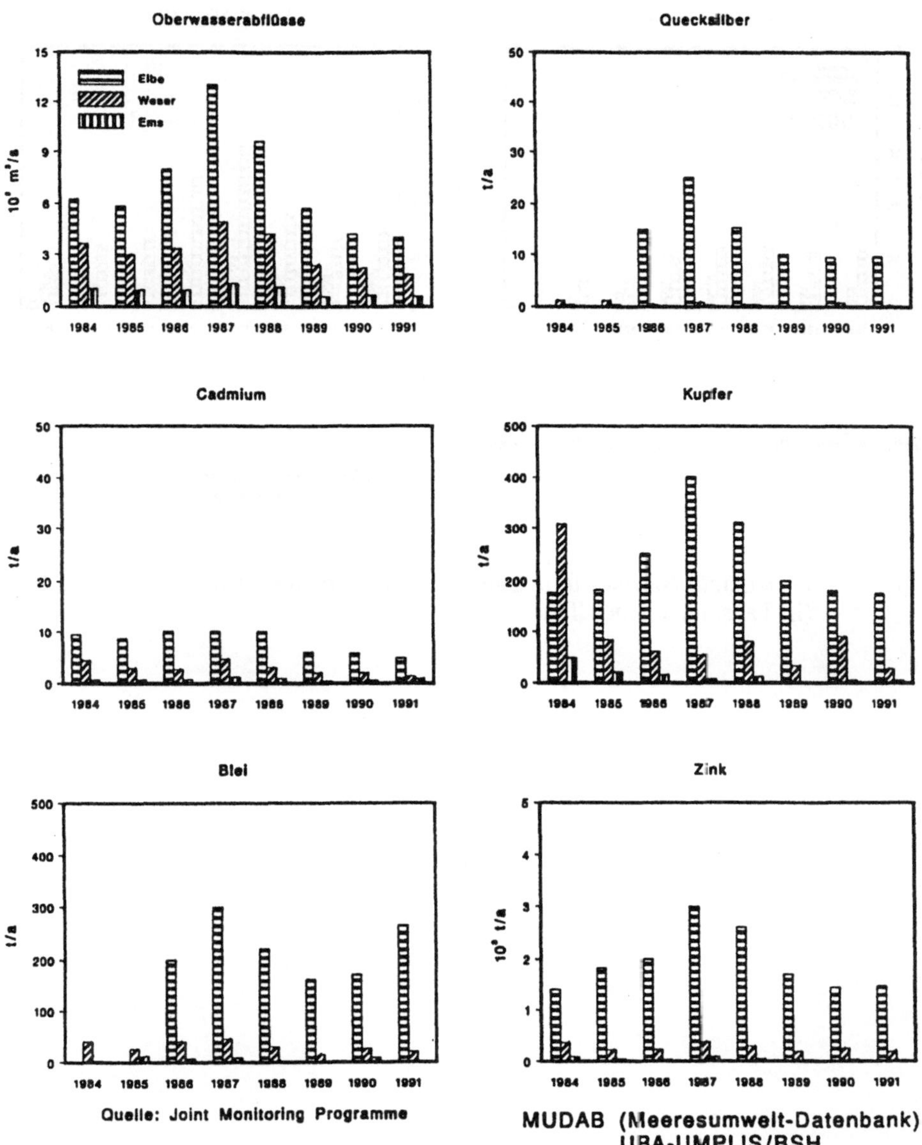

Abb. 1: Geschätzte Schwermetalleinträge und Jahresmittelwerte der Oberwasserabflüsse in die Nordsee über Elbe, Weser und Ems

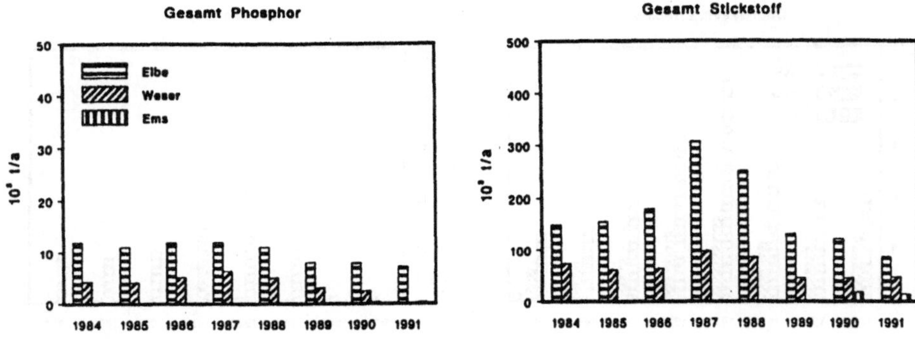

Quelle: Working Group on Nutrients der Paris-Kommission

MUDAB (Meeresumwelt-Datenbank)
UBA-UMPLIS/BSH

Abb. 2: Geschätzte Nährstoffeinträge in die Nordsee über Elbe, Weser und Ems (in Tausend Tonnen/Jahr)

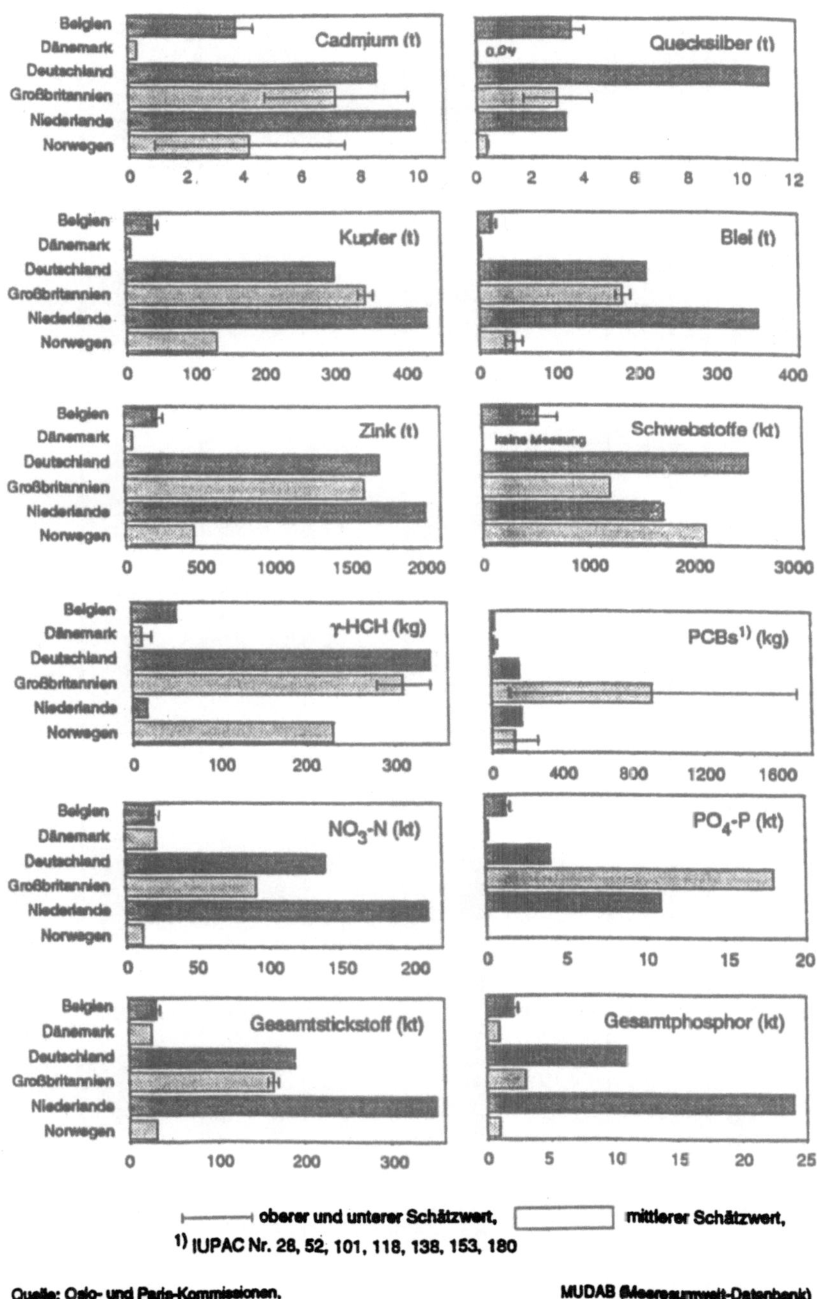

Abb.3: Flußeinträge der Anrainerstaaten in die Nordsee im Jahr 1990

Tabelle 1: Flußeinträge von Deutschland für 1990 bis 1992 (an die Paris-Kommission gemeldete Daten)

Jahr	Tage	Abfluß m^3/d	Abfluß m^3/a	Abfluß m^3/s	Frachten Cd t/a	Hg t/a	Cu t/a	Zn t/a	Pb t/a	PCB's t/a	γ-HCH t/a	NH4-N t/a	Nitrat-N t/a	Gesamt-N t/a	Ortho-P t/a	Gesamt-P t/a
ELBE: Meßstelle GRAUERORT																
1990	365	42.000.000	15.330.000.000	486,11	5,8	9,5	181	1.440	171	0,066	0,2090	18.000	84.000	121.000	2.080	7.900
1991	365	40.000.000	14.600.000.000	462,96	4,8	9,6	174	1.460	264	0 - 0,07	0,1570	9.300	60.000	94.600	1.480	7.180
1992	366	54.000.000	19.764.000.000	625,00	6,2	8,6	210	1.900	240	0 - 0,054	0,1300	8.700	94.000	130.000	1.700	6.900
WESER: Meßstelle INTSCHEDE, ab 1992 Meßstelle FARGE																
1990	365	22.300.000	8.139.500.000	258,1	0 - 2,0	0,7	90	250	26	0 - 0,06	0,1200	1.700	38.000	45.000	1.400	2.400
1991	365	18.300.000	6.679.500.000	211,8	0 - 2,8	0,2 - 0,3	27	190	21	0 - 0,08	0,0150	2.000	40.000	46.000	620	2.600
1992	366	27.200.000	9.955.200.000	314,8	3,4	1,2	49	500	55	0,006-0,019	0,0610	3.400	55.000	68.000	930	2.700
EMS: Meßstelle HERBRUM																
1990	365	6.360.000	2.321.400.000	73,61	0 - 1,2	0,16	5,6	32	9,0	0 - 0,037	0,0060	800	14.000	17.000	90	350
1991	365	5.760.000	2.102.400.000	66,67	0,53 - 1,2	0,01 - 0,06	5,8	21	0,7 - 1,6	0 - 0,015	0,0032	970 - 990	11.300	13.200	39 - 57	340
1992	366	6.910.000	2.529.060.000	79,98	0,33	0,54	12,0	46	4,3	0-0,0038	0,0082	590 - 610	15.000	19.000	130	560
EIDER: Meßstelle TREENE; TREIA																
1990	365	2.301.000	839.865.000	26,6	0,025	0,006	1,07	4,60	0,26		0,00386	276,4 - 284	3.152	4.333	121	208
1991	365	2.523.000	920.895.000	29,2	0,007 - 0,037	0,004	1,1 - 1,12	5,24	0,38 - 0,44	0,0032 - 0,006	0,0054 - 0,005	319-332	3.040	4.428	132,2 - 133,0	218
1992	366	2.200.000	805.200.000	25,5	0,019-0,023	0,002	1,30	9,14	0,34-0,35		0,0039 - 0,004	229-244	2.865-2.886	4.103	78,3-79,8	150
SUMME DEUTSCHLAND (gerundete Werte)																
1990	365	72.961.000	26.630.765.000	844	9	10,5	280	1.700	210	0,150	0,34	20.800	140.000	190.000	3.800	11.000
1991	365	66.583.000	24.302.795.000	771	5,6 - 9,9	9,9 - 10	210	1.800	290	0,0032 - 0,2	0,19	12.800	130.000	160.000	2.400	11.000
1992	366	90.310.000	33.053.460.000	1.045	11	12,0	290	2.600	310	0,0066 - 0,083	0,22	13.000	180.000	240.000	3.000	11.000

Tabelle 2: Kommunale Einleitungen von Deutschland für 1990 bis 1992 (an die Paris-Kommission gemeldete Daten)

					Frachten										
Jahr	Tage	Menge m^3/d	Menge m^3/a	Menge m^3/s	Cd t/a	Hg t/a	Cu t/a	Zn t/a	Pb t/a	PCB's t/a	γ-HCH t/a	Nitrat-N t/a	Gesamt-N t/a	Ortho-P t/a	Gesamt-P t/a
ELBEÄSTUAR															
1990	365	75.000	27.375.000	0,87	0 - 0,02	0 - 0,02	0 - 1,0	0 - 5,0	0 - 0,5			40	400	20	50
1991	365	75.000	27.375.000	0,87	0 - 0,01	0 - 0,01	0 - 0,5	0 - 5,0	0 - 0,1			200	400	15	20
1992	366	75.000	27.375.000	0,87	0 - 0,01	0 - 0,01	0 - 0,5	0 - 5,0	0 - 0,1			200	400	15	20
WESER: unterhalb INTSCHEDE, 1992 ohne Bremen und Bremerhaven															
1990	365														
1991	365	400.000	146.000.000	4,63	0,01	0,01	2,2	12,0	0,9	0,00007-0,0006	0,0012	1.400	5.000	40	370
1992	366	225.000	82.350.000	2,60	0 - 0,01	0 - 0,01	1,6	8,2	0,8	0,00003	0 - 0,00001	950	2.200	40	330
EMS: unterhalb HERBRUM															
1990	365														
1991	365	75.000	27.375.000	0,87	0 - 0,01	0 - 0,01	0,5	2,7	0,3	0,00001	0 - 0,00001	310	740	15	110
1992	366	75.000	27.450.000	0,87	0 - 0,01	0 - 0,01	0,5	2,7	0,3	0,00001	0 - 0,00001	310	740	15	110
JADEÄSTUAR															
1990	365														
1991	365	25.000	9.125.000	0,29	0 - 0,01	0 - 0,01	0,20	1,0	0,1	0 - 0,00001	0 - 0,00001	100	230	5	35
1992	366	25.000	9.150.000	0,29	0 - 0,01	0 - 0,01	0,20	1,0	0,1	0 - 0,00001	0 - 0,00001	100	230	5	35
SUMME DEUTSCHLAND (gerundete Werte)															
1990	365	75.000	27.375.000	1	0,02 - 0,03	0,01 - 0,02	0 - 1,0	0 -5,0	0 - 0,5			40	400	20	50
1991	365	575.000	209.875.000	7	0,01 - 0,03	0,01 - 0,03	2,9 - 3,4	16,0 - 21, 0	1,3 - 1,4	0,00008 - 0,0006	0,0012	2.000	6.400	80	500
1992	366	400.000	146.325.000	5	0 - 0,04	0 - 0,04	2,3 - 2,8	12,0 - 17,0	1,2 - 1,3	0,00004 - 0,00005	0 - 0,00003	1.600	3.500	90	500

Tabelle 3: Industrielle Einleitungen von Deutschland für 1990 bis 1992 (an die Paris-Kommission gemeldete Daten)

Jahr	Tage	Menge m³/d	Menge m³/a	Menge m³/s	Frachten Cd t/a	Hg t/a	Cu t/a	Zn t/a	Pb t/a	PCB's t/a	γ-HCH t/a	Nitrat-N t/a	Gesamt-N t/a	Ortho-P t/a	Gesamt-P t/a
ELBEÄSTUAR															
1990	365	70.000	25.550.000	0,8	0 - 0,02	0 - 0,01				0 - 0,001					
1991	365	70.000	25.550.000	0,8	0 - 0,01	0 - 0,01	0 - 1,0		0 - 0,5	0 - 0,001		500	800	10	40
1992	366	70.000	25.620.000	0,8	0 - 0,01	0 - 0,01	0 - 1,0		0 - 0,5	0 - 0,001		500	800	10	40
WESER: unterhalb INTSCHEDE (1991 mit Bremen und Bremerhaven), ab 1992 Gebiet Nordenham															
1990	365	81.000	29.565.000	0,9	0,0200	0,0200	0,9	0,40	0,5						
1991	365	1.070.000	390.550.000	12,4	0,0700	0,0200	1,4	5,40	1,4		0,0036	170	200		6
1992	366	206.000	75.396.000	2,4	0,4900	0,0038	2,9	12,00	8,5						
EMS: unterhalb HERBRUM															
1990	365														
1991	365	10.000	3.650.000	0,12	0 - 0,01	0 - 0,01	0,02	0,03	0 - 0,01			15	40	0,3	0,8
1992	366	10.000	3.660.000	0,12	0 - 0,01	0 - 0,01	0,02	0,03	0 - 0,01			15	40	0,3	0,8
JADEÄSTUAR (ab 1991 Gebiet Wilhelmshaven)															
1990	365	7.150	2.609.750	0,08	0 - 0,001	0,0020	0,03	0,30	0,0003						
1991	365	21.700	7.920.500	0,25	0,0009	0,0020	0,10	0,12				2,8			2,0
1992	366	21.700	7.942.200	0,25	0,0045	0,0044	0,02	0,21	0,0200			4,1	7,4		4,8
SUMME DEUTSCHLAND (gerundete Werte)															
1990	365	158.150	57.724.750	2	0,041	0,032	0,83	0,7	0,5	0 - 0,001					
1991	365	1.171.700	427.670.500	14	0,07 - 0,09	0,02 - 0,04	1,5 - 2,5	5,6	1,4 - 1,9	0 - 0,001	0,0036	700	1.000	10	50
1992	366	307.700	112.618.200	4	0,5	0,008 - 0,03	2,94 - 3,94	12,0	8,5 - 9	0 - 0,001		500	800	10	50

Von WATiS bis ELBiS - Übertragung eines Informationssystems für Forschung und Verwaltung von der Küste auf die Elbe

H. L. Krasemann, R. Riethmüller; Geesthacht

1 Einleitung

Nutzung und Schutz von großen Naturräumen wie dem Wattenmeer oder auch großer Flußsysteme wie das Elbeeinzugsgebiet stehen in einem Interessenkonflikt, der auf Grundlage fundierten Wissens über die eng miteinander verflochtenen physikalischen, chemischen und biologischen Vorgänge sowie den Wechselwirkungen mit menschlicher Aktivität angemessen zu bewerten ist. Wissensgrundlagen sollen sowohl langfristige ökologische Umweltbeobachtungen wie das trilaterale Wattenmeermonitoring als auch koordinierte Schwerpunktforschung liefern (SRU 1990, IKSE 1990, TMEG 1993, ELBE2000, GOAP).
Eine wesentliche Hilfestellung bei der Lösung dieser Aufgaben bieten computergestützte Informationssysteme wie das Wattenmeerinformationssystem WATiS (KRASEMANN, 1994) und das 1994 begonnene Elbeinformationssystem ELBiS.
Der vorliegende Beitrag beschreibt wesentliche technische und strukturelle Konzepte des WATiS und die Übertragung auf das ELBiS sowie den Zugriff über Nutzerführungssysteme auf die verbundenen Informationssysteme.

2 Aufgaben eines Informationssystems für Umweltforschung und - management

Ein Informationssystem soll die Koordination, Kooperation und den Wissensaustausch der beteiligten Forschungs- und Arbeitsgruppen verbessern. Mangelnde Kommunikation ist ein bekanntes, grundlegendes Problem großer Projekte innerhalb eines Themenkreises. Es entstehen häufig Reibungsverluste durch die heterogenen

Organisationstrukturen; auch sind die Teilnehmer in der Regel örtlich voneinander getrennt.
Das bei den Einzelnen oder den Arbeitsgruppen vorhandene Wissen, die Informationen sollen umfassend gegenseitig zur Verfügung stehen und wie in einer Informationsdrehscheibe systematisch aufgenommen und wieder verteilt werden. Unter Information wird dabei stets der zusammenhängende Satz von Sachdaten, geometrischen Daten und zugehörigen Dokumentationen verstanden.
Durch diese "Informationsdrehscheibe" wird erreicht, daß Daten, die in einem vielleicht zeitlich beschränkten Projekt gewonnen wurden, auch weiteren Interessierten zur Verfügung stehen. Es wird damit eine "Wiederverwendung" von Daten erleichtert. Dies ist sowohl wichtig in Verbundforschung aus einer Vielzahl von Einzelprojekten als auch besonders in langfristig angelegten Vorhaben.

3 Organisatorisches und technisches Umfeld

An der langfristigen Beobachtung und Forschung von großen Umwelträumen sind wissenschaftliche Einrichtungen wie Behörden beteiligt. Viele Fragestellungen werden über zeitlich befristete Projekte bearbeitet; neue Fragestellungen initiieren neue Projekte. Die resultierenden Daten werden jedoch langfristig benötigt. Die räumlich verteilten Teilnehmer haben unterschiedliche Aufgaben, Ansprüche und Möglichkeiten der Informationsbearbeitung. Die eine Seite des Nutzerspektrums bilden viele Teilnehmer, die im Rahmen ihrer Forschungsprojekte Daten liefern und selbst nur zu besonderen Aspekten Daten anderer Projekte benötigen; sie sind meist schon mit PC's und einfachen Datenbanken oder Tabellenkalkulationsprogrammen ausgerüstet. Die andere Seite bilden Einrichtungen, die mit größeren Beständen arbeiten und aufwendige Auswertungen betreiben. Sie sind mit Workstations und Geografischen Informationssystemen (GIS) ausgerüstet und über Rechnernetze extern verbunden.
Bei der GKSS wird auf einem IBM-Großrechner das relationale Datenbankverwaltungssystem DB2 (Software DB2) betrieben, auf SUN-Workstations das GIS ARC/INFO (Software ARC/INFO) und auf PC's weitere Anwendungsprogramme.

Alle Rechner sind miteinander vernetzt. Externe greifen am einfachsten als Teilnehmer des Wissenschaftsnetzes über das "Internet" zu.

4 Föderative Datenhaltung für kooperative Vorhaben

Unter diesen Vorgaben lassen sich die Aufgaben optimal mit einem zentralen Datenbankserver und lokal verteilter Datenverarbeitung lösen (SVOBODA 1984).
Bei der GKSS wird der gemeinsame Datensatz für Wattenmeerforschung und -verwaltung zentral in der Wattenmeerdatenbank WADABA unter DB2 langfristig sicher und konsistent fortgeführt. Eine Metadatenbank wird als Teil der WADABA betrieben, mit deren Hilfe Nutzer zu den gesuchten Daten geführt werden können. Der Großrechner gewährt überdies differenzierte Zugriffsrechte und durchgehende, gesicherte Verfügbarkeit.
Dateneingabe, inhaltliche Datenprüfungen oder Weiterverarbeitungen, z.B. mit einem GIS, sind lokale Aufgaben. Dazu können die einzelnen Teilnehmer sich Daten aus der WADABA kopieren, auf ihren Rechner übertragen und dort eigenständig weiterverarbeiten; eigene Daten können nach Bedarf hinzugezogen werden. Der Teilnehmer muß selbst darauf achten, ob seine Daten noch mit dem zentralen Datensatz konsistent sind.

5 Projektorientiertes Informationsmanagement

In kooperativen Verbundprojekten sind folgende Randbedingungen zu erfüllen:

- Die Datenbank muß auf neue, noch nicht bekannte Projekte erweiterbar sein.
- Die einzelnen Projekte müssen gemäß ihrer teilweise sehr unterschiedlichen Vorgehensweise abgebildet werden.
- Die Daten müssen ausreichend dokumentiert sein, um auch nach vielen Jahren interpretiert werden zu können. Diese Dokumentation muß nach einem gemeinsamen Schema durchgeführt werden, damit Recherchen über den gesamten Bestand verständlich und möglich werden.

- Es müssen einerseits die Ortsbezüge mit ihren Koordinaten für jedes einzelne Projekt nach dessen Notwendigkeiten erfaßbar und darstellbar sein aber andererseits eine allen Projekten gemeinsame, topologisch komplexe und zeitlich variable Geometrie behandelt werden. Dies erfordert eine Umrechnung von Koordinaten in amtlicher Genauigkeit (KLÜGER, BSH).
- Daten verschiedener Verarbeitungsstufen (Rohdaten, verarbeitete Daten, Synthesedaten etc.) sollen nebeneinander vorliegen können. Dies beinhaltet auch mehrere Versionen.
- Der Gesamtdatensatz - Sachdaten, Dokumentation, Geometrien - muß konsistent fortgeführt werden. Konsistente Fortführung aller Daten muß als eine zentrale Forderung für Informationsssysteme angesehen werden (KRASEMANN 1992; s. auch REINHARDT 1993).

Diese Anforderungen werden durch die sogenannte "Projektorientierung" erfüllt. Sie ist in der WADABA des WATiS realisiert und wird vom Nutzerführungssystem LOTSE , vgl. Abschnitt 6, unterstützt und verwendet.
Aus Sicht der Datenmodellierung ist jedes Projekt die oberste, in sich abgeschlossene Einheit (s. Abb. 1). Nach außen hin stellen sich Projekte in Form einer Kurzbeschreibung, der beteiligten Institutionen und der verwendeten Methoden dar; ihr inneres Verhalten hängt vom Forschungsgegenstand und den Fragestellungen ab. Unabhängig von der inneren Projektstruktur finden sich die Meßgrößen in einzelnen Parametern wieder; diese sind ihrerseits zusammengesetzt aus Meßwert, Zeitraum, Ort und Dokumentationstupel (vgl. Abb. 2).

6 Nutzerführung als Nutzerhilfe

Mit Nutzerführungssystemen werden umfassende Informationssysteme erst zu arbeitsfähigen Instrumenten: sie ermöglichen bei komplexen Datenbanken die gezielte Datensuche, stellen dabei kontextbezogene Metainformationen zu Aufbau und Inhalten der Datenbank bereit und unterstützen Nutzer von der Formulierung syntaktisch und semantisch richtiger Abfragen (CHA 1990) bis hin zu wissensbasierten Lösungen (HAGGITH 1991).

LOTSE , die im WATiS entwickelte Nutzerführung (KRASEMANN 1993, LEITHÄUSER 1992a. und 1992b, WILLMANN 1993), kann über direkt angeschlossene IBM-Terminals oder deren Emulationen über Netz gerufen werden. Der Nutzer wird über Menüs zu den gesuchten Daten geführt. Diese können mit Hilfe automatisch erzeugter SQL-Anfragen in eine Nutzerdatei geladen und über Netz auf den eigenen lokalen Rechner übertragen werden. Erfahrene Teilnehmer können die automatisch erzeugten Anfragen weiter modifizieren.

Eine weitere Version des LOTSEn, von dem erste Prototypen vorliegen, nutzt die Möglichkeiten der föderativen Datenhaltung des WATiS: die lokalen Daten werden hier gemeinsam mit den vollständigen Informationen der Nutzerführung unter ORACLE (Software ORACLE) verwaltet. Die Verbindung zur WADABA wird nur aufgebaut, wenn Nutzer weitere Daten aus der WADABA anfordern oder die Konsistenz ihres lokalen Datensatzes mit der WADABA überprüfen und wiederherstellen wollen.

Der LOTSE setzt immer auf der Metainformation der zentralen Datenbank auf. Die Suchpfade greifen auf einen Stichwortkatalog zurück, der bisher thematische Inhalte und Projekte enthält. Alle Stichworte erhalten eine eindeutige Nummer als Koordinate in einem zunächst unstrukturierten Suchraum. Die Beziehungen zwischen diesen Stichworten werden durch die Modelle möglicher Suchpfade geschaffen. Im LOTSEn ist ein hierarchischer Suchbaum eingebaut. Am Ende jedes Suchpfades stehen Verweise zu den zugehörigen Projekten und Sachdatentabellen.

Der LOTSE unterstützt weiterhin eine Orts- und Zeitbezogene Suche (WINTER 1994). Dies ist möglich, weil zu allen Projekten der Bezug von Sachdaten zu Ort und Zeit in einer gemeinsamen Form dargestellt ist. Die Fülle der Suchmöglichkeiten in diesen vier "Dimensionen" (thematische Inhalte, Projekte, Ort und Zeit) läßt sich durch indiviuelle Projektionen dieser Vierdimensionalität auf ein leicht überschaubares Maß bringen.

8 Informationssysteme im Verbund

Die Projektorientierung, die eine große Flexibilität bei Erweiterungen von Informationssystemen bietet, ist auch die Grundlage, verschiedene Untersuchungsräume und -themen zu verbinden. Die im WATiS entwickelten Methoden und Techniken werden ebenso für das Verbundprojekt der Elbeforschung, ELBE 2000, und der Bodden- und Oderästuarforschung, GOAP , bereits eingesetzt. Es werden zu WATiS parallele Informationssysteme installiert wie z.B. ELBiS. Es basiert auf derselben Hard- und Software, denselben Strukturen zur Koordinatenspeicherung und Dokumentation. Bei der Entwicklung dieser neuen Informationssysteme kann sich auf inhaltliche Fragen konzentriert werden, und technische Entwicklungen werden in synergetischer Verstärkung durchgeführt.

Von besonders großem Vorteil ist die gemeinsame Anwendung desselben Nutzerführungssystems LOTSE. Es ergibt sich somit für den Betrachter ein zusammenhängendes Gesamtbild der Forschungs- und Erhebungsaktivitäten.

9 Zusammenfassung und Ausblick

Das Wattenmeerinformationssystem WATiS stellt Informationen über Projekte und Daten einem komplexen Verbund von Forschung und Verwaltung in einer zentralen Datenbank zur Verfügung. Deren projektorientierte Struktur gewährleistet zusammen mit relationaler Datenbanktechnik die flexible und langfristige Speicherung der Daten. Die gemeinsam gehaltenen Sach-, Meta- und Geometriedaten bilden einen konsistenten Datensatz für das deutsche Wattenmeer, den beteiligte Institutionen als Referenz für eigenständige Weiterverarbeitung von Daten nutzen können.

Diese Konzepte, Methoden und Werkzeuge werden für den Aufbau des ELBiS übernommen und adäquat eingesetzt. Es wird auch im Elbeeinzugsgebiet ein gemeinsam gehaltener, konsistenter Datensatz zusammengestellt, den beteiligte Institutionen als Referenz für eigenständige Weiterverarbeitung von Daten nutzen können.

Das Nutzerführungssystem LOTSE ermöglicht den gezielten Datenzugriff und vervollständigt die "Informationsdrehscheiben WATiS und ELBiS".

In Zukunft werden plattformunabhängige Nutzerführungssysteme die föderative Datenhaltung stärker unterstützen. Es ist weiterhin vorgesehen, effektive Speicherungsformen für komplexe Sachdaten wie Rasterdaten, Zeitreihen, oder Ergebnisse numerischer Modellierungen zu implementieren wie auch Werkzeuge zur engen Verknüpfung von numerischen Modellen mit der Datenbank in Anwendung zu bringen.

Die Erreichbarkeit dieser Information in Computernetzen wird weiter ausgebaut. Nach der bereits guten Anbindung über "Remote Sessions', Dialogsitzungen an entfernten Rechnern, durch das Internet im Rahmen des Wissenschaftsnetzes ist für die nähere Zukunft auch eine Erreichbarkeit eines Teils der Infomationen über das WordWideWeb (WWW) geplant, womit eine breitere wissenschaftliche Öffentlichkeit angesprochen werden kann.

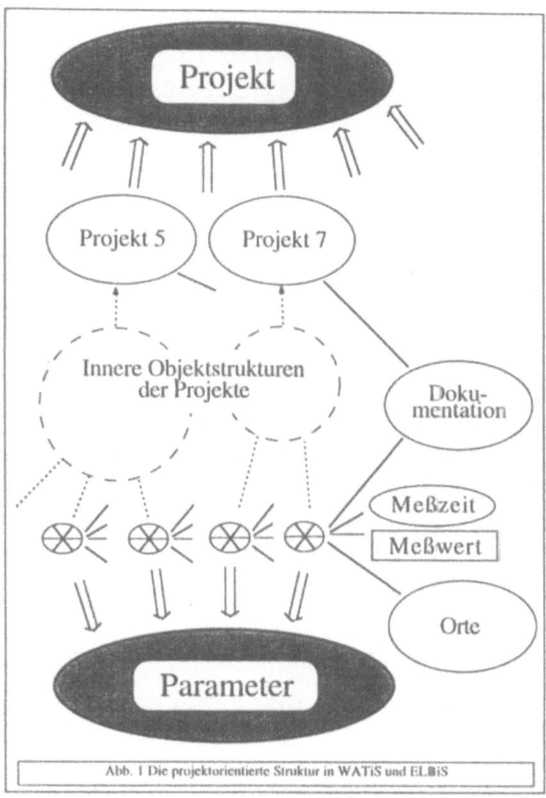

Abb. 1: Die projektorientierte Struktur in WATiS und ELBiS
Gefüllte Ellipsen zeigen Objektklassen, Doppelpfeile die hierarchischen Beziehungen; das Objekt an der Pfeilspitze steht hierarchisch höher. Die Darstellung der Parameter entspricht der aus Abb. 2.

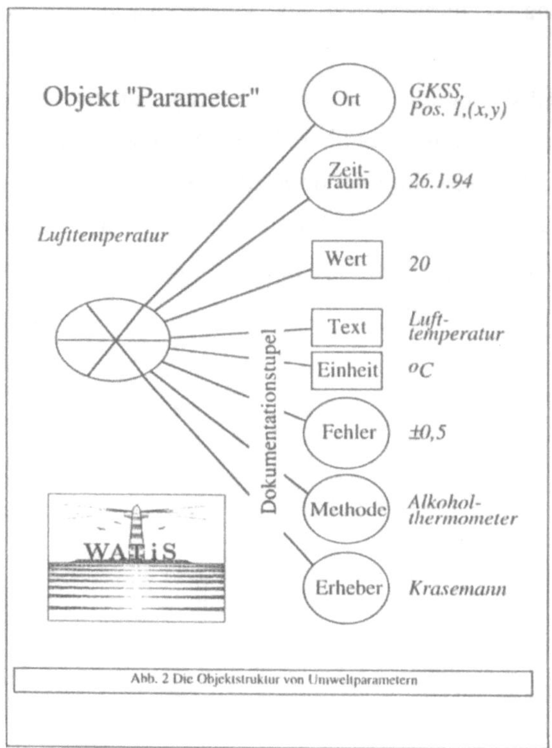

Abb. 2: Die Objektstruktur von Umweltparametern
Ellipsen symbolisieren zusammengesetzte Objekte, Rechtecke stehen für atomare Werte. Zur Illustration ist ein Beispiel in kursiver Schrift aufgeführt.

Referenzen

ARC/INFO. "ARC/INFO" der Firma ESRI. Environmental Research Institute, 380 New York Street, Redlands CA 92373, USA, or ESRI, Ringstr. 7, D 85402 Kranzberg.

CHA, S.K., 1990. Kaleidoscope: A Cooperative Menu-Guided Query Interface (SQL Version) Proc., 6. Conf. on Artificial Intelligence Applications, IEEE Computer Society Press, pp. 304-310.

DB2 "DB2". Relational Database Management System of the IBM corporation. Programing Publishing, P.O. Box 49023, San Jose CA 95161-9023, USA.

ELBE 2000. Leitprojekt "Elbe 2000" des Bundesministeriums für Forschung und Technologie, Federführung GKSS-Forschungszentrum Geesthacht.

GOAP. "Greifswalder Bodden- und Oderästuar-Austauschprozesse", Forschungsvorhaben des Bundesministeriums für Forschung und Technologie, Federführung Universität Greifswald und Universität Rostock.

HAGGITH, M.; STERWART-ZERBA, L.; DOUGLAS, P., 1991. BIRDZ: Making Ecological Data Digestible, in : Hälker, M.; Jaeschke, A. (Hrsg.) : Informatik für den Umweltschutz, 6.Symposium, Dez.1991, Proc., Informatik-Fachberichte 296, Springer, pp. 202-210.

IKSE 1990, "Internationale Kommission zum Schutz der Elbe (IKSE)" , der BRDeutschland, der Tschechischen Republik sowie der EU mit Sitz in Magdeburg.

KLÜGER, H., Bundesamt für Seeschiffahrt und Hydrographie, Hamburg.

KRASEMANN, H.L., 1992. Die konsistente Fortführung aller Daten im Wattenmeerinformationssystem WATiS, in : Günther, O.; Schulz, K.-P.; Seggelke, J. [Hrsg.]: Umweltanwendungen geographischer Informationssysteme - FAW Ulm, Oktober 1992. Beiträge zum Workshop "UGIS 1992 Geoinformationssysteme im Umweltschutz", pp. 127-133.

KRASEMANN, H.L., 1993. Nutzerführungssysteme für das Wattenmeerinformationssystem WATiS, in A. Jaeschke et al. (Hrsg.), Informatik für den Umweltschutz, 7. Symposium, Berlin, pp. 63-73.

KRASEMANN, H.L.; RIETHMÜLLER, R., 1994. WATiS - Das Informationssystem zur ökologischen Beobachtung des Wattenmeeres in Verbund von Forschung und Verwaltung, Geo-Informationssysteme, Vol. 7, No. 2, pp. 19-26

LEITHÄUSER, K., 1992a. Entwicklung eines Nutzerführungssystems für das Wattenmeerinformationssystem WATiS, Universität Hamburg, Fachbereich Informatik, Diplomarbeit, Juli 1992.

LEITHÄUSER, K. et al.,1992b, LOTSE - das Nutzerführungsystem der Wattenmeerdatenbank im WATiS, in Umweltdatenbanken-vom Konzept zum Schema, V.Matusall, H. Kremers und G.Behling (Hrsg.), Arbeitsbericht Nr. 112 des Fachbereichs Wirtschafts- und Sozialwissenschaften der Universität Lüneburg, pp. 26-31.

ORACLE. ORACLE for Macintosh Version 2.0, ORACLE Corporation, 1991.

REINHARDT, W. und M. SCHILCHER, 1993. Entwicklungsstrategie moderner GIS-Produkte am Beispiel von SICAD, Geo-Informationssysteme, Vol. 6, No. 6, pp. 2-8

SRU, 1990. Sondergutachten "Allgemeine ökologische Umweltbeobachtung" des Rates von Sachverständigen für Umweltfragen-Oktober 1990, Bundestagsdrucksache 11/8123, Bonn.

SVOBODA, L., 1984. Client/Server Model of Distributed Processing; Research Report, IBM Zürich Research Laboratory.

TMEG 1993, Integrated Monitoring Program of the Wadden Sea Ecosystem, Trilateral Monitoring Expert Group, UBA Forschungsbericht 108 02 896/02, Berlin 1993.

WILLMANN, D., 1993. Grafische Abfrage bei verteilter Datenhaltung für das Wattenmeerinformationssystem WATiS, Diplomarbeit, Universität Hamburg, Fachbereich Informatik.

WINTER, V., 1994., Erweiterung des Nutzerführungssystem LOTSE um einen kontextbezogenen Suchraum., Diplomarbeit, Universität Hamburg, Fachbereich Informatik. -.Abgabe III/1994 -

Belastungspotential: Elbenebenflüsse

Schwermetalle in den Sedimenten der Elbe und ihrer Zuflüsse

G. Müller, R. Furrer; Heidelberg

Bereits 1971 /1/ wurde die Elbe als das Gewässer der ("alten") Bundesrepublik mit der insgesamt höchsten Schwermetallbelastung der Sedimente, insbesondere mit Quecksilber und Cadmium, beschrieben. Die beim Cadmium gemessenen Konzentrationen wurden seinerzeit nur noch vom Neckar übertroffen. In einer 1985 durchgeführten Vergleichsuntersuchung /2/ ergab sich für Rhein (mit Neckar und Main), Weser, Ems und Donau generell ein starker Rückgang der Schwermetallbelastung, nicht jedoch für die Elbe, die nach wie vor ähnlich hohe Quecksilber- und Cadmiumkonzentrationen wie 1971 aufwies. Da es aus der ehemaligen DDR keine publizierten Daten über die Belastung der Gewässer mit Schadstoffen gab, konnte nur vermutet werden, daß die hohen Quecksilberwerte zu einem wesentlichen Teil aus Betrieben der Chloralkalielektrolyse nach dem Amalgamverfahren stammten.

Seit Juni 1991 ist zunächst damit begonnen worden, die Sedimente der Elbe-Nebenflüsse systematisch zu beproben, da vermutet wurde, daß ein Großteil der Belastungen über die Nebenflüsse in die Elbe eingetragen wird. Das System der Mulden, die Weiße Elster und ihre Zuflüsse werden durch die TU Freiberg bzw. die Sächsische Akademie der Wissenschaften und die Universität Leipzig bearbeitet (BMFT-Forschungsverbund "Elbe-Nebenflüsse, Teil 1"). Seit Oktober 1992 werden auch die Schwarze Elster (Universität Heidelberg), die Saale (TU Jena), die Havel und die Spree (FU Berlin) untersucht (BMFT-Forschungsverbund "Elbe-Nebenflüsse, Teil 2"). Die übrigen, hier nicht erwähnten Projektteilnehmer bearbeiten die Schwermetallbelastung der Schwebstoffe bzw. des Wassers oder erfassen organische Belastungen. Ebenfalls im Oktober 1992 wurde im Rahmen des BMFT-Verbundvorhabens "Erfassung und Beurteilung der Belastung der Elbe mit

Schadstoffen" erstmalig der gesamte Flußlauf der Elbe vom Riesengebirge (Tschechische Republik) bis zur Nordsee beprobt. Diese Beprobungskampagne wurde gemeinsam mit Mitarbeitern des GKSS-Forschungszentrums Geesthacht durchgeführt.

Die Untersuchungen dienen dazu, den Istzustand der Schwermetallbelastung festzustellen und das über die Sedimente zu erwartende Gefährdungspotential zu erkunden, um gegebenenfalls Sanierungsschwerpunkte zu ermitteln und Sanierungsziele zu erarbeiten.

Durch Naßsiebung wurde die Kornfraktion < 20 µm der Sedimente abgetrennt, und nach Königswasseraufschluß wurden die Konzentrationen der Elemente Hg, Cd, Pb, As, Cu, Cr, Ni, Co, Fe, Mn und Li mittels AAS (Flamme bzw. Graphitrohr) bestimmt. Die Bestimmung des Quecksilbers erfolgte mit der Kaltdampftechnik.

Die Ergebnisse für die Elemente Hg, Cd, Pb und Zn sind in Abbildung 1 graphisch dargestellt; zusätzlich sind in Tabelle 1 für sämtliche untersuchten Elemente einige statistische Parameter angegeben. Außerdem sind in Abbildung 1 die Belastungen der Nebenflüsse [1]direkt vor der Einmündung in die Elbe eingetragen. Zur Abschätzung des Ausmaßes der Anreicherung von Schwermetallen in den Sedimenten ist in Tabelle 1 die geogene "Background-Konzentration" ("Tongesteinstandard" nach Turekian und Wedepohl /3/) aufgeführt, da die Differenz zwischen gemessener Schwermetallkonzentration und jener des "Tongesteinstandards" in der Regel als Ausmaß des anthropogenen Eintrages interpretiert werden kann. Die Berechnung des Geoakkumulationsindexes (I_{geo}) und der daraus abgeleiteten I_{geo} -Klassen erfolgte nach /4/[1].

Die nachfolgende Diskussion des Belastungsgrades beruht ebenfalls auf dieser Klassifizierung.

1

Igeo - Klasse	0	1	2	3	4	5	6
Anreicherungs-faktor	<1	1-2	2-4	4-8	8-16	16-32	>32
Belastungs-grad	unbelastet	unbelastet bis mäßig belast.	mäßig belastet	mäßig bis stark belastet	stark belastet	stark bis übermäßig belast.	übermäßig belastet

Die hier mitgeteilten Ergebnisse spiegeln den Istzustand der Gewässersedimente etwa zwei bzw. drei Jahre nach der "Wende" wider. Obwohl in diesem Zeitraum ein Großteil der besonders umweltbelastenden Industriebetriebe stillgelegt wurde, kann aufgrund von Abriß- und Aufräumarbeiten nicht von Null-Emissionen ausgegangen werden. Eine schnelle Verbesserung der Wasser-, Schwebstoff- und Sedimentqualität, wie sie häufig erwartet wurde, ist seither selbst in dem seit langem gut untersuchten Gewässerabschnitt zwischen Schnackenburg und Hamburg nicht festgestellt worden. In den Jahresberichten der ARGE-Elbe /5/ werden für As und Zn (Schwebstoffuntersuchungen, Meßstation Schnackenburg) 1992 sogar noch steigende Konzentrationen angegeben; bei Hg, Cd und Pb ist 1992 erstmalig ein geringer Konzentrationsrückgang zu verzeichnen.

	Hg	Cd	Pb	As	Cr	Cu	Ni	Zn	Co	Li
Mittelwert	9,2	8,6	180	39	248	236	72	1500	22	32
Median	8,5	7,7	172	29	237	205	70	1385	22	31
Maximum	30,0	22,4	372	303	524	747	125	2920	33	47
Minimum	0,5	1,8	64	19	61	102	40	440	12	23
Background	0,4	0,3	20	13	90	45	68	95	19	66

Tab. 1: Zusammenstellung von statistischen Parametern der Kornfraktion < 20 µm. Die Meßergebnisse der Proben aus dem Ästuarbereich unter halb Hamburgs und aus den Mündungsbereichen der Nebenflüsse wurden nicht berücksichtigt. (Probenzahl = 60; alle Zahlenangaben in mg/kg)

Eine Zuordnung der gefundenen Belastungsschwerpunkte zu einzelnen Einleitern kann derzeit wegen fehlender aktueller Einleiterkataster /6/ und auch wegen der langen Schadstoffspeicherkapazität der Sedimente nicht vorgenommen werden. Die praktisch bei allen untersuchten Elementen gefundenen Bereiche teilweise übermäßiger Belastung nach dem Zufluß von Mulde und Saale (km 663), bei Tangermünde (ca. km 760) und zwischen Dömitz und Neu Darchau (km 880-905) scheinen vielmehr Akkumulationsfronten zu sein, die elbabwärts transportiert werden. Bei Hochwasserereignissen oder Baggerarbeiten in den zahlreichen Buhnenfeldern kann dieser "Selbstreinigungseffekt" der Flußsohle beschleunigt werden. Eine im Oktober diesen Jahres geplante erneute Sedimentbeprobung soll dazu dienen, diese Arbeitshypothese zu bestätigen.

Unmittelbar hinter Hamburg fallen die Konzentrationen sämtlicher Schwermetalle stark ab. Bei Hg, Cd, As, und Cu wird nahezu das "Background"-Niveau erreicht. Dies ist darauf zurückzuführen, daß der Hafen als Sedimentationsfalle wirkt, aus dem jährlich ca. 2 Mio. Tonnen Sediment ausgebaggert werden /7/. Dieses stammt überwiegend aus dem limnischen Bereich der Elbe, während von der Nordsee her gering belastetes marines Schwebgut stromaufwärts transportiert wird, das sich mit dem hochbelasteten Elbsediment vermischt. Über diesen "Verdünnungseffekt" wurde erstmalig in /8/ berichtet; er ist seitdem mehrfach bestätigt worden /9,10,11/.

Co, Ni, Cr, As - keine bis mäßige Belastung

Mit wenigen Einschränkungen gilt dies auch für Arsen. Mit Ausnahme von drei Probenahmestellen kann der gesamte Flußverlauf als unbelastet bis mäßig belastet eingestuft werden. Hohe Arsenkonzentrationen werden nur durch die Mulde zugeführt, die bei ihrer Einmündung in die Elbe bei Dessau stark belastet ist. Die hohe As-Belastung der Mulde ist sicherlich zum Teil bereits geogen bedingt, da das sächsische Erzgebirge eine geochemische Provinz mit generell erhöhten As-Konzentrationen darstellt. Als Folge des Bergbaus kommt eine starke anthropogene Belastung hinzu, wobei hier Haldensickerwässer, auch des historischen Bergbaus, eine entscheidende Rolle spielen. Weitere Belastungsquellen stellen die Hüttenindustrie im Freiberger Raum sowie die chemische Industrie bei Wolfen/Bitterfeld dar. Die Arsen-Anreicherung in den Muldesedimenten ist jedoch in den Elbsedimenten bereits nach wenigen Kilometern nicht mehr nachzuweisen. Außerdem kann davon ausgegangen werden, daß die durch die Mulde eingetragene Arsenfracht praktisch ausschließlich aus dem stark bis übermäßig stark belasteten Bereich zwischen Bitterfeld und Dessau stammt. Übermäßige Belastungen, die streckenweise in der Freiberger Mulde, der Zschopau und der Zwickauer Mulde auftreten, lassen sich in der vereinigten Mulde nicht mehr nachweisen. Nach dem

Bitterfelder Muldestausee, der quasi als Sedimentationsfalle der Mulde bezeichnet werden kann, tritt "nur noch" I_{geo} -Klasse 3 (mäßig bis stark belastet) auf.

Pb, Cu - mäßige bis mäßig bis starke Belastung

Die Belastung der Sedimente der Elbe ist über weite Fließstrecken in den Klassen mäßig und mäßig bis stark belastet einzuordnen, d.h. beide Schwermetalle sind gegenüber dem Tongesteinstandard maximal 8fach angereichert.
Bei Blei wurde an einigen Probenahmestellen nach dem Zufluß von Mulde und Saale (jeweils stark belastet) sowie der Havel (stark bis übermäßig belastet) sogar eine bis zu 16fache Anreicherung festgestellt. Der Zufluß der Havel wirkt sich mit Ausnahme von Blei und Zink immer verdünnend aus. Die höchsten Bleikonzentrationen überhaupt treten in der Freiberger Mulde zwischen dem Zufluß des Münzbaches bei Freiberg und der Vereinigung mit der Zwickauer Mulde auf. In diesem Gewässerabschnitt ist die Freiberger Mulde fast durchweg übermäßig belastet. Die gesamte vereinigte Mulde weist eine starke Belastung auf. Es muß jedoch davon ausgegangen werden, daß auch beim Blei höhere geogene Belastungen vorliegen, da sämtliche Quellbäche auch in den Oberläufen zumindest mäßig bis stark belastet sind.
Stark bis übermäßig belastet ist ebenfalls die Triebisch, die bei Meißen in die Elbe mündet. Deren Belastung wird durch das Buntmetallbergbaugebiet im Freiberger Raum verursacht, das zum großen Teil über den Rothschönberger Stollen in die Triebisch und damit in die Elbe entwässert wird.

Hg, Cd, Zn - starke bis übermäßige Belastung

Die höchsten Schwermetallanreicherungen der Elbe wurden bei den Elementen Quecksilber, Cadmium und Zink gefunden. Quecksilber ist bereits an der tschechisch-deutschen Staatsgrenze mehr als 20fach angereichert, d.h. die Sedimente sind als stark bis übermäßig belastet einzustufen. Nach Mitteilung der tschechischen Mitarbeiter des Elbe-Verbundvorhabens sind diese Belastungen auf zahlreiche Chemiebetriebe nahe der Stadt Pardubice (Meßpunkt Valy, Fluß-km 148) und auf

Einschwemmungen aus dem kleinen Nebenfuß Bilina (Mündung in die Elbe ca. 40 km vor der Staatsgrenze) zurückzuführen. Nach dem neuen tschechischen Einleiterkataster /12/ werden von den 16 größten kommunalen und industriellen Einleitern insgesamt ca. 2,4 kg Quecksilber pro Tag in die Elbe bzw. ihre Zuflüsse eingeleitet. Allein in die Bilina, deren Abfluß nur 7,6 m^3/s beträgt, gelangen etwa 30% der gesamten tschechischen Quecksilbereinleitungen. Zwischen Dresden und dem Zufluß der Mulde tritt eine geringfügige Verbesserung der Sedimentqualität auf, so daß sich hier mäßige und mäßig bis starke Belastungen abwechseln. Die höchsten Quecksilbergehalte überhaupt (teilweise übermäßige Belastungen) treten nach dem Zufluß der Saale und vor Hamburg auf.

Auch in Bezug auf Cadmium sind die Sedimente bereits in der tschechischen Republik überwiegend stark belastet. Im Bundesgebiet tritt eine schwache Verdünnung bis zur Einmündung der Triebisch auf, deren Sedimente mit 220 mg/kg (Anreicherungsfaktor 480!) übermäßig belastet sind und zu starker bis übermäßig starker Belastung der Elbsedimente führen. Eine erneute Zunahme der Cadmium-Belastung tritt nach der Einmündung der Mulde auf, deren Sedimente ebenfalls übermäßig mit Cadmium belastet sind, was sich sowohl aus der erhöhten geologischen Hintergrundbelastung in den Oberläufen von Freiberger- und Zwickauer Mulde als auch aus punktförmigen industriellen Einleitungen der Hüttenindustrie bei Freiberg und der Herstellung von Ni-Cd-Akkumulatoren bei Glauchau ergibt /13/. Das Mulde-Einzugsgebiet ist sicherlich das am höchsten mit Cadmium belastete in Deutschland. Praktisch der gesamte Verlauf der Zwickauer-, Freiberger- und vereinigter Mulde ist als übermäßig belastet einzustufen.

Zink ist das einzige Metall, das in Fließrichtung eine nahezu kontinuierliche Konzentrationszunahme aufweist. Übermäßig belastet ist wiederum das Sediment der Triebisch, auch die Havel zeigt im Mündungsbereich starke bis übermäßige Belastung. Von den Nebenflüssen sind die Mulde und die Weiße Elster am höchsten mit Zink belastet. Vorherrschend sind starke bis übermäßige Belastungen. Im Raum Freiberg treten übermäßige Belastungen auf.

Li - geogenes Leitelement

Lithium ist das einzige Metall, das über den gesamten Flußverlauf, also auch über den Ästuarbereich hinaus in die Nordsee, nahezu gleichbleibende Konzentrationen in den Sedimenten aufweist. Der arithmetische Mittelwert beträgt 32±4 mg/kg. Dieser Befund bestätigt erneut die Eignung von Lithium als geogenes Referenzelement in Sedimenten und Böden /16,17/. Eine routinemäßige Erfassung des Lithiums war in den Nebenflüssen nicht vorgesehen.

U - Uranbergbau und Aufbereitung

Höhere Uranbelastungen sind praktisch ausschließlich auf die Mulde und Weiße Elster beschränkt. Die Zwickauer Mulde ist durch die Bergbauaktivitäten der Wismut AG fast ausnahmslos stark bis übermäßig belastet. Die Weiße Elster ist durch die Uranerzaufbereitung bei Gera/Ronneburg bis kurz vor Leipzig sogar übermäßig belastet. Die Auswirkungen dieser Belastungen auf die Elbsedimente können als gering eingeschätzt werden.

Es sei abschließend noch angemerkt, daß bei der Zusammenstellung dieser Übersicht zur Schwermetallbelastung der Sedimente im Elbe-Einzugsgebiet Daten von der Havel nur im Mündungsbereich vorlagen. Dasgleiche gilt für sämtliche tschechischen Elbe-Nebenflüsse. Die Schwarze Elster wurde in dieser Diskussion ebenfalls nicht berücksichtigt, obwohl hier ein umfangreiches Zahlenmaterial vorliegt. Die Schwarze Elster als viertgrößter deutscher Elbe-Nebenfluß hat jedoch keinen signifikanten Einfluß auf die Sedimentqualität der Elbe. Allerdings wird die Vorbelastung der Elbe auch nicht verringert im Sinne eines Verdünnungseffektes.

Literatur:

/1/ Banat, K., Förstner, U., Müller, G.: Naturwissenschaften 59, 525-528 (1971)

/2/ Müller, G.: Bild der Wissenschaft 10, 75-97 (1985)

/3/ Turekian, K., Wedepohl, K.H.: Bull. Geol. Soc. Am. 72, 175-192 (1961)

/4/ Müller, G.: Umschau 24, 778-783 (1979)

/5/ ARGE-Elbe: Jahrestafeln zur Schwermetallbelastung der Elbe (1988-1992)

/6/ Anonymus: Einleiterkataster der DDR, 76 S. (1989)

/7/ Strom- und Hafenbau, Wirtschaftsbehörde der Freien und Hansestadt Hamburg: Informationen zum Hamburger Baggergut (1993)

/8/ Müller, G., Förstner, U.: Envir. Geol. 1, 33-39 (1975)

/9/ Salomons, W., Schwedhelm, E., Schoer, J., Knauth, H.: In "JAWPRC/ JSWPR specialized conference on coastal estuarine pollution, Nr. 119" (1987)

/10/ Vollmer, M., Hudec, B., Knauth, H., Schwedhelm, E.: In "Estuarine Water Quality Management - Monitoring, Modelling and Research" Springer, Heidelberg, 153-158, (1990)

/11/ Put. A. v., Grieken, R. v., Wilken, R.-D., Hudec, B.: Wat. Res. 28, 643-655 (1994)

/12/ Anonymus: Einleiterkataster der Tschechischen Republik 3 S. (1994)

/13/ Beuge, P., Klemm, W., Starke, R.: Heidelberger Geow. Abh. 67, 9-10 (1993)

/14/ Müller, G.: In "Altsedimente in den Stauhaltungen des Neckars" - Berichte des Regierungspräsidiums Stuttgart (1993)

/15/ Noe, K.: Heidelberger Geow. Abh. 36, 184 S. (1990)

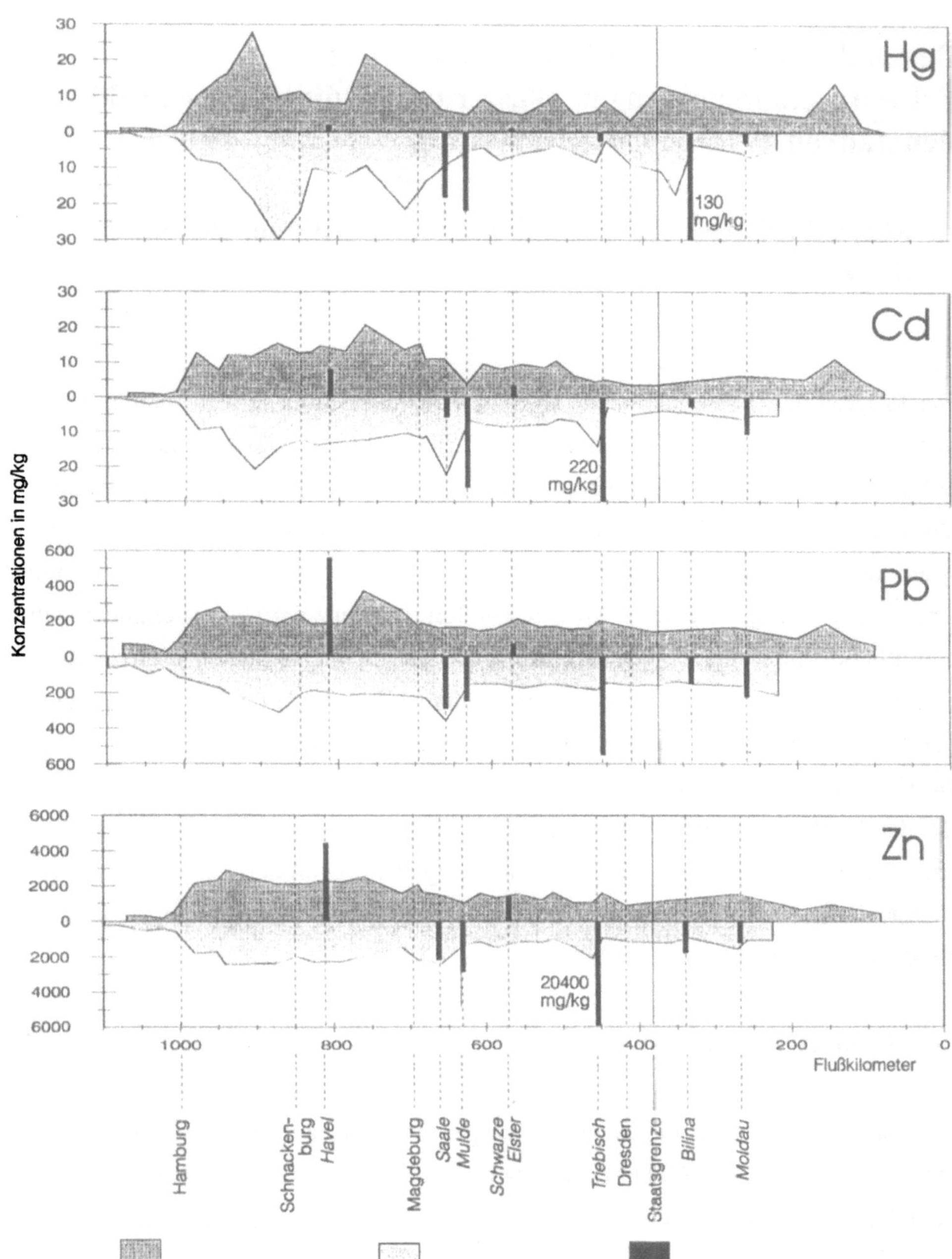

Abb. 1: Ausgewählte Ergebnisse der Schwermetallbestimmungen in den Sedimenten der Elbe. (Kornfraktion < 20 µm; Beprobung 09.10.-25.10. 1992)

Bestandsaufnahme und Interpretation der Schwermetallbelastung in Wasser und Sediment der Mulde in den Jahren 1991 - 1993

A. Kluge, P. Beuge, A. Greif, T. Hoppe, W. Klemm, R. Starke; Freiberg

Das Programm der Internationalen Kommission zum Schutz der Elbe beinhaltet neben der Untersuchung der Belastung der Elbe auch die Bestandsaufnahme des Schadstoffpotentials der Elbenebenflüsse. Seit 1991 wurden jährlich 2 Beprobungskampagnen an der Mulde durchgeführt, die mit Detailuntersuchungen und Fall-analysen untersetzt werden. Dabei sind ca. 25 Parameter, u.a. die Arsen- und Uraniumbelastung, untersucht worden. Die Repräsentanz der Untersuchungen, jahreszeitliche Unterschiede in der Schwermetallführung und zeitliche Ver-änderungen der Schadstofffrachten infolge der industriellen und landwirtschaftlichen Umstrukturierungen in Sachsen sind zu untersuchen und in ihrer Auswirkung auf die Elbe zu beurteilen. Es sind im Rahmen des vom BMFT geförderten Projekts "Bestandsaufnahme der Schwermetallsituation in den Gewässersystemen von Mulde und Weißer Elster im Hinblick auf die zukünftige Gewässergüte; Teilprojekt 2: Freiberger, Zwickauer und vereinte Mulde" (02-WT-9113/9) Aussagen zu Belastungsursachen und Sanierungsmöglichkeiten zu treffen.

1. Gebietscharakteristik

Die Mulde mit ihren Stammflüssen Freiberger und Zwickauer Mulde entwässert ein Einzugsgebiet von ca. 7600 km^2. Sie überwindet von den Quellregionen im oberen Erzgebirge bis zu ihrer Mündung in die Elbe bei Dessau einen Höhenunterschied von fast 1200 m.

Die ursprünglich geogene Grundlast des Erzgebirges an umweltrelevanten Elementen wurde bereits durch den historischen Bergbau beeinflußt. Grubenbaue (mit teilweise

extrem sauren Stollenwässern), Pingen und Aufhaldungen (mit Haldensicker-wässern) führten frühzeitig zu einer Metallanreicherung.
Auch die im Zuge der Erzverhüttung angesiedelte Industrie ist in unterschiedlichem Maße an der Gesamtbelastung und Dispersion der Schwermetalle beteiligt. Im Einzugsgebiet sind weiterhin zahlreiche Industriestandorte der metallverarbeitenden, Textil- und Papierindustrie vertreten.
Die mittlere Bevölkerungsdichte liegt bei 291 Einwohnern/km². Ein unvollständiges Kläranlagennetz wirkt sich besonders in dichter besiedelten Gebieten, wie z.B. im Großraum Chemnitz-Zwickau mit bis zu 1000 Einwohnern/km², negativ auf die Gewässerbeschaffenheit aus.
Der langjährige Mittelwert (1961-1991) des Abflusses der Mulde in die Elbe beträgt 75,2 m³/s am Pegel Dessau, die Abflußspende der Mulde für das gesamte Ein-zugsgebiet 12 l/s*km². Im hydrologischen Jahr 1992 transportierte die Mulde durchschnittlich 69,4 m³/s Wasser in die Elbe. Die Mulde lieferte der Elbe 1992 20,6% ihrer Wassermenge (bei Aken).

2. Durchgeführte Untersuchungen

Seit September 1991 fanden halbjährliche Untersuchungen an 22 Punkten der Freiberger, 18 Punkten der Zwickauer, 15 Punkten der vereinten Mulde und an den 11 wichtigsten Zuflüssen statt, die mit dem Institut für anorganische und angewandte Chemie der Universität Hamburg koordiniert durchgeführt wurden.
Im Herbst 1991 und 1992 erfolgten zusätzliche Beprobungen zahlreicher Nebenflüsse, um Quellen des Schwermetalleintrages lokalisieren zu können.

Zum umfangreichen Untersuchungsprogramm gehören Vor-Ort-Messungen von Luft- und Wassertemperatur, pH- und Eh-Wert, Leitfähigkeit, Sauerstoffgehalt, Ammonium sowie der Anionen Nitrat, Nitrit, Sulfat, Chlorid, Hydrogenkarbonat und Phosphat.
Der Schwebstoff wurde durch Druckfiltration über 0,45-µm-Celluloseacetat- und Glasfaserfilter abgetrennt, um daran sowohl den Schwermetallaufschluß mit Königs-

wasser in der Mikrowelle als auch die Bestimmung des Glühverlustes durchführen zu können.
Durch Naßsiebung und anschließende Gefriertrocknung wurde die Sedimentfraktion < 20 µm gewonnen und anschließend mit Königswasser in einer Behrotest-Apparatur aufgeschlossen.
Für die Analysen der Elemente Al, As, Pb, Fe, Mn, Zn, Cd, Ni, Cu, Cr, Co, U und Cd standen ein ICP- und ein AAS-Gerät zur Verfügung.
Die Messungen wurden ständig durch äußere (Ringanalysen mit Realmaterial und zertifizierten Proben) und innere (Doppelbestimmungen und interne Kontrollprobe aus dem Stausee Glauchau) Kontrollen auf ihre Richtigkeit überprüft.
Die Gesamtheit der bei den Probenahmekampagnen sowie bei speziellen Detailuntersuchungen gewonnenen Daten wurde gemeinsam mit geographischen und geologischen Informationen in einem Gewässerinformationssystem auf der Basis einer GIS-Software zusammengefaßt. Dieses Gewässerinformationssystem nimmt durch die Möglichkeit zur interaktiven Interpretation, die Herstellung thematischer Karten sowie die Möglichkeit der Verknüpfung mit Softwarepaketen zur statistischen Auswertung eine zentrale Stellung bei der Projektbearbeitung ein.

3. Ergebnisse

Die Oberflächenwässer im Einzugsgebiet der Mulde sind im allgemeinen als hydrogenkarbonatisch-sulfatisch zu bezeichnen.
Die Belastung von Mulde und Elbe mit Stickstoffverbindungen, Phosphat und Schwermetallen ist von 1991 bis 1992 rückläufig. Jedoch sinken die Gehalte in der Elbe - außer dem Phosphat - schneller, so daß die Mulde immer noch belastend auf die Elbe wirkt.
Ein Problem ist die Versauerungstendenz der Oberläufe und Talsperren des Muldensystems in forstwirtschaftlich genutzten Gebieten mit pH-Werten um pH=6,0. Ihre Lage im Kristallinbereich (Gneis, Glimmerschiefer, Granit) bedingt ein Ca-armes Wasser. Atmosphärische Schwefel- und Stickstoff-Immissionen aus dem nordböhmischen Raum und saure Bodenlösungen aus dem Humus der Nadelholzkulturen können sich besonders kritisch auf Lösungsprozesse von Schwermetallen auswir-

ken. Dem entgegen wirken pH-Werte über pH=8 aus Nebenfließgewässern (z.B. der Chemnitz) mit hoher Bevölkerungsdichte.
Anhand der Schwermetallanalysen zeigt sich bereits die Spezifik der Einzugsgebiete, was hier an zwei Beispielen aus dem Bereich der Zwickauer Mulde verdeutlicht werden soll.

(1) Im Lagerstättengebiet Aue-Schlema werden die Elemente Arsen, Kupfer, Nickel und Uranium mobilisiert und durch Nebenflüsse in die Zwickauer Mulde transportiert. Neben der Beeinflussung durch Mineralisationen und bergbauliche Aktivitäten im Oberlauf von Schwarz- und Pöhlwasser, kommt es im Unterlauf zum verstärkten Zufluß aus den Kommunen und der angesiedelten metallverarbeitenden Industrie.

(2) In den letzten Jahrzehnten wurden im Aue-Schlema-Schneeberger Lagerstättenrevier in großem Umfang Uranerze abgebaut. Von einer normalen geogenen Grundlast (< 10 µg/l) kann nur im Bereich von Tannenbergsthal bis zur Mündung des Schwarzwassers ausgegangen werden. Dort findet ein erster bergbaubedingter Uraniumeintrag statt, dessen Ursachen im Lagerstättenbezirk Pöhla zu suchen sind. Durch Laugungs- und Auswaschungsprozesse in den an den Ufern der Zwickauer Mulde aufgeschütteten Halden des Uranerzabbaus der SDAG Wismut und Abwässern aus Grubenbetrieben und Betriebsanlagen wird der Uraniumgehalt des Flußwassers zwischen Niederschlema und Wiesenburg bis auf über 100 µg/l erhöht. In Crossen nördlich von Zwickau befand sich eine Uranerzaufbereitungsanlage, deren Laugungsrückstände in eine 1956/57 im Tal des Helmsdorfer Baches angelegte ca. 200 ha große industrielle Absetzanlage überführt wurde, die jedoch über keine Basisabdichtung verfügte. Das Wasser des Helmsdorfer Baches ist nicht nur reich an Uranium (bis 600 µg/l), sondern führt auch erhebliche Mengen an Sulfat und Hydrogenkarbonat, die die Bildung von löslichen Uranylkomplexen ermöglichen und so eine Sedimentation vorerst erschweren. Erst bei einer grundlegenden Änderung des geochemischen Milieus in der Zwickauer Mulde geht das Uranium in das Sediment über.

Die Flußsedimente der Mulde weisen unterschiedliche Schwermetallbelastungen auf. Es zeigt sich eine, auch durch die Schwebstoffe widergespiegelte, charakteristische Verteilung der Elemente auf die Teileinzugsgebiete und deren Nebenfließgewässer. Die Freiberger Mulde ist besonders durch die Elemente Arsen, Blei, Cadmium, Kupfer, Zink gekennzeichnet, die unterhalb des Freiberger Lagerstättenbezirks und der Hüttenwerke übermäßig stark angereichert sind. Dabei setzt sich der Einfluß von Zink, Blei und Cadmium nach dem Zusammenfluß mit der Zwickauer Mulde in der vereinten Mulde fort. Charakteristische Elemente für die Zwickauer Mulde sind Cobalt, Kupfer, Mangan, Nickel und Uranium aus dem dortigen Lagerstättenbezirk sowie Chrom durch industrielle Einleiter.
Die Auswertung der Arbeiten wurden durch Kartendarstellungen der Geo-Indizes nach Müller /1/ unterstützt. Dabei wurde aufgrund des großen Anteils extrem hoher Werte für die Elemente Cadmium und Arsen die I_{geo}-Klasse 7 "extrem belastet" eingeführt.
Tagesfrachtberechnungen sollen Aussagen zur Beeinflussung der Elbe unterstützen. Die gelöste Fracht nimmt proportional zum Abfluß zu, so daß die vereinte Mulde in der Regel die höchsten Frachten zeigt. Ausnahmen ergeben sich hier durch die extrem hohen gelösten Gehalte (Zn, Cd) in der Freiberger Mulde. Auch Nebenflüsse können im Vergleich zum Hauptfluß extreme Frachten aufweisen. So transportiert das Schwarzwasser größere Mengen Schwebstoff mit Arsen, Kupfer, Cobalt, Nickel und Uranium in die Zwickauer Mulde. Im Muldesediment zeigen sich nach dieser Einmündung besonders bei Nickel und Uranium stark erhöhte Gehalte.
Eine vorteilhafte Strukturierung der Ergebnisse ermöglichte die Auswertung mit Hilfe der Faktorenanalyse. Dabei konnten vier sehr varianzstarke und konsistente Faktoren ermittelt und interpretiert werden:

- ein Faktor der allgemeinen anthropogenen Salzbelastung im Wasser (vor-wiegend kommunale Abwässer) mit hoher Faktorladung der elektrischen Leit-fähigkeit, des pH-Wertes, der im Wasser gelösten Anionen: Cl^-, SO_4^{2-}, HCO_3^- sowie Alkali- (Na^+, K^+) und Erdalkali-Kationen (Ca^{2+}, Mg^{2+})
- ein Faktor der Belastung durch Buntmetallbergbau und -verhüttung sowie -verarbeitung. Dieser Faktor wird durch hohe Faktorladungen von Pb, Zn, As,

Cu im Sediment, sowie Pb, Zn und Cd im Wasser charakterisiert und ist sehr spezifisch für den Unterlauf der Freiberger Mulde ab Freiberg

- ein weiterer Faktor drückt sich vor allem durch hohe Faktorladungen für Ni und Cr im Sediment aus. Dieser Faktor tritt verstärkt im Bereich der Zwickauer Mulde auf. Er ist als Ursachenkomplex aus höherem natürlichen Nickeleintrag (BiCoNi-Mineralisationen im Westerzgebirge), Nickelverhüttung und weiteren gewerblichen Ni- und Cr-Emittenten anzusehen.
- ein vierter Faktor mit hohen Ladungen für Fe, Mn und Co im Sediment, der verstärkt in den Oberläufen der Flüsse sowie in waldreichen Teileinzugs-gebieten auftritt, wird als Prozeß der Ausfällung der durch Bodenversauerung in den Wäldern mobilisierten Elemente in neutraleren Fließgewässern (pH-Wert um 7) gedeutet.

4. Zusammenfassung

Die Zusammensetzung von Wasser, Schwebstoff und Sediment des Fließgewässersystems der Mulde wird durch die chemische Zusammensetzung des Gebietes bestimmt, in dem der Abfluß gebildet wird.

Aus der verschiedenartigen geologischen und industriellen Situation sind deutliche Unterschiede in der Elementverteilung der verschiedenen Gewässer zu diagnostizieren. Das Einzugsgebiet der Freiberger Mulde ist als eine Pb-Zn-Cd-Cu-(As)-Provinz, das der Zwickauer Mulde als eine Ni-Cr-Cu-U-(As)-Provinz aufzufassen.

Daraus geht auch hervor, daß diese Metallprovinzen ihren Elementaustrag

- aus diffusen Eintragsmechanismen wie Staub- und Bodeneinspülungen
- aus Stollenwässern abgeworfener Grubenbaue
- aus kommunalen und industriellen Einleitungen

in den Fließgewässern bündeln und in die Elbe verfrachten.

Literatur

/1/ Müller, G.: Umschau 24 (1979) 778-783

Die wichtigsten Belastungsquellen und ihr Einfluß auf die Wassergüte im Meßprofil Moldau-Zelčín im Jahre 1993

K. Forejt, J.Válek, V.Kulhánek, J.Goldbach; Praha

Im Zusammenhang mit dem nationalem Elbeprojekt konzentrierte sich das Hauptinteresse der Wasserwirtschaftler aus vielen Sachgründen auf die Problematik der Elbe. Die Moldau ist jedoch ihr wichtigster Zufluß. Anliegen dieses Beitrages ist es, einige Informationen über diesen wasserwirtschaftlich bedeutsamen Fluß zu vermitteln.

Die Moldau entspringt im Böhmerwald in der Höhe von 1172 m ü.M. und bildet die Hauptachse des böhmischen Flußsystems. Ihre Länge von der Quelle bis zur Mündung in die Elbe beträgt 430,3 km, die Gesamtfläche des Einzugsgebietes beträgt etwa 28.000 km^2. Der durchschnittliche Jahresdurchfluß an der Mündung in die Elbe beträgt 151 m^3/s, was den durchschnittlichen Durchfluß der Elbe (98 m^3/s) um etwa 50% überschreitet. Beim Vergleich spezifischer Abflüsse ist die Moldau jedoch weniger wasserreich als die Elbe ($qa=5{,}39 \cdot l \cdot s^{-1} \cdot km^{-2}$ die Moldau, $qa=7{,}15 \cdot l \cdot s^{-1} \cdot km^{-2}$ die Elbe). Verhältnismäßig großer Wasserreichtum, allerdings bei beträchtlicher Schwankung der Durchflüsse, war der Grund für den Ausbau einiger Staustufen, in der ersten Phase hauptsächlich wegen der Verlängerung der Schiffbarkeit. Verhältnismäßig großes Gefälle, und vor allem dann der vollendete Ausbau der Talsperren Slapy, Orlík und Kamýk stimmten dann für die energetische Nutzung dieses System.

Die bedeutendsten Zuflüsse der Moldau sind von der rechten Seite die Malše, Lužnice und Sázava, von der linken dann die Otava und Berounka.

Die schematische Darstellung des Flusses befindet sich im Graph Nr. 1, hydrologische Charakteristiken und installierte energetische Leistung in den nachfolgenden Tabellen.

Der Ausbau der Talsperren in den Jahren 1930-1966 änderte gänzlich das ursprüngliche natürliche Aussehen des Flusses. Die Entfaltung der Industrieproduktion und die Kollektivierung der Landwirtschaft gemeinsam mit weiteren anthropogenen Faktoren übten einen negativen Einfluß auf die Entwicklung der Gewässergüte im gesamten Flußlauf aus. Durch den konzentrierten Ausbau von Kläranlagen in den 60er und 70er Jahren gelang es jedoch, den größten Teil der schnell abbaubaren organischen Belastung zu eliminieren.

Benennung	Flußkm km	Umfang Mio m^3	Fläche km^2	Durchfluß $m^3.s^{-1}$	el.Leistung MW
SB Vrané	71.3	11.1	2.5	110	13.9
SB Štěchovice	84.4	11.2	1.2	85.5	22.5
SB Slapy	91.6	269	13.9	84.6	144
SB Kamýk	134.7	18.8	1.4	83.7	48
SB Orlík	144.7	717	23.7	82.5	400
SB Kořensko	200.4	2.8	1.0	52.5	3.4
SB Hněvkovice	210.4	22.2	3.1	30.8	7.8
SB Lipno 2	329.6	306	48.7	13.7	120
SB Lipno 1	319.1	1.7	0.45	13.7	1.5

Tab.1: Staustufen an der Moldau - Technische Angaben und hydrologische Charakteristik

Als Folge der unvollständigen Reinigung des Wassers (vom Standpunkt der Eliminierung der Nährstoffe aus) sind jedoch die eutrophisierenden Prozesse praktisch in der ganzen Flußlänge, besonders dann in den Staubecken, vorhanden.

Die wichtigsten Zuflüsse der Moldau - Berounka, Sázava, Lužnice und Otava - entwässern ziemlich dichtbewohnte Gebiete mit intensiver Landwirtschaft. Vor allem in den unteren Gebieten ihrer Flußläufe gibt es aus diesen Gründen einen Überschuß an Nährstoffen.

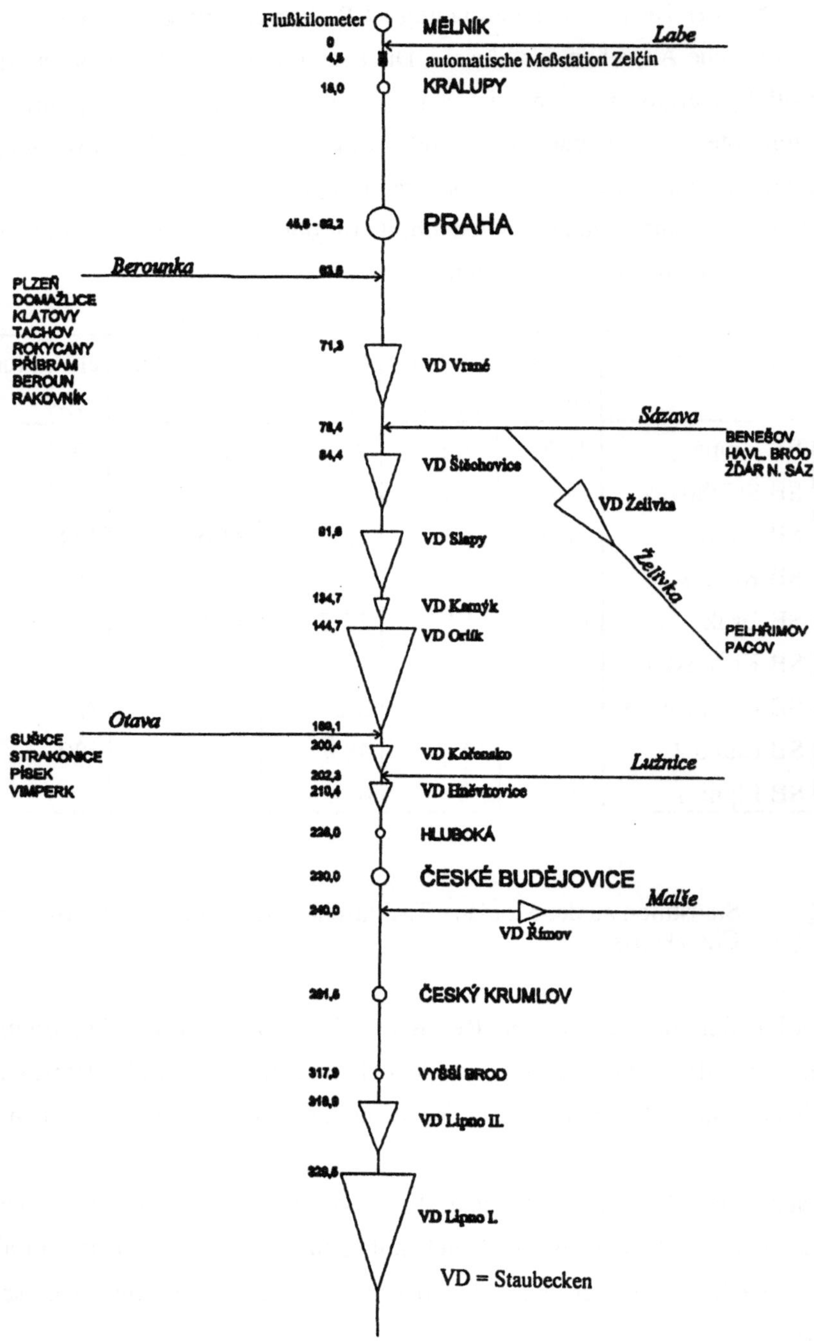

Graph 1: MOLDAU - Schematische Darstellung des Flusses

Benennung	Flußkilometer km	Q_a $m^3.s^{-1}$	Q_{355} $m^3.s^{-1}$
Moldau-Vraňany	11.5	149	26.4
Moldau-Modřany	62.2	147	25.8
Moldau-Vrané	71.3	110	20.4
Moldau-unter Slapy	91.6	84.9	16.2
Moldau-unter Orlík	144.7	82.5	15.7
Moldau-Zvík.podhradí	169.0	56.2	9.7
Moldau-Týn n.Vltavou	200.0	55.2	9.4
Moldau-Č.Budějovice	235.0	20.7	5.2
Moldau-Vyšší Brod	319.7	13.7	2.8
Bach Bakovský-Mündung	20.0 L	0.80	0.14
Bach Zákolanský-Mündung	19.0 L	0.63	0.11
Berounka-Mündung	63.6 L	36.0	5.4
Sázava-Mündung	78.4 R	25.2	3.5
Otava-Mündung	169.1 L	26.0	5.9
Lužnice-Mündung	202.3 R	24.3	2.9
Malše - Mündung	240.0 R	6.9	1.1

Tab.2: Hydrologische Charakteristik der Moldau und der wichtigsten Zuflüsse

Die linksseitigen Zuflüsse der Moldau im Bereich der Flußkilometer 17 - 27 bringen eine Belastung aus dem Gebiet von Kladno - Hüttenproduktion und kampagneartige landwirtschaftliche Verunreinigung aus den Zuckerfabriken - mit.
1992 wurden für Bedürfnisse des Kernkraftwerkes Temelín bei Týn nad Vltavou die Wasserbecken Hněvkovice und Kořensko vollendet.

Belastung

Der wichtigste Verunreiniger des oberen Flußlaufes (Flußkm 288) waren bis vor kurzem die Jihočeské papírny (Südböhmische Papierfabriken) Větřní (Betrieb für

Herstellung von Sulfitzellulose), die viele Jahre auf markante Art eine Partie des Flusses bis zur Mündung in die Talsperre Orlík (Adlersbecken) beeinflußt haben. Durch konzentrierte Investitionstätigkeit, Abführung eines Teiles der Abwässer in die städtische Kläranlage in Český Krumlov, Installation technologischer Anlage (Verdampfer) im Betrieb Větřní hat sich die Gewässergüte unterhalb von diesem Verunreinigungseinleiter in den letzten Jahren wesentlich verbessert. Gegenwärtig ist für den oberen Flußlauf, vom Standpunkt der Verunreinigung aus, der Zufluß der Abwässer aus der Stadt České Budějovice entscheidend.

Verunreiniger	Fluß	Menge Mio m^3/J	BSB_5 t/J	CSB t/J	AS t/J	P_{gesamt} t/J
KA Krumlov	Moldau	14.2	71.1	1 510	548	3.8
KA Č.Budějovice	Moldau	22.2	1 343	3 550	787	16
KA Tábor I	Lužnice	3.662	94	154	60	13
KA Tábor II	Lužnice	6.225	48	520	37	33
KA Strakonice	Otava	5.836	435	1 278	403	16
KA Písek	Otava	4.326	93	7.3	104	15

Tab.3: Hauptquellen der Verunreinigung im Bereich der Oberen Moldau 1993

Beim Durchfluß der Moldaukaskade kommt es zur Teilsedimentierung der fortgetragenen Schwebstoffe und zur markanten Verbesserung der Gewässergüte. Der Nährstoffgehalt verursacht jedoch die Eutrophisierung der Staubecken (Orlík, Slapy), deren Folge die Bildung der Wasserblüten in der Sommerzeit ist.

Die untere Partie des Flusses ist auf entscheidende Art einerseits durch zerstreute Verunreinigungseinleiter, aus der städtischen Agglomeration Prag stammend und direkt in den Fluß mündend, beeinflußt, aber vor allem durch die zentrale Prager Kläranlage. Zu den bedeutenden Verunreinigern gehören ferner: der pharmazeutischer Betrieb in Roztoky bei Prag, der Antibiotika herstellt, chemische Werke in Kralupy und Fettwerke in Nelahozeves.

Im Abschnitt Prag - Mèlník wird Schiffsverkehr, vor allem die Frachtenförderung von Baustoffen für die Hauptstadt Prag, betrieben.

Gegenwärtig werden im Wirkungskreis der Wasserwirtschaftsdirektion Moldau AG ca. 750 Abwassereinleiter registriert, darunter 330, die Entschädigungsgebühren für die belasteten Abwässer zahlen.

Verunreiniger	Fluß	Menge Mio m^3/J	BSB_5 t/J	CSB t/J	AS t/J	P_{gesamt} t/J
ZKA Praha	Moldau	145 621	6 473	24 159	11 582	466
Nelahozeves	Moldau	1 191	336	655	123	
KA Kladno	Bach Zákol.	2 433	150			
KA Plzeň	Berounka	32 589	2 408	1 752		
Kaznèjov	Střela	0.997	150			

Tab.4: Hauptquellen der Belastung im Bereich der Unteren Moldau im Jahre 1993

Gewässergüte

Die Untersuchung der Gewässergüte im Einzugsgebiet der Moldau hat eine langjährige Tradition, und es steht eine Menge Daten, die seit vielen Jahren gemessen wurden, zur Verfügung. Die Untersuchung läßt sich in das Monitoring des Grundnetzes der Profile (im Einzugsgebiet befinden sich ca. 80) und in das Monitoring des zusätzlichen Zwecknetzes, vor allem für Bedürfnisse der Betriebe, aufteilen. Neben den klassischen Parametern wird in den meisten Profilen (ab 1990) der Gehalt an Schwermetallen, ab 1992 in ausgewählten Profilen auch prioritäre organische Schadstoffe (ausgewählte flüchtige organische Kohlenstoffe, PCB, PAK, AOX u.a.) monitoriert. Im Zusammenhang mit dem nationalen Elbeprojekt haben wir in den letzten zwei Jahren einige ausgewählte Profile in der Moldau untersucht. Seit diesem Jahr untersuchen wir im Rahmen des internationalen IKSE-Meßprogramms das Endprofil an der Moldau, wo eine automatische Meßstation ausgebaut und mit Finanzmitteln des PHARE-Projektes ausgestattet wurde.

Mit den Auswertungen der Angaben über die Gewässergüte befassen sich Česky hydrometeorologický ústav (Tschechisches hydrometeorologisches Institut) und Výzkumný ústav vodohospodářský TGM Praha (Forschungsinstitut für Wasserwirtschaft TGM Prag). Eine ausführlichere Auswertung der Gewässergüte der von uns untersuchten Profile kann man aus dem Beitrag von Frau Dipl.Ing.Kalinová entnehmen.

Dem gegenwärtigen Stand der Gewässergüte an der Moldau und ihren Zuflüssen dient die folgende Tabelle. Im Graph des Längsprofils wird die Entwicklung der Verunreinigung mit den ausgewählten Parametern innerhalb der letzten 30 Jahre gezeigt.

Der Anteil der Moldau an der Belastung der Elbe bezogen auf den Gehalt an Schwermetallen ist nicht von Bedeutung. Es handelt sich bei den prioritären organischen Schadstoffen, um schlagartige Verunreinigung aus den petrochemischen Werken in Kralupy. Bei den organischen Stoffen, die im vorigen Jahr im Profil Moldau-Zelčín ermittelt wurden, lagen die meisten Konzentrationen vorwiegend unterhalb der Bestimmungsgrenze der angewandten analytischen Methoden.

Von den aufgezählten Zuflüssen ist bezüglich der Gewässergüte die stark belastete Berounka am interessantesten, die die Belastung aus dem Gebiet von Westböhmen und Pilsen mitbringt und im Flußkilometer 60 die Gewässergüte in der noch "nicht zu verschmutzten Moldau" ungünstig beeinflußt. Die Sázava entwässert ein großes Gebiet Ostböhmens. In ihrem Unterlauf ist sie stark eutrophisiert und dazu noch vom Wasserverlust infolge der Wasserabnahme durch das Wasserwerk Želivka gezeichnet.

Im Einzugsgebiet des Flusses Moldau befindet sich eine Reihe von Wasserwerkabnahmen. Die bedeutendste ist die Abnahme in Prag - Podolí (ca. 1,8 $m^3 \cdot s^{-1}$), von den Staubecken im Einzugsgebiet sind dann die Želivka (5,2 $m^3 \cdot s^{-1}$), Římov auf der Malše (1,6 $m^3 . s^{-1}$), Nýrsko auf der Úhlava (0,10 $m^3 . s^{-1}$),

Žlutice auf der Střela (0,12 $m^3 \cdot s^{-1}$), Lučina auf der Mže (0,10 $m^3 \cdot s^{-1}$), Pilská (0,06 $m^3 \cdot s^{-1}$), Klíčava (0,10 $m^3 \cdot s^{-1}$), Husinec (0,08 $m^3 \cdot s^{-1}$) aufzuzählen.

Zum Schluß kann man wohl konstatieren, daß die meisten Probleme, die die Gewässergüte im Einzugsgebiet betreffen, vorwiegend durch Undiszipliniertheit der Verunreiniger (Havarien), hauptsächlich aber durch überflüssigen Zufluß von Nährstoffen in die Gewässer verursacht werden. Die Stickstoffverbindungen kommen vor allem aus der Landwirtschaft (Nitrat), die Phosporverbindungen dann vorwiegend aus den kommunalen Abwässern. Die Produktion der die Oberflächengewässer belastenden Phosphorverbindungen ist infolge des Fehlen von Anlagen zur Phosphoreliminierung bei den meisten Kläranlagen vielfach höher als akzeptierbar wäre, und dies ist auch der Hauptgrund gegenwärtiger Schwierigkeiten.

Durchschnittliche Konzentrationen (arithmetischer Mittelwert, mg/l, n = 36) in der Periode1991 - 1993

Meßprofil	Flußkm	gelöster O_2	BSB_5	PI	CSB	GS	AS	NH_4-N	NO_3-N	P_{gesamt}	Fäk.coli	Bi-Sb index
Zelčín	4,5	9.9	6.7	8.2	29	266	12.5	1.00	4.3	0.55	156	2.4
Libčice	27,2	10.2	5.9	9.1	27	252	9.4	1.35	3.9	0.58	493	2.5
Podolí	60,0	10.4	3.3	8.5	23	224	7.9	0.23	4.1	0.19	18	2.3
Vrané	71,3	10.1	2.4	8.1	22	207	7.8	0.23	4.2	0.13	3	2.2
Štěchovice	84,4	7.6	1.5	7.7	22	185	4.2	0.20	3.9	0.10	4	2.0
Solenice	144,7	8.4	2.4	9.2	23	206	6.4	0.19	3.0	0.09	2	1.7
Zvíkov	202,0	9.5	4.2	12.0	30	218	10.8	0.36	3.1	0.14	7	2.0
Hluboká	228,0	9.0	4.8	13.3	32	180	12.2	0.87	1.9	0.20	306	2.2
České Budějovice	230,0	10.3	3.8	13.2	33	150	17.3	0.48	1.7	0.11	87	2.0
Březí	269,0	10.4	3.6	13.9	32	134	18.1	0.42	1.6	0.08	28	2.0
Vyšší Brod	317,9	9.8	2.3	7.6	23	80	5.4	0.28	0.7	0.05	3	1.5
Pěkná	400,0	11.4	1.9	8.9	22	73	5.6	0.23	0.9	0.06	6	1.2
Berounka - Mündung	63,6	10.9	4.0	8.6	30	310	18.6	0.40	5.0	0.40	23	2.2
Sázava - Mündung	78,4	12.7	6.0	8.7	29	295	29.8	0.31	5.9	0.36	8	2.2
Otava - Mündung	169,0	11.5	2.7	8.4	23	158	8.3	0.38	2.4	0.18	73	2.1
Lužnice - Mündung	202,0	10.3	5.8	14.0	39	268	18.9	0.52	3.0	0.29	35	2.2
Malše - Mündung	240,0	11.3	2.6	9.4	26	201	13.2	0.27	2.9	0.12	20	1.9

PI - Permanganatindex
GS - gelöste Stoffe, getrocknet bei 105° C
AS - abfiltrierbare Stoffe, getrocknet bei 105° C
Bi - saprobischer Index des Phytoplanktons

Tab.5: Ausgewählte Parameter der Gewässergüte im Längsprofil der Moldau in den Jahren 1991-1993

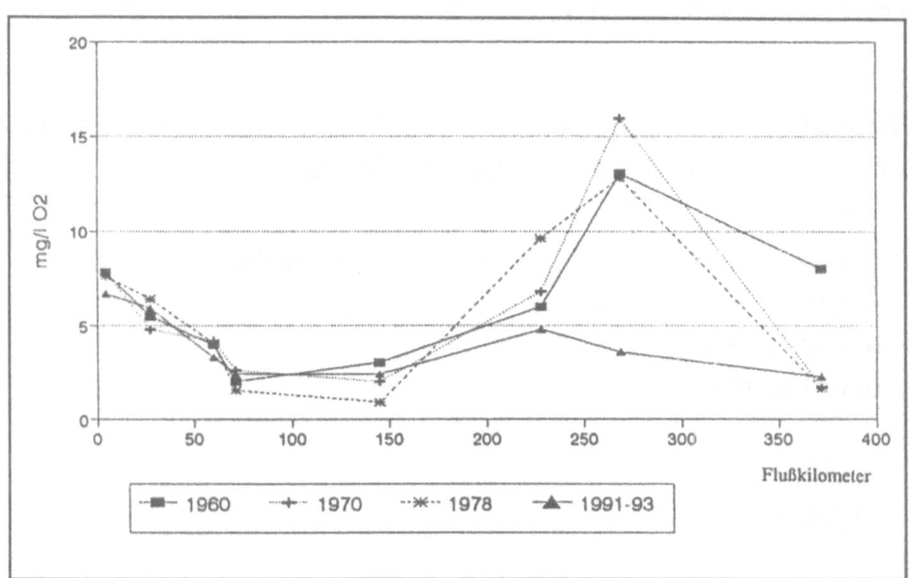

Abb.1: Längsprofil der Gewässergüte in der Moldau - Parameter BSB_5

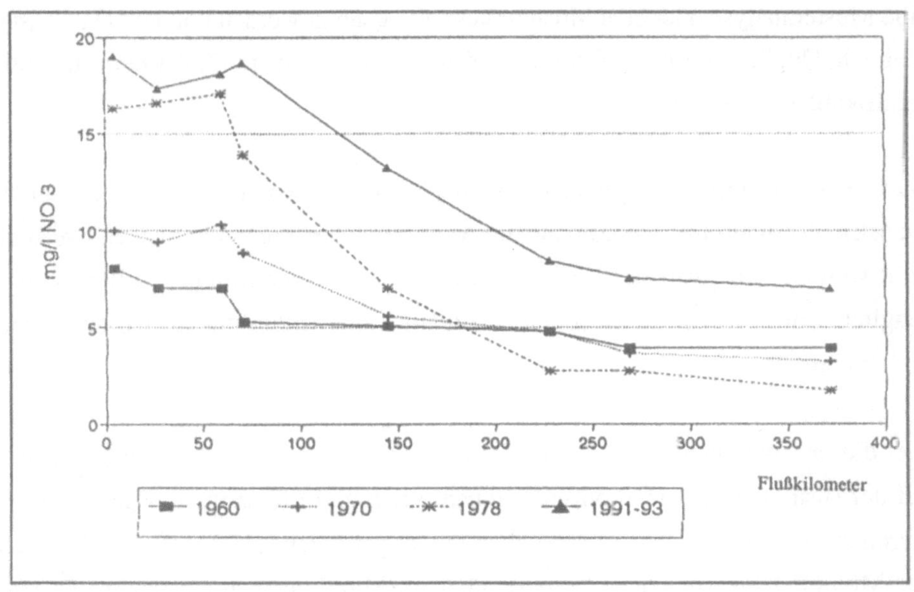

Abb.2: Längsprofil der Gewässergüte in der Moldau - Parameter NO_3

Belastungspotential: Elbestrom

Elementverteilungsmuster in Schwebstoff- und Wasserphase der Elbe von der Mündung bis zur Quelle

A. Prange, R. Niedergesäß, P. Krause; Geesthacht,
K. Trejtnar; Hradec Králové,
J. Schindler; Prag,
H. Reincke; Hamburg

1. Einleitung

Mit Hilfe der modernen Elementanalytik ist es möglich, soviele Stoffe qualififziert so zu messen, daß ihre unterschiedlichen Konzentrationsverhältnisse zueinander für eine Musteranalyse oder eine Mustererkennung genutzt werden können. Damit ist es möglich, Quellen, Verluste, Einträge und Austräge aus einem Flußsystem statistisch signifikant zu erkennen.

Diese Stoffmuster unterliegen einem Wandel, insbesondere an der Elbe, wo sich die Industrie verändert und die kommunale Abwasserbehandlung durchgehend verwirklicht werden wird. Auf der Basis von Elementmusterverteilungen sollte es sogar möglich sein, einzelne Elbabschnitte hinsichtlich ihrer Belastungen charakterisieren zu können.

Ziel dieser Untersuchungen ist die Charakterisierung der einzelnen Flußabschnitte auf der Basis von Elementkonzentrationsprofilen und Elementverteilungsmustern. Durch zusammenhängende Untersuchungen im gesamten Längsprofil der Elbe, von der Mündung bis zur Quelle, sowie auch im Mündungsbereich der wichtigsten Elbenebenflüsse soll der regionale Einfluß von Industrie und Kommunen festgestellt und unterschieden werden. Damit erwarten wir neue Hinweise für aktuelle Handlungsoptionen sowie für zukünftige Meß- und Untersuchungsprogramme.

Das Vorkommen organischer und anorganischer Schadstoffe in der Elbe auf dem Gebiet der alten Bundesländer ist durch viele Untersuchungen bekannt [1-5]. Hervorzuheben sind vor allem die Jahresberichte der ARGE Elbe sowie zahlreiche Veröffentlichungen über die Belastung der Unterelbe und des Tidebereiches [6]. Neben z.T. hohen Schadstoffkonzentrationen in der Wasserphase wurden häufig erhebliche Belastungen der Schwebstoffe und Sedimente mit Schwermetallen und toxischen, chlorierten Verbindungen festgestellt. Auf dem Gebiet der ehemaligen DDR und auf dem Gebiet der ČR fehlen gründliche Untersuchungen über Mikroverunreinigungen fast vollständig.

Die Ergebnisse der vorliegenden Untersuchungen ermöglichen erstmalig einen zusammenhängenden Überblick über die Elementzusammensetzung von Wasser- und Schwebstoffphase des <u>gesamten</u> Elbestromes. Sie spiegeln zudem den aktuellen Stand der Gewässerbelastung bezüglich gelöster und an Schwebstoffen gebundener Schwermetalle wider. Sie erlauben auch eine erste Abschätzung und einen Vergleich von Schadstofffrachten aus der tschechischen Republik mit denen, die auf deutschem Gebiet in die Elbe gelangen. Am Ende der Fließstrecke, dem Hamburger Hafen oder der Nordsee, könnte es vielleicht möglich sein, unterschiedliche Emittenten oder sogar Regionen der Elbe für den dort zu messenden Stoffeintrag verantwortlich zu machen.

2. Probennahmen und Analytik

Die Probennahmen von Schwebstoff und Wasser erfolgten durch die GKSS in Zusammenarbeit mit der Wassergütestelle Elbe in Hamburg, der Povodí Labe in Hradec Králové und der VÚV T.G.M. in Prag. Vom 5. - 7. Oktober 1993 wurden 103 Stellen entlang des Elbelaufes von der Quelle bis zur Mündung beprobt. Dabei sind die Mündungen der wichtigsten Nebenflüsse sowie die bereits bekannten Hauptverschmutzungsgebiete berücksichtigt worden. Nach den Einmündungen größerer Nebenflüsse ist jeweils am linken und rechten Ufer der Elbe beprobt worden, um den Grad der unterschiedlichen Durchmischung zu erfassen. Die Lage der Probennahmeorte ist in **Abb. 1** aufgeführt. Im Bereich von Hamburg (Seemannshöft) bis hinter die Mündung der Elbe (Scharhörnriff) wurden insgesamt 31 Proben gezogen, die nicht alle in der Karte eingezeichnet sind.

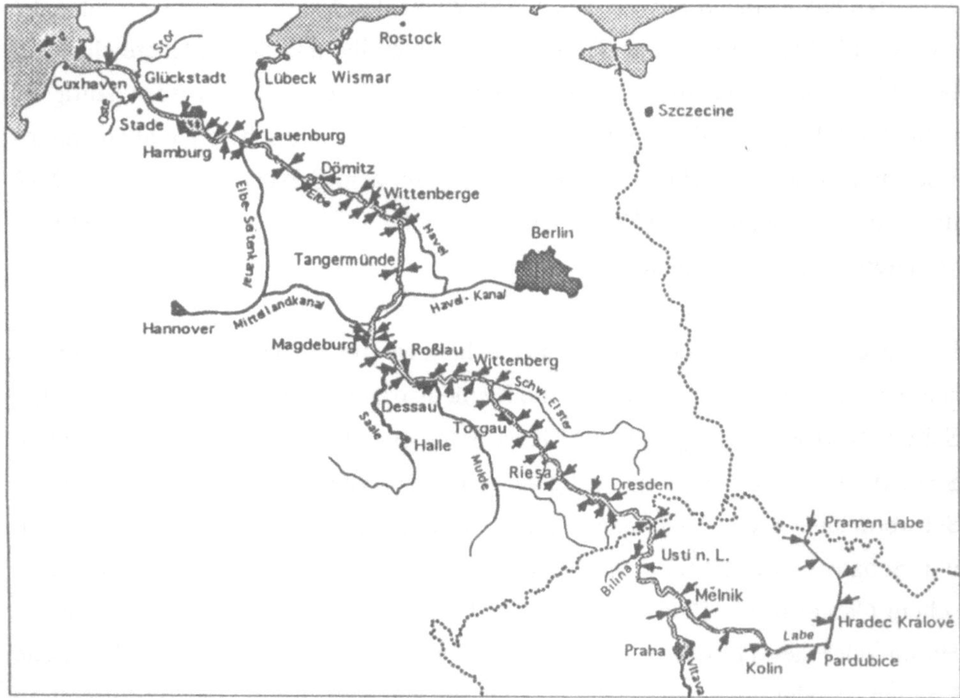

Abb. 1: Probennahmeorte entlang der Elbe von der Mündung bis zur Quelle

Die Probennahmen wurden vom Helikopter aus durchgeführt. Dadurch konnte eine schnelle Probenbehandlung, z.B. Filtration in drei verschiedenen Labors, nämlich in Geesthacht, Magdeburg und Hradec Králové sowie auch die sofortige Analyse der Begleitparameter, am besten gewährleistet werden. Die genommenen Proben sind Oberflächenproben (0,5 - 1m). Im Tidebereich der Elbe wurden die Proben tidesynchron, d.h. bei vollem Ebbstrom, genommen.

Die Proben zur Schwermetallbestimmung wurden durch Druckfiltration über 0,45 µm Nucleopore-Filter nach Wasser- und Schwebstoffphase getrennt. Die angesäuerten Filtrate konnten direkt vermessen werden. Die Schwebstoffilter wurden geteilt, je eine Hälfte direkt mit der Instrumentellen Neutronenaktivierungsanalyse vermessen und die andere Hälfte mit einem Gemisch aus HNO_3/HF in Druckbomben unter Mikrowelleninduktion aufgeschlossen, dann abgeraucht und in HCl wieder aufgenommen. Die Aufschlußlösungen wurden den anderen, im folgenden aufgeführten Analysenprinzipien zugeführt.

Für die Bestimmung einer großen Elementpalette, insgesamt wurden 57 Elemente bestimmt, sowie zur Absicherung der Einzelergebnisse wurden folgende, bei der GKSS zur Verfügung stehenden Analysenprinzipien, eingesetzt:

- Instrumentelle Neutronen-Aktivierungsanalyse (INAA)
- Totalreflexions-Röntgenfluoreszenzanalyse (TXRF)
- Induktiv gekoppelte Plasma - Optische Emissionsspektrometrie (ICP-OES)
- Induktiv gekoppelte Plasma - Massenspektrometrie (ICP-MS)

Auf die genaue Beschreibung der Analysenprinzipien wird hier verzichtet und auf die ausführliche Darstellung in der Literatur [7-9] verwiesen.

3. Ergebnisse der Untersuchungen und Diskussion

Im folgenden werden erste Ergebnisse zu Konzentrationsverteilungen im gesamten Elbelängsprofil sowie zu charakteristischen Elementmustern für einzelne Elbabschnitte getrennt nach Wasser- und Schwebstoffphase dargestellt. Die gleichzeitige Bestimmung von Begleitparametern, wie z.B. Schwebstoffgehalt, Temperatur, pH-Wert, Leitfähigkeit, Sauerstoff- und Nährstoffgehalt, dienen der zusätzlichen Charakterisierung des zugehörigen Wasserkörpers. In **Abb. 2 und 3** sind exemplarisch die Schwebstoffkonzentrationen bzw. die Leitfähigkeit über das komplette Elbelängsprofil aufgetragen.

Die Konzentrationsprofile der Elemente lassen sich in die folgenden charakteristischen Abschnitte unterteilen:

- Oberlauf auf tschechischem Gebiet
- Elbe zwischen tschechischer Grenze und Mulde

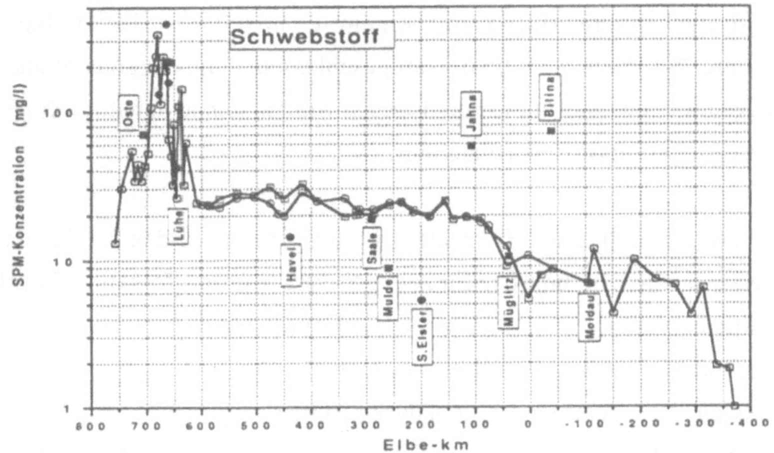

Abb. 2: Schwebstoffkonzentrationen im Längsprofil der Elbe von der Mündung bis zur Quelle; **Legende:** ❑ linkes Ufer ■ Nebenfluß links ❍ rechtes Ufer ● Nebenfluß rechts

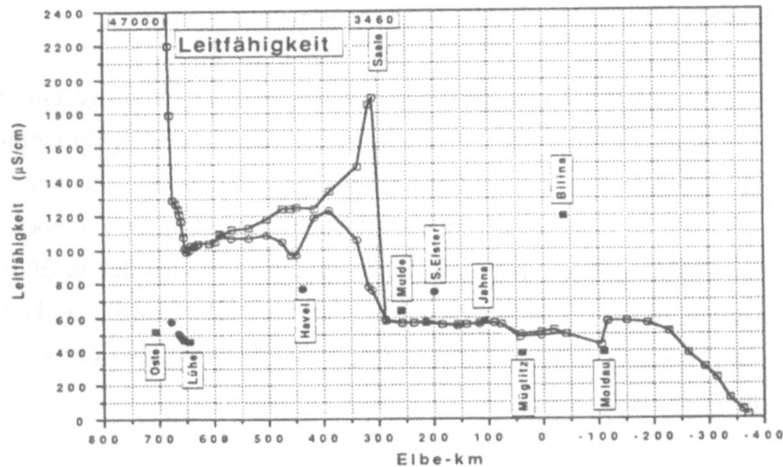

Abb. 3: Die Leitfähigkeit im Längsprofil der Elbe von der Mündung bis zur Quelle; **Legende:** ❑ linkes Ufer ■ Nebenfluß links ❍ rechtes Ufer ● Nebenfluß rechts

- Elbe zwischen Mulde und Geesthachter Wehr bzw. Hamburg (Bunthaus)
- Unterelbe zwischen Hamburg (Seemannshöft) und Mündung der Elbe

Die größten Variationen sind dabei für die Elbe auf tschechischem Gebiet zu beobachten. Hier ist vor allem zu klären, welchen Einfluß neben den industriellen und kommunalen Einleitern auch Staustufen und Wehre auf die Konzentrationsmessungen haben können. Der Kurvenverlauf zwischen tschechischer Grenze und Mulde zeigt für verschiedene Elemente entweder einen ansteigenden/gleichbleibenden oder abfallenden Verlauf, während zwischen Mulde und Hamburg der Einfluß der Nebenflüsse Mulde, Saale und Havel besonders deutlich an den unterschiedlichen Konzentrationen und spezifischen Beladungen auf der rechten und linken Flußseite zu sehen ist. Die Kurvenverläufe für die meisten Elemente zeigen dann einen erheblichen Konzentrationssprung zwischen Bunthausspitze, vor dem Hamburger Hafen und Seemannshöft, nach dem Hamburger Hafen. Danach bestimmt einerseits der hohe Schwebstoffgehalt in der Trübungszone und andererseits die Verdünnung durch Nordseewasser bzw. die erhöhte Salinität die Konzentrationswerte der einzelnen Elemente.

Geogene und salzbildende Elemente in Schwebstoff- und Wasserphase

Im Abschnitt zwischen Elbequelle und Einmündung der Moldau variieren die Elementkonzentrationen und -gehalte erheblich. Danach ist für nahezu alle geogenen Elemente in den *Schwebstoffen* ein sehr ähnlicher Verlauf von der Moldau-Mündung bis zur Elbe-Mündung zu beobachten. Dieser wird durch das Element **Aluminium** in **Abb. 4** repräsentiert. Besonders auffällig neben dem hohen Konzentrationswert für den Probennahmeort Verdek ist das Konzentrationsmaximum im unteren Ästuar, das nahezu für alle geogenen Elemente charakteristisch ist. Ausführliche Untersuchungen zum Verhalten der geogenen und anthropogenen Elemente in der sogenannten "Trübungszone" finden sich in [10].

Im Bereich zwischen Quelle und Moldau-Einmündung lassen sich verschiedene Gruppen unterscheiden. So zeigen die Elemente Fe, V, Ti, Ta, Th, Ga, K, Al, Sc,

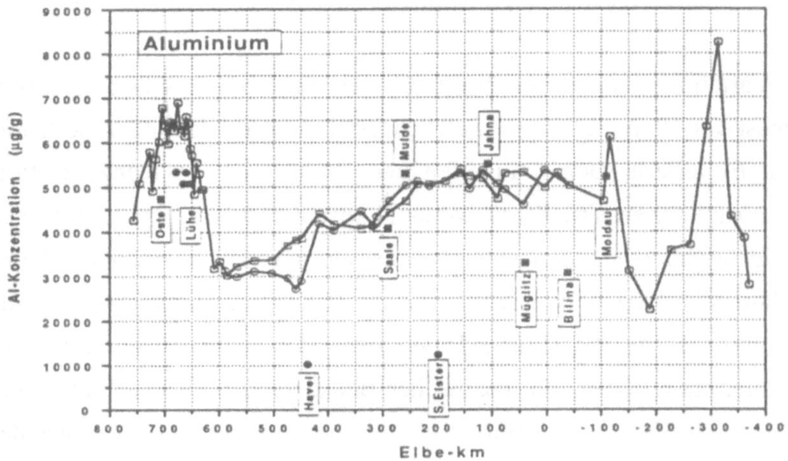

Abb. 4: Aluminiumkonzentrationen im Schwebstoff der Elbe von der Mündung bis zur Quelle; **Legende:** ❑ linkes Ufer ■ Nebenfluß links ❍ rechtes Ufer ● Nebenfluß rechts

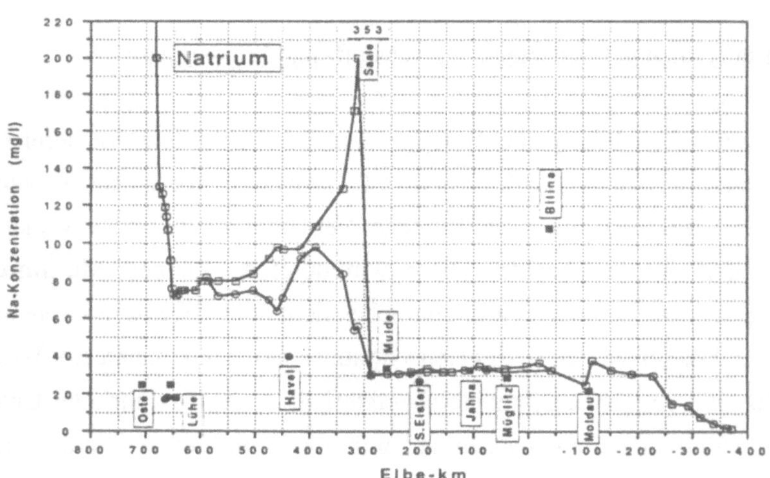

Abb. 5: Natriumkonzentration im Filtrat der Elbe von der Mündung bis zur Quelle; **Legende:** ❑ linkes Ufer ■ Nebenfluß links ❍ rechtes Ufer ● Nebenfluß rechts

Rb und Cs eine erhöhte spezifische Beladung in der Nähe der Elbe-Quelle an der Probennahmestelle Verdek, wobei besonders die Elemente Al, Sc, Rb und Cs ein außerordentlich ähnliches Verhalten zeigen, auch wenn z.B. zwischen Aluminium und Scandium ein Konzentrationsunterschied um den Faktor 6000 besteht.

Eine zweite Gruppe der geogenen Elemente, nämlich La, Ce, Nd, Sm und Eu, zeigt eine extreme spezifische Beladung des Schwebstoffes bei Valy. Die Elemente Tb, Yb und Lu weisen dagegen sehr hohe Konzentration an der Quelle selbst auf. Die übrigen geogenen Elemente wie Na, Mg, Ba, Ca zeigen wenig Gemeinsamkeiten.

In den *Filtraten* lassen sich aufgrund der teilweise sehr niedrigen Konzentrationen (< 0,5 µg/l) wesentlich weniger Elemente als in den Schwebstoffen nachweisen bzw. bestimmen. In **Abb. 5** ist der Kurvenverlauf im gesamten Längsprofil für das Element **Natrium** als typischen Salzbildner dargestellt. Es ergibt sich erwartungsgemäß zunächst ein stetiger Anstieg von der Quelle elbabwärts. Die ersten 300 km auf deutschem Gebiet bleibt die Natrium-Konzentration recht konstant. Mit der Saale gelangen dann jedoch große Mengen an Natrium-Salzen in die Elbe, die Havel dagegen erzeugt einen Verdünnungseffekt besonders für das rechte Elbufer. Ab km 650 steigt die Natrium-Konzentration durch den Eintrag von Nordsee-Wasser dann erheblich an.

Anthropogene Elemente in Schwebstoff- und Wasserphase

Besonders auffällig bei den anthropogenen Elementen ist der sehr unterschiedliche Konzentrationsverlauf für den tschechischen Abschnitt der Elbe, besonders im Bereich oberhalb der Moldaueinmündung. Für den Elbverlauf unterhalb der Moldau läßt sich jedoch auch für die anthropogenen Elemente eine gewisse Gruppeneinteilung vornehmen. So gibt es im Bereich zwischen Moldau und Mulde drei charakteristische Kurvenverläufe. Für eine kleinere Gruppe ist ein ansteigender Kurvenverlauf zu beobachten. Dieser ist für das Element **Zink**, das in **Abb. 6** dargestellt ist, besonders auffällig, aber auch für die Elemente Cd und Se zu beobachten. Diese ansteigende Tendenz läßt sich im wesentlichen auf die Belastung durch Mulde und die Saale im Besonderen zurückführen.

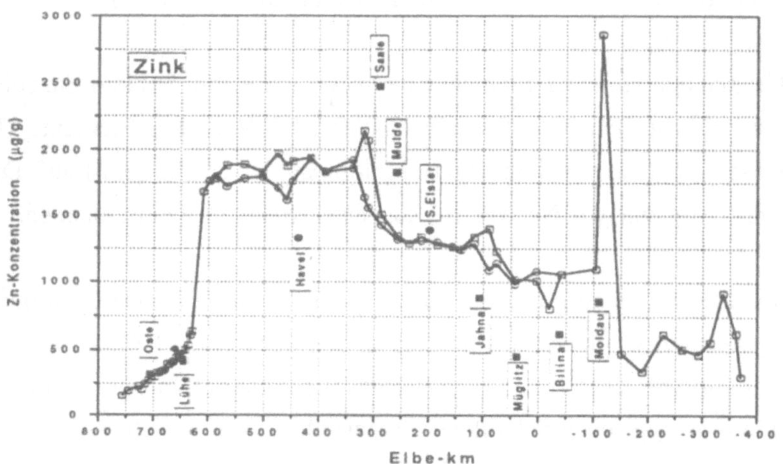

Abb. 6: Zinkkonzentrationen im Schwebstoff der Elbe von der Mündung bis zur Quelle; **Legende:** ❑ linkes Ufer ■ Nebenfluß links ❍ rechtes Ufer ● Nebenfluß rechts

Eine größere Gruppe, mit den Elementen Hg, Cu, Ag, Sb, Mo und Pb zeigt dagegen sinkende spezifische Beladungen im Schwebstoff im Bereich zwischen tschechischer Grenze und Mulde. Dieses ist am Beispiel des **Quecksilbers**, das daneben einen sehr interessanten, durch punktuelle Einleiter geprägten Konzentrationsverlauf aufweist, in **Abb. 7** dargestellt. Für diese Gruppe von Elementen kommt die wesentliche Belastung der Elbe also aus dem tschechischen Gebiet. Beim **Uran**, wie in **Abb. 8** ersichtlich, ist zudem ein extrem hoher Gehalt an der Elbe-Quelle im Riesengebirge bestimmt worden. Man erkennt zudem den Einfluß der Mulde.

Auffällig auch für eine Reihe von Elementen, wie Pb, Cu, Cr, As, Se, Mo, Co sind die extrem hohen Konzentrationen an einzelnen Probennahmestellen in der tschechischen Republik. Die Fragen, die vor allem durch weitere Messungen beantwortet

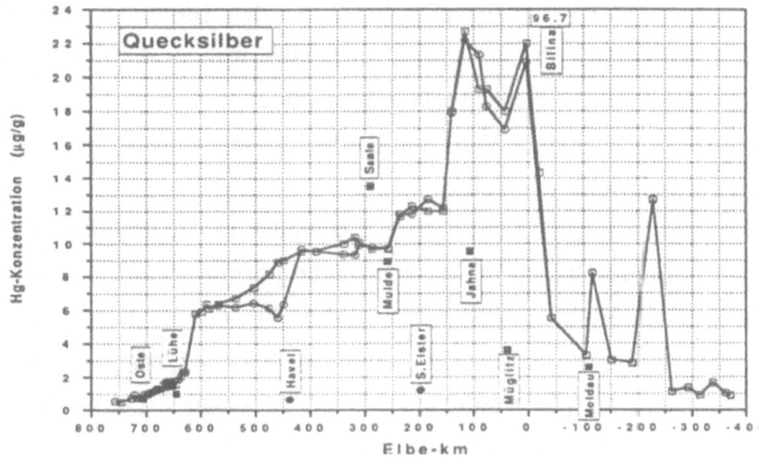

Abb. 7: Quecksilberkonzentrationen im Schwebstoff der Elbe von der Mündung bis zur Quelle; ❑ linkes Ufer ■ Nebenfluß links ❍ rechtes Ufer ● Nebenfluß rechts

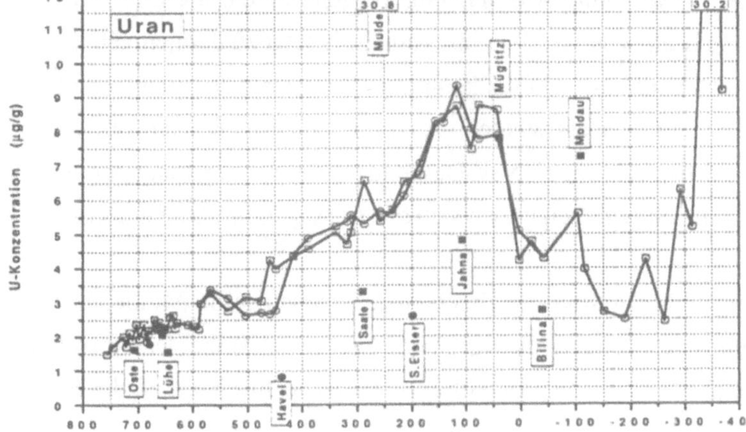

Abb. 8: Urankonzentration im Schwebstoff der Elbe von der Mündung bis zur Quelle; Legende: ❑ linkes Ufer ■ Nebenfluß links ❍ rechtes Ufer ● Nebenfluß rechts

werden müssen, sind: Welchen Einfluß haben Staustufen und Wehre, und/oder sind punktuelle Einleiter für die erhöhten Konzentrationen verantwortlich?

Einen nahezu konstanten Kurvenverlauf im Bereich zwischen Moldau und Mulde zeigt z.B. **Arsen**, dessen Konzentrationsprofil im Schwebstoff in **Abb. 9** dargestellt ist. Daneben werden die Belastungsschwerpunkte im Stausee (Spindler Mühle), in Valy (nach den Synthesia Werken in Pardubice) sowie durch die Nebenflüsse Bilina, Müglitz und Mulde deutlich.
Arsen zeigt in den Filtraten dagegen einen stetig abfallenden Konzentrationsverlauf ab der deutsch/tschechischen Grenze, der für viele anthropogene Elemente, wie Zn, Cu, Ni, Co, Mn, Cr, V in den Filtraten typisch ist (s. **Abb. 10**). Die Konzentrationen einer großen Anzahl von Elementen in den Filtraten liegen für die meisten Probennahmestellen teilweise unterhalb der Bestimmungsgrenze der eingesetzten Verfahren. Dazu gehören Ga, Ge, Se, Zr, Nb, Mo, Cd, die seltenen Erden, Tl, Bi und Th.

Elementfrachten und Elementmuster

In diesem Abschnitt wird eine Abschätzung vorgenommen, die den Einfluß der Einleitungen auf tschechischem Gebiet ins Verhältnis setzt zu demjenigen der wichtigsten deutschen Nebenflüsse. Dieses kann nur eine erste Näherung darstellen, da nur eine aktuelle Situation erfaßt worden ist, nämlich die im Oktober 1993 bei einer Abflußrate von 330 m^3/s (Pegel Neu-Darchau). Die Auswertung der weiteren Längsprofilbeprobungen wird zeigen, ob sich die Aussagen bestätigen lassen.

In den Abbildungen 11-14 sind die Frachten der Nebenflüsse Mulde, Saale und Havel ins Verhältnis gesetzt zu denjenigen der Elbe bei Schmilka. Damit soll dargestellt werden, welche Frachtanteile bereits aus dem tschechischen Teil der Elbe herrühren. Daneben ist der Einfluß des größten "Elbenebenflusses" Moldau als Verhältnis der Frachten von Moldau und Elbe dargestellt.
Für die Moldau **(Abb. 11) sind** besonders hohe Frachten an Ag, Au und U zu beobachten, während Zn, Hg und Pb hauptsächlich aus dem Oberlauf der Elbe stammen. Für die meisten anderen Elemente schwankt das Verhältnis zwischen 0,8 und 1,2.

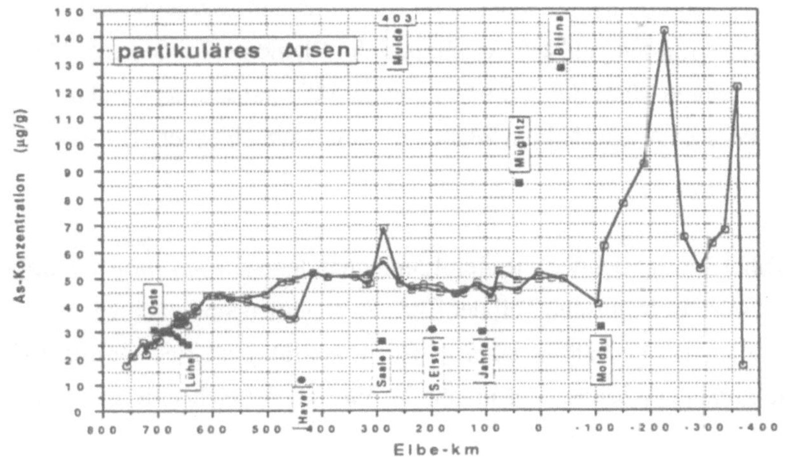

Abb. 9: Arsenkonzentrationen im Schwebstoff der Elbe von der Mündung bis zur Quelle; **Legende:** ❑ linkes Ufer ■ Nebenfluß links ❍ rechtes Ufer ● Nebenfluß rechts

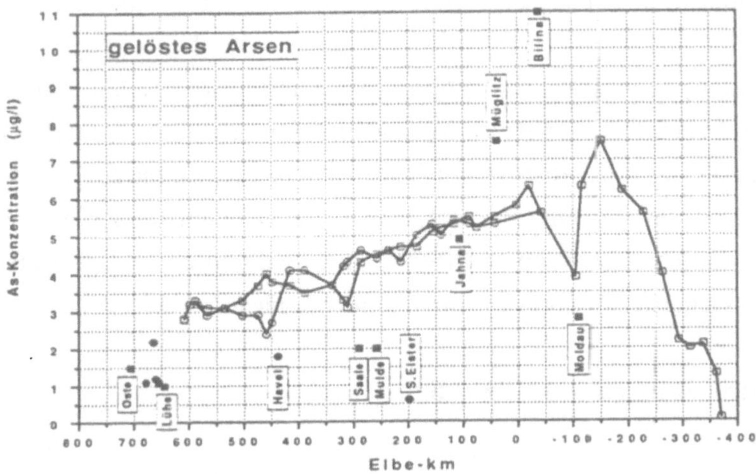

Abb. 10: Arsenkonzentration im Filtrat der Elbe von der Mündung bis zur Quelle
Legende: ❑ linkes Ufer ■ Nebenfluß links ❍ rechtes Ufer ● Nebenfluß rechts

Die Saale **(Abb. 12)** als der größte Einleiter auf deutschem Gebiet bringt für viele Elemente eine ebenso hohe Fracht in die Elbe, wie die Elbe an der deutsch/tschechischen Grenze aufweist. Alle salzbildenden Elemente, das zeigen auch die Ergebnisse für den gelösten Anteil, und die Elemente Zn, Se,und Cd werden in besonders hohem Maße durch die Saale in die Elbe transportiert, während vor allem As, Hg, W, Ag, Au, in hohem Maße aus dem tschechischen Teil der Elbe herstammen.

Die Mulde **(Abb.13)** trägt bei den meisten Elementen dagegen wesentlich weniger zur Fracht bei als der tschechische Teil der Elbe. Ausnahmen sind nach wie vor As, W und U, bei denen das Verhältnis nahezu eins ist. Auffällig ist hier vor allem Hg, das noch nicht einmal ein Zehntel der Fracht der Elbe an der tschechischen Grenze ausmacht.

Die Havel **(Abb. 14)** verdünnt, wie schon bei den Konzentrationsprofilen sichtbar, die Elbe teilweise erheblich. So zeigt sich auch im Verhältnis der Frachten, daß für die meisten Elemente eine wesentlich geringere Fracht eingebracht wird als durch die Elbe bei Schmilka. Relativ unbedeutende Ausnahmen sind Cd, Zn, Mn, Br, und Ca.

Wie die Abbildungen ebenfalls deutlich machen, unterscheiden sich die Elementmuster für alle Nebenflüsse sowie von Moldau und Elbe erheblich. Weiterhin können für Abschnitte des Elbestroms sehr unterschiedliche Elementmuster festgestellt werden. In den zukünftigen Untersuchungen soll nun abgeklärt werden, inwieweit diese charakteristisch für bestimmte Elbabschnitte sind und ob bzw. in welchem Maße einzelne Elemente als Tracer bestimmt werden können.

4. Schlußfolgerungen und Ausblick

Zusammenfassend kann festgestellt werden, daß die Hauptbelastungen sich derzeit aus zwei wesentlichen Quellen ergeben.
Eine wesentliche Quelle besteht, wie wir zeigen konnten, in der tschechische Elbe.

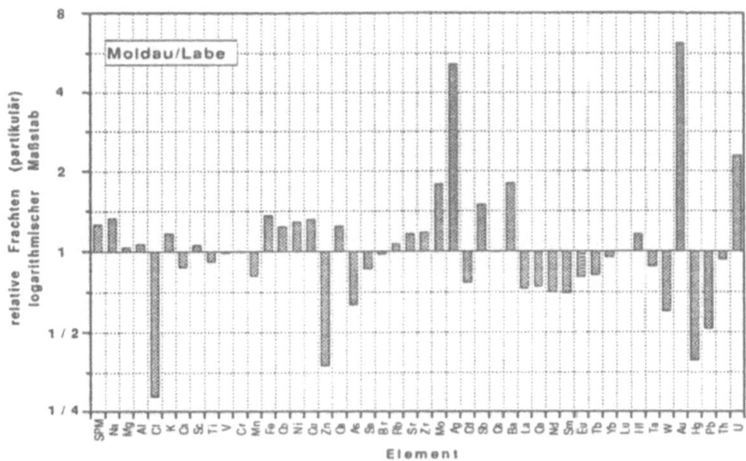

Abb. 11: Verhältnis der partikulären Frachten von Moldau (Vranany) zu Labe (Obristvi)

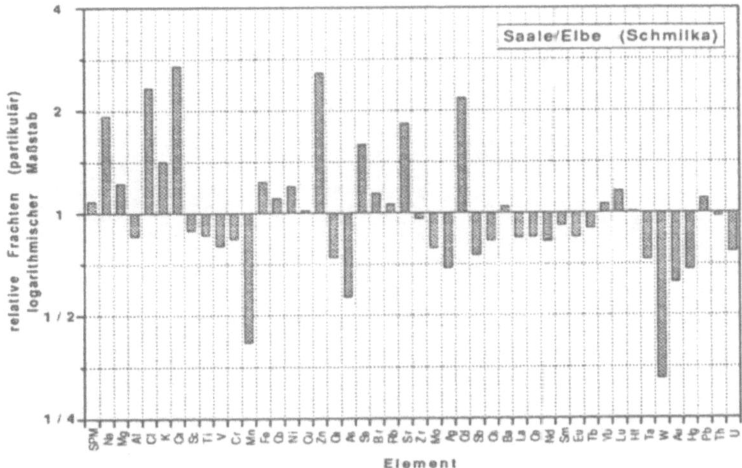

Abb. 12: Verhältnis der partikulären Frachten von Saale (km 1) zu Elbe (Schmilka)

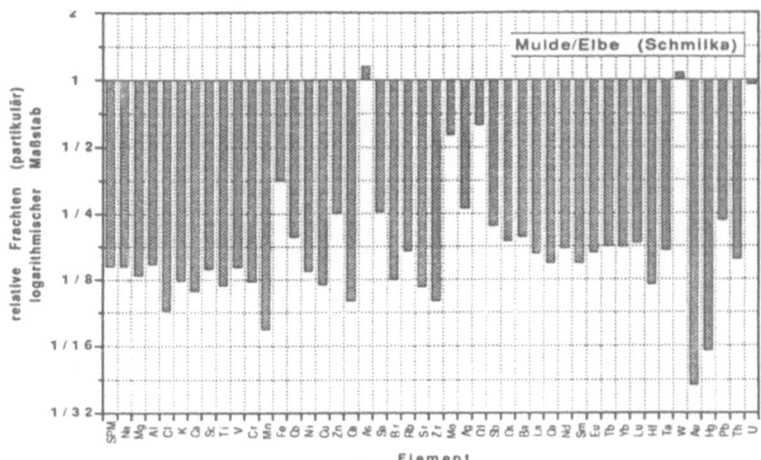

Abb. 13: Verhältnis der partikulären Frachten von Mulde (km 1) zu Elbe (Schmilka)

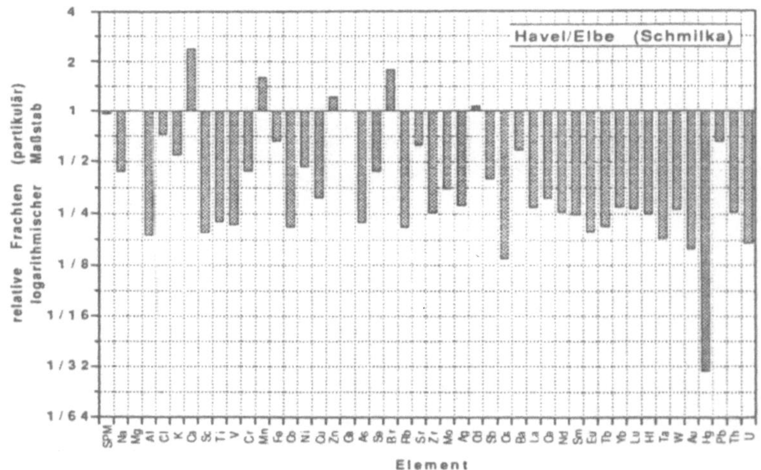

Abb. 14: Verhältnis der partikulären Frachten von Havel (Gnevsdorf) zu Elbe (Schmilka)

Eine weitere Schadstoffquelle stellt die Saale dar. Durch diesen Zufluß wird noch ein erheblicher Anteil der Salzfracht und der Fracht an Cadmium, Selen und Zink in die Elbe eingebracht. Besonders auffällig sind die einzelnen hohen Peaks im

Konzentrationsverlauf auf tschechischem Gebiet. Dabei werden zwei Ursachen angenommen: Die Besonderheit der vielen Staustufen in dieser Region und punktuelle Einleiter. Hier sind weitere, klärende Untersuchungen unbedingt notwendig.

Die weitergehende Auswertung der vorliegenden Ergebnisse wird zeigen, inwieweit Tracerelemente und Elementgruppen für bestimmte Elbabschnitte charakteristisch sind und für ein Monitoring in Bezug auf die Schwermetallbelastung ausgewählt werden können.

Die erzielten Ergebnisse fließen in die Arbeitsgruppe "Elbeforschung" der IKSE ein und sollen als Basis für zukünftige Behördenmeßprogramme dienen.

5. Danksagung

Wir danken allen Kollegen und Mitarbeitern, die an der Logistik, der Probennahme und Probenvorbereitung sowie der Analytik beteiligt waren, die hier nicht alle namentlich erwähnt werden können.

Die Arbeiten werden im Rahmen des Projekts "ELBE 2000" durch das Bundesministerium für Forschung und Technologie (BMFT) gefördert.

Literatur

[1] Fortlaufende Berichte der Arbeitsgemeinschaft für die Reinhaltung der Elbe. Herausgeber: ARGE Elbe

[2] Beyer, M.; Petzold, S.; Prange, A.; Wilken, R.-D. (Hrsg.); 3. Magdeburger Gewässerschutzseminar - Zur Belastung der Elbe - 28.-30. 11. 1990 im Congress Center Magdeburg - Tagungsbericht. GKSS 90/E/43.

[3] Wilken R.-D., Beyer M., Guhr H. (Hrsg.); 4. Magdeburger Gewässerschutzseminar, Die Situation an der Elbe, Tagungsbericht, GKSS/E/49, 1992

[4] Reincke H.; Die Elbe - Entwicklung der Wasserbeschaffenheit., Wasserwirtschaft-Wassertechnik 4, 134-136, 1993

[5] Prange, A.; Analytik von Schwermetallen in der Elbe. Wasserwirtschaft - Wassertechnik 5, 189-192, 1991

[6] Michaelis, W.: Estuarine Water Quality Management; Coastal and Estuarine Studies. Vol. 36, 1990. Springer-Verlag, Berlin, Heidelberg, New York

[7] Prange, A.; Niedergesäß, R.; Schnier, C.: Multielement Determination of Trace Elements in Estuarine Waters by TXRF and INAA. In: Michaelis, W. (Ed.): Estuarine Water Quality Management - Monitoring, Modelling and Research. Chapter X - Water Chemistry and Speciation. Berlin Heidelberg: Springer-Vlg., 1990 (Coastal and Estuarine Studies 36). ISBN 3-540-52141-0, pp. 429-436.

[8] Prange A., Böddecker H., Kramer K.; Determination of trace elements in river-water using total-reflection X-ray fluorescence, Spectrochim. Acta 48B, 207-215, 1993

[9] Pepelnik, R., Prange, A., Niedergesäß, R.: Comparative Study of Multielement Determination using Inductively Coupled-Mass Spectrometry, Total Reflection X-Ray Fluorescence Spectrometry and Neutron Activation Analysis. J. Anal. Atom. Spec., Vol 9, 1994, in press

[10] Niedergesäß, R.; Prange, A. and C. Schnier: Variations of trace element content in suspended particulate matter in the Elbe Estuary. Archiv für Hydrobiologie, Beihefte Ergebnisse der Limnologie, 1994, im Druck

Die Entwicklung der Gewässergüte im tschechischen Abschnitt der Elbe und in den Nebenflüssen

M. Kalinová; Praha

Die Gewässergüte in den Flüssen wird von einer großen Anzahl verschiedener Stoffe beeinflußt. Einige davon sind schädlich bis gefährlich, sie erschweren oder machen sogar die Nutzung des Wassers für den Menschen unmöglich, sie beschädigen oder liquidieren das natürliche Ökosystem des Flusses. Die staatliche Untersuchung der Gewässergüte bot in dieser Hinsicht darüber keine genügenden Informationen. Eine Erweiterung sowie Präzisierung der Informationen über die Gewässergüte forderte nicht nur die beginnende internationale Zusammenarbeit im Rahmen der IKSE, sondern auch der erhöhte Druck auf den Schutz der Gewässergüte bei uns. Die nötige ergänzende Untersuchung erfolgte im Rahmen des nationalen Elbeprojektes (1).

Das Ziel war, den problematischen Abschnitt der Elbe einer ausführlichen Beobachtung zu unterziehen. Der grundlegende Bereich der untersuchten Profile (21 Profile) umfaßt den eigentlichen Flußschlauch der Elbe unterhalb von Hradec Králové, die Mündungsprofile der Hauptzuflüsse und die Moldau unterhalb der Staustufenkaskade und das Mündungsprofil ihres Hauptzuflusses in diesem Abschnitt - des Flusses Berounka. Übersichtlich wird dieses in der Karte dargestellt. Im Laufe der Untersuchungsjahre 1991 bis 1993 kam es zur Festlegung von 5 internationalen Meßprofilen, die in den grundlegenden Bereich einbezogen wurden und die entsprechenden ursprünglichen Meßprofile ersetzten.

Die Häufigkeit der Untersuchung war 12mal pro Jahr. 1993 wurden die internationalen Meßprofile 13mal im vereinbarten Terminkalender gemäß IKSE untersucht.

Der Bereich der Parameter ging zuerst von der tschechischen Trinkwassernorm (2) aus; die Ergänzung hat die Regierungsverordnung Nr.171/92 Slg. (3) und der dazugehörende methodische Hinweis des Umweltministeriums (4) gebracht. Weitere Anregungen wurden aufgrund der Liste der "Prioritätsstoffe" im Sofortprogramm der IKSE (5) geltend gemacht.

Die wichtigsten Ergebnisse aus den Jahren 1991, 1992 und 1993 werden in den Tabellen 1 - 4 zusammengefaßt, die den arithmetischen Mittelwert C3 der drei ungünstigsten Konzentrationswerte in der Jahresuntersuchung (6) anführen.

Die Konzentrationen von AOX - adsorbierbaren organischen Halogenen - in der Elbe nahmen von 1991 bis 1993 (außer dem Profil Litoměřice unterhalb von SEPAP Štětí = Nordböhmische Papierwerke Štětí) ab, auch die AOX-Stoffabflüsse haben sich verringert. Im Fluß Bílina hat sich jedoch der AOX-Abfluß aber im Gegenteil nicht verringert (1).

Die Verunreinigung durch aromatische Verbindungen, vor allem durch Toluen, existiert in der Elbe hauptsächlich unterhalb von Pardubice, aber auch unterhalb von Ústí nad Labem. Der Toluengehalt in der Elbe hat sich im Profil Valy 1992 erhöht. 1993 aber sank der Toluenstoffabfluß im Profil Valy wieder (1), obwohl die Konzentration von C3 immer noch hoch war.

Die Verunreinigung der Elbe durch 1,2-Dichlorethan im Jahre 1993, ähnlich wie in den vorigen Jahren, beginnt auch unterhalb von Pardubice und nimmt unterhalb von Kolín zu. Der markante Anstieg der Verunreinigung der Elbe durch 1,2-Dichlorethan zwischen Nymburk und Lysá, der in den Jahren 1991 und 1992 vermerkt wurde, wurde 1993 nicht mehr beobachtet.

Ebenso wie 1,2-Dichlorethan stellen auch die Dichlorbenzene eine charakteristische Verunreinigung des tschechischen Abschnittes der Elbe dar. Der Dichlorbenzengehalt im Abschnitt unterhalb von Pardubice ist im Laufe der Jahre 1991-93 markant gesun-ken. Die Chlorbenzene und Trichlorbenzene weisen eine ähnliche Tendenz auf (1).

Die größte Verunreinigung des Elbewassers durch Hexachlorbenzen besteht in dem tschechischen Abschnitt unterhalb vom Zufluß Bílina.

Die ungünstigsten Konzentrationen von PCB (polychlorierte Biphenyle, festgelegt als Delor 103+106) sind in der Elbe ab Pardubice oft hoch. Einen bedeutungsvollen Zufluß dieser Stoffe in die Elbe stellt wieder der Fluß Bílina dar.

Die Konzentration von Metallen in der Elbe und ihren Zuflüssen (außer Bílina) sind verglichen mit dem tschechischen Immissionsstandard nur ausnahmsweise kritisch, aber sollte man die Wassergüte mit dem zu verhandelnden Vorschlag der Arbeitsgruppe AP IKSE (7) im Grenzprofil Hřensko-Schmilka, eventuell im ganzen Einzugsgebiet, vergleichen, würden dann die gegenwärtigen Konzentrationen von Metallen - Quecksilber, Chrom, Blei, Nickel und Arsen - diesen Grenzwerten gefährlich nahe sein.

Der Konzentrationsabfall des Quecksilbers zwischen 1991 und 1993 an der Bílina wird vor allem durch die Verdünnung verursacht. An der Bílina nahm laut Durchflüssen an den Tagen der Quecksilbermessungen durch die Wasserwirtschaftsdirektion der durchschnittliche Durchfluß von 1991 bis 1993 zu, und so sank auch die Konzentration von Quecksilber. Der Stoffabfluß des Quecksilbers hat sich nicht wesentlich verringert (1).

Schlußfolgerung

Die Belastung der Elbe durch spezifische organische Stoffe in dem Abschnitt ab dem Profil Valy (unterhalb von Pardubice) bis zum Profil Hřensko, wo die Elbe das tschechische Gebiet verläßt, ist immer noch hoch, obwohl eine allmähliche Verbesserung in einigen Profilen und Parametern zu vermerken ist: AOX, Chlorbenzene, Dichlorbenzene, Trichlorbenzene, 1,2-Dichlorethan. Diese Verminderung ist Folge der Emissionsabnahme aus den großen Quellen der Verunreinigung infolge Technologieänderungen und Änderungen der

Herstellungsprogramme. Stets aktuell an der Elbe ist auch das Auftreten von PCB und Hexachlorbenzen.

Die Belastung der tschechischen Elbe durch Metalle ist weit weniger wesentlich als es bei den spezifischen organischen Stoffen der Fall ist. Der Gehalt an Metallen in der Elbe genügt den tschechischen Immissionsstandards. Im Fall eines Übergangs auf strengere Standards, die in der Arbeitsgruppe AP IKSE verhandelt werden, wird es nötig sein, dem Schutz der Gewässer vor Kadmium, Chrom, Blei, Nickel, Arsen und Quecksilber eine größere Aufmerksamkeit zu widmen.

Der meistverunreinigte Zufluß der Elbe, und zwar sowohl durch spezifische organische Stoffe als auch durch Metalle, ist die Bílina. Im Laufe der letzten drei Jahre hat sich die Belastung der Bílina bei einigen Stoffen (Toluen, Dichlorethan) verringert. Der Bílina ist eine außergewöhnliche Aufmerksamkeit zu widmen. Durch ihre hohe Verunreinigung verliert sie den Charakter eines Wasserlaufes.

Literatur:

1. Kalinová M.: Projekt Labe - Jakost vody v tocích (Projekt Elbe - Die Gewässergüte in den Flußläufen), EÚ.03.01.02, Teil VI, Zusammenfassung, Mai 1994.

2. ČSN 75 7111 Pitná voda (Tschechische Norm - Trinkwasser).

3. Nařízení vlády ČR č. 171/92 Sb., kterým se stanoví ukazatele přípustného stupně znečištění vod (Regierungsverordnung der Tschechischen Republik Nr. 171/92 Slg., die die Parameter des zulässigen Belastungsgrades von Gewässern festlegt), Februar 1992.

4. Metodický pokyn MŽP ze dne 6.10.1992 k nařízení vlády ČR č. 171/92 Sb., kterým se stanoví ukazatele přípustného stupně znečištění vod (Methodischer Hinweis des Umweltministeriums vom 6.10.1992 zur Regierungsverordnung der Tschechischen Republik Nr. 171/92 Slg., die die Parameter des zulässigen Belastungsgrades von Gewässern festlegt).

5. První akční program ke snížení odtoku škodlivých látek v Labi a v jeho povodí /Naléhavy program/ (Das erste Aktionsprogramm zur Herabsetzung des Schadstoffabflusses in der Elbe und ihrem Einzugsgebiet /Sofortprogramm/), IKSE, Dezember 1991.

6. ČSN 75 72 21 Klasifikace jakosti povrchových vod (Tschechische Norm - Klassifikation der Güte der Oberflächengewässer).

7. Zpracování obecných kvalitativních požadavků na jakost Labe a jeho hlavních přítoků, které je třeba dosáhnout. Pracovní skupina AP MKOL /Předloha AP/93/4a/ (Verarbeitung allgemeiner Anforderungen an die Güte der Elbe und deren Hauptzuflüssen, die zu erreichen sind. Arbeitsgruppe AP IKSE /Vorlage AP/93/4a/).

	Fluß	Profil	AOX (µg/l)			1,2-dichlorethan (µg/l)			Dichlorbenzene (µg/l)		
			1991	1992	1993	1991	1992	1993	1991	1992	1993
			C3	C3	C3	C3	C3	C3	C3	C3	C3
1.	Elbe	Němčice	22.8	29.5	18.6	<0.5	<0.5	<0.5	0.2	<0.03	<0.03
2.		Valy	107.8	58.6	44.6	34.7	45.2	26.7	93.6	15.4	9.5
3.		Veletov	92.1	62.6	36.6	39.3	16.0	8.5	76.2	28.5	3.0
4.		Nymburk	68.7	72.3	45.6	158.8	88.7	12.7	46.0	7.6	3.6
5.		Lysá n.L.	93.2	99.8	36.3	251.5	315.9	15.2	48.2	7.2	3.4
6.		Obříství	55.2	62.7	37.4	119.3	99.5	45.7	33.0	3.0	2.7
7.		Liběchov	49.1	46.9	28.3	72.8	57.9	12.2	21.6	2.4	2.4
8.		Litoměřice	131.7	138.7	83.5	35.1	11.7	12.7	11.8	1.3	0.5
9.		Vaňov	104.3	98.3	66.5	22.5	16.5	1.3	9.3	0.7	0.2
10.		Děčín	129.0	125.7	87.9	17.7	12.8	18.4	8.5	1.2	0.5
11.		Loubí	112.3	102.8	79.3	11.9	9.8	1.8	6.1	0.5	0.4
12.		Hřensko	121.7	117.8	78.4	15.7	10.0	1.5	5.5	0.7	0.2
13.	Jizera	N. Vestec	15.8	23.8	13.6	<0.5	<0.5	<0.5	<0.03	<0.03	<0.03
14.	Chrudimka	Nemošice	16.7	20.0	18.6	<0.5	<0.5	<0.5	<0.03	<0.03	<0.03
15.	Berounka	Lahovice	34.0	19.9	17.7	<0.5	<0.5	<0.5	0.12	<0.03	<0.03
16.	Moldau	Vrané	14.7	18.3	11.6	<0.5	<0.5	<0.5	<0.03	<0.03	<0.03
17.		Podolí	15.3	18.0	16.9	<0.5	<0.5	<0.5	<0.03	<0.03	<0.03
18.		Libčice	32.5	32.1	21.0	<0.5	<0.5	<0.5	<0.03	<0.03	<0.03
19.		Zelčín	34.8	23.6	19.5	<0.5	<0.5	<0.5	<0.03	<0.03	<0.03
20.	Ohře	Terezín	15.3	19.0	14.0	<0.5	<0.5	<0.5	0.2	<0.03	<0.03
21.	Bílina	Ústí n. L.	888.7	817.7	1432	532.7	32.0	124.9	5.4	1.7	4.1

Tab.1: Vergleich der Jahre 1991, 1992, 1993 im Bereich der ungünstigen Werte

	Fluß	Profil	Toluen (µg/l)			Hexachlorbenzen (µg/l)			PCB (µg/l)		
			1991	1992	1993	1991	1992	1993	1991	1992	1993
			C3	C3	C3	C3	C3	C3	C3	C3	C3
1.	Elbe	Němčice	0.4	0.1	0.2	<0.003	0.003	<0.003	<0.005	0.007	0.016
2.		Valy	75.6	128.1	128.7	0.008	0.006	0.010	0.052	0.054	0.167
3.		Veletov	62.4	19.5	74.4	0.009	0.008	0.006	0.041	0.044	0.179
4.		Nymburk	31.4	16.0	12.0	0.018	0.012	0.004	0.053	0.079	0.046
5.		Lysá n.L.	22.4	7.5	9.0	0.009	0.010	0.007	0.021	0.041	0.032
6.		Obříství	12.5	2.6	9.0	0.009	0.006	0.006	0.120	0.037	0.077
7.		Liběchov	6.7	0.8	3.5	0.023	<0.003	<0.003	0.034	0.016	0.021
8.		Litoměřice	2.5	1.3	1.0	0.015	0.022	0.005	0.082	0.012	0.008
9.		Vaňov	6.5	0.6	0.5	0.016	0.019	0.008	0.052	0.050	0.031
10.		Děčín	11.0	24.4	2.4	0.061	0.031	0.032	0.105	0.070	0.025
11.		Loubí	8.5	6.1	2.3	0.070	0.026	0.011	0.075	0.024	0.056
12.		Hřensko	7.7	3.3	4.1	0.107	0.069	0.026	0.101	0.047	0.146
13.	Jizera	N. Vestec	0.2	<0.1	0.2	<0.003	<0.003	<0.003	0.020	0.022	0.047
14.	Chrudimka	Nemošice	0.3	0.3	0.1	<0.003	0.005	0.004	0.014	0.028	0.015
15.	Berounka	Lahovice	0.2	0.3	<0.1	0.004	0.004	<0.003	0.025	0.029	0.076
16.	Moldau	Vrané	0.1	0.1	<0.1	<0.003	0.003	<0.003	<0.005	0.049	<0.005
17.		Podolí	0.2	<0.1	0.1	0.005	0.005	<0.003	0.019	0.015	<0.005
18.		Libčice	2.4	0.9	0.5	0.012	0.006	<0.003	0.073	0.018	0.044
19.		Zelčín	1.0	1.2	0.3	0.005	0.008	<0.003	0.058	0.017	0.035
20.	Ohře	Terezín	0.3	0.1	<0.1	0.045	0.004	<0.003	0.044	0.008	0.012
21.	Bílina	Ústí n. L.	529.0	2594.7	278.1	1.085	0.358	0.784	0.843	0.883	0.848

Tab.2: Vergleich der Jahre 1991, 1992, 1993 im Bereich der ungünstigen Werte

	Fluß	Profil	Kadmium (µg/l)			Blei (µg/l)			Quecksilber (µg/l)		
			1991	1992	1993	1991	1992	1993	1991	1992	1993
			C3	C3	C3	C3	C3	C3	C3	C3	C3
1.	Elbe	Němčice	0.26	0.52	0.20	2.1	2.4	5.0	0.02	0.02	0.03
2.		Valy	0.26	0.40	0.29	4.2	3.4	6.6	0.27	0.23	0.21
3.		Veletov	0.37	0.85	0.27	4.7	4.1	5.7	0.50	0.21	0.14
4.		Nymburk	0.50	0.44	0.37	15.5	13.0	32.6	0.28	0.12	0.11
5.		Lysá n.L.	0.22	0.33	0.15	6.1	5.9	16.2.	0.30	0.15	0.15
6.		Obříství	0.62	0.32	0.28	11.4	4.0	12.2	0.21	0.24	0.25
7.		Liběchov	1.06	0.40	0.32	7.2	4.6	8.2	0.25	0.11	0.18
8.		Litoměřice	0.33	0.34	0.27	4.7	4.0	5.3	0.18	0.06	0.11
9.		Vaňov	0.28	0.28	0.32	4.3	3.3	7.5	0.12	0.06	0.07
10.		Děčín	0.26	0.80	0.21	5.2	8.6	6.6	0.32	0.28	0.55
11.		Loubí	0.32	0.34	0.38	7.4	4.1	6.5	0.28	0.19	0.35
12.		Hřensko	0.36	0.38	0.32	6.9	5.7	8.3	0.32	0.19	
13.	Jizera	N. Vestec	0.26	0.32	0.33	4.8	2.1	7.3	0.06	0.02	0.02
14.	Chrudimka	Nemošice	0.17	0.17	0.43	1.9	2.3	5.8	0.03	0.01	0.03
15.	Berounka	Lahovice	0.40	0.53	0.35	6.1	7.7	7.1	0.43	<0.10	0.23
16.	Moldau	Vrané	0.12	0.17	0.26	6.5	3.0	14.6	0.10	0.05	0.10
17.		Podolí	0.40	0.17	0.15	8.1	2.5	4.2	0.31	0.04	0.07
18.		Libčice	0.49	0.33	0.38	6.6	3.8	5.6	0.25	0.12	0.05
19.		Zelčín	0.64	0.16	0.26	5.6	2.4	7.7	<0.10	0.07	0.05
20.	Ohře	Terezín	0.33	0.39	0.15	2.5	5.4	4.1	<0.20	<0.20	<0.20
21.	Bílina	Ústí n. L.	0.56	1.75	0.67	51.9	97.0	20.8	72.5	51.9	34.5

Tab.3: Vergleich der Jahre 1991, 1992, 1993 im Bereich der ungünstigen Werte

	Fluß	Profil	Chrom (µg/l)			Nickel (µg/l)			Arsen (µg/l)		
			1991	1992	1993	1991	1992	1993	1991	1992	1993
			C3	C3	C3	C3	C3	C3	C3	C3	C3
1.	Elbe	Němčice	7.5	3.8	11.6	3.6	4.6	4.2	9.5	10.9	12.9
2.		Valy	19.4	21.3	10.3	18.0	5.3	5.8	65.9	26.4	16.7
3.		Veletov	16.7	17.2	8.7	7.0	5.0	4.2	53.4	28.1	16.8
4.		Nymburk	21.5	14.2	8.2	15.5	11.1	5.8	46.3	19.5	21.9
5.		Lysá n.L.	16.9	6.7	6.6	4.6	6.7	3.9	46.2	15.0	14.6
6.		Obříství	9.9	5.8	8.7	4.7	3.7	8.2	35.6	11.7	12.0
7.		Liběchov	6.6	4.2	11.5	9.4	5.5	6.3	22.5	8.6	8.0
8.		Litoměřice	4.7	3.1	6.3	7.6	7.2	15.4	20.6	8.6	9.6
9.		Vaňov	4.6	3.9	7.0	9.7	6.9	6.1	21.1	8.3	9.1
10.		Děčín	6.6	9.2	7.5	7.4	10.5	5.9	20.8	12.3	9.2
11.		Loubí	6.1	3.7	5.7	8.5	6.2	7.1	18.2	7.6	7.1
12.		Hřensko	5.7	4.8	22.5	8.5	7.7	7.6	18.3	10.4	9.6
13.	Jizera	N. Vestec	1.9	1.3	3.4	6.6	2.5	5.1	2.8	3.6	6.6
14.	Chrudimka	Nemošice	1.1	1.1	9.7	6.7	5.7	11.2	2.2	3.2	11.8
15.	Berounka	Lahovice	1.7	1.9	4.1	7.9	6.8	9.8	7.8	6.5	5.3
16.	Vltava	Vrané	2.3	1.2	4.9	7.8	6.1	18.4	7.4	5.9	9.4
17.		Podolí	3.2	1.0	2.6	7.2	4.3	5.2	7.9	5.9	4.2
18.		Libčice	4.1	1.7	5.6	7.8	8.3	9.6	7.5	5.1	4.5
19.		Zelčín	2.8	1.7	8.0	10.5	8.0	6.6	6.4	5.4	6.8
20.	Ohře	Terezín	2.0	4.4	5.4	7.8	18.3	6.0	20.4	13.7	8.8
21.	Bílina	Ústí n. L.	90.3	31.0	51.6	37.4	28.7	24.0	44.4	24.4	23.3

Tab.4: Vergleich der Jahre 1991, 1992, 1993 im Bereich der ungünstigen Werte

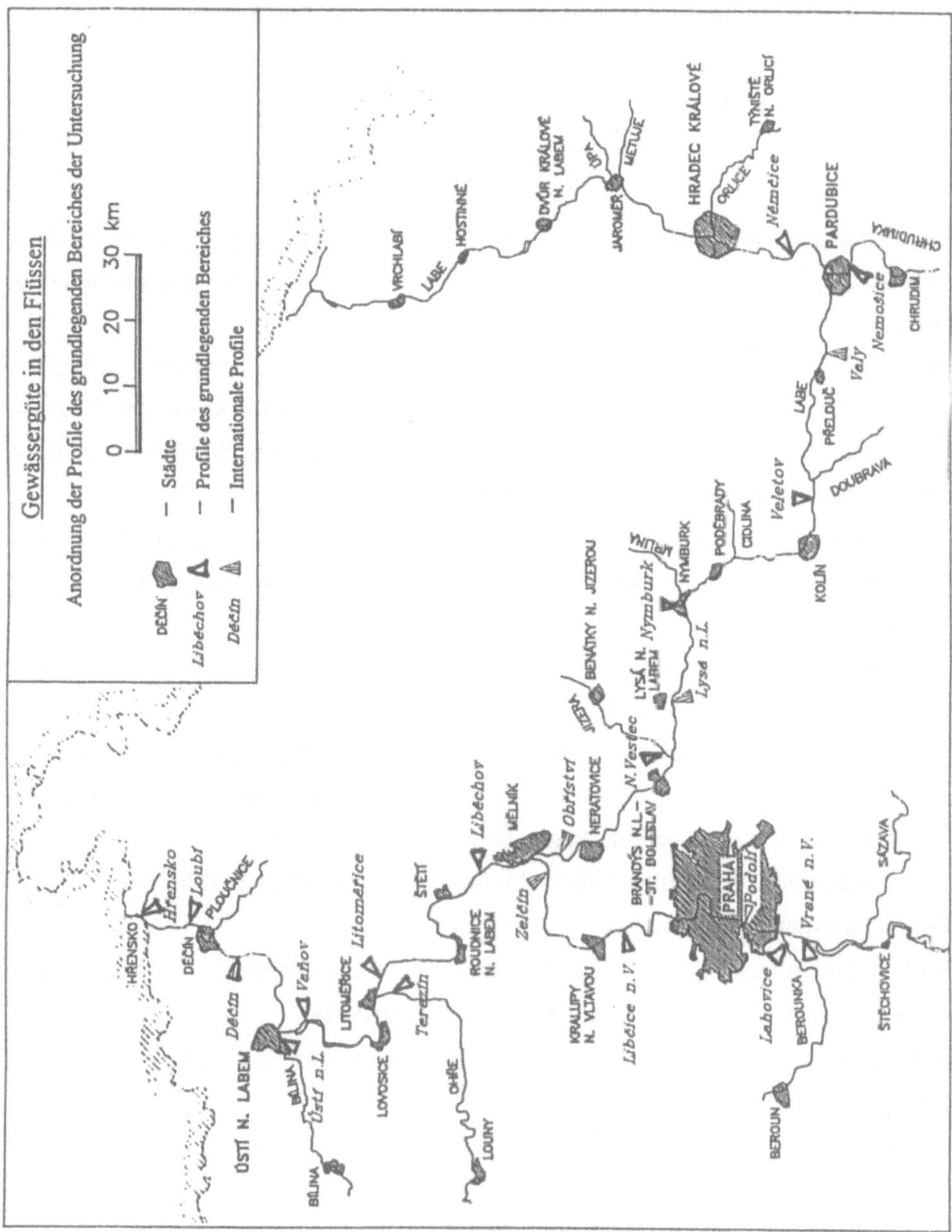

Karte Nr. 1: Gewässergüte in den Flüssen - Anordnung der Profile des grundlegenden Bereiches der Untersuchung

Schadstoffe in Sedimenten und Schwebstoffen der Elbe

P. Heininger, J. Pelzer, P. Tippmann, E. Claus; Berlin

Ein in der BfG im Januar 1991 begonnenes Untersuchungsprogramm ist dem Problem der Schadstoffbelastung von Sedimenten der Elbe und ihrer zeitlichen und räumlichen Veränderung gewidmet.

Das Untersuchungsgebiet umfaßt geographisch den Elbabschnitt zwischen Schmilka und Schnackenburg. Es liegt auf der Hand, daß sich ca. 500 Elbe-km weder flächendeckend noch durch Punktmessungen allein beschreiben lassen. Wir haben uns deshalb zu einer Kombination aus beiden Ansätzen entschlossen:

- Möglichst repräsentative Erfassung des aktuellen Belastungszustandes von Sedimenten und Schwebstoffen im Rahmen von großräumigen Untersuchungsprogrammen.
- Exemplarische Erfassung typischer, besonderer Situationen an Hand des intensiven Studiums von Referenzgebieten.
- Erfassung des Landzeitakkumulationspotentials durch die systematische Untersuchung von solchen Bereichen, die nur in größeren Abständen hydrologischen Veränderungen unterliegen (z. B. Häfen, Altarme).

Die großräumigen Meßprogramme schließen die Meßstellen in Tabelle 1 ein, die jährlich zweimal beprobt werden.

Das Untersuchungsprogramm umfaßt allgemeine Sedimentparameter, Nährstoffe, Schwermetalle und Metalloide und organische Schadstoffe.

Die Ergebnisse dieses Teils unseres Untersuchungsprogramms gestatten uns grundsätzlich Aussagen über

1. den Belastungszustand der Elbe im Vergleich zu anderen Gewässern; wir erhalten eine Grundlage für ein späteres Schadstoff-Konzentrationskataster
2. Trends in der Schadstoffbelastung im Längsverlauf der Elbe
3. die Variabilität der Ergebnisse an ein- und derselben Meßstelle als Voraussetzung für zeitliche Trendaussagen.

Elb-abschnitt	Ort/ Untersuchungsgebiet	Fluß-km	Charakterisierung	Sedi-ment	Schweb-stoff
Oberelbe	Dečin	...	Grenze ČR	x	
	Schmilka	8,9	Grenze ČR, Pegel Meßstation der ARGE Elbe	x	
	Dresden	58,5	Industrie und Stadt Dresden	x	
	Zehren	89,7	Ausgang oberes Elbtal	x	
Mittelelbe	Mündung S. Elster	198,5	Zufluß	x	
	Elster	200,3	Schwarze Elster Mündungsbereich	x	
	Roßlau	257,4	Industriegebiet Mittelelbe	x	
	Mulde	259,6	Zufluß	x	
	Dessau	261,4	Mulde Mündungsbereich	x	
	Aken	276,3	Muldeeinfluß, Pegel		x
	Saale	290,7	Zufluß	x	
	Barby	291,6	Saale Mündungsbereich	x	
	Magdeburg	318,1	Industrie und Stadt Magdeburg, Pegel Meßstation der ARGE Elbe	x	
	Sandau	388,2	Pegel		x
	Werben	429,0	Havel Mündungsbereich	x	
	Wittenberge	454,9	Pegel		x
	Cumlosen	471,5	Ende des Untersuchungsabschnittes	x	

Tab. 1: Probenahmeorte des großräumigen Untersuchungsprogramms für Sedimente und Schwebstoffe

Auf der Datenbasis von 1991-1993 ist erkennbar, daß die Elbe im Vergleich der ostdeutschen Fließgewässer in ihrer Schadstoffbelastung eine Spitzenstellung einnimmt. Unter den Elbezuflüssen weisen Elde und Havel geringere Belastungen auf. Insbesondere bei organischen Schadstoffen werden auch Unterschiede zwischen Ober- und Mittelelbe deutlich. Während beim Eintrag toxischer Schwermetalle Mulde und Saale eine besondere Rolle spielen, ist für die organischen Schadstoffe oft schon der Eintrag aus der ČR prägend.
Sowohl bei Schwermetallen, als auch bei unpolaren organischen Schadstoffen treten an ein-und derselben Probenahmestelle von Probenahme zu Probenahme trotz Normierung erhebliche Schwankungen auf, die eine zeitliche Trendaussage z. Z. noch unmöglich machen. Diese Aussage erfolgt vor dem Hintergrund, daß die Jahre 19911993 insgesamt abflußarm waren. Selbst im Jahr 1993 konnte das noch aus 1991 stammende Feuchtedefizit nicht ausgeglichen werden. Erst durch die extremen Niederschläge im Dezember 1993 wurden die langjährigen Mittelwerte überschritten und die mittleren Hochwassermarken erreicht.

Für Fortschritte in der Sedimentbewertung werden Kontroll- und Referenzsedimente benötigt. Referenzsedimente sind unter regionalen und stofflichen Aspekten auszuwählen. Es muß sichergestellt sein, daß Testergebnisse mit Kontroll-, Referenz- und Testsedimenten auf vergleichbarer Basis gewonnen werden und zu hinreichend unterschiedlichen Ergebnissen führen.
Im Rahmen unseres Projektes werden drei Referenzgebiete an der Elbe und eines an der Spree unter verschiedenen Gesichtspunkten intensiv untersucht.
Bei den belasteten Referenzgebieten handelt es sich um den Hafen Meißen (Elbe-km 83,0), die Einleitungsstelle der Fahlberg List GmbH Magdeburg (Elbe-km 318,9) und, unter dem speziellen Aspekt der PAH und ihrer schwefelorganischen Analoga, um die Einleitungsstelle der Großgaserei Magdeburg (Elbe-km 337,3). Den drei Probenahmeorten gemeinsam ist die besondere Belastung durch Schadstoffe in der Vergangenheit. Sie unterscheiden sich jedoch in der Möglichkeit, diese Belastung einer oder wenigen Quellen zuordnen zu können.

Der Altarm "Alte Elbe" bei Klieken (Elbe-km 252) wurde von uns als potentiell naturnäheres Referenzgebiet an der Elbe ins Auge gefaßt. Der Gewässerabschnitt liegt zwischen Coswig und Roßlau unmittelbar am Nordwestrand des Biosphärenreservates "Mittlere Elbe" oberhalb der Mündungen von Mulde und Saale. Der Altarm stellt ein Stillgewässer dar, das bei niedrigen und mittleren Wasserverhältnissen nur durch einen Abfluß mit dem Elbestrom verbunden ist. Nur bei Hochwasser kommt es zu einem intensiven Wasseraustausch.
Im Gewässerabschnitt Alte Elbe erfolgte bisher noch keine umfangreichere Grundcharakterisierung. Für unsere Untersuchungen war es deshalb wichtig, über ein Vergleichssystem zu verfügen, das einen nachweislich naturnäheren Flußabschnitt darstellt. Für diesen Zweck steht uns der Altarm der Spree bei Freienbrink (Spree-km 51,9) zur Verfügung.

Das Untersuchungsprogramm für die Referenzgebiete geht weit über das Programm der großräumigen Bestandsaufnahme hinaus.
In monatlichen bzw. 14-tägigen Untersuchungen werden Aussagen über

- das Gesamtsediment
- das Porenwasser
- das Oberflächenwasser

getroffen.
Es werden enzymatische und ökotoxikologische Tests vorgenommen und Aussagen über die Sedimentbewohner getroffen.
Keines der Untersuchungsgebiete kann als natürlich angesehen werden. Das Referenzgebiet Freienbrink weist jedoch anhand wesentlicher Merkmale einen naturnäheren Zustand auf. Die Referenzgebiete Fahlberg List und Hafen Meißen sind stark belastete, naturferne Elbabschnitte, während die Alte Elbe/Klieken eine Zwischenstellung einnimmt, in ihren ökotoxikologischen Befunden und Enzymaktivitäten dabei jedoch deutlich zum naturnäheren Zustand tendiert.

Die in den vier Beispielgebieten entnommenen Sedimentproben sind in wesentlichen strukturellen Eigenschaften und Hauptbestandteilen vergleichbar.

Die Belastung durch toxische Schwermetalle und organische Schadstoffe ist in Freienbrink gering. Sie ist bei toxischen Schwermetallen in der Alten Elbe deutlich geringer als bei Fahlberg List und Hafen Meißen. Bei organischen Schadstoffen ergeben sich auch für die Alte Elbe deutliche Belastungen, die vom oberelbischen Eintrag herrühren.

Hinsichtlich der Befunde von enzymatischen Tests als Merkmal grundlegender bzw. substratspezifischer Bioaktivität und von ökotoxikologischen Tests ergeben sich klare Unterschiede für die Beispielgebiete Freienbrink und Alte Elbe einerseits und Fahlberg List und Hafen Meißen andererseits. Die Beispielgebiete erfüllen damit insgesamt die Forderung, auf vergleichbarer Grundlage hinreichend unterschiedliche Testergebnisse zu liefern.

Ergebnisse der Hochwassermessungen 1993/94

R.-D. Wilken, H.-U. Fanger; Geesthacht
H. Guhr; Magdeburg

Einleitung

Der Abfluß der Elbe hat ein typisches Regen / Schnee - Muster mit hohen Wasserabflüssen im Frühling und geringen Abflüssen im Sommer. Typische Werte liegen über 2000 m^3/s im Dezember, Januar oder Anfang Februar, und um 250 m^3/s im Juli und August [1]. Diese Unterschiede mit einem Faktor von etwa 10 führen zu einem sehr unterschiedlichen Schwebstofftransport über das Jahr [2]. Mit dem Schwebstofftransport ist auch der Schadstofftransport verbunden. Für Sanierungsmaßnahmen an der Elbe ist die Frage wichtig, ob und wie lange noch schwebstoffgebundene Schadstoffe in der Elbe vorhanden sind und wirken können. Zur Beantwortung dieser Frage sollen die im folgenden dargelegten Untersuchungsergebnisse dienen.

In den letzten Jahren wurde versucht, eine Beziehung zwischen den Abflüssen, den Schwebstoffmengen und deren Beladungen mit Metallen herzustellen [2,3]. Für die Elbe oberhalb des Wehrs von Geesthacht konnte festgestellt werden, daß die Beziehungen nicht einfach korreliert sind. Einige typische Beobachtungen können wir aber zusammenfassen:

- Das Maximum der Schwebstoffkonzentration tritt vor dem Hochwasserscheitel auf. Dieser Schwebstoff ist durch eine kleine Korngröße und einen hohen Anteil an leichtem organischen Material ausgezeichnet, das erheblich mit Schwermetallen und anderen Schadstoffen beladen ist. Die Zeitdifferenz zwischen dem Maximum der Schwebstoffkonzentration und der Wasserführung beträgt auf der Höhe des Geesthachter Wehrs etwa eine Woche, die zeitliche Länge einer Hochwasserwelle erstreckt sich etwa vierzehn Tage bis drei Wochen.

- Der größte Transport von Schwebstoff, errechnet durch Multiplikation der Schwebstoffkonzentration mit der Wasserführung, findet noch vor dem Maximum der Wasserführung statt, und zwar typischerweise einige zehn Stunden vorher.
- Die Hochwasserwelle resuspendiert nur die remobilisierbaren Sedimentschichten in die fließende Welle. Die älteren konsolidierten Ablagerungen werden von den Scherkräften des Wassers offenbar nicht oder wenig angegriffen und bleiben liegen.
- Im Ästuar der Elbe, - im oberen Bereich des Trübungsmaximums bei Bielenberg, Strom-km 670, - beobachtet man in Abhängigkeit vom Oberwasserabfluß eine Erniedrigung der Schwebstoffkonzentrationswerte bei Anstieg des Abflusses. Gleichzeitig erhöhen sich die Schwermetallkonzentrationen bei einem solchen Ereignis. Dies ist als eine Stromabverlagerung des Trübungsmaximums zu interpretieren, wobei damit auch die Verfrachtung weniger kontaminierter mariner Feststoffe verbunden ist.

Die Aufklärung des Schwebstoffverhaltens und die Abschätzung des Schadstoffinventars in der Elbe waren der Beweggrund, um die Jahreswende 1993/94 bei einem sich ankündigenden Hochwasser gezielte Untersuchungen in der Elbe in Magdeburg, Geesthacht und im Elbeästuar zu initiieren.

Probennahme und Analytik

In Magdeburg wurden dazu auf der Höhe der Dauermeßstation oberhalb Magdeburgs täglich 5 l Wasserproben genommen, die nach dem Verfahren der BfG durch ausgewogene Papierfilter filtriert wurden. In Geesthacht wurde wenige Meter oberhalb des Geesthachter Wehrs, auf dem niedersächsischen Ufer, von einer künstlichen Landzunge aus, ebenfalls Wasserproben (250 ml) genommen, unmittelbar ins Labor transportiert und dort über 0.45 µm Nuclepore Filter vakuumfiltriert. Auf den getrockneten Filtern wurde der Schwebstoffgehalt bestimmt und mit AAS und / oder TRFA die Elementgehalte auf dem Schwebstoff bestimmt. Ergänzend dazu wurden auch im Ästuar am Ponton META-2 Proben genommen und analysiert.

Am 3.1.1994 konnte in der Elbe ein Abfluß von 2095 m^3/s am Pegel Neu Darchau gemessen werden. Dieser Hochwasserwelle folgten noch zwei weitere höhere Abflüsse, die am 26.3.1994 einen Abfluß von 2081 m^3/s und am 23.4.1994 einen Wert von 2181 m^3/s aufwiesen. Die Elbe hatte damit nach mehr als 5 "trockenen" Jahren wieder eine Wasserführung aufzuweisen, die 2000 m^3/s dreimal deutlich überstieg.

Schwebstoff und Schadstoffverhalten

Während des Hochwassers wurden viele Elemente im Schwebstoff der Elbe in Magdeburg, am Geesthachter Wehr und im Ästuar gemessen.

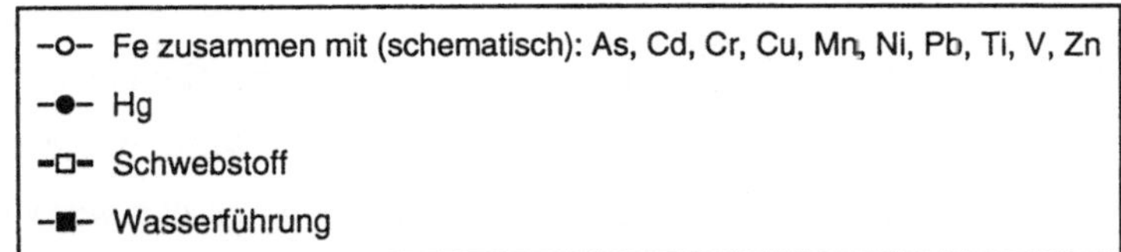

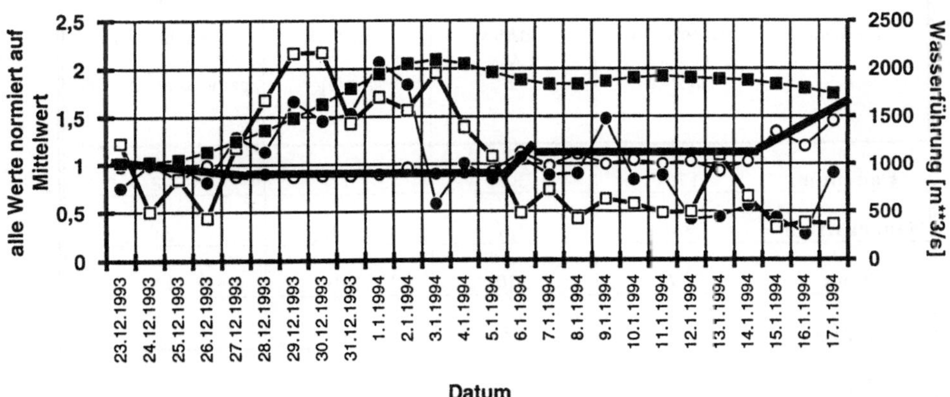

Abb. 1: Verlauf der Elementkonzentrationen am Schwebstoff im Zeitraum vom 23.12.1993 bis 17.1.1994 am Geesthachter Wehr, normiert auf den jeweiligen Mittelwert

Der zeitliche Verlauf der gemessenen Konzentrationen am Schwebstoff ist in Abbildung 1 für den Zeitraum vom 23.12.1993 bis 17.1.1994 gezeigt, wobei die

Gehalte der Übersichtlichkeit wegen auf den Mittelwert = 1 normiert sind. Viele Elemente verhalten sich gleich und werden deshalb nicht gesondert diskutiert. Nur Quecksilber zeigt einen besonderen Konzentrationsverlauf.

Zuerst werden gering belastete Schwebstoffe gefunden. Nach dem ersten Hochwasserscheitel wird dann eine Erhöhung gemessen, die nach Ende dieses Hochwassers noch weiter nach oben weist. Man kann dies dahingehend interpretieren, daß zuerst neue, relativ unbelastete Sedimente durch das schneller werdende Wasser in Bewegung gebracht werden. Nach dem diese abgeräumt sind, wird das darunter befindliche höher belastete Sediment in das fließende Wasser gebracht. Alternativ könnten allerdings auch zum späteren Zeitpunkt die "Ferntransporte" aus höher belasteten Sedimentdeponien von weiter oberhalb angekommen sein.

Die Belastung des Schwebstoffs, der im Zeitraum Dezember/Januar beprobt und analysiert wurde, ist in der Tabelle 1 aufgeführt, wobei die Mittelwerte mit natürlichen Werten nach Turekian und Wedepohl [5] in Beziehung gesetzt werden.

Element	Mittelwerte mg/kg	StdAbw. ±	natürlich mg/kg	Verhältnis gemessen/natürlich
Cadmium	17,6	3,2	1	18
Quecksilber	8,4	3,8	0,4	21
Zink	2272	330	200	11
Kupfer	261	48	50	5
Blei	232	33,3	50	5
Arsen	91	14	20	5
Chrom	359	100	100	4
Nickel	106	21	50	2

Tab. 1: Vergleich der gemessenen Werte zu natürlichen Konzentrationen (23.12.93 - 17.1.1994)

Die Konzentrationen der Elemente liegen noch bis zum Faktor 20 über den natürlichen Konzentrationen. Cadmium und Quecksilber sind immer noch die Hauptproblemelemente dieses Flusses [6].

In der Tabelle 2 sind die Mengen angegeben, die im Zeitraum transportiert worden sind, wobei diese in ihrem zeitlichen Verlauf in der Abbildung 2 gezeigt sind.

Element	kg im Zeitraum	Element	kg im Zeitraum
Eisen	5.600.000	**Blei**	23.100
Calcium	3.100.000	**Strontium**	21.000
Schwefel	1.800.000	**Zirkonium**	14.000
Kalium	1.300.000	**Vanadium**	10.300
Titan	300.000	**Nickel**	10.200
Mangan	200.000	**Rubidium**	9.400
Zink	232.800	**Arsen**	9.100
Barium	75.900	**Yttrium**	2.300
Chrom	33.900	**Cadmium**	1.700
Kupfer	26.000	**Gallium**	1.500
		Quecksilber	1.000
Wasserführung	3.800.000.000 m^3 im Zeitraum		
Schwebstoff	100.000 t im Zeitraum		

Tab.2: Transportierte Mengen vom 23.12.93 bis 17.1. 94

In der Abbildung 3 ist der zeitliche Verlauf der Schwebstoff- und Quecksilberkonzentration für die beiden folgenden Hochwässer angegeben. Bis auf einen Ausreißer am 24.3.1994 nimmt dabei die Schwebstoffkonzentration kontinuierlich ab. Der Konzentrationsanstieg vor dem Hochwasserscheitel wurde hier nicht mit erfaßt. Das gleiche triff auch für die nächste Hochwasserwelle zu, mit deren Verfolgung ab 18.4. setzt die Schwebstoffkonzentration etwa doppelt so hoch wieder ein, wobei auch diese dann wieder kontinuierlich über die Zeit abnimmt.

Der Sprung in der Schwebstoffkonzentration vom 14.4. auf den 18.4.1994 um etwa den Faktor zwei kann auf zwei Ursachen zurückgeführt werden: durch die Heranführung neuer Wassermassen aus anderen Einzugsgebieten bei der Hochwasserwelle vom 23.4.1994 oder durch die Mobilisierung frisch abgelagerter Sedimente.

Die Quecksilberkonzentrationen zeigen einen anderen Verlauf: Sie bleiben bei unter 10 mg/kg relativ konstant, wenn man von einem Ausreißer am 1.4.1994 absieht. Mit der neuen Hochwasserwelle beginnen die Konzentrationen mit einem niedrigeren Niveau, steigen dann bis zum Maximum der Wasserführung stetig an, um dann bei Konzentrationen von rund 5 mg/kg konstant zu bleiben. Somit hat sich die Konzentration des Quecksilbers am Schwebstoff bei der zweiten Hochwasserwelle der Abbildung 3 erniedrigt, während die Schwebstoffkonzentration im Wasser gestiegen ist. Dies drückt sich auch in den Transportraten aus (Abbildung 4).

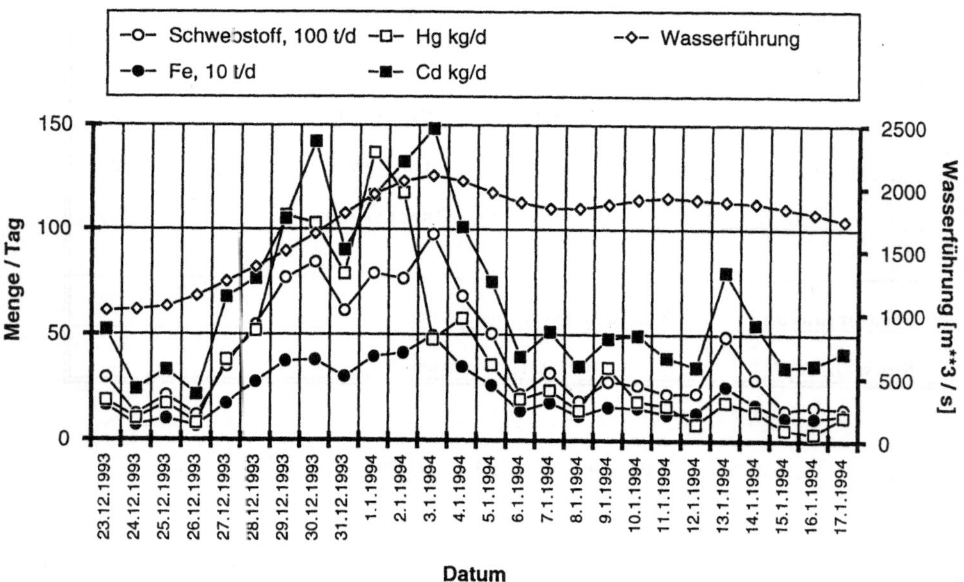

Abb. 2: Transportierte Mengen an Schwebstoff, Quecksilber, Cadmium und Eisen in den 26 Tagen vom 23.12.1993 - 17.1.1994

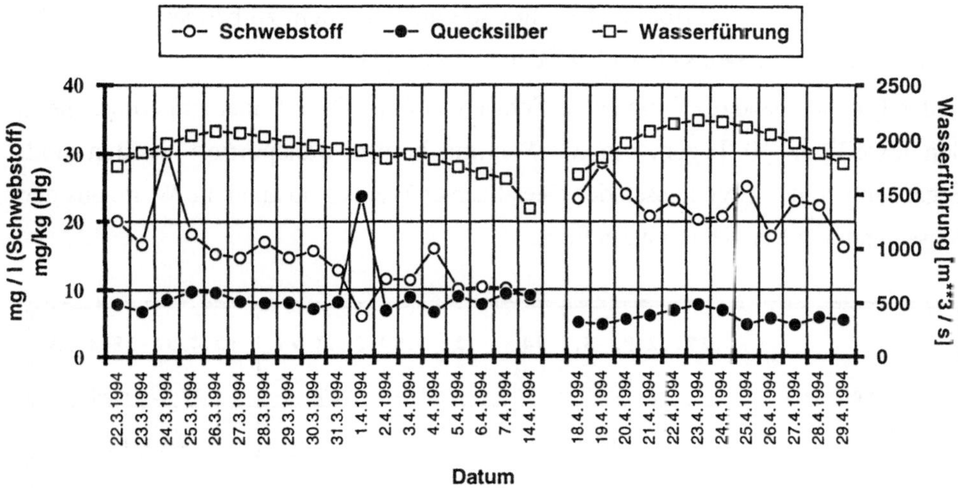

Abb. 3: Verlauf der Schwebstoff- und Quecksilberkonzentration am Schwebstoff verglichen mit der Wasserführung vom 22.3.1994 - 29.4.1994

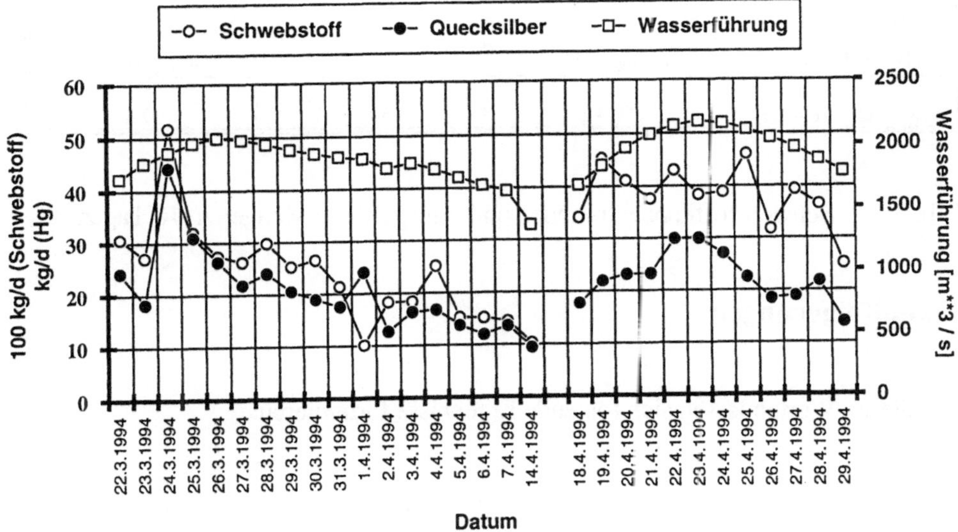

Abb. 4: Verlauf der Schwebstoff- und Quecksilbertransporte (am Schwebstoff) verglichen mit der Wasserführung vom 22.3.1994 - 29.4.1994, Geesthacht

Man erkennt, daß die Transporte von Schwebstoff und Quecksilber im ersten Hochwasser nach ihrem Maximum am 24.3.1994 fast linear über die Zeit abnehmen, während beim zweiten Hochwasser dies so eindeutig nicht zu beobachten ist. Die Transportraten erhöhen sich auch wieder auf über 30 kg/d.

In der Tabelle 3 sind die Summen an Schwebstoff und Quecksilber aufgeführt, die in den jeweiligen 10 Tagen, um die Maxima herum, transportiert worden sind. Ergänzend zu den Ergebnissen des Geesthachter Wehrs sind auch die Werte aus den Messungen bei Magdeburg aufgeführt.

	27.12.93-5.1.94	22.3.94-31.3.94	19.4.94-28.4.94
Schwebstoff	30 - 60 mg/l	13 - 30 mg/l	18 - 29 mg/l
	70.000 t	30.000 t	40.000 t
Schwebstoff	19 - 176 mg/l	12 - 144 mg/l	21 - 281 mg/l
Magdeburg	90.000 t	85.000 t	120.000 t
Zeitraum	(20.12.93-29.12.94)	(16.3.-25.3.94)	(12.4.-21.4.94)
Quecksilber (Geesthacht)	11 mg Hg/kg	8 mg Hg/kg	6 mg Hg/kg
(am Schwebstoff)	800 kg	250 kg	240 kg

Tab. 3: Schwebstoffkonzentrationen und transportierte Mengen in 10 Tagen

Schlußfolgerungen

Aus diesen Werten lassen sich folgende Ergebnisse formulieren:

1. Die Hochwasserwellen haben den entscheidenden Einfluß auf den Schadstofftransport in der Elbe. In diesen drei Hochwasserwellen wurde beispielsweise mehr als ein Viertel der Quecksilberjahresfracht transportiert, die in 1992 dokumentiert ist [6].

2. Die Konzentrations- und Mengenanalysen sowohl an Schwebstoff wie an Quecksilber zeigen, daß die erste Hochwasserwelle die größte Bedeutung besitzt.
3. In Magdeburg werden höhere Schwebstoffmengen transportiert als in Geesthacht wiedergefunden werden. Die Differenz beträgt in der ersten Hochwasserwelle etwa 20.000 t, wobei Schwebstoff vermutlich auf der Strecke, insbesondere auf den Überflutungsflächen, sedimentiert.

Damit lassen sich die folgenden Hypothesen aufstellen:

1. Der Transport von Schwebstoff, und damit in Verbindung, der Schadstofftransport in der Elbe, ist in den verschiedenen Flußabschnitten unterschiedlich. Vermutlich werden nicht unerhebliche Mengen an Schwebstoffen in Buhnenfeldern oder Deichvorländern deponiert.
2. Ein Großteil einfach mobilisierbarer Sedimente ist durch die Hochwasserwellen ausgeräumt. Damit ist auch die Menge an Quecksilber in der Elbe deutlich verringert.
3. Da diese Hochwasserwellen durchaus das Potential hatten, alle Schwebstoffdepots zu resuspendieren, sind entweder keine weiteren, hochbelasteten Sedimente mehr im Fluß oder sie sind so konsolidiert, daß sie auch durch mehrere Hochwassersituationen nicht mehr mobilisiert werden können. Es besteht also vermutlich kein Handlungsbedarf hinsichtlich der Baggerung von Buhnenfeldern oder anderen Sedimentablagerungen, um die Belastung der Elbe schnell zu verringern.
4. Die Abbildung 1, in der eine Vielzahl an Elementen ein gleiches Verhalten zeigen, legt nahe, daß damit auch andere an Schwebstoff gebundene Schadstoffe deutlich verringert wurden.
5. Die Konzentration von 4 mg Hg/kg Schwebstoff nach den Hochwasserwellen kann schon mit Direkteinleitungen erklärt werden. Man kann nämlich die folgende Rechnung aufstellen: Der Schwebstofftransport in der Elbe beträgt etwa 850.000 t/a. Bei einer durchschnittlichen Belastung von 4 mg/kg ent-

spricht dies einer Quecksilbermenge von 4 g/t * 850.000 = 3.400.000 g bzw. 3,4 t Hg. Die Belastung der Elbe durch Direkteinleiter wird zur Zeit auf < 4 t/a geschätzt [6].

6. Dann kann daraus geschlußfolgert werden, daß immer noch hauptsächlich Direkteinleitungen für die Quecksilberkontaminationen in der Elbe verantwortlich gemacht werden müssen und die Depots in der Elbe nach wie vor nur eine untergeordnete Rolle spielen. Somit liegt in der Sanierung der Direkteinleiter nach wie vor der primäre Handlungsbedarf. Erst wenn hier weiter drastisch reduziert wird, werden die Deponien in der Elbe als Schadstoffquellen eine merkbare Rolle spielen.

Literatur:

[1.] Simon, M. (1993): Die Elbe und ihr Einzugsgebiet. Wasserwirtschaft Wassertechnik, 15 - 22.

[2.] Wilken, R.-D., Christiansen, H., Fanger, H.-U., Greiser, N., Haar, S., Puls, W., Reincke, H., Spott, D., Vollmer, M. (1991) Fakten und Hypothesen zum Schwebstoff und Schadstofftransport in der Elbe. Vom Wasser, 76, 167-189. GKSS 91/E/35.

[3.] Wilken, R.-D., Weiler, K. (1986): Quecksilbermaxima im Schwebstoff der Elbe. Deutsch. Gewässerk. Mittl. 30, 19-20.

[4.] Wilken, R.-D. (1991): Die Belastung der Elbe im Vergleich zu anderen deutschen Flüssen. Wasserwirtschaft-Wassertechnik 4, S. 134-136.

[5.] Turekian, K. K.; Wedepohl, K.H. (1961): Distribution of the elements in some major units of the earth's crust, Geol. Soc. Am. Bull. 72: 175-192

[6.] Reincke, H. (1993): Die Elbe - Entwicklung der Wasserbeschaffenheit. Wasserwirtschaft Wassertechnik, 24 - 29.

[7.] Wilken, R.-D., Beyer, M., Guhr, H. (Herausgeber) (1992): 4. Magdeburger Gewässerschutzseminar - Die Situation der Elbe - 22.-26-9-1992 in Spindleruv Mlyn, Tschechoslowakei, Tagungbericht. GKSS 92/E/49, ISSN 0344-9629, 376 S.

[8.] Beyer, M., Petzold, S., Prange, A., Wilken, R.-D. (1990): 3. Magdeburger Gewässerschutzseminar - Zur Belastung der Elbe -. Tagungsband. GKSS 90/E/43. 342 S.

Danksagung

Wir bedanken uns bei Dr. A. Prange, GKSS, und seinen Mitarbeitern für die TRFA-Analysen. D. Krogmann hat in dankenswerter Weise die Schwebstoffproben genommen, vorbereitet und die AAS-Analysen durchgeführt. Dem Wasser- und Schiffahrtsamt Lauenburg danken wir für die ausgezeichnete Kooperation bei der Prognose des Hochwassers.

Stand und Perspektiven der kommunalen Abwasserbehandlung

Die aktuelle Situation der zentralen Kläranlage in Prag

J. Kutil; Praha

Die Bestrebungen, als Ersatz für die unbefriedigende Lindley's mechanische Kläranlage eine neue Kapazität zu errichten, wurden erst durch den Bau einer mechanisch-biologischen Kläranlage auf der Kaiserinsel (Císařský ostrov) in Prag-Troja in den Jahren 1957 bis 1967 verwirklicht.

Bereits in den zwanziger Jahren, in Anbetracht des stürmischen Einwohnerwachstums sowie der zu entwässernden Flächen, begannen Diskussionen über die Art der Problemlösung.

Es gab zwei Grundtendenzen, und zwar entweder den Bau einer neuen, zentralen Kläranlage für ganz Prag unter teilweiser Einbeziehung der getrennten Kanalisation, oder die Errichtung von Teilkläranlagen für die einzelnen Stadtteile. Da die Kaiserinsel laut des damaligen Gebietsplanes für Ausstellungs-, Sport- und Freizeitzwecke vorgesehen war, wurde ein noch weiter flußaufwärts gelegener Standort beantragt. Mitte der dreißiger Jahre wurde die Anweisung zum Bau einer neuen mechanisch-biologischen Kläranlage für die ganze Stadt außerhalb des Stadtgebietes gegeben.

Es kam jedoch nicht zur Verwirklichung dieses Vorhabens, und erst Anfang der fünfziger Jahre, als der schrittweise Anstieg des Wasserverbrauchs eine Aktualisierung der Überlegungen über deren Reinigung unumgänglich machte, kam es zur Ausarbeitung des Projektes der bestehenden Kläranlage (ÚČOV). Somit wurde vom Vorkriegskonzept abgerückt.

Die beantragten Parameter waren wie folgt: vorausgesetzte Zahl der angeschlossenen Einwohner von 1,25 Mio., ein Wasserverbrauch von 180 Liter/Person/Tag mit einer Erweiterungsmöglichkeit bis zu 2 Mio. angeschlossenen Einwohnern. In der Kläranlage sollte das Abwasser bis zu 1,5-maliger Regenwasserverdünnung durch ein mechanisches Absetzverfahren mit Aktivierung gereinigt werden. Der Schlamm sollte durch Ausfaulung und Nacharbeitung auf einem Schlammfeld außerhalb der Stadt bearbeitet werden.

Aufgrund finanzieller Einsparungen kam es jedoch zu Parametereinschränkungen, so daß die heutige Dauerleistung der mechanischen Stufe der Kläranlage ca. 5,5 m^3/s und jene der biologischen 2,7 m^3/s beträgt.

Bereits Ende der sechziger Jahre wurde klar, daß die tatsächliche Kapazität der Zentralen Kläranlage Prag unzureichend ist. Die rasche Entwicklung Prags erzwang die Entscheidung über den Bau einer neuen Stammleitung unter der Bezeichnung "K", deren Hauptaufgabe vor allem die Spülwassereinleitung der südlichen Stadtteile in die Zentrale Kläranlage war. Anknüpfend dazu war auch die endgültige Entscheidung zur mehrjährigen Diskussion über das Konzept der neuen Kläranlage (NČOV), wodurch kraft damaligen Regierungsbeschlusses aus dem Jahr 1973 der Hauptstadt Prag auferlegt wurde, durch Intensivierung der Zentralen Kläranlage eine Kapazität der mechanischen Stufe von 8,7 m^3/s und der biologischen von maximal 4,6 m^3/s zu erreichen. Somit wurde erneut das Konzept einer einzigen Kläranlage für Prag durchgesetzt.
Weiter wurde der Aufbau der neuen Kläranlage (NČOV) auf dem Gebiet der Gemeinde Hostín bei Mèlník erwogen. Die I. Aufbauetappe sollte laut damaliger Beschlüsse 1985 in Betrieb genommen werden, später wurde dieser Termin auf 1990 verschoben. Jedoch nach mehrmaligem Aufschub und vor allem nach den politischen und wirtschaftlichen Veränderungen im Lande im Jahr 1989 kam es überhaupt nicht mehr dazu.
Mit der Leistungsintensivierung der Zentralen Kläranlage wurde 1974 begonnen und durch die Inbetriebnahme 1985 abgeschlossen. Diese Intensivierung sollte damals eigentlich eine Ergänzung des Konzeptes der neuen Kläranlage (NČOV) in Hostín

sein, die im Jahr 2000 die Reinigung sämtlichen Abwassers der Stadt und eines Teils der Region Mittelböhmen übernehmen sollte.
Die Grundlage der Intensivierung, die ihre Gestaltung und ihre Parameter der derzeitigen Zentralen Kläranlage verlieh, lag in der Verwirklichung von 4 Bauten.

1.Bau - der Kopf des Entwässerungssystems - wurde für die neu zugeleitete Stammleitung "K" sowie die bestehenden Stammleitungen "A" u. "C" errichtet und, das Abwasser kam über die neue Schneckenpumpenanlage mit einer Leistung von 8 m^3/s gemeinsam in die Kläranlage. Anbindend an diesen Kopf befindet sich der Auslaß in die Moldau und die Sammelkammer für die künftige Kläranlage am rechten Moldauufer.

2. Bau - der mechanische Teil der Kläranlage - unter Einbeziehung vier neuer Schlammpumpenanlagen, einer neuen groben Vorreinigung sowie der zugehörigen Durchflußkanäle.

3. Bau - die biologische Reinigungsanlage - stellte den Aufbau einer neuen Gebläseanlage, die Installierung neuer Turbogebläse, Luftleitungen und Belüftungsroste (Mittelblasenbelüftung) dar. Fertiggestellt wurden zwei Nachklärbecken, eine Trafoanlage und Fernmeldeobjekte.

4. Bau - die Schlammbehandlung - es wurden 15 km Schlammleitungen (einschließlich Düker) zu den Schlammfeldern, vier Manipulierbecken für Roh- und Faulschlamm, eine Umformeranlage sowie ein mit Siebbandpressen bestücktes Objekt zur maschinellen Entwässerung des ausgefaulten Schlammes aufgebaut. Im Bereich der Schlammfelder wurde eine zusätzliche Schlammpresse aufgebaut.

Erst nach dieser Intensivierung wurden die Parameter und Leistungen jener, in den fünfziger Jahren geplanten Kläranlage erreicht. Derzeit verfügt also die Stadt Prag über eine Zentrale Kläranlage mit einer Leistung von 4,6 m^3/s auf der mechanisch-biologischen Stufe und von 8,4 m^3/s auf der mechanischen Stufe. Ergänzt wird dies

durch 15 kleine Nebenkläranlagen mit einer Gesamtleistung von 0,25 m^3/s mechanisch-biologischer Reinigung.
Seit der Fertigstellung und Inbetriebnahme der Intensivierung der Zentralen Kläranlage kam es bis 1989, als der höchste Kulminationsstand mit einem durchschnittlichen Jahreszufluß von 7,2 m^3/s verzeichnet wurde, in Einklang mit dem steigenden Wasserverbrauch zu einem ständigen Anstieg der zugeführten Abwassermengen.

Ein weiterer Faktor, der negativen Einfluß auf die Beschaffenheit der Moldau unterhalb Prags hatte, war der nicht gereinigte Ablaß von ca. 0,7 m^3/s aus der Stammleitung "E".
Der unzureichende Reinigungseffekt sowie das Ablassen dieses ungereinigten Wassers war gesetzwidrig. Deshalb wurde der Stadt Prag durch die Regierung eine Ausnahme erteilt. Diese war bis 1990 gültig, dann wurde sie abgeschafft.

Dadurch entstand eine komplizierte Lage, die dringend zu lösen war. Aus diesem Grund veröffentlichte 1992 der Prager Magistrat nach umfangreichen Diskussionen die Ausschreibung einer weiteren Intensivierung der Zentralen Kläranlage. Ferner kam es zu grundsätzlichen Veränderungen bei den Wasser- und Abwasserpreisen, zur Abschaffung von Stützungen der Betriebskosten sowie zu einem Terminaufschub beim Aufbau einer neuen Kläranlage (NČOV) außerhalb der Stadt.

Seit 1989 ist ein stetiges Absinken des Zuflusses zur Kläranlage zu verzeichnen, wobei dieser 1993 bei 6,0 m^3/s lag. Im Jahr 1993 wurden gleichfalls die bis zu diesem Zeitpunkt ungereinigten Wassermengen im Umfang von 0,7 m^3/s der Kläranlage zugeleitet, um sie wenigstens mechanisch zu reinigen.

Da es zur Existenzverlängerung der Zentralen Kläranlage auf der Kaiserinsel kam, wurden in den vergangenen Jahren umfangreich maschinelle Anlagen ausgewechselt. Dabei handelte es sich um Getriebe der Schneckenpumpen, neue Gasbehälter und um den Austausch der Rechen gegen Feinrechen (3 mm) unter ausgeprägter finanzieller Beteiligung der Freien- und Hansestadt Hamburg. Die Bandpressen wurden durch Entwässerungszentrifugen ersetzt und Eindickungszentrifugen in Betrieb genommen. Gasturbinen, deren Lebensdauer bereits überschritten ist, werden in Kürze durch neue, hoch effektive Gasturbinen ersetzt. Desweiteren wird die Mischung der Faulbehälter mit Gas realisiert sowie eine weitere Erhöhung der Effektivität der Faulungsprozesse (höhere Temperatur, Aufenthaltsdauer u.ä.) vorbereitet.

Parallel dazu verlief die Ausschreibung zur einer Intensivierung, die grundsätzlich das Problem der unzureichenden biologischen Reinigung lösen sollte. Als beste Lösung ging aus dem Wettbewerb der Vorschlag der Hydroprojekt AG hervor, in dem ein Austausch des Belüftungssystems gegen ein Mikroblasensystem und zugleich der Aufbau ausreichender Nachklärbeckenkapazitäten vorgesehen ist.

Die Ausschreibungsergebnisse wurden jedoch Ende 1993 annulliert, neue Bedingungen ausgeschrieben (unter Einbeziehung der dem gültigen Regierungsbeschluß bis 2004 entsprechenden Parameter) und darüber sämtliche am vorherigen Wettbewerb Beteiligten in Kenntnis gesetzt.

Der Prager Stadtrat nahm am 7. Juni 1994 die von der Hydroprojekt AG vorgelegte Lösung an und ernannte das Unternehmen Prager Kanalisation und Wasserläufe zum Investor dieses Vorhabens.

Die technische Lösung geht von dem ursprünglichen Vorschlag aus und wird um eine durch einen Zusatzbehälter zur Regenerierung des aktivierten Schlammes sichergestellte Nitrifizierung erweitert.

Mit der Realisierung der Lösung wird im 2. Halbjahr 1994 begonnen. Das Projekt soll bis 1996 fertiggestellt werden. Garantiert wird, daß durch die Reinigung folgende Qualität zu erreichen ist:

	Beschaffenheit des zufließenden Abwassers (mg/l)	Beschaffenheit des gereinigten Abwassers (mg/l)
BSB_5	190	20.0
CSB	400	75.0
ungelöste Stoffe	220	20.0
$N\text{-}NH_4^+$	24	9.4
$N\text{-}NO_x$	3.1	5.6
N_{gesamt}	39	18.0
P_{gesamt}	5.0	1.9

Abschließend ist zu bemerken, daß der Zustand der Bausubstanz der Zentralen Kläranlage sehr gut ist, daß fast sämtliche maschinellen Anlagen entweder instandgesetzt, ausgewechselt oder modernisiert wurden. Die fertiggestellte Intensivierung wird den Betrieb der Kläranlage in Einklang mit den gesetzlichen Vorgaben bringen.

Weitere Maßnahmen zur Verbesserung der Klärvorgänge sind von der Demographie der Stadt, dem neuen Gebietsplan, den Bilanzquellen des Trinkwassers, dessen Verbrauch im Zusammenhang mit dem Preisdruck, der Rationalisierung des Wasserverbrauchs, der Senkung des Ballastwassers sowie von weiteren Faktoren abhängig. Im Jahr 1995 kommt es zum Abschluß der I. Etappe des ursprünglichen Konzeptes der neuen Kläranlage (NÚČOV) in Hostín durch einen Vierarmdüker unterhalb der Moldau, mit ausreichender Kapazität zur Überführung sämtlichen Abwassers zum rechten Moldauufer. Eine diesbezügliche Anknüpfung ist je nach künftigem Bedarf entweder durch eine Ergänzungs- oder eine neue Kläranlage möglich.

Während der kommenden zwanzig Jahre ist die derzeitige Anlage unter Voraussetzung der Durchführung weiterer ergänzender Maßnahmen in der bestehenden Zentralen Kläranlage Prag in der Lage, auch noch strengeren Anforderungen gerecht zu werden.

Belastung des Elbeunterlaufes in der tschechischen Republik durch Kommunalabwasser

J. Šverma; Teplice

Die "Nordböhmischen Wasserleitungen und Kanalisationen Teplice" (SČVK) sind am 1.10.1993 eine Aktiengesellschaft geworden. Diesem Schritt gingen jedoch zahlreiche Vorbereitungen und Verhandlungen voraus. Das bestehende staatliche Unternehmen wurde in zwei selbständige Aktiengesellschaften geteilt, von denen die eine das gesamte Infrastrukturvermögen (Kanalisationen, Wasserleitungen, Wasseraufbereitungen, Kläranlagen, Wasserbehälter, Pumpstationen u.ä.) und die zweite nur die zum Betreiben dieses Infrastrukturvermögens notwendigen Voraussetzungen besitzt. Wertgemäß ausgedrückt handelte es sich ungefähr um eine Teilung im Verhältnis 8 Milliarden zu 600 Millionen Kč. Mittels Fonds des Nationalvermögens wurden zwei Aktiengesellschaften gegründet, wobei die Nordböhmische Wasserversorgungsgesellschaft AG ca. 450 Städte und Ortschaften der Nordböhmischen Region verbindet. Diese haben in dieser AG einen Aktienanteil, der der Anzahl ihrer Einwohner entspricht. Ferner wurde die Aktiengesellschaft Nordböhmische Wasserleitungen und Kanalisationen, die das Betreiben des Vermögens der Aktiengesellschaft in den Städten und Ortschaften sichert, gegründet. Zwischen beiden AG besteht ein Betriebsvertrag über Vermietung und Betreibung des Vermögens über 15 Jahre. Die Wasserpreise und Kanalisationsgebühren sind in dieser Gesellschaft einheitlich.

Der Betrieb Nordböhmische Wasserleitungen und Kanalisationen AG wirkt in zehn Bezirken Nordböhmens, in denen 1 177 247 Einwohner leben. In diesem Gebiet betreibt die SČVK AG 2429 km Kanalisationsnetze, an die 856 855 Einwohner angeschlossen sind. Dies entspricht fast 73 % der angeschlossenen Einwohner.
Die Produktion der Abwässer umfaßt eine Menge von 91 163 000 m^3/Jahr , von denen 68 374 000 m^3 in den Kläranlagen gereinigt werden, d.h. 75 %.

Die Gewässer aus unserer Region fließen mit der Elbe in die Nordsee und mit dem Fluß Lužická Nisa (Lausitzer Neiße) in die Oder und durch diese in die Ostsee. In das Einzugsgebiet der Elbe fließen aus den von uns betriebenen Kanalisationen und Kläranlagen 76 022 000 m^3 Abwässer pro Jahr ab, von denen 57 626 000 m^3, d.h. 75,8 % gereinigt werden.

In die Elbe münden im Gebiet unserer Region drei bedeutungsvolle Zuflüsse: Ohře (Eger), Bílina und Ploučnice. Die Eger und die Ploučnice sind durch die Kläranlagen, die sich in den Ortschaften entlang ihrer Ströme befinden, sehr gut vor Verunreinigung geschützt. Die Bílina ist trotz des Betriebes der Kläranlagen entlang des Flußlaufes von Verschmutzungen durch Bergbautätigkeit und petrochemische Industrie betroffen.

Die AG "Nordböhmische Wasserleitungen und Kanalisationen" betreibt gegenwärtig für die "Nordböhmische Wasserversorgungsgesellschaft" AG 101 Kläranlagen. Alle diesen Kläranlagen leiten ein den tschechischen Vorschriften entsprechendes Abwasser ab, einige dieser Kläranlagen jedoch nur in bestimmten Zeiträumen. Diese Kläranlagen müssen einer Modernisierung mit Hauptaugenmerk auf den Abbau von Nährstoffen unterzogen werden.

Im Elbeeinzugsgebiet befinden sich 93 Kläranlagen. Im Jahre 1993 wurde die Kläranlage für die Stadt Bílina, die bereits für den Abbau von Nährstoffen projektiert wurde, in Betrieb genommen. In diesem Jahr wurde die Kläranlage in Litoměřice, deren Kapazität 100 000 Einwohnergleichwerte umfaßt, in Betrieb genommen. In dieser Kläranlage werden gegenwärtig die Abwässer aus Litoměřice gereinigt, und zukünftig werden in diese Kläranlage auch die Abwässer aus Lovosice und Terezín zugeführt. Somit werden weitere nichtzuübersehende Quellen der Verschmutzung direkt an der Elbe gereinigt. Im Jahre 1995 wird die Kläranlage Liberec in Betrieb genommen, in der die Abwässer der zwei größten Städte des Isergebirgsvorlandes - aus Liberec und Jablonec nad Nisou - gemeinsam gereinigt werden. Die Inbetriebnahme dieser Kläranlage wird eine wesentliche Verbesserung der Wasserbeschaffenheit des Flusses Lužická Nisa bringen. Schon seit 1991 läuft der Aufbau von Kanalisationssammlern zur neugebauten Kläranlage für die Stadt Ústí nad Labem, die bis zum heutigen Tage den größten Produzenten an Kommunalabwasser im Wirkungsgebiet der AG SČVK darstellt. Diese Kläranlage mit einer Größe von 288 000 Einwohnergleichwerten wird selbstverständlich nach europäischen Standards geplant. Nach denselben Kriterien wird auch der Bau der Kläranlage für die Stadt Děčín vorbereitet, die die letzte große Stadt im Gebiet der Tschechischen Republik vor dem Elbeübergang in die Bundesrepublik Deutschland ist, die bisher über keine Kläranlage verfügt. Diese Kläranlage wird für die Abwasserreinigung ab 100 000 Einwohnergleichwerten geplant.

Als Beweis des ökologischbewußten Handelns dient das Investitionsprogramm der AG "Nordböhmische Wasserversorgungsgesellschaft" zum Aufbau neuer Kanalisationssammler und Kläranlagen sowie die Rekonstruktion bestehender Kläranlagen, ausgearbeitet in Zusammenarbeit mit der SČVK AG. Dieses umfangreiche Programm bedeutet Investitionen bis zum Jahre 2002 in Höhe von 2,7 Milliarden Kč für den Aufbau neuer Einrichtungen, davon 2,326 Milliarden Kč für das Einzugsgebiet Elbe. Aus der Staatsdotation und dem Beitrag des Umweltfonds ist die Investition in das Einzugsgebiet der Elbe in Höhe von 1,399 Milliarden Kč abgedeckt. Die übrigen Kosten wird die AG "Nordböhmische Wasserversorgungsgesellschaft" tragen. In die Rekonstruktionen bestehender Kläranlagen sind bis zum Jahre 2002 111 Millionen Kč zu investieren, damit diese Kläranlagen imstande sind, den wachsenden Ansprüchen der tschechischen Gesetzgebung technisch zu entsprechen, und zwar vor allem auf dem Gebiet des Nährstoffabbaues. Nach diesem Zeitraum sollen die durch die von der SČVK AG verwalteten öffentlichen Kanalisationen produzierten Abwässer biologisch gereinigt werden, einschließlich des Abbaues der Nährstoffe. Die Entwicklung der Belastungsproduktion und ihre Einleitung in die Elbe, ausgedrückt als BSB_5 ab 1993 bis 2002, wird aus der folgenden Abbildung ersichtlich.

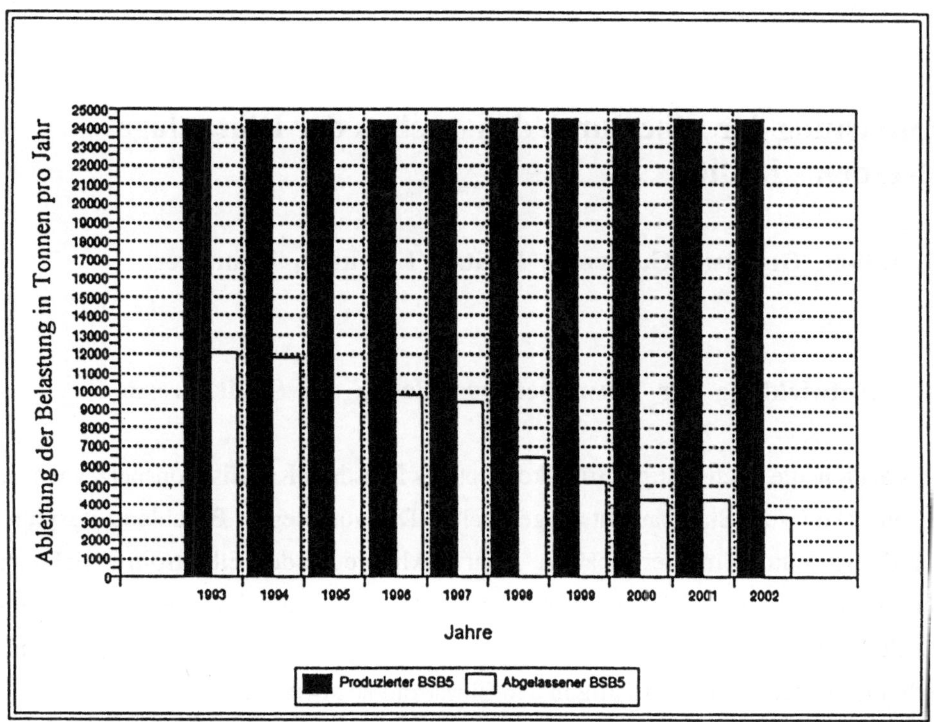

Abb.: Entwicklung der Produktion und Einleitung von Verunreinigungen in die Elbe für die Jahre 1993 - 2002

Entlastung der Elbe durch den Ausbau der Kläranlage Dresden - Kaditz

R. Böhm, Dresden; G. Ermel, Freital; L. Fuchs, Hannover

1. Entwicklung der Entwässerungsanlagen der Stadt Dresden

Das auch heute noch gültige Grundkonzept des Dresdner Kanalisationsnetzes wurde bereits 1867 vom Stadtbauamt ausgearbeitet. Der vorgelegte "Beschleusungsplan" sah die Errichtung mehrerer nahezu rechtwinklig gegen den Elbestrom gerichteter Sammelkanäle vor. Zugleich verfolgte er die Absicht, sämtliche in den Strom mündenden Sammelkanäle parallel zum Elbufer abzufangen und die Schmutzwässer unterhalb der Stadtgrenze vorläufig in den Elbestrom abzuwerfen.
Der Bau der beiden Abfangkanäle parallel zur Elbe, die die Abwässer im freien Gefälle zum Standort der Kläranlage leiten, begann 1898. Die Inbetriebnahme der Kläranlage Dresden-Kaditz erfolgte am 15. Juli 1910. Während seitdem am Kanalisationsnetz keine wesentlichen Veränderungen vorgenommen wurden, außer Erweiterungen des Einzugsgebietes in den Außenbezirken, dann aber vorzugsweise im Trennsystem, hat der Ausbau der Kläranlage drei wesentliche Ausbauetappen erfahren:

1.	Ausbauetappe 1908 bis 1910:	mechanische Absiebanlage
2.	Ausbauetappe 1950 bis 1954:	mechanische Absetzanlage
3.	Ausbauetappe 1986 bis 1993:	teilbiologische Reinigungsstufe

Die Kläranlage Dresden-Kaditz stellt im oberen Elbeabschnitt auf deutscher Seite die bedeutendste kommunale Kläranlage dar. Ihr Einzugsgebiet umfaßt die Städte Dresden, Freital, Radebeul-Ost sowie einige Randgemeinden.

2. Weiterer Ausbau der Kläranlage Dresden - Kaditz

2.1 Entwicklung der zeitlichen und rechtlichen Rahmenbedingungen

Nachdem die bundesdeutsche Gesetzgebung 1990/91 auch in Sachsen wirksam wurde, mußten die bis dahin vorliegenden Planungen zum Ausbau der Kläranlage Dresden-Kaditz überdacht werden. Im wesentlichen hatten sich folgende rechtliche Randbedingungen geändert:

- *statt der einfachen Schmutzwassermenge (Q_s) ist jetzt eine Mischwassermenge von $Q_m = 2\ Q_s + Q_f$ im Regenwetterfall zu behandeln,*
- *Phosphorelimination ist zu realisieren,*
- *Zusätzlich zur Nitrifikation wird eine Denitrifikation zur Stickstoffelimination gefordert.*

Zur Erfüllung des "Ersten Aktionsprogrammes der IKSE zur Reduzierung der Schadstofffrachten in der Elbe und ihrem Einzugsgebiet" und der Richtlinien des EG-Rates über die Behandlung von kommunalem Abwasser (EG ABl L 135/40) wurde 1992 mit der Vorplanung für den weiteren Ausbau der Kläranlage (Stickstoff- und Phosphorelimination) begonnen. Im Laufe der Planung, im Frühjahr 1993, trat die Verwaltungsvorschrift "Stufenweiser Ausbau der Abwasserbehandlung" (StAdA) des Sächsischen Staatsministeriums für Umwelt und Landesentwicklung in Kraft. Diese Vorschrift sieht kurzfristig vorrangig Kohlenstoff-Abbau vor, jedoch eine zeitliche Streckung für Maßnahmen zur Nährstoffelimination.

2.2 Konzeptionelle Zielstellung der Vorplanung

Um jederzeit auf die Entwicklung von Abwasseranfall und -zusammensetzung sowie auf mögliche Verschärfung der Einleitungsbedingungen reagieren zu können, war ein flexibles Ausbaukonzept erforderlich, welches eine stufenweise Senkung der Abwasserlast bis 1998 für die Elbe sicherstellt, die vorhandenen Anlagenteile einbezieht und Erweiterungsflächen mit berücksichtigt. Dies bezog sich sowohl auf das

Schmutzwasser als auch auf eine Mitbehandlung von Mischwasser im Regenwetterfall.
Bei der Planung des gesamten Anlagenkonzeptes wurde berücksichtigt, daß durch schrittweisen Ausbau innerhalb kürzester Zeit eine weitgehende Entlastung der Elbe gewährleistet werden muß. Deshalb wurde in erster Linie auf bereits bewährte Verfahren zurückgegriffen, gleichzeitig aber die Möglichkeit zum zukünftigen Einsatz von in der Entwicklung befindlicher Technologien vorgesehen.

Bei der Konzeption der Anlage wurde von folgenden Anschlußgrößen ausgegangen:
- *Mittelfristig (bis zum Jahr 2010):* *1,0 Mio EW,*
- *Langfristig:* *bis 1,5 Mio EW.*

2.3 Ausbauziel für die Abwasserbehandlung

Die vorhandenen abwassertechnischen Anlagenteile umfassen im wesentlichen die Einlaufgruppe mit mechanischer Abwasserreinigung und die Hochlast-Belebungsstufe zur teilbiologischen Abwasserbehandlung.
Diese Anlage ist ursprünglich nur zur Reinigung des Trockenwetterzuflusses konzipiert worden. Die früheren Planungen sahen als Endausbaukonzept eine zweistufige Belebungsanlage mit Nitrifikation vor. Von dieser zweistufigen Anlage ist nur die erste Hochlast-Belebungsstufe mit Zwischenklärung realisiert worden. Aus ihrer ursprünglichen Funktion heraus ergibt sich, daß in dieser Hochlast-Belebungsstufe lediglich eine biologische Teilreinigung des Schmutzwassers im Trockenwetterfall möglich ist.
Die neuen Anforderungen an die Abwasserreinigung führten zu einem neuen Gesamtkonzept. Kosten-Nutzen-Kapazitätsbetrachtungen sowie der kurzfristige Realisierungstermin 1998 ließen perspektivisch einen schrittweisen Neubau als sinnvoll erscheinen. Im Sinne einer zukunftsorientierten Flächendisposition erfolgte der Vorschlag zum weiteren Ausbau der Abwasserreinigung auf einer benachbarten Fläche.
Die für den Neubau der Kläranlage Dresden-Kaditz entwickelte Abwasserreinigungsanlage besteht im Endausbau aus den Hauptkomponenten Einlaufgruppe,

Mischwasserbehandlung, einstufige Belebungsanlage und Filtration. Bis zur Fertigstellung der 3. Ausbaustufe stellt die vorhandene Anlage jedoch einen unverzichtbaren Bestandteil im Abwasserbehandlungskonzept der Kläranlage Dresden-Kaditz dar. Der Vergleich geeigneter Verfahren und Verfahrenskombinationen führte zu dem in Bild 2.1 dargestellten Verfahrenskonzept.

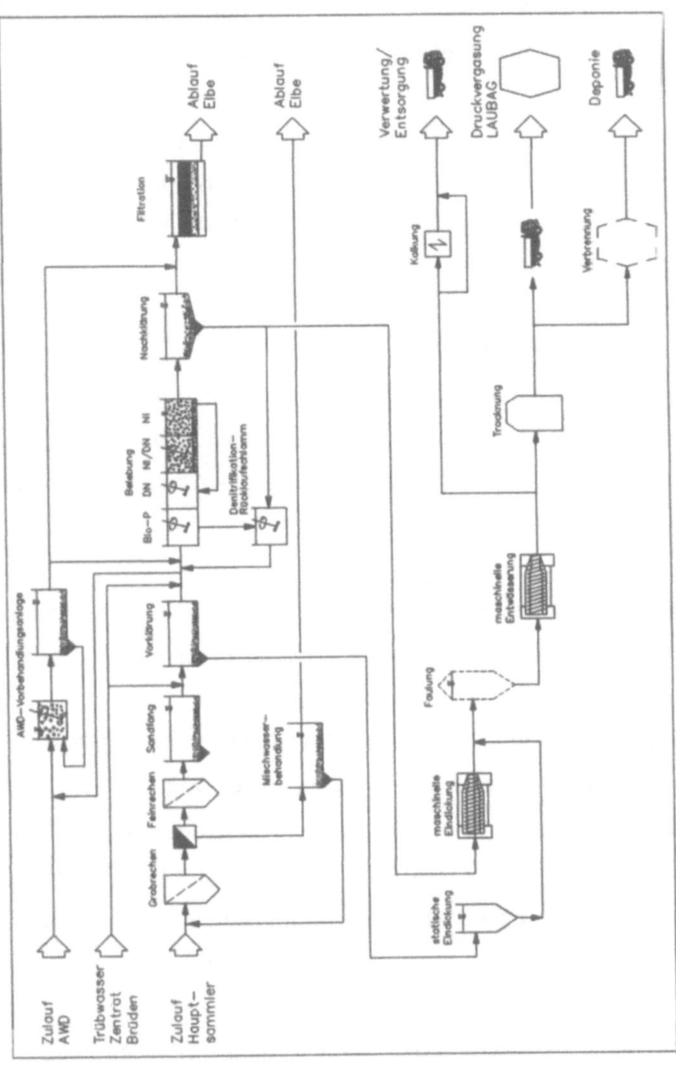

AWD - Arzneimittelwerk Dresden GmbH

Bild 2.1: Vereinfachte Verfahrensschema der Gesamtanlage im Endausbau (1,0 Mio EW)

2.4 Ausbaukonzept

Das dargestellte Ausbauziel der Kläranlage stellt den Endausbau dar. Die Investitionen für den kompletten Endausbau sind sehr hoch und müssen über die Abwassergebühr finanziert werden. Der Belastung der Bürger, der Industrie und des Gewerbes sind zur Zeit jedoch Grenzen gesetzt. Auf der Grundlage der StAdA wurde daher ein Ausbaukonzept mit folgenden Grundsätzen entwickelt:

- *zeitweise weitergehende Nutzung der vorhandenen Anlagenteile*
- *Stufenweise Verbesserung der Ablaufqualität und Entlastung der Elbe*
- *Anpassungsfähiger Ausbau an veränderte Randbedingungen*
- *sozialverträgliche Gebühren.*

Unter der Voraussetzung, daß eine schnellstmögliche Entlastung der Elbe bei einem günstigen Kosten/Nutzen-Verhältnis erreicht werden soll, und unter Einbeziehung der vorhandenen Anlagenteile und der aktuellen Belastungssituation, wurden in der Vorplanung zunächst folgende Schritte für den Ausbau der Abwasserreinigung der Kläranlage Dresden-Kaditz vorgeschlagen:

1. Optimierung der vorhandenen Anlage zur Sicherstellung einer mechanischen und biologischen Teilreinigung des Abwassers sowie einer chemischen Phosphorelimination.
2. Erweiterung der Belebungsanlage mit einem Volumen von z.B. V_{BB} = 60.000 m^3 bis 120.000 m^3 (1/3 bis 2/3 des Endausbaues von 1.0 Mio EW) zur Sicherstellung eines prozeßstabilen Betriebes mit einer mechanisch biologischen Grundreinigung und einer Teilnitrifikation/Teildenitrifikation und Phosphorelimination. Nutzung der vorhandenen biologischen Stufe zur Reinigung eines Teilabwasserstromes.

Die vorhandenen mechanischen Reinigungsstufen werden weiterbetrieben, so daß die erforderliche Mischwassermenge von $Q_m = 2\ Q_s + Q_f$ zu ca. 70 bis 80 % mitbehandelt werden kann.

	Mittlere Ablaufkonzentration (mg/l)		
	Febr. - Mai 1994	$V_{BB\ neu}$ = 60.000 m^3 Teilstrombehandlung	V_{BBneu} = 120.000 m^3
BSB_5	16	13	10
CSB	69	65	55
NH_4-N	22	11	1
NO_3-N	-	11	7
P_{ges}	1,5	0,9	0,8

Tab. 2.1: Mittlere Ablaufkonzentrationen der Kläranlage Dresden-Kaditz Febr.-Mai 1994 und Prognose beim weiteren Ausbau ohne signifikante Belastungssteigerung (825.000 EW - Bemessungswert)

Die Mittelwerte der Tab. 2.1 sind nicht zu verwechseln mit den Überwachungswerten (2-Std.-Mischprobe) gemäß Rahmen-Abwasser-VwV. Diese werden i.d.R. erst eingehalten, wenn der Mittelwert 50 % bis 100 % unterhalb des Überwachungswertes liegt.

Durch den Betrieb und die Optimierung der vorhandenen Abwasserreinigungsanlage wird bereits eine spürbare Entlastung der Elbe erreicht. Die CSB-Belastung nimmt z.Zt. um über 80 % ab, die Phosphorreduzierung beläuft sich auf ca. 70 %. Es erfolgt eine geringfügige Abnahme des Nährstoffes Stickstoff durch Inkorporation in den Klärschlamm. Nach der Inbetriebnahme eines Teiles der neuen Belebungsanlage wird die Belastung der Elbe mit Kohlenstoffverbindungen und Phosphor weiter reduziert. Entscheidend ist jedoch, daß eine Nitrifikation von sauerstoffzehrenden Stickstoffverbindungen sowie eine teilweise Stickstoffelimination durch Denitrifikation erfolgt. Bei der derzeitigen Belastung der Kläranlage können unter günstigen Voraussetzungen und einem Belebungsvolumen von V_{BBneu} = 120.000 m^3 die Anforderungen an den Ablauf gemäß VwV und EG-Richtlinie im Trockenwetterfall eingehalten werden.

Die begrenzte hydraulische Kapazität in der vorhandenen mechanischen Reinigungsstufe führt bis zu deren Neubau zu häufigen Mischwasserabschlägen mit vergrößerter Schmutzfracht in die Elbe.

Langfristig ist daher der Neubau der Einlaufgruppe und weiterer Nachklärbecken zur Sicherstellung der Mischwasserbehandlung vorgesehen. Die Erhöhung der biologischen Reinigungsleistung kann durch Erweiterung der Belebungsanlage oder durch den Einsatz von Festbettanlagen sowie ggf. den Bau einer Filtration erfolgen.
Das in der Vorplanung vorgeschlagene Ausbaukonzept basiert im Kern auf der Erweiterung der Kläranlage durch eine einstufige Belebungsanlage. Die vorhandenen Belebungsbecken können zur Reinigung von Teilabwassermengen oder/und der Abwässer der Arzneimittelwerke Dresden GmbH (AWD) herangezogen werden.
Alternativ dazu soll in halbtechnischen Versuchen ermittelt werden, ob die Erweiterung der Kläranlage durch Festbettreaktoren Vorteile gegenüber der Belebtschlammtechnologie bietet.

3. Entwicklung eines Abwasserbeseitigungskonzeptes für die Stadt Dresden

3.1 Konzeption der Simulationsrechnungen

Das aufzustellende Abwasserbeseitigungskonzept für die Stadt Dresden erforderte Untersuchungen hinsichtlich der Mischwasserüberläufe. Da die Abschlagsmengen und -frachten über die Mischwasserüberläufe in direktem Zusammenhang mit der Leistungsfähigkeit der Kläranlage stehen, wurde eine integrierte Analyse sowohl des aktuellen Zustands von Kanalnetz und Kläranlage als auch für verschiedene Ausbauzustände der Kläranlage mit entsprechenden Simulationsmodellen durchgeführt.
Das hydraulische Verhalten des Kanalnetzes wurde mit dem Modell HYSTEM-EXTRAN nachgebildet. Aufbauend auf diesen Ergebnissen wurden die jährlichen Entlastungsfrachten und -mengen mit Hilfe des kontinuierlichen Langzeitsimulationsmodell KOSIM berechnet. Der mit dem Modell KOSIM berechnete Ablauf des Kanalnetzes - Mengen und Konzentrationen - dient dann als Zulauf für das kontinuierliche Kläranlagensimulationsmodell GESIM.
Für das Kanalnetz lagen keine Messungen zur Modellkalibrierung vor. Die vorhandenen Messungen auf der Kläranlage über Mengen und Konzentrationen konnten jedoch zur Kalibrierung des Kläranlagensimulationsmodell herangezogen werden.

Als Ergebnisse der Berechnungen liegen für verschiedene Kläranlagenausbaustufen die berechneten Entlastungsmengen und -konzentrationen bzw. -frachten der Mischwasserüberläufe sowie die entsprechenden Angaben der Kläranlagenabläufe vor. Darauf aufbauend wurden Sanierungsvarianten nach qualitativen Aspekten entwikkelt, simulationstechnisch untersucht und nach verschiedenen Kriterien bewertet.

3.2 Ergebnisse der Untersuchungen

Die Untersuchung erstreckte sich im wesentlichen auf die Parameter BSB_5, CSB, TKN und P_{ges}. Für diese Parameter ergaben sich bei der Kalibrierung des Kläranlagenmodells für den Ist-Zustand Abweichungen zwischen den gemessenen und berechneten Konzentrationen am Ablauf der Kläranlage von ca. 5 %.
Für die Entlastungsfrachten bzw. -konzentrationen der Mischwasserüberläufe liegen z. Zt. im Freistaat Sachsen noch keine Richtlinien vor. Die Grenzwerte des ATV-A 128 werden jedoch um ca. 100 % überschritten. Die berechneten Entlastungsfrachten für den Ist-Zustand können der Tabelle 3.1 entnommen werden.

Parameter	Ablauf- bzw. Entlastungsfrachten (t/a)		
	Kläranlage	Kanalnetz	Summe
BSB_5	1.025	333	1.358
CSB	4.926	1.319	6.245
TKN	1.342	42	1.384
P_{ges}	79	16	95

Tab. 3.1: Mittlere jährliche Ablauf- und Entlastungsfrachten im Ist-Zustand

Die Untersuchungen der verschiedenen Kläranlagenausbaustufen, mit denen eine Erhöhung der Zulaufmengen zur Kläranlage von 145.000 m^3/d auf bis zu 239.000 m^3/d einhergeht, zeigt, daß für die erste Ausbaustufe die Grenzwerte gemäß Anhang 1 der Rahmen-Abwasser-VwV nicht eingehalten werden und die Entlastungsmengen und -frachten über die Mischwasserüberläufe aufgrund der verminderten hydraulischen Kapazität der Kläranlage ansteigen.

Aufbauend auf dem Endausbaukonzept der Kläranlage gemäß Vorplanung wurden verschiedene Sanierungsstufen für das Kanalnetz untersucht. Die Stufen wurden derart konzipiert, daß zuerst eine sichere Ableitung des Trockenwetterabflusses zur Kläranlage gewährleistet ist und gering verschmutzte Regenwasserabflüsse und Fließgewässer nicht mehr ins Kanalnetz eingeleitet werden. In den nächsten Stufen erfolgt dann schrittweise die Einhaltung der Grenzwerte für die Mischwasserentlastungen gemäß ATV-A 128, zuerst für das Kanalnetz als ganzes und dann für jeden einzelnen Überlauf. Wesentliche Maßnahmen sind dabei die Abkopplung von Fließgewässern, Schaffung von ca. 20.000 m^3 zusätzlichem Speicherraum, Aktivierung von Speicherräumen im Kanalnetz durch Abflußsteuerung, Anpassung von Drosselleistungen, Abkopplung von Flächen und die Schließung von Mischwasserüberläufen.
In der folgenden Tabelle sind die Entlastungsfrachten für die vier Sanierungsstufen des Kanalnetzes aufbauend auf dem Endausbaukonzept der Kläranlage zusammengestellt.

	Ablauf bzw. Entlastungsfrachten [t CSB/a]		
	Kläranlage	Kanalnetz	Summe
ohne Ausbau	2.802	1.748	4.550
1. Stufe	2.936	964	3.900
2. Stufe	2.951	876	3.827
3. Stufe	2.951	868	3.819
4. Stufe	2.951	796	3.747

Tab. 3.2: Entlastungsfrachten verschiedener Sanierungsstufen des Kanalnetzes in die Elbe

Die aus einer Gesamtemissionsbetrachtung entwickelten Maßnahmen zeigen eine deutliche Reduzierung der Gewässerbelastung von 4.550 auf ca. 3.800 t CSB/a, das bedeutet trotz Erhöhung der Abwassermenge eine Verringerung der Entlastungsfrachten aus dem Kanalnetz um ca. 40 %. Hierbei ergeben sich zwangsläufig direkte Beeinflussungen zwischen Maßnahmen im Kanalnetz und der Kläranlage. Erst durch die Analyse der verschiedenen Ausbaustufen der Kläranlage und des Kanalnetzes konnte z. B. die nicht optimale Anordnung der Mischwasserbehandlungsbecken nachgewiesen werden. Die Anordnung dieses Speichervolumens an anderer Stelle, bzw. die Ausnutzung der vorhandenen Speicherräume reduziert die Gesamtemission signifikant.

Im Zuge der weiteren Arbeiten werden die Ergebnisse verfeinert. Ziel ist dabei die Gewässerbelastung insgesamt zu reduzieren ohne eine Steigerung der notwendigen Investitionen.

4. Ausblick

In Auswertung der Gesamtemissionsbetrachtung sowie der Entwicklung des Abwasseranfalls sind zur Schmutzfrachtentlastung in der Elbe bauliche Maßnahmen sowohl im Kanalnetz als auch auf der Kläranlage Dresden-Kaditz erforderlich. Zur Vorbereitung des Kläranlagenausbaues werden bis Ende 1995 Versuche durchgeführt, auf deren Basis 1996/97 weitere Planungen und 1998/99 weitere Baumaßnahmen realisiert werden sollen.

Sanierung von Elbe-Dükern in Dresden mittels Schlauchrelining-Verfahren INSITUFORM ®

R. Dilg; Berlin

Im Jahr 1907 wurde in Dresden ein Doppel-Düker DN 2000 und DN 1150 durch die Elbe verlegt - schon damals ein Wunderwerk der Technik: die gewaltigen genieteten Stahlrohre wurden nach ihrem Zusammenbau geflutet und auf die Elbesohle ab-gelassen.

Das Dükersystem arbeitet mit unterschiedlichen Sohlhöhen, so daß bei Trockenwetterabfluß nur das kleinere der beiden Rohre in Betrieb war, und das große Rohr bei Regen dazu diente, die Abwasserfracht zu bewältigen. Der Düker stellt die einzige Verbindung von der "Altstädter" zum einzigen, auf der "Neustädter Seite" von Dresden gelegenen Klärwerk Kaditz dar.

Nach einer Havarie 1982 war die Funktionsfähigkeit des Klärwerks weitestgehend gestört. Auch der Düker funktionierte nicht mehr ordnungsgemäß: der Schieber vor dem größeren der beiden Rohre war im verschlossenen Zustand verklemmt und ließ sich nicht mehr bewegen. Der Sandfang im Einlauf - Bauwerk konnte nicht mehr regelmäßig entleert werden, so daß im Laufe der Jahre das gesamte Schwebgut bis hin zu Sand, Granulat, Steine etc. in den kleinen Düker transportiert und unter der Elbe sedimentiert wurde.

Nach der Wende wurde Anfang 1990 die Renovierung des Klärwerks mit Hochdruck begonnen. Auch die Dükerrohre wurden durch ein Hamburger Tauch-Unternehmen inspiziert. Dabei zeigte sich, daß das große Dükerrohr die Jahre ohne größere Schäden überstanden hat. Der Versuch, das DN 1150-Rohr zu inspizieren, scheiterte zunächst, da starke Schlamm- und sonstige Ablagerungen wie Steine und Bretter dem Taucher den Weg versperrten. Der Düker wurde daraufhin zuerst einmal von einem anderen Hamburger Spezialunternehmen für Rohr- und Kanalreinigung weitestgehend gereinigt. Im Oktober desselben Jahres untersuchte der Taucher erneut das zweite Rohr. Diesmal konnte er ca. 100 m tief rückwärts in den Düker eindringen. Das Ergebnis bestätigte die schlimmsten Erwartungen: Die Feststoffe hatten im Sohlenbereich so starke Abschliffe verursacht, daß die Wandung stellenweise dünn wie Pergament war und faustgroße Löcher aufwies, durch die der Taucher in den Elbe - Untergrund greifen konnte. Übrigens mußten diese Inspektionsarbeiten im "schwarzen Abwasser", das heißt bei absoluter "Nullsicht" durchgeführt werden.

Der Betreiber, die WAB Dresden GmbH, stand nun vor der Frage, ob eine Sanierung des Dükers technisch überhaupt machbar und sinnvoll sowie wirtschaftlich vertretbar sei. Hierzu kam der Zeitfaktor, da das sanierte Klärwerk Kaditz im Herbst 1991 wieder in Betrieb gehen sollte, um eine ordnungsgemäße Abwasser-behandlung in Dresden wieder zu gewährleisten. Es wurden deshalb im Rahmen eines Ideen - Wettbewerbes die bekanntesten Sanierungsfirmen der Bundesrepublik aufgefordert, Lösungsvorschläge und erste Informationsangebote zu unterbreiten, welche die besonderen technischen und örtlichen Bedingungen berücksichtigen sollten:

- **Dükerlänge** (328,00 m) und **Dimension** (DN 1150);
- **Sanierung** im **gefüllten Zustand** (Gefahr des Aufschwimmens);
- **Sanierung** der für Dükerbauwerke typischen **Bögen**;
- **Sanierung** einer zusätzlichen **horizontalen Abwinkelung** (ca. 45 °) zwischen Einlaufbauwerk und Elbeufer;
- **Sanierung** unter möglichst **kurzer Betriebsunterbrechung** für das inzwischen wieder in Betrieb genommene Parallelrohr DN 2000;
- **Statische Bemessung** des sanierten Dükers auf Jahrhundert - Hochwasser (110.02 über NN);

Nur ein Verfahren erfüllte alle Anforderungen und hatte zudem noch ein ähnliches Referenz - Objekt aufzuweisen: Das Schlauchrelining - Verfahren INSITUFORM.

Bereits 1990 war von Spezialisten aus England in Prag ein ähnliches Düker - Objekt, wenn auch mit kleinerem Durchmesser und kürzerer Länge, erfolgreich mit diesem Verfahren saniert worden. Eine Außerbetriebnahme des großen Dükerrohres und dadurch bedingte Einleitung des Abwassers direkt in die Elbe müßte für wenige Stunden auch bei diesem Verfahren in Kauf genommen werden, ein Umstand, der nach Jahren stillschweigenden Praktizierens die gesamte Sanierung beinahe hätte scheitern lassen.

Die bauausführende Firma INSITUFORM-BROCHIER Rohrsanierungstechnik GmbH, NL Potsdam, führte eine statische Berechnung auf Beuldruck durch. Hierbei wurde der maximale Hochwasserstand von zuletzt 1845 zugrunde gelegt, wodurch sich eine maximale Belastung durch den Wasserspiegel von 3,44 m ergab. Die Mindestwanddicke wurde mit 25 mm ermittelt. Hierauf entschied man sich zur gleichen "Doppel - Inversionstechnik" wie die englischen Kollegen bei der Düker-sanierung in Prag, um die benötigte Wanddicke und damit das Transportgewicht eines Sanierungsschlauches auf die Hälfte zu reduzieren, was im vorliegenden Fall immer noch 32,0 bzw. 34,75 to pro hartimprägnierten Schlauchträger bedeutete.

Der eigentliche Auftrag wurde Ende 1990 an das ortsansässige Unternehmen Brochier Rohrtechnik GmbH von der WAB Dresden erteilt. Noch im Dezember des Jahres begannen die vorbereitenden Maßnahmen wie der örtlicher Überprüfung der Maßangaben (Nennweite, Länge), Schlauchfertigung, Baustellen-, Personal- und Geräteplanung. Als Einbauzeitraum hatte man sich die erste Februarwoche 1992 vorgenommen. Hiervon versprach man sich zwei Erleichterungen:

1. einen relativ festen Baugrund im Bereich der Elbewiesen, damit man mit schweren Baufahrzeugen an das Auslaufbauwerk fahren könnte;
2. eine entsprechend geringe Niederschlagsrate, da bei Minustemperaturen die Mischwasserkanalisation nicht unmittelbar mit erhöhter Abwasserfracht reagiert.

Es kam natürlich alles anders: Nachdem ab Ende Januar der Countdown unauf-haltsam lief, änderte sich die Großwetterlage. Mildes, regnerisches Wetter setzte ein und hielt sich bis nach Beendigung der Maßnahme. Die Folgen: Die Elbe-Wiesen tauten auf und wurden so schlammig, daß nur noch schwere Baufahrzeuge (Uni-mogs) durch das Gelände kamen und, was noch erschwerend hinzu kam, Abwasser-fracht im Sammler stieg erheblich.

Die Genehmigung, den Düker zeitweise außer Betrieb zu nehmen und das Abwasser während dieser Zeit in die Elbe einzuleiten, entwickelte sich zu einem fast unüberwindbaren Problem, und es mußte ernsthaft erwogen werden, die Arbeiten völlig unter Betriebsbedingungen durchzuführen. Das hätte bedeutet, daß das ausgehärtete Inliner-Rohr erst zu einem späteren Zeitpunkt bei entsprechend niedrigem Wasserstand hätte geöffnet werden können. Ursprünglich war geplant, im Bereich des Einlauf- und Auslaufbauwerkes zusätzliche Sperrmauern zu setzen, um das Über- bzw. Rücklaufen des Schmutzwassers aus dem größeren in den kleineren Düker zu verhindern. Da dies unter den vorgeschilderten Betriebsbedingungen nicht möglich war, behalf man sich mit herkömmlichen Mitteln wie Holzplatten, Folien und Sandsäcken, um die Schläuche überhaupt einbauen zu können.

Am Dienstag, den 4. 02.1992, war die Baustelle fertig eingerichtet. Am Donnerstag, den 6.02., wurde der Düker von einem Taucher - wiederum bei "Nullsicht" - erstmals komplett inspiziert. Der Tauchereinsatz bestätigte im großen und ganzen die Ergebnisse der Voruntersuchungen. Allerdings wies der Düker auf seiner gesamten Länge im Sohlenbereich eine ca. 2 - 5 cm dicke Schlammablagerung auf, die mit der verfügbaren Technik nicht zu entfernen war. Auf der Auslaufseite wurden größere Ablagerungen noch einmal entfernt, damit das Insitu-Rohr so glatt wie möglich hergestellt werden konnte.

Am Freitag Morgen begann die Mannschaft mit dem Einbau des ersten Schlauches. Dieser wurde direkt von einem Sattelauflieger aus durch einen Trichter über eine Fördervorrichtung gezogen und senkrecht in ein Schachtbauwerk über dem Dükeranfang "eingefädelt". In 7 m Tiefe standen mehrere Arbeiter, die den Schlauch in das Dükerrohr einführten. Ein dickes Seil war durch den Düker gezogen worden und an der Auslaufseite an einer hydraulischen Winde mit einer Zuglast von 20 t befestigt worden. Mit Hilfe des Seiles wurde nun der Schlauch in den Düker eingezogen. Die

Zuglasten fielen niedriger aus als erwartet: anfangs ca. 2 t, zum Schluß 4 t. Nach 6 Stunden hatte der Schlauch das andere Elbeufer erreicht.

Inzwischen war per Telefax die langersehnte Genehmigung zur zeitweisen Außerbetriebnahme des Dükers eingetroffen. Immerhin waren neben der Stadt Dresden der zuständige Regierungspräsident, das Sächsische Staatsministerium für Umwelt und Landesentwicklung sowie die Internationale Kommission zum Schutz der Elbe in den Entscheidungsprozeß eingebunden.

Noch am selben Abend begann der Einbau des zweiten Insitu-Schlauches. Gegen 22.00 Uhr wurde der Düker bei Niedrigstand außer Betrieb gesetzt. Nun konnte die Inversion, d.h. das Einstülpen des zweiten in den ersten, bereits eingebauten, flach im Abwasser liegenden Schlauch, beginnen.

Der erste Schlauch wurde mit konstantem Druck von nur 7 bis 8 m Wassersäule aufgeweitet und fest gegen die Rohrwand gedrückt. Gleichzeitig wurde das im Rohr befindliche Abwasser auf der Auslaufseite herausgedrückt und an der Absperrung vorbei mit Pumpen in den Sammler zum Klärwerk gepumpt. Am Samstag Morgen gegen 7.00 Uhr war die Inversion beendet.

Die Dauer der Inversion hing von der Verfügbarkeit von Frischwasser ab. Da auf der Altstädter Seite keine Hydranten mit ausreichendem Wasserdruck zur Verfügung standen, kamen Saug-Spül-Wagen zum Einsatz. Sie nahmen Wasser aus Hydranten auf der Neustädter Seite auf, fuhren zum Gelände des Einlaufbauwerkes und pumpten das Frischwasser in zwei Tanks um, aus denen der Inversionsvorgang gespeist wurde. Ursprünglich sollte Elbewasser für diese Prozedur genommen werden, doch um die eingesetzten Aggregate zu schonen, entschied man sich für den aufwen-digeren Einsatz von Frischwasser.

Nach einer kurzen, wohlverdienten Ruhepause für das Personal begann die Aushärtung des Insitu-Schlauches. Hierzu wurden vier mobile Heizanlagen mit fünf

Kesseln und einer Gesamtkapazität von rund 4,5 Mio. kcal eingesetzt. Der Aushärteprozeß dauerte bis Dienstag Morgen.

Nach der Abkühlphase wurden die Heizschläuche ausgebaut, Kopf- und Inversionsende abgetrennt und die Baustelle geräumt. Am Donnerstag inspizierte ein Taucher den fertigen Düker. Die Sicht im nur leicht trüben Wasser gestattete, das Ergebnis mit der Videokamera zu dokumentieren: ein glattes Rohr, abgesehen von einigen Falten im Sohlen- und Kämpferbereich, die sich auf den - durch die Ablagerungen - ungleichmäßigen Innendurchmesser zurückführen lassen. Mit einer Länge von 328 m und einer Mindest-Wanddicke von 25 mm ein neuer Weltrekord in der INSITUFORM-Rangliste.

Durchschnittlich acht bis zehn Mann haben diese Leistung in zwölf Tagen erbracht. Die Gesamtkosten beliefen sich für die Sanierung mit rund einer Million DM auf weniger als ein Neuntel der Neuverlegungs-Kosten.

Auf Grund dieser erfolgreich durchgeführten Düker - Sanierung wurden Ende 1993 zwei weitere Düker - Bauwerke zur Sanierung mittels Schlauchrelining ausgeschrieben.

Diesmal handelte es sich um zwei Dükerrohre DN 300 und DN 400, die als Doppel - Düker unmittelbar an einem Wahrzeichen Dresdens, dem Brückenbauwerk "BLAUES WUNDER", das Mischwasser von der Loschwitzer Seite zum großen Abfangsammler auf der Altstädter Seite befördern. Der besondere technische Anreiz lag dieses Mal weniger in den Dimensionen und der Länge von immerhin 250,0 Metern, sondern in der ursprünglichen Bauweise und dem Material der Düker: Sie waren Anfang der 30-er Jahre dieses Jahrhunderts aus Fichtenholz gebaut worden - und zwar in der sogenannten "Böttcher"-Bauweise, das heißt wie ein Bier- bzw. Weinfaß aus Längslagen dünner Bretter, die mit Eisenringen zusammengehalten wurden. Leider waren keinerlei Bau - Unterlagen mehr auffindbar, da sie im städtischen Bauamt beim großen Bombenangriff 1945 verbrannt waren.

INSITUFORM - BROCHIER bot wieder die erprobte und bewährte "Doppel - Inversions" - Technik an und erhielt Mitte Oktober 1993 den Zuschlag, mit der Maßgabe, die Arbeiten noch 1993 fertigzustellen.

Am 6. Dezember wurde bei frostigen Temperaturen mit der Reinigung des ersten Dükers DN 400 begonnen. Nach einer TV - Befahrung wurde der Schlaucheinbau in der bereits beschriebenen Art und Weise durchgeführt. Nach erfolgter Aushärtung wurde noch in der gleichen Woche die Abwasserführung in den sanierten Düker umgeleitet und auch der zweite Düker DN 300 saniert. Auch hier ging die Arbeit problemlos vonstatten. Am Anfang der darauffolgenden Woche erfolgten TV - In-spektionen der sanierten Rohre sowie auch Druckproben nach DIN 4033 durch ein unabhängiges Unternehmen. Auch dieses Mal konnte INSITUFORM - BROCHIER wieder einem kleinen Rekord aufweisen: Innerhalb von nur acht Tagen waren zwei Düker der vorbeschriebenen Abmessungen "fix und fertig" und ohne Unterbrechung der Abwasserableitung saniert worden.

Daß die Wasserversorgung und Abwasserbehandlung Dresden zudem gegenüber dem zweiten Bieter rund 30 Prozent eingespart hat, dürfte eine zusätzliche Freude über die gelungene Bauleistung auch bei der WAB erzeugt haben. INSITUFORM - BROCHIER ist stolz, daß alle Dresdener Düker mit ihrem INSITUFORM Schlauchrelining - Verfahren saniert worden sind.

Vorstellung des Brochier "Partner - Modells" am Beispiel des Abwasserverbandes Saale Rippachtal

B. Heine; Berlin

Ausgangssituation

Ein neu gebildeter Abwasserzweckverband sucht nach Lösungen für die anstehenden Aufgaben im Bereich der Abwasserentsorgung. Mit folgenden Fragen/Problemen wird er konfrontiert:

Kostenminimierung:
Wie kann der Verband langfristig einen niedrigen und sozialverträglichen Abwasserpreis sichern?

Qualitätssicherung:
Wie kann der Verband unter der Maßgabe geringer Abwassergebühren die hohen Qualitätsanforderungen der Abwasserreinigung sowie die Qualität des Wassers, der Kläranlagen, der Netze und der Betreibung maximieren und sichern?

Entlastung des Haushalts der Gemeinde:
Wie kann der Verband bei angespannter Haushaltslage Investitionen im Abwasserbereich durchführen?

Lösungswege:

Auf diese zentralen Fragen werden anhand eines aktuellen Beispiels in Sachsen-Anhalt Lösungswege aufgezeigt.

Das vorgestellte Brochier-Partnermodell ermöglicht:

- Entlastung der kommunalen Haushalte durch Fremdfinanzierung unter Verzicht auf kommunale Bürgschaften
- Steuerliche Vergünstigungen
- Synergieeffekte durch koordiniertes, preisgünstiges Finanzieren, Bauen und Betreiben von Abwasserentsorgungsanlagen.

Im Zuge der insgesamt steigenden Verschuldung der öffentlichen Hand und der Vielzahl der intensiven Aufgaben der Kommunen sind Grenzen der traditionellen Finanzierungswege absehbar.

Wichtigste Fremdfinanzierungsquelle der Gemeinden war bisher der von Hypothekenbanken und öffentlich rechtlichen Instituten ausgereichte Kommunalkredit . Diese stehen in Zukunft nicht mehr in ausreichender Zahl zur Verfügung, d.h. es müssen auch in der Kommunalfinanzierung neue Wege beschritten werden. Bisher stand man der Privatisierung von öffentlichen Aufgaben in der Bundesrepublik zurückhaltender gegenüber als in einigen anderen europäischen Ländern. In der öffentlichen Diskussion ist deutlich geworden, daß in zunehmendem Maße der Einsatz von privatem Kapital bei der Bewältigung der öffentlichen Aufgaben erforderlich ist. Lange schien die öffentliche Daseinsfürsorge unbegrenzt, ebenso die dafür vorhandenen Mittel. Die Umwälzung in den vergangenen Jahren hat die Begrenztheit aller Ressourcen sichtbar gemacht. Die kommunale Entsorgungsstruktur steckt in einer Krise. Das belegen die nachfolgenden Zahlen in den neuen Bundesländern:

- 32 % der Kanäle sind älter als 50 Jahre und weisen zum großen Teil Schäden auf.
- 17 % der Bevölkerung (2.8 Mio Menschen) sind noch nicht an eine Kanalisation angeschlossen.
- Bei weiteren 17 % fehlt ein Anschluß an eine Kläranlage.
- Von den 1000 KA sind nur 192 auf europäischem Niveau.

Die ostdeutschen Kommunen stehen daher vor einer großen Herausforderung, die wie folgt definiert ist:

- Die Sanierung der bestehenden Kläranlagen und der Bau neuer Kläranlagen müssen realisiert werden.
- Die Investitionen in Kanalisationsnetze und Kläranlagen müssen finanziert werden.
- Die modernisierten und die neuen Anlagen müssen fachgerecht betrieben werden.

Alle diese Aufgaben drohen die finanziellen und personellen Möglichkeiten der Kommunen zu überfordern. Ihnen fehlt es zur Zeit nicht nur an den notwendigen Finanzierungsmöglichkeiten, sondern auch an Planungs- und Betreiber-Know-how und den damit verbundenen personellen Kapazitäten.
Wenn der Umweltschutz nicht auf der Strecke bleiben soll, müssen neue Wege der Organisation und Finanzierung der öffentlichen Abwasserentsorgung eingeschlagen werden.
Eine Lösungsmöglichkeit bietet das **Brochier Partnermodell.**

Überall dort, wo ein fester Angebotspreis unter Wettbewerbsbedingungen schwierig zu ermitteln ist, hat sich das Kooperationsmodell durchgesetzt. Aufgrund oft unzureichender Kenntnis über den Zustand und damit den Sanierungsaufwand der Rohrleitung ist in den meisten Fällen eine Kostenkalkulation erst nach exakter Vorlage des Schadensbildes möglich.

Beim Kooperationsmodell bilden Kommune und Privatunternehmer eine Gesellschaft in Form einer GmbH oder GmbH & Co. KG, an der die Kommune mit 51 % beteiligt ist und somit die Stimmrechtsmehrheit hält. Die restlichen Anteile in Höhe von 49 % werden vom Privatunternehmer gehalten. Mit diesem Modell wird in weit stärkerem Umfang die Einflußnahme der Kommune gewahrt. Durch die Majorität in der Kooperationsgesellschaft, ist im Vergleich zum Betreibermodell der kommunale Einfluß auf alle Phasen der Finanzierung, der Errichtung und des Betriebes sichergestellt.

Das Mietkaufmodell ist überall dort anzuwenden, wo der AZV in kommunaler Eigenständigkeit alle Aufgaben durchführen möchte. Im Wege einer Ausschreibung gemäß VOB/VOL wird der Wettbewerb sowohl über das Bauwerk als auch über die Finanzierung geführt. Die für die Finanzierung erforderliche Objektgesellschaft baut und finanziert das gesamte Bauvorhaben und übergibt das Bauwerk an einen Generalunternehmer, der wiederum mit Festpreisgarantie und zu einem festgelegten Termin das Bauwerk übergibt. Damit ist im Zweckverband eine klare Kostenkalkulation möglich, und es sind klare Vorausschauberechnungen der zu

erwartenden Gebühren und Beiträge transparent darstellbar. Überall dort, wo der Zweckverband zu 100 % in eigener Verantwortung handeln möchte, ist dieses Mietkaufmodell anwendbar.
Der Vorteil liegt darin, daß für den Verband keine kostspieligen Zwischenfinanzierungen anfallen und von Seiten des Anbieters echte Optimierungen im technischen und kaufmännischen Bereich realisiert werden können.

Modifiziertes Kooperationsmodell:
Der Unterschied zum klassischen Kooperationsmodell liegt darin, daß statt einer GmbH eine GmbH & Co. KG gebildet wird. Der Kapitalbedarf wird direkt über eine Kommanditisteneinlage erbracht. Das eingesetzte Privatkapital kann bis 1996 durch zusätzliche Sonderabschreibungen effektiv zu sehr günstigen Konditionen abgeschrieben werden.

Bei der Brochier Projekt Finanzierung sind folgende Faktoren entscheidend:

1. Das Projekt stellt eine in sich tragende Wirtschaftseinheit dar.
2. Die Kredite werden überwiegend aus dem Cash Flow des Projektes bedient.
3. Die dringliche Berechnung beschränkt sich im Wesentlichen auf die Aktiva des Projektes.

Schlußsatz:

Das Brochier Partner Modell erhöht somit die Leistungsfähigkeit eines Privatunternehmens mit der politischen Verantwortung einer Kommune oder eines Zweckverbandes zum Wohle der Bürger und im Interesse des Umweltschutzes.

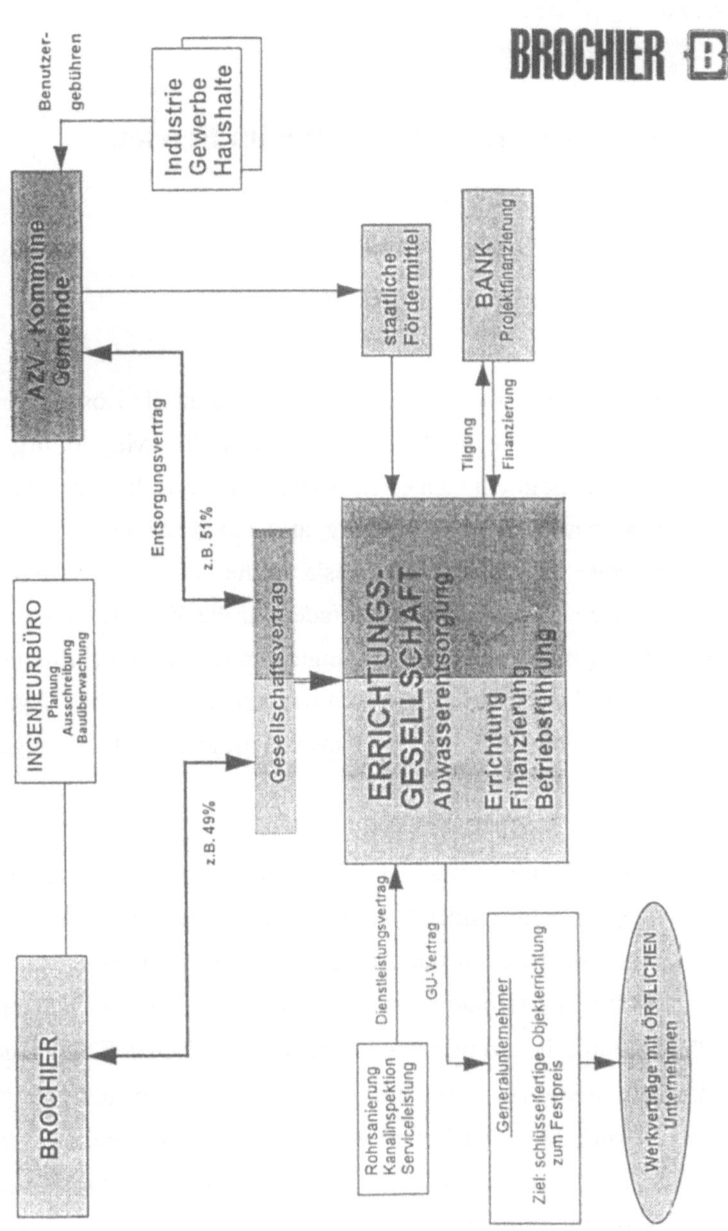

Abb.1: Das Brochier Kooperations- bzw. Partnermodell

Stand und Perspektiven der industriellen Abwasserbehandlung

Der Zustand der Industrieabwasserklärung im Betrieb Synthesia AG

J.Kumštát; Pardubice

Ein Vertreter unserer Firma präsentierte die Herangehensweise an die Lösung von Umweltschutzfragen, die die Elbe betreffen, auf dem "4. Magdeburger Gewässerschutzseminar", 1992. Seitdem kam es zu Änderungen sowohl in der wasserwirtschaftlichen Legislative resp. ihrer Anwendung, als auch in der Intensität und Qualität der Herangehensweise des Betriebs Synthesia an die Lösung der wasserwirtschaftlichen Probleme. Den entscheidenden Leitfaden für die Vorbereitung und Realisierung der Abhilfemaßnahmen bilden die Bedingungen für die Genehmigung zum Umgang mit dem Wasser. Diese werden von dem wasserwirtschaftlichen Organ im Einklang mit dem Gesetz Nr. 138/73 Slg., das Gewässerfragen regelt, ausgegeben.

Dieses Dokument genehmigt unserer Firma, das Elbewasser abzunehmen und die Abwässer abzuleiten, wobei die betreffenden Parameter und Grenzkonzentrationen resp. Jahresbilanzwerte für das Ableiten der Abwässer eindeutig definiert sind. Neben den wasserwirtschaftlichen Grundparametern handelt es sich um Schwermetalle und ausgewählte organische aromatische Stoffe. In spezifischen Fällen sind Konzentrationsgrenzwerte auch für einzelne Produktionsstellen festgelegt. Außerdem ist die Firma verpflichtet, den Gehalt von weiteren 19 prioritären - vor allem organischen - Stoffen, deren Aufzählung mit den Elbeprojektvorhaben übereinstimmt, regelmäßig zu untersuchen. Diese Tatsachen bestimmen die Herangehensweise an die Prblemlösung sowie den Stand der Reinigung der Abwässer durch die Firma. Die Palette der produzierten Verunreinigung ist im großen Maß proportional zum Umfang der chemischen Produktion. Die Entwicklung der Abwasserbelastung ist in der Tabelle Nr. 1 dokumentiert.

Die Abwässer aus den einzelnen Quellen werden nach ihrem Belastungsgrad durch entsprechende Kanalisationsleitungen zur weiteren Entsorgung geleitet. Spülwasser, Kühlwasser, Kondensate und ähnliches Wasser mit geringem Verunreinigungsgrad werden über eine Grube zum Auffangen von ungelösten Stoffen direkt in den Vorfluter geführt. Die Wassergüte wird dabei streng beobachtet und sie darf die vorgeschriebenen Normen der zu untersuchenden Schadstoffe nicht überschreiten. Dieses Wasser beträgt ca 80 - 85% der Gesamtmenge.

		Jahr				
Parameter	Einheit	85	90	91	92	93
Abwassermenge	Tm³	37 500	34 600	33 500	31 700	29 200
CSB	t/Jahr	21 600	18 340	13 000	13 570	15 070
BSB_5	t/Jahr	8 860	7 340	5 225	4 324	4 946
Abfiltr. Stoffe	t/Jahr	1 135	1 414	1 086	934	570
Gelöste Stoffe	t/Jahr	91 600	76 144	61 867	47 876	53 786
Organische Stoffe	t/Jahr	22 700	12 600	12 700	13 180	13 690
KS-4.5	tmol/Jahr	480	224	131	155	104
Sulfate	t/Jahr	49 700	32 500	21 700	22 190	24 590
Hg	t/Jahr	--	1.0400	0.9400	0.7575	0.5785
DCB	t/Jahr	--	--	65.8600	3.6480	3.0000
CB	t/Jahr	--	--	29.7900	17.0440	3.9800

Tab. 1: Entwicklung des Abwasserlast der Synthesia AG

Die Abwässer, die biologisch abbaubare Verunreinigung enthalten, sind zur weiteren Reinigung in einer weiter unten beschriebenen biologischer Kläranlage bestimmt.

Zuvor werden diese Abwässer mit Kalkmilch neutralisiert, weil das Abwasser zumeist sauer ist und demzufolge ohne pH-Aufbereitung nicht biologisch gereinigt werden kann. Diese Abwässer stellen ca. 10% der Gesamtmenge.
Die restlichen Abwässer, vor allem mit dem Gehalt an gelösten organischen Salzen und ungelösten Stoffen, werden über separate Kanalisationsleitung in einem Flutschutzbecken gesammelt und in Abhängigkeit vom Durchfluß in der Elbe nachfolgend gesteuert abgelassen. Im Flutschutzbecken kommt es vor allem zum Absetzen der ungelösten Stoffe und zu Homogenisierung der Abwässer.

Ein der Hauptprobleme, womit sich die Mitarbeiter der Firma schon seit mehreren Jahren befassen, ist die Entsorgung der Schadstoffe, die biologisch nicht abbaubar sind. Diese Stoffe müssen direkt bei der Quelle entsorgt werden. Zu ihnen gehören vor allem die Gruppe der chlorierten Benzene und Phenole und ferner einige Nitroverbindungen. In der jüngsten Zeit gelang es ausgehend von einer eigenen Forschung, den Gehalt an Mono- und Dichlorbenzenen ca. zehnfach herabzusetzen. Von den realisierten Maßnahmen kann man Stripkolonne, Zersetzung durch Wasserstoffperoxid, Adsorption der Emissionen, Ersatz durch anderes Lösungsmittel und eine Reihe von Maßnahmen auf dem Gebiet der Organisation und Steuerung der Produktion nennen.

So wie die ökologische Legislative und die ökonomischen Bedingungen zur Verminderung der produzierten und abgelassenen Verunreinigung durchgehend aktualisiert werden, so werden auch in Synthesia die Maßnahmen und interne Regel zur Verminderung des negativen Einflusses der industriellen Tätigkeit auf die Umwelt allmählich erarbeitet. Synthesia macht das betriebsinterne Sanktionsreglement bei der Verletzung der Verpflichtungen auf dem Umweltsgebiet geltend. Ein Bestandteil der Vorbeugung sind wasserwirtschaftliche Havariepläne, die einen Komplex der Maßnahmen und Verpflichtungen, technische Ausstattung zur Vorbeugung von Havarien, die den Vorfluter bedrohen und eine Minimierung der Folgen der schon entstandenen Havarien vorstellen.

Einen wesentlichen Anteil an den Maßnahmen zur Beobachtung der Wasserbeschaffenheit bestreitet das Komplexmonitoring des Grund- und Oberflächenwassers, dessen Realisierung im vorigen Jahr begonnen hat. Die ersten Ergebnisse dienten als eine der wichtigsten Unterlagen für die Erarbeitung eines ökologischen Audits, und zwar vor allem im Teil der Auswertung der alten Belastung. In der zweiten Phase wird das Komplexmonitoring dauernd für die systematische Auswertung des Einflusses der Firma auf die Umgebung dienen. Das Monitoring des Oberflächenwassers befindet sich im Stadium der Erarbeitung des Komplexvorschlages; die Teilelemente des Systems werden schon benutzt. Die Kontrolle des Gehalts an Schadstoffen in der Umgebung wird von einem spezialisierten Firmenlabor gesichert, wobei auch die Dienste externer Organisationen in Anspruch genommen werden.

Eine bedeutsame Informationsquelle für die Identifikation des Ursprunges der Verunreinigung und für das Vorschlagen der Abhilfemaßnahmen ist das ökologische Audit, ausgearbeitet im Rahmen des Programms PHARE im Laufe des 4.Quartals 1993 und 1.Quartals 1994 vom Konsortium der amerikanisch- britischen Firma CH2M HILL und Aquatest AG Prag, vor allem der Teil, der den Einfluß der vorherigen Tätigkeit der Firma auf die Umwelt definiert. Die ausführliche hydrogeologische Untersuchung und die identifizierte Qualität sowie Quantität der Kontamination des Bodens und des Grundwassers auf dem Betriebsgelände deutet Zusammenhänge mit der bilanzierten Verunreinigung in den abgeleiteten Abwässern an. Vom Ergebnis des Audits kann man einige Grunderkentnisse, die die vorherige Tätigkeit charakterisieren, anführen.

Vor allem wurden die Abfälle an einigen Stellen ohne Sicherung deponiert. Es handelt sich um Deponien, wo es evident oder höchstwahrscheinlich zur Deponierung von gefährlichen Abfällen gekommen ist, und ferner um Stellen, wo die Ablagerungs- und Abfüllstellen der Schadstoffe früher ohne einschlägige Maßnahmen betrieben wurden. Deswegen wurde aufgrund der Ergebnisse der Beprobung und der Analysen und bei Berücksichtigung der Problemgebiete ein Verzeichnis der prioritären Kontaminanten erstellt. Aufgrund der festgestellten

Prioritäten wurde eine Reihe von technischen Möglichkeiten beurteilt, wie der gegenwärtige Stand zu verbessern sei. Es wurden Technologien insbesondere der Isolierung, hydraulischer Barrieren und Sanierungstechnologien beurteilt.

Neben den geläufigen Kriterien mußten auch Kriterien benutzt werden, die charakteristisch für die betroffene Lokalität sind. Das sind:

- Existenz oberflächiger Wasserläufe auf dem Betriebsgelände, die eine beliebige Lösung praktisch unmöglich machen.
- Lage einer gefährlichen Deponie in dem Teil des Betriebsgelände, der im Überflutungsbereich liegt.
- Unregelmäßigkeit der Anordnung von identifizierten Quellen der Kontamination auf dem Betriebsgelände, die die Unerläßlichkeit einer komplexen Lösung mit gebührenden Aufmerksamkeit für einzelne Quellen, hervorrufen würde.

Das spezifische Ziel der empfohlenen Sanierungsvariante war, eine solche Barriere um den Betrieb vorzuschlagen, daß die Kontaminationsquellen die oberflächigen Wasserläufe auf dem Gelände und von da aus nachfolgend auch den Vorfluter nicht kontaminieren können. Dazu kommt das Bedürfnis, die Kontamination in ermittelten Lokalitäten zu sanieren, und die Notwendigkeit, den Einfluß der gefährlichen Deponien auf die Umwelt zu eliminieren.

Man kann davon ausgehen, daß der ganze Prozeß der Bearbeitung der Abhilfemaßnahmen, Sicherstellung der Finanzmittel und Realisation im Einklang mit dem Regierungsbeschluß Nr. 123/93 zur Lösung der ökologischen Verpflichtungen bei der Privatisierung verlaufen wird. Als allerwichtigste der vorbereiteten Maßnahmen gilt der Ausbau von einer gemeinsamen biologischen Kläranlage (BKA) für Synthesia und die Stadt Pardubice. Ein Bestandteil des Baues ist auch die Müllverbrennungsanlage.

Es gelang, die biologische Kläranlage der Synthesia AG im Frühjahr 1994 zum Bauabschluß und zur Inbetriebnahme zu bringen. In den Bau wurden ca. 1 300

Mill. Kč investiert; die restlichen ca. 300 Mill. Kč sind für die Ausstattungsarbeiten bestimmt.

Die im Tagungsbericht 1992 angeführten Angaben unterlagen seitdem einigen Präzisierungen. Bei den Veränderungen in der Wasserbewirtschaftung in der letzten Zeit in der Tschechischen Republik ist das städtische kommunale Abwasser konzentrierter geworden, und man schätzt, daß die Jahreswassermenge aus Pardubice ungefähr 13,5 Mill. m^3 pro Jahr und eine Belastung von 680 t BSB_5 vorstellen sollte, wenigstens in den ersten Jahren des Betriebes. Bei der Abwasserkontrolle im Januar 1994 wurden in der städtischen Kanalisation Werte festgestellt, die dem Durchfluß von 10,8 Mill. m^3/Jahr, BSB_5 von 6 350 t/Jahr und CSB von 9 125 t/Jahr entsprechen. Die Konzentration von BSB_5 im Wasser betrug im Durchschnitt 580 mg/l und CSB 840 mg/l. In anderen Analysen in der Periode Januar - April 1994 wurden ähnliche Werte (um 700 mg/l BSB_5, jedoch durch eine andere Methodik, und zwar respirometrisch auf dem Gerät BSB 1020 WTW) bestimmt.

Chemikalienbeladene Abwässer aus den Synthesia-Werken werden in der Menge von 2 Mill.m^3/Jahr und mit einem Gehalt von BSB_5 ca. 4 000 t/Jahr erwartet. Der CSB von diesem Wasser ist jedoch wesentlich höher und schwankt bedeutend. Im Zufluß auf die biologische Reinigungsstufe beträgt er ca. das Dreifache des BSB_5 pro Jahr also ca. 12 000 Tonnen.

Nach den letzten Kalkulationen zeigt sich, daß im Preisniveau 1994 die Betriebskosten für den ganzen Komplex jährlich ungefähr 200 Mill. Kč betragen sollten. Der Preis für die Klärung der Abwässer wird sich je nach Rückzahlung der Anleihen auf folgende Weise ändern: Für die Stadt sollte er sich 1995 unter 8 Kč/m^3 bewegen und nach der Kreditrückzahlung sollte er unter 6,-- Kč/m^3 sinken. Die Berechnung erfolgt jedoch je nach Kosten für beseitigten BSB_5 und die Umrechnung auf den Preis pro 1 m^3 hängt stark von der künftigen Entwicklung des Wasserverbrauches ab.

Der Bau selbst verlief in den letzten Jahren nicht ohne Komplikationen. Infolge neu akzeptierter Gesetze ging der Investor auf eine Änderung der Parameter bei der Gaswäsche in der Müllverbrennungsanlage ein und änderte prinzipiell das System des Durchgangs der Abwässer durch die technologische Linie.

Der Abgang der Gase aus der Müllverbrennungsanlage muß dem Grenzwert des Gesetzes 309/1991 Slg. entsprechen, entsprechend dem deutschen 17 BimSCh V., das heißt in Grundwerten:

SO2 bis 100 mg/Nm^3
HCl bis 30 mg/Nm^3 (Gesetz 100 mg/m^3)
NOx bis 500 mg/Nm^3
feste Teilchen bis 30 mg/Nm^3

Weil die Verbrennungsanlage zu 50% zur Verbrennung von getrockneten Klärschlämmen (primär und restlich) und zu 50% zur Verbrennung von besonderen chemischen Abfällen von der Produktion in Synthesia bestimmt ist, wird es sehr schwierig sein, diese Grenzwerte einzuhalten. Die Gesamtkapazität der Verbrennungsanlage beträgt ca 14 000 t verbrannter Abfälle pro Jahr.

Das Prinzip des Durchgangs der Abwässer durch die biologische Reinigungslinie wurde nach Vereinbarung mit dem Generalprojektanten wie folgt radikal geändert:

Mit Rücksicht auf verminderte Wassermenge werden nur zwei der drei parallelen Linien beendet und in Betrieb genommen. Das ursprüngliche Projekt rechnete mit hochbelasteter Aktivierung in der ersten Stufe und mit dem Zulauf von allen Wässern. In der zweiten Stufe sollte die Nachklärung der Abwässer bei geringer Schlammbelastung und längerer Verzögerungszeit erfolgen.

Die weitere Behandlung ist wie folgt vorbereitet:

Das Wasser aus der Stadt wird so eingeteilt, daß nur etwa eine Hälfte davon in die erste Stufe zufließen wird, gemeinsam mit allen chemischen Abwässern aus der Neutralisierungsstufe der Synthesia AG. In der ersten Aktivierungsstufe wird eine hohe Stoffbelastung eingehalten, jedoch die Konzentration vom aktivierten Schlamm und die Verzögerungszeit werden wesentlich erhöht. Anstatt des ursprünglichen 1 g/l der Trockenmasse werden hier um 3 - 5 g/l vorhanden sein. Damit wird die spezifische Schlammbelastung auf eine Einheit der Trockenmasse vermindert. In die zweite Aktivierungsstufe wird der restliche Teil des städtischen Wasser aus Pardubice zugeführt. Hier wird die Schlammbelastung mit einfacheren Stoffen behandelt und die Bedingungen für den Abbau von komplizierten organischen Substanzen werden verbessert. Auch wird damit gerechnet, daß die gereinigten Abwässer verfärbt sein werden, jedoch nur mit Substanzen, die biologisch sehr schwer zerlegbar und untoxisch sind.

1993 - 1994 verliefen Modelluntersuchungen, die eine neue Variante der Reinigung überprüft haben. Weil diese Untersuchungen während der Vorbereitung dieses Beitrags in Arbeit sind, führen wir hier nur folgende Ergebnisse an:

Die Modelluntersuchungen verlaufen bei einer relativ hohen Konzentration von ungelösten Substanzen infolge der Zufuhr roher städtischer Abwässer ohne mechanische Vorreinigung. Der aktivierte Schlamm hat sehr gute Trenneigenschaften - im Laufe der Prüfungen wurde ein größerer Effekt bei Stickstoffbeseitigung erreicht als es bei der niedrigbelasteten Aktivierung mit Nitrifikation der Fall wäre. In der Praxis kann man jedoch aus Betriebsgründen weder einen so hohen Reinigungseffekt noch eine so hohe Beseitigung des gesamten Stickstoffes erwarten. Die Schlammproduktion in der Aktivierung auf den zugeführten BSB_5 betrug 1993 1,08 g/g in der ersten Stufe beim Schlammalter von 10,56 Tagen und 1,34 g/g und in der zweiten Stufe beim Schlammalter von 23 Tagen.

Im gereinigten Wasser aus dem Modellversuch sank der Gehalt am gesamten Stickstoff, und das Gleichgewicht zwischen seinen Formen verschob sich vom organischen Anteil in die vor allem oxidierten anorganischen Formen. Laut der Stickstoffbilanz mußte zwangsläufig auch eine Denitrifikation verlaufen. Dies wurde auch durch das Verhalten und die Zusammensetzung des Schlammes bestätigt. Die Konzentration von restlicher Verunreinigung, wie BSB_5, blieb während der ganzen

Betriebszeit des Modellversuchs auf sehr niedriger Ebene. Der Reinigungseffekt überschritt in einigen Perioden 93%, der ganzjährige Durchschnitt belief sich auf 82% für die I. Stufe und auf 91,5% für die II. Stufe. Hier kamen die Wintertemperaturen zum Tragen, da die Temperatur im Modellversuch für längere Zeit unter 5°C sank. Einigermaßen veränderte sich auch der Durchfluß beider rohen Abwässer.

Die bisherigen Ergebnisse der Modelluntersuchungen lassen sich in folgende Schlußfolgerungen zusammenfassen:

Die kommunalen Abwässer aus Pardubice erreichen eine BSB_5-Konzentration über 500 mg/l und bei den Abwässern aus Synthesia sind heute die Konzentrationen etwa doppelt so hoch. Umfangsgemäß geht es jedoch um ein Verhältnis von etwa 7:1 zugunsten der Stadt. Die Kläranlage wird in der ersten Betriebsjahren nicht weniger als 15 Mill. m^3 des Abwassers pro Jahr, das heißt mindestens 41 Tausend m^3 Wasser pro Tag, reinigen.

Bei der Schadstoffbelastung von etwa 30 t BSB_5 täglich geht es um ein Äquivalent von ca 495.000 Einwohnern. Langfristig ist es möglich, eine bis doppelt so große Verunreinigung unter der Voraussetzung der Beendigung der dritten Linie zu reinigen.

Die Modelluntersuchungen haben nachgewiesen, daß die chemischen Abwässer nach heutigen Kenntnissen mit einem verhältnismäßig guten Effekt reinigbar sind, wenn sie gemeinsam mit den städtischen in der vorgeschlagenen technologischen Variante und in dem zu erwartenden Verhältnis behandelt werden. Es ist zu erwarten, daß die CSB-Werte beim realen Betrieb im stabilisierten Zustand der Kläranlage bis 250 mg/l mit Mittelwert um 200 mg/l erreichen, und die BSB_5-Werte sollten sich bis zu 50 mg/l bewegen.

Unsere Firma hält die systematische Vervollkommnung der Reinigung von Abwasser resp. Minimierung der Verunreinigungsquellen für eine der vordringlichsten Aufgaben auf dem Gebiet des Umweltschutzes. Diese Aufgabe wird auch weiterhin einen großen Einsatz aller Mitarbeiter der Firma erfordern, und sie wird auf Entsorgung biologisch nicht abbaubarer Belastung direkt bei der Ursprungsquelle gerichtet sein; ferner auf Einschränkung der Produktion von Abwasser und Verunreinigung durch Beeinflussung der Technologie, konsequente Resegregation des Abwassers für spezifische Technologien der Reinigung, Einstellung der ökologisch sehr belastenden Produktionen und ihr Ersatz durch neue, attraktive Erzeugnisse mit minimaler Umweltbelastung.

Lösung der Abwasserproblematik in der Spolchemie AG in Beziehung zum Elbe - Projekt

P. Barcal; Ústí nad Labem

Zu den größten chemischen Betrieben in der Tschechischen Republik gehört Spolek pro chemickou a hutní vyrobu (Verein für chemische und Hüttenproduktion) in Ústí nad Labem, der 1856 gegründet wurde, und das sowohl was seine Flächen, Produktionsumfang und Sortiment als auch die Anzahl der Angestellten (ca 3000) anbelangt.

Organisatorisch wird die AG Spolek in drei Herstellungsabteilungen, die sich durch ihr Herstellungsprogramm unterscheiden, gegliedert.

Die Abteilung Anorganik erzeugt die Natron- und Kalilauge mit dem klassischen Amalgamverfahren, Kaliumpermanganat, Einkristalle, Schwefelsäure und Produkte auf ihrer Basis, Chlor- und Fluorwasserstoffsäuren, Kryolit, Sulfite und Epichlorhydrin (Hauptrohstoff zur Herstellung von Harzen). Am Verebben ist heutzutage die Herstellung von Freonen (der Betrieb wird zur Rezyklation umgestaltet) und die Herstellung von Wolframsäure und Tetrachlormethan.

An die Herstellung vom Epichlorhydrin in der Division Anorganik bindet das Herstellungssortiment der Abteilung Harz an, das u.a. Ionenaustauscher und Kunstharze vorwiegend des Epoxid-, Polyester- oder Alkydtypes beinhaltet.

Die Abteilung Farbstoffe präsentiert eine breite Skala von Erzeugnissen-Farbstoffen, die auf dem Gebiet der Lebensmittel- und Textilindustrie zur Anwendung kommen. Es handelt sich vor allem um Azo-, Versatin- und Reaktivfarbstoffe.

Das Herstellungssortiment des Vereins für chemische und Hüttenproduktion AG umfaßt mehr als 1000 Sorten von Erzeugnissen, wobei die Produktion der meisten davon einen Einfluß auf die Endgüte der aus dem Werk abgelassenen Abwässer ausübt. Die Folge davon ist also, daß unsere Abwässer in verschiedenen Konzentrationen eine breite Skala von vielfältigen organischen sowie anorganischen Verbindungen beinhalten.

Der Verein für chemische und Hüttenproduktion läßt seine Abwässer nach durchgeführter Sanierung bedeutsamer Verunreinigungsquellen in vier Teilkläranlagen durch drei Kanalisationsausmündungen, bezeichnet als KI bis KIII, über den Bach Klíšky und die Bílina (ca 250 m) in die Elbe ab.

Die Abwässer werden im Einklang innerhalb der gültigen Gesetzgebung abgelassen. Seit dem zweiten Quartal 1993 gilt für unseren Betrieb die Genehmigung zum Umgang mit dem Wasser. Diese Genehmigung legt die Grenzwerte für maximale und durchschnittliche Konzentrationen und Frachten für die Abwässer und für einzelne Kanalisationsausmündungen fest, und wird durch die Umweltabteilung des Bezirksamts Ústí nad Labem ausgegeben. Einen wichtigen Bestandteil dieser Genehmigung stellen die Grenzwerte dar, die vom Verein für chemische und Hüttenproduktion schrittweise von 1997 bis 1999 erreicht werden sollen. Außerdem enthält sie ein Verzeichnis weiterer verordneter Maßnahmen, die zum Einhalten der Grenzwerte seitens unserer AG zu realisieren sind.

Die oben angeführte Entscheidung schreibt ebenfalls vor, daß der Verein verpflichtet ist, eine achtstündige Mischprobe von konkreter Ausmündung in der Frühschicht abzunehmen und diese mindestens einmal in der Woche zu analysieren.
Des weiteren darf der Verein u.a. die Grenzwerte in einzelnen Parametern für die Ausmündungen KI bis KIII im Wasser nicht überschreiten. Ein Überblick der Grundgrenzwerte ist den Tabellen 1 bis 3 zu entnehmen.

Die in diesen Tabellen angeführten Werte der Verunreinigung werden gegenwärtig von dem Verein im entscheidenden Maß eingehalten. Die Entwicklung der tatsächlichen Verunreinigung für einige Parameter in der Periode 1970 bis 1993 wird graphisch auf den Abbildungen 1 bis 5 dargestellt.

Parameter	Maximum (mg/l)	Tonnen/Jahr
CSB	300	120
GS_{gesamt}	10000	5600
RAS	7000	5000
Hg	5	1,3
Chloride	3600	2500
Mn	50	30
$K_{S\text{-}8,3}$	25	9
Gesamtdurchfluß	130000 m^3/Jahr	
Mitteldurchfluß	36 l/s ; 3096 m^3/Tag	
Max. Durchfluß	50 l/s ; 4000 m^3/Tag	

Tab.1: Grenzwerte für KI

Parameter	Maximum (mg/l)	Tonnen/Jahr
CSB	660	120
BSB_5	220	30
AS_{gesamt}	550	50
GS_{gesamt}	4620	1000
RAS	4400	850
$K_{S\text{-}8,3}$	44	5
$K_{B\text{-}4,5}$	110	14
NES	44	5
Fluoride	660	100
Chloride	4400	600
$N\text{-}NO_3$	110	15
Gesamtdurchfluß	260000 m^3/Jahr	
Mitteldurchfluß	8,2 l/s ; 712 m^3/Tag	
Max Durchfluß	15 l/s ; 1300 m^3/Tag	

Tab.2: Grenzwerte für KII

Parameter	Maximum (mg/l)	Tonnen/Jahr
CSB	1500	7500
BSB_5	500	1800
GS_{gesamt}	9300	53000
RAS	7200	45000
$K_{B-4,5}$	25	50
$K_{S-8,3}$	12	30
NES	50	80
Phenole	20	20
Hg	0.1	0.2
Fluoride	220	600
Sulfate	2100	16000
Phosphate	4	20
Zn	5	20
Cr	3	4
Pb	1.5	7
AOX	35	180
Gesamtdurchfluß	9800000 m^3/Jahr	
Mitteldurchfluß	311 l/s ; 26850 m^3/Tag	
Max. Durchfluß	400 l/s ; 34500 m^3/Tag	

Tab.3: Grenzwerte für KIII

Die Gültigkeit der Grenzwerte gemäß Tabelle 1 bis 3 wird terminmäßig auf 1999 unter der Bedingung beschränkt, daß bis zu dieser Zeit solche Maßnahmen zu treffen sind, durch die in Tabelle 4 angeführte Parameter im Betriebsablauf erreicht werden können.

Um diese Grenzwerte zu erreichen, war unsere Aktiengesellschaft gezwungen, eine Reihe von Maßnahmen vorzubereiten und einzuleiten, die zur Verbesserung des gegenwärtigen Standes in den Abwasserabläufen führten.

Parameter	Maximale mg/l	Restverunreinigung Tonnen/Jahr
CSB	400	2000
BSB_5	50	300
GS_{gesamt}	50	300
AS_{gesamt}	50	300
RAS	5000	40000
$K_{B-4,5}$	pH 4-9	50000 kmol/Jahr
NES	5	5
Phenole	2	3
Hg	0.05	0.2
As	0.01	
Fluoride	70	300
Chloride	2500	18500
Sulfate	600	5100
$N\text{-}NO_3$	10	50
$N\text{-}NH_4$	15	60
PO_4	3	10
Zn	3	3.6
Cu	0.5	3
Mn	1.5	10
Cr	0.5	2
Cd	0.01	
Fe	5	20

Tab.4: Grenzwerte ab 01.01.1999

Die wichtigste unter diesen Maßnahmen ist der Ausbau eines Kläranlagensystems. Die Abwasserreinigung wird in zwei Stufen geschehen - die biologische Stufe der Kläranlage, deren Bau zur Zeit vor dem Abschluß steht (Oktober 1994), wird die Abwässer aus der Harzproduktion reinigen, die über ein hohes Verhältnis von BSB_5 und CSB verfügen. Die Abwässer aus der Farbstoffproduktion werden in der chemischen Stufe der Kläranlage gereinigt und in der biologischen Kläranlage nachgereinigt. Die gesamten Investitionskosten für den biologischen Teil betragen 225 Mio Kč, jene für den chemischen Teil werden in der Höhe von 153 Mio Kč angesetzt.

Durch die Inbetriebnahme beider Stufen der Reinigung der Abwässer wird eine wesentliche Verminderung von BSB_5, CSB, Gehalt an Schwermetallen, ammoniakalem Stickstoff, Sulfaten, Farbe und aktivem Chlor erreicht.

Neben diesen grundlegenden Ausbauten werden von der Aktiengesellschaft Verein für chemische und Hüttenproduktion in Ústí nad Labem weitere wichtige Maßnahmen bis 1999 realisiert, die zur wesentlichen Verminderung sowohl von Konzentrations- als auch Bilanzwerten der Abwässerbelastung führen. Unter diesen weiteren Maßnahmen sind zu nennen:

- Die schon realisierte Verminderung der in den Abwässern aus KI abgegangenen Mn-Menge von ursprünglich 22 Tonnen 1991 auf gegenwärtige 12 Tonnen/Jahr.
- Eine wesentliche Verminderung der abgelassenen Ölstoffe durch Realisierung von technologischen Maßnahmen in der Division Harz von 80 Tonnen 1991 auf 22 Tonnen 1993.
- Die Verminderung der Farbe der Abwässer im Betrieb, die durch eine Reihe von technischen und technologischen Maßnahmen in einzelnen Betrieben der organischen Farbstoffproduktion gemeinsam mit kontinuierlicher Probenahme der Abwässer erreicht wurde.
- Geplante Verminderung der Hg-Menge im Kanalisationsstrang KI von 1,2 Tonnen gegenwärtig wenigstens auf die Hälfte.
- Es wird eine neue Reinigungsanlage für Zisternen ausgebaut und es werden neue technologische Maßnahmen zur wesentlicher Verminderung der EOCl- und AOX-Parameter im Kanalisationsstrang KIII getroffen.
- Es werden Teilmaßnahmen zur Verminderung des Parameters ASgesamt (abfiltrierbare Stoffe - gesamt) realisiert werden.

- Bei den einzelnen Betrieben werden Neutralisierungsstationen zur Beseitigung der Azidität der Abwässer gebaut, und zwar so, daß es ab 1997 zum Ablassen weder von alkalischen noch von sauren Abwässern kommt.
- Bis Ende 1997 wird eine Verbindung aller drei Kanalisationsmündungen in eine einzige durchgeführt werden. An der gemeinsamen Einmündung wird eine automatische Probenahme, die mit einem automatischen pH-Meßgerät zum Feststellen vom aktuellen pH-Wert verbunden wird, durchgeführt werden.

Auf dem Gebiet der Vorbeugung gegen Havariegefahr für die Gewässergüte wird perspektiv mit der Anschluß des Vereines für chemische und Hüttenproduktion AG an das integrierte regionale Havariensystem S-MAOS, das gegenwärtig auf dem Gebiet des Luftschutzes arbeitet, gerechnet. Die betriebsinterne Feuerwehreinheit wird nachträglich mit weiteren Mitteln für den Fall eines Entweichens der den Gewässern schadenden Stoffe ausgestattet. Es wird zur Modernisierung der Abfüllstellen und übriger Anlagen kommen, die zur Verbeugung der Havarien dienen.

Parallel dazu werden Maßnahmen realisiert, die zur allmählichen Beseitigung der sogenannten "alten Belastungen" führen, zu denen neben der nicht mehr betriebenen Deponie Chabařovice auch die Kontamination der Erde im eigentlichen Betrieb gehört. Gegenwärtig wird eine Risikoanalyse erstellt, aufgrund derer ein Gesuch um Unterstützung aus dem Fonds des nationalen Eigentums der Tschechischen Republik eingereicht wird, da der Verein nicht über genügend Mittel zur Deckung einer finanziell so anspruchsvollen Aktion verfügt.

Abschließend kann man sagen, daß, obwohl der Stand der Schadstoffentlastung der Elbe durch Abwässer der Aktiengesellschaft Verein für chemische und Hüttenproduktion in Ústí nad Labem bei weitem noch nicht zufriedenstellend ist, es trotzdem gelang, vor allem in den letzten Jahren eine Reihe von wesentlichen Schritten durchzuführen, die zur teilweisen Wiederherstellung des Zustands geführt haben. Ökologische Unternehmungen, wie zum Beispiel die Realisierung der Kläranlage, der Verbrennungsanlage des Industrieabfalls (524 Mio Kč) und der neuen Deponie für den Industrieabfall (250 Mio Kč), haben schon über 903 Mio Kč Investitionsmittel erfordert. Aller Voraussicht nach wird der Abschluß dieser Bauten und die Realisierung von weiteren ökologischen Unternehmungen bis 1997 mindestens weitere 379 Mio Kč erfordern. Der Verein wird also an die Lösung seiner ökologischen Probleme insgesamt mehr als eine Milliarde Kč von seinen Mitteln aufwenden, was praktisch die maximale Summe vorstellt, die unsere Aktiengesellschaft an die Lösung der ökologischen Situation aufzuwenden vermag.

Weitere Maßnahmen, die zur Verminderung vom Schadstoffeinträgen in die Umwelt durch die Tätigkeit unserer Aktiengesellschaft führen werden, werden von System- und Organisationscharakter sein. Zu diesen Maßnahmen gehören zum Beispiel der Anschluß unserer Aktiengesellschaft an das System der "Ökologischen Steuerung des Betriebes", die Gestaltung eines ökologischen Rates des Direktors und eine Reihe von Expertengruppen zur Lösung von konkreten ökologischen Problemen. Die Lösung der ökologischen Fragen ist die grundlegende Voraussetzung der Lebens- und Konkurrenzfähigkeit einzelner Produktionen und der in der Aktiengesellschaft Verein für chemische und Hüttenproduktion produzierten Erzeugnisse. Die Technologien, die nicht im Einklang mit ökologischen Anforderungen zu betreiben sind, werden allmählich, entsprechend dem steigenden Druck der Gesetzesanforderungen, beschränkt bis stillgesetzt.

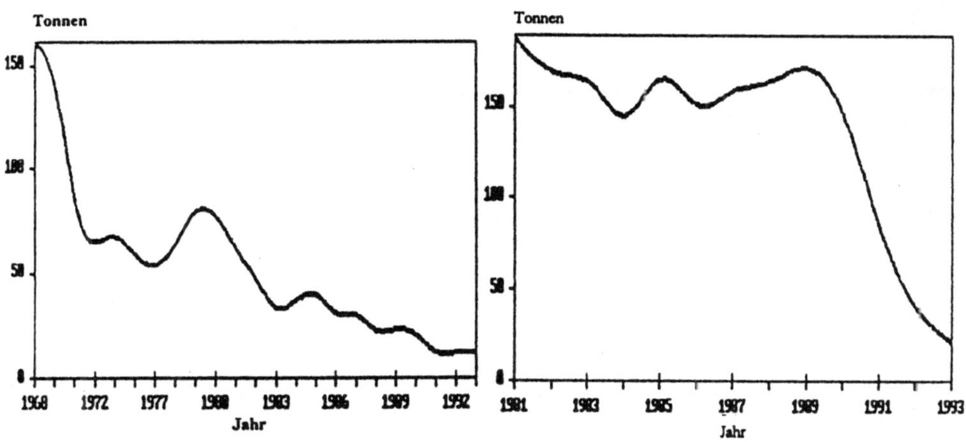

Abb. 1 Entwicklung der Verunreinigung bei BSB_5

Abb. 2 Entwicklung der Verunreinigung bei CSB

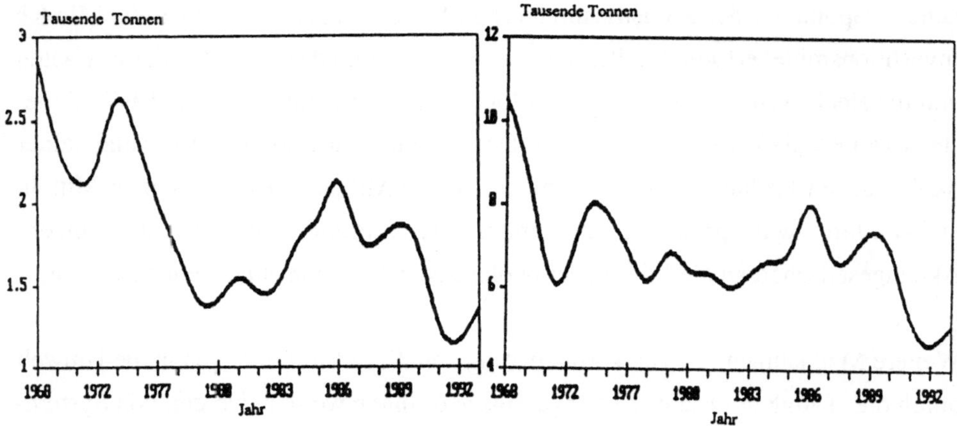

Abb. 3 Entwicklung der Verunreinigung bei Phenolen

Abb. 4 Entwicklung der Verunreinigung bei NES

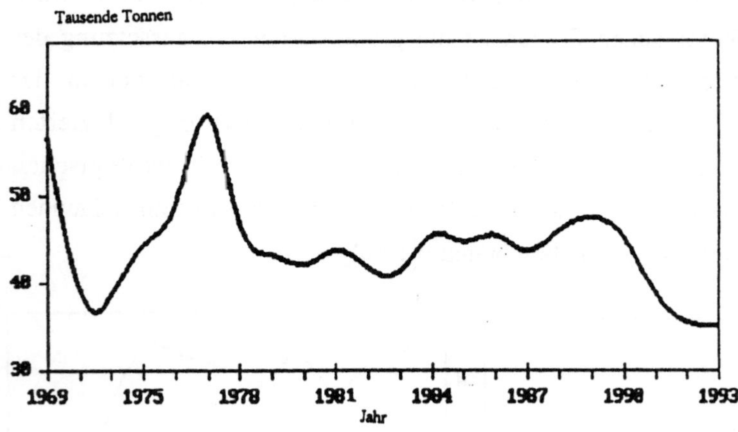

Abb. 5 Entwicklung der Verunreinigung mit RAS

Industrielle Abwasserreinigung im Einzugsgebiet der Elbe - Beispiel BASF Schwarzheide -

R. Socher; Schwarzheide

Chemiestandort seit 1936

Schwarzheide, ca. 50 km nördlich von Dresden an der Schwarzen Elster gelegen, ist seit 1936 ein Standort der chemischen Grundstoffproduktion. Nachdem ca. 35 Jahre Kohlenwasserstoffe aus Braunkohle hergestellt wurden, begann Ende der 60er/ Anfang der 70er Jahre mit der Errichtung von Anlagen zur Herstellung von Herbiziden und Polyurethanrohstoffen eine grundlegende Produktionsumstellung. Nach der Übernahme der damaligen Synthesewerk Schwarzheide AG durch die BASF Ende 1990 wird das Werk Schwarzheide mit einem Investitionsaufwand von ca. 1,3 Milliarden DM bis 1996 zu einem leistungsfähigen europäischen Chemiestandort ausgebaut.

Biologische Kläranlage von 1972 genügt im Grundkonzept auch künftigen Anforderungen

Seit 1972 ist eine zweistufige biologische Kläranlage (CSB-Abbau und Nitrifikation) in Betrieb, die 1980 durch eine nachgeschaltete Denitrifikationsstufe ergänzt wurde. Die Abbildung 1 zeigt das technologische Schema der Gesamtanlage einschließlich Homogenisierungs- und Stapeltank. Die für einen Abwasserdurchsatz von 500 m^3/h und eine CSB-Fracht von 15 t/d ausgelegte Anlage bietet ausreichend Kapazität für die Behandlung aller derzeit anfallenden und aus den neuen Produktionsbetrieben angemeldeten Abwässern.
Für die technische Modernisierung und Baukörpersanierung der bestehenden Anlage werden bis Ende 1994 ca. 18 Mio DM ausgegeben.

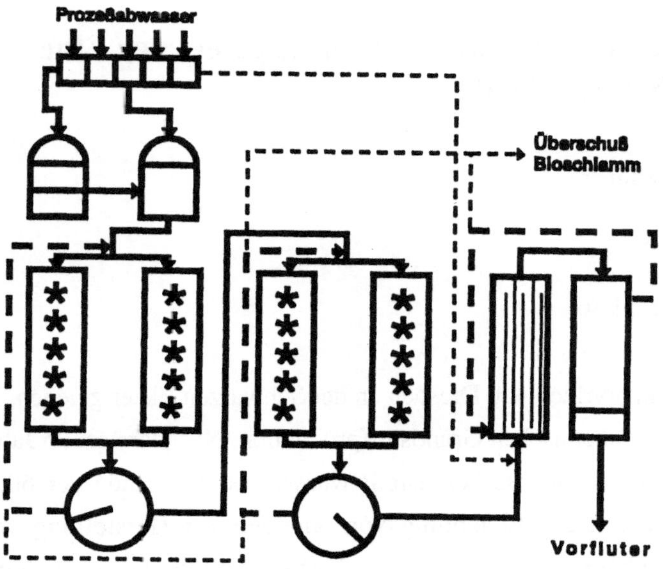

Abb. 1: Technologisches Schema Industriekläranlage BASF Schwarzheide

Zielvorgaben für die Abwasserbehandlung

Die Mindestanforderungen für die Behandlung des Produktionsabwassers ergeben sich aus dem Anhang 22 (Mischwasser eines Industriebetriebes) der Rahmen-AbwasserVwV.

Als wesentlichste Größe wird darin eine CSB-Reduzierung von mindestens 90 % gefordert. Dabei muß in einem Abwasserkataster jeder einzelne Prozeßabwasserstrom festgehalten und die Menge und Belastung technologisch begründet sein. Die Schadstofffracht ist nach Prüfung der Möglichkeiten im Einzelfall durch Aufarbeitung von Mutterlaugen, Substitution von gefährlichen Betriebsstoffen bis hin zur Verfahrensumstellung zur Rückhaltung von Stoffen innerhalb der Produktion zu verringern.

Der Gesamtstickstoff als Summe von Ammonium-, Nitrit- und Nitratstickstoff darf max. 50 mg/l betragen.

Neben den Anforderungen aus Anhang 22 ist die Abwasserableitung durch noch geltende Einleitgrenzwerte aus DDR-Zeiten, die ausschließlich dem Immissionsprinzip gehorchen, weiter begrenzt. Danach darf die CSB-Konzentration im behandelten Abwasser maximal 175 mg/l und der Gesamtstickstoffgehalt nur 15 mg/l (NH_4^+- N: 4 mg/l, NO_3^-- N: 11 mg/l) betragen.

Zahn-Wellens-Test als Entscheidungskriterium

Bei den Anforderungen an die CSB-Elimination muß sichergestellt sein, daß nur ausreichend gut abbaubare Abwasserströme in die Kläranlage gelangen. Erstes Auswahlkriterium für die Einleitung von Prozeßabwasserströmen über das sogenannte bbA-Netz (biologisch behandlungsbedürftiges Abwasser) ist der statische Zahn-Wellens-Test. Wird in diesem Test nach 28 Tagen ein DOC-Abbau von > 80 % erreicht, kann man von einer ausreichend guten Abbaubarkeit in der Kläranlage ausgehen. Wird dieser Wert nicht erreicht, sind Vorbehandlungsmaßnahmen vor Einleitung in die Kläranlage notwendig.

Über die Art der Teilstromvorbehandlung ist jeweils im Einzelfall zu befinden. Im allgemeinen überwiegen Vor-Ort-Maßnahmen in den Produktionsanlagen, die oftmals eine Rückgewinnung von Abwasserinhaltsstoffen ermöglichen.

Neuartige Verfahrenstechnik zur Behandlung schwer abbaubarer Abwasserteilströme

Die Abwässer der Polyetherol(PE)- und der künftigen Dinitrotoluol(DNT)-Produktion können aufgrund der unzureichenden Abbaubarkeit

DNT-Abwasser	ca. 60 % DOC-Abbau
PE-Abwasser	ca. 80 % DOC-Abbau

nicht direkt in die zentrale Kläranlage eingeleitet werden.

Auf der Basis dieses Testergebnisses sowie weiterer Laboruntersuchungen wurde eine gemeinsame mehrstufige Behandlung dieser Abwässer konzipiert, die das verfügbare biologische Abbaupotential in einer separaten Vorbehandlungsstufe weitestgehend nutzt.

Die dem biologischen Abbau nicht zugänglichen Stoffe - insbesondere intensiv gefärbte Nitrokresole und hochmolukulare Polyetherole - werden anschließend mit Ozon oxidiert.

Aus wirtschaftlichen Gründen soll das biologisch vorbehandelte Mischabwasser nicht vollständig durch Ozon oxidiert werden. Ziel der Ozonung ist nur eine partielle Oxidation der persistenten Verbindungen zu gut abbaubaren Fragmenten. Das so vorbehandelte Abwasser wird in die zentrale Kläranlage eingeleitet, wo nochmals ein 75 %iger Abbau erwartet wird.

Über alle Behandlungsstufen wird insgesamt eine 97 %ige CSB-Elimination erreicht (vgl. Abb. 2).

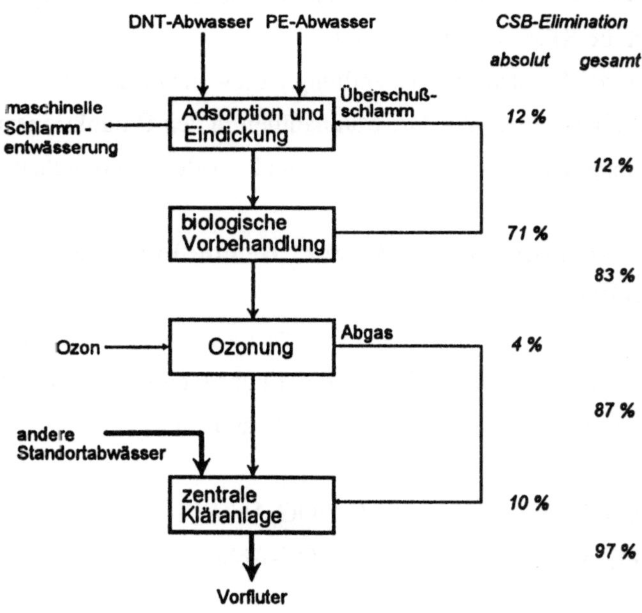

Abb. 2: Verfahrenskombination zur Behandlung schwer abbaubarer Abwässer

In die zentrale Abwasservorbehandlung, die zum Teil vorhandene Ausrüstungen nutzt, werden insgesamt 4,7 Mio DM investiert. Das Vorhaben wird mit einem zinsgünstigen Darlehen durch den Bundesminister für Umwelt gefördert.

Behandlungskosten der zentralen Kläranlage befördern Vor-Ort-Maßnahmen

Die Kosten der Abwasserbehandlung (1993 11,4 Mio DM) werden den einzelnen Produktionsanlagen - aufgeschlüsselt nach Abwassermenge und CSB-Fracht -in Rechnung gestellt. Bei Betrieben mit hoher Abwasserfracht stellt diese Umlage eine spürbare Belastung dar. Technologische Aufwendungen im Produktionsprozeß zur Abwasserreduzierung lassen sich damit gut mit der Kostenersparnis für die Abwasserbehandlung vergleichen und somit wirtschaftlich vorteilhafte Lösungen erkennen und umsetzen.

Durch die interne Kostenverrechnung wird der sorgsame Umgang mit Wasser und die Reduzierung der Abwasserfracht oftmals wirksamer gefördert als durch behördliche Auflagen.

Neue Produktionstechnologien senken Abwasserfracht

Bei der Weiterentwicklung von Produktionsverfahren wird dem Abwasseranfall erhebliche Bedeutung beigemessen. Bei intelligenter Verfahrensgestaltung lassen sich dadurch erhebliche wirtschaftliche Vorteile erzielen.
Am Standort Schwarzheide wurde 1992 die alte Anlage zur Anilinerzeugung (Flüssigphasenhydrierung von Nitrobenzol mit Nickelkatalysator) stillgelegt und dafür im Mai 94 eine Neuanlage (Gasphasenhydrierung am Kupferkontakt) in Betrieb genommen. Die Belastung des im Prozeß gebildeten Reaktionswassers wurde drastisch verringert.

	Altanlage	Neuanlage
CSB-Fracht	ca. 600 kg/d	ca. 30 kg/d
Anilin im Abwasser	ca. 120 kg/d	< 5 kg/d
Schwermetallfracht	ca. 5 kg/d Ni	< 1 g/d Cu

Tab. 1: Vergleich der Abwasserbelastung aus der Anilinproduktion

Abwasserüberwachung sichert stabil hohe Reinigungsleistung

Notwendige Voraussetzung für einen stabilen Betrieb der Abwasserbehandlungsanlagen und die Einhaltung der zulässigen Ablaufwerte ist eine weitestgehend gleichmäßige Abwasserbelastung. Dabei sind insbesondere Belastungsspitzen bzw. starke Schwankungen der Inhaltsstoffe auszuschließen.

Die Produktionsbetriebe sind für die Einhaltung der vereinbarten Abwassermenge und -fracht (Abwasserkataster) verantwortlich. Unregelmäßigkeiten sind möglichst umgehend der Kläranlage mitzuteilen, um Sondermaßnahmen einleiten zu können.

Der Kläranlagenzulauf wird automatisch beprobt und im Labor analysiert. Bei ungewöhnlichen Belastungen bereitet die Verursacherermittlung mit der modernen Analysentechnik keine große Schwierigkeit.

Produktion steigt - Abwasserrestfracht sinkt

Bis Ende 1994 werden 9 neue Produktionsanlagen ihren Betrieb aufgenommen haben. Des weiteren werden 6 noch produzierende Altanlagen bis zu diesem Zeitpunkt grundlegend modernisiert und zum Teil in ihrer Kapazität deutlich vergrößert sein. Das Produktionsvolumen - gemessen am Umsatz - soll sich ausgehend von 1991 bis 1996 mehr als verdreifachen.

Die CSB-Fracht aus den Produktionsanlagen wird sich demgegenüber nur um ca. 80 % erhöhen und damit das Niveau von 1989 wieder erreichen. Die abgeleitete CSB-Restfracht wird gegenüber 1989 durch weitere Verbesserungen der Abwasserbehandlung um 40 ... 50 % sinken (Abb. 3).

Die Gesamt-CSB-Elimination wird damit auf über 95 % ansteigen.

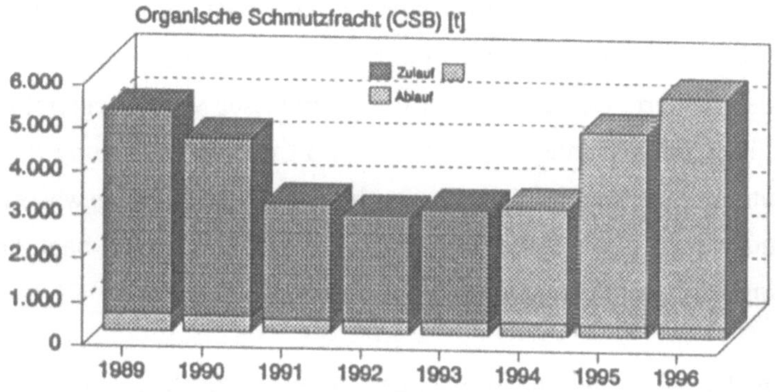

Abb. 3: Zentrale Abwasserbehandlungsanlage - Entwicklung der Zu- und Ablauffrachten 1989 - 1996

Kommunales Abwasser wird mitbehandelt

Im Nahbereich des Werksgeländes (2 ... 4 km) befinden sich 3 Gemeinden mit insgesamt ca. 20 000 Einwohnern. Die BASF Schwarzheide hat den Kommunen angeboten, die anfallenden Abwässer in der betrieblichen Kläranlage mitzubehandeln. Die Gesamtbelastung dieser Abwässer beträgt ca. 15 % der eigenen CSB-Fracht. Sollten bei weiterer eigener Auslastung der Kläranlage langfristig dafür keine freien Kapazitäten zur Verfügung stehen, wäre die Anlage um den Bedarf der Kommunen zu erweitern. Die dafür notwendige Investitionssumme liegt mit ca. 9 Mio DM weit unter dem Wert für Eigenlösungen der Gemeinden. Die kalkulierten Behandlungskosten bei weitestgehender N- und P-Eliminierung liegen mit ca. 2 DM/m^3 deutlich unter vergleichbaren Werten.

Der Anschluß der Kommunen an die BASF-Kläranlage soll bis Ende 1995 erreicht sein. Bezogen auf den kommunalen Abwasseranteil wird bei diesem Behandlungskonzept eine Reinigungsleistung erwartet, die der Größenklasse 5 nach Anhang 1 zur Rahmen-AbwasserVwV entspricht und damit über die bestehenden Anforderungen hinausgeht.

Auch Regenwasser wird behandelt

Im Bereich der Produktions- und Nebenanlagen ist ein separates Regenwassersystem vorhanden, das über eine Pumpstation ausschließlich in Rückhaltebecken (12 000 m^3) fördert. Das gespeicherte Regenwasser wird vergleichmäßigt ausnahmslos über die Kläranlage abgeleitet. Damit ist jede Belastung des Vorfluters durch verunreinigtes Regenwasser ausgeschlossen. Niederschlagswasser von Dachflächen und weiteren mit Sicherheit unbelasteten Flächen wird nach behördlicher Zustimmung zunehmend versickert.

Automatische Meßstation überwacht Abwasserableitung

Seit November 1993 wird der Kläranlagenablauf mit einer automatisch arbeitenden Meßstation überwacht. Für die Neugestaltung der Meßstelle und den Analysencontainer wurden über 500 000 DM ausgegeben.
Folgende Parameter werden kontinuierlich bestimmt und in der Meßwarte der Kläranlage registriert:

TOC	Leitfähigkeit
TN	Abwassermenge
pH-Wert	

Weiterhin werden über jeweils 24 Stunden eine Durchschnittsprobe zur weitergehenden Analyse im Labor und alle 2 Stunden Rückstellproben gezogen.
Bei unzulässiger Belastung des behandelten Abwassers kann die Ausleitung unterbrochen und in Rückhaltebecken eingeleitet werden. Zwei folieausgekleidete Erdbecken können das gesamte Betriebsabwasser bis zu 3 Tagen aufnehmen.

Abwasserableitung beeinflußt die Wassergüte des Vorfluters kaum

Die BASF Schwarzheide reinigt ihre Abwässer nach den Stand der Technik. Die aus der Abwasserableitung resultierende Belastung der Elbe ist - wie die nachstehende Gegenüberstellung zeigt - unbedeutend.

Parameter	Elbe* kg/h	BASF Schwarzheide kg/h	Anteile BASF %
BSB_5	25 000	3,0	0,012
CSB	58 000	22,7	0,039
o-PO_4^{3-}	180	0,3	0,170
NH_4^+- N	880	0,3	0,034
NO_3^-- N	10 000	0,6	0,006

* Gütemeßstelle Schnackenburg, Q = 515 m^3/s

Tab. 2: Anteil der BASF an Schmutzfrachten der Elbe (1992)

Die Pößnitz als direkter Vorfluter der BASF Schwarzheide wird nahezu ausschließlich aus Entwässerungswasser von Braunkohletagebauen gespeist.
Mit einer Wasserführung von ca. 1 m^3/s ist sie für einen Chemiebetrieb ein sehr schwacher Vorfluter. Das Verhältnis von Abwasserableitung zu Wasserführung der Pößnitz beträgt etwa 1 : 20.
Eigene Untersuchungen (April 94) weisen auf einen Saprobienindex von 2 in der Pößnitz sowohl vor als auch nach der BASF-Einleitung hin.
Nach ca. 2 km Flußlauf wird die Schwarze Elster erreicht, die bei Niedrigwasser vor der Pößnitzmündung eine Wasserführung von minimal 1,5 m^3/s hat. Bezogen auf die Schwarze Elster nach Pößnitzzulauf ergibt sich ein Verhältnis von Abwassereinleitung BASF zur Wasserführung des Vorfluters von 1 : 50.
Die Wassergüte der Schwarzen Elster wurde oberhalb und unterhalb der Pößnitzmündung mit 2,5 eingestuft.

Stand der Abwasserreinigung des Werkes Stade der Dow Deutschland Inc (DDI)

E. Schüttemeyer; Stade

Die DDI mit dem Werk Stade, eine Tochter der Dow Chemical Company, betreibt an der Unterelbe bei Stade eines ihrer größten Chemischen Werke weltweit.

Das Werk ist mit 25 Jahren noch relativ jung und wurde in diesem Zeitraum kontinuierlich mit einem Investitionsvolumen von ca. 4 Milliarden DM ausgebaut. Es gilt als die erfolgreichste Industrieansiedlung Norddeutschlands. Heute produzieren hier ca. 20 chemische Betriebe Produkte im Wert von ca. 1,5 Milliarden DM/Jahr. Sie umfassen eine Produktionsmenge von ca. 1,5 Millionen Tonnen/Jahr, die größtenteils per Schiff das Werk verlassen. Dieses war auch einer der wesentlichen Gründe dafür, das Werk an der Unterelbe anzusiedeln, nämlich am seeschiffahrtstiefen Wasser zu liegen. Ein weiterer wesentlicher Grund war die Verfügbarkeit von Kochsalz, das das Hauptrohmaterial bzw. Hilfsstoff zur Herstellung all unserer Produkte darstellt. Es wird aus einem Salzstock bei Harsefeld in etwa 25 km Entfernung gewonnen und als Sole per Pipeline nach Stade gefördert.

Die heutige Produktpalette des Werkes umfaßt Grundchemikalien, wie Natronlauge, Propylenoxid, Epichlorhydrin, chlorierte Kohlenwasserstoffe, Bisphenol A ebenso wie die hochspezialisierten Produkte Polycarbonat, Methylzellulose, Epoxidharze, Ionenaustauscherharze und besondere Isocyanat-Typen.

Neben der Elbe als Transportweg war natürlich auch die Elbe als Wasserquelle gefragt. Durch ihre Größe und die Nähe zur Nordsee mit der natürlichen Salzbelastung eröffnet sie die Möglichkeit, ein Werk in der bereits genannten Größenordnung zu versorgen, ohne daß sie selbst als Gewässer durch Abwässer oder auch Kühlwasser und die damit verbundene Temperaturerhöhung nachhaltig beeinflußt wird.

Da das in unserem Werk hergestellte Chlor zum überwiegenden Teil nicht als Molekül in unseren Produkten erscheint, wie aus der vorausbeschriebenen Produktpalette bereits ersichtlich ist, sondern ganz wesentlich als "Reaktionshilfsmittel" dient, wird in entsprechendem Maße Chlor auch wieder zu Kochsalz umgewandelt. Es wird letztendlich mit dem Abwasser wieder der Elbe bzw. dem Meer zugeführt, dahin, wo es ursprünglich in grauer Vorzeit einmal hergekommen ist. Auch dieses ist ein Aspekt, der für unsere Ansiedlung einmal wichtig war, da die Salzhaltigkeit der Abwässer keine nachhaltige Wirkung auf die Unterelbe als Tidegewässer hinterläßt. Etwa 80 - 90 % der von uns der Elbe entnommenen Wässer werden zu Kühlzwecken verwendet, während ca. 10 - 20 % unmittelbar in den Prozessen eingesetzt werden. Diese Prozeßwässer bedürfen allerdings der Aufbereitung. Ihnen werden dabei in erster Linie begleitende Feststoffe entzogen. Dazu besitzen wir im Werk eine zentrale Aufbereitungsanlage, die nach der Fällmethode arbeitet und die für eine Leistung von 4000 m^3 Wasser/h ausgelegt ist. Ihr sind außerdem Ionenaustauschereinrichtungen und Sandbettfilter zugeordnet.
Die in den Anlagen entstehende Prozeßabwärme wird zum Teil bis heute in das Medium Wasser in Durchlaufkühlung abgeführt, während ein wesentlicher Teil der Wärme jedoch über Kreislaufführungen und Kühltürme an die Umgebungsluft durch Temperaturaustausch bzw. Verdunstungskühlung abgeführt wird. Ein kleinerer Teil der Wärmeabführung erfolgt über Luftkühler. Dabei werden Prozeßmedien in Rohrleitungspaketen durch Anblasen mit Umgebungsluft abgekühlt. Dieses ist mit Abstand die teuerste Lösung, da durch schlechte Wärmeübergangskoeffizienten die Einrichtungen vergleichsweise aufwendig sind.
Grundsätzlich hängt die Menge der abgeleiteten Wärme ganz wesentlich vom Primärenergiebedarf des Werkes ab, von den Umsetzungswirkungsgraden der Stromerzeugungsaggregate sowie der Ausnutzung oder Weiterverwendung latenter Restwärme. Das letztere wird jedoch vom Temperaturniveau bestimmt.

Durch die Anschaffung neuer Gasturbinen in der 1. Hälfte der 80er Jahre mit einem Investitionsvolumen von ca. 150 Millionen DM konnte die Energieausbeute aus dem Primärenergieträger Erdgas sowie beim Produktionsprozeß anfallenden Wasserstoff erheblich vergrößert bzw. verbessert werden.

Die anfänglich genutzten konventionellen Gasturbinen wurden durch die Installation von Flugzeugturbinen, wie sie beim Jumbo-Jet BOEING 747 verwendet werden, ausgetauscht. Es war das erste Mal, daß in Europa eine Kraftwerksanlage mit Strahltriebwerken ausgerüstet wurde und dieses auch noch mit großem Erfolg. Neben dieser bedeutenden Maßnahme, die überdies durch Wärme-Kraft-Verbund zusätzlich optimiert wurde, kann ein Gesamtwirkungsgrad von 86,5 % erzielt werden. Daneben dürfen allerdings auch nicht die ca. 100 Einzelprojekte vergessen werden, mit denen in den Prozeßanlagen Verbesserungen auf der Energieseite erzielt werden konnten. Damit konnte der Bedarf an Energie, bezogen auf eine Tonne Produkt, um ca. ein Drittel reduziert werden. Das führte zwangsläufig auch zu geringeren Emissionen zur Luft und auch zu geringeren Restwärmemengen sowohl zur Luft als auch zum Wasser.
Was die Reduzierung des Gesamtwasserverbrauchs angeht, so ist damit in den letzten Jahren Erhebliches geleistet worden. Die Kühlwassermengen aber jetzt noch weiter zu reduzieren, hieße, höhere Temperaturen im Kühlwasserablaufstrom in Kauf zu nehmen oder aber die Durchlaufkühlung (One-Through) weiter zu vermindern oder gänzlich zu eliminieren und auf Kreislaufsysteme umzustellen. Hierbei würde die Restwärme mehr und mehr zur Atmosphäre abgeleitet, was der Umwelt jedoch im Ergebnis keine Vorteile verschafft. Die Umrüstung solcher Kühlsysteme ist meist extrem aufwendig, da sie abhängig sind von den Druckverhältnissen und Temperaturniveaus in den Apparatesystemen. Dieses greift sehr tief in die Prozeßtechnik ein. Andererseits bieten Kreislaufführungssysteme eine höhere Sicherheit bezüglich innerer Leckagen in Wärmetauschern. Sie sind leichter zu detektieren und bieten Gewähr dafür, daß möglicherweise kontaminierte Wassermengen begrenzt bleiben.

Umstellungen wurden und werden, wo sinnvoll und unter Wahrung des Verhältnismäßigkeitsgrundsatzes, im Werk eingeführt. Was das aus Elbewasser aufbereitete Prozeßwasser anbetrifft, so wird die Hauptmenge für die Propylenoxid-Produktion verwendet. Propylenoxid ist ein Ausgangsstoff für die Polyurethanherstellung, einem Produkt, was wiederum ein weites Anwendungsfeld beinhaltet. Weiterhin wird Prozeßwasser bei der Epichlorhydrinherstellung benötigt. Epichlor-

hydrin ist eine Hauptausgangskomponente für die Herstellung von Epoxidharzen, die wie schon erwähnt, auch in Stade produziert werden. In diesen Prozessen ist die Anwesenheit von Wasser erforderlich, um die hohe Selektivität der Reaktionsführung zu gewährleisten.
Dabei bestimmt die Wassermenge bzw. das Wasserverhältnis ganz wesentlich die Ausbeute des Zielproduktes und die Verminderung von Nebenprodukten. Seit vielen Jahren wird sowohl an der Senkung der Wassermenge als auch an der Senkung der Restbelastung der zwangsläufig entstehenden Abwasserströme gearbeitet. Dieses geschah bereits mit großem Erfolg. Ein Durchbruch zeichnet sich jetzt ab, nachdem mit unserer neuen Klärtechnik und höheren Reinheit der Abwasserströme diese z.T. im Kreislauf gefahren werden können. Testläufe werden noch in diesem Jahr (1994) durchgeführt. Damit wird es möglich, Abwassermengen zum Vorfluter zu vermindern und insbesondere auch die Salze im Abwasserstrom erneut den Chloranlagen zuzuführen. In neueren Anlagen haben wir z.T. Wasser gänzlich aus den Prozessen verbannt. Dieses geschah in erster Linie vor dem Hintergrund des Korrosionsschutzes. Viele Prozeßmedien wirken in Verbindung mit Wasser äußerst korrosiv. Obgleich auch dieses den Gewässern zugute kommt, ist es aber doch in erster Linie eine Sicherheitsmaßnahme.

Abwässer, die prozeßbedingt in vielen Anlagen entstehen in teils sehr unterschiedlicher Menge, teils aber auch mit unterschiedlicher Belastung, werden sämtlich mehrstufig gereinigt. Dieses geschieht zunächst durch fast ausschließlich prozeßintegrierte Vorbehandlungsmethoden. Hierbei werden Stoffe aus dem weiteren Abwasserstrom entfernt (Abwasserbehandlung) und kommen andererseits durch Rückführung und bessere Ausbeute den Prozessen wieder zugute (Recycle). Die Vorbehandlungsstufen arbeiten ausschließlich nach physikalischen Trennmethoden, wie Luft- und Dampfstrippen, Zentrifugieren, Ausfällen, Destillation und Extraktion.

Im Anschluß an diese Vorbehandlungsschritte werden alle Prozeßwässer in die zentrale biologische Kläranlage gefördert. Diese Kläranlage, im Firmenjargon BIOX genannt, besteht ebenfalls aus 2 Stufen und wird mit unterschiedlichen Konzentrations-

und Belastungsniveaus gefahren. Die Teilströme mit hoher Belastung durchlaufen dabei beide Stufen, die niedrigerbelasteten nur eine.

Die Anlage wurde ursprünglich in der konventionellen und offenen Flachbeckenbauweise errichtet. Sie wurde in den Jahren 1974 bis 1987 in dieser Technik betrieben. Im Jahre 1987 wurde die hochbelastete Stufe auf die Turmtechnologie umgestellt. Die niederbelastete Stufe, die um ein Vielfaches größer ist, ging 1993 in den Betrieb. Beide Türme der 2. Stufe gelten weltweit als die größten Abwasserbehandlungstürme und haben jeweils ein Klärvolumen von 16000 m^3. Ein dritter Turm dient sowohl hydraulisch als auch belastungsmäßig als Pufferbehälter, wobei diesem dritten Turm ebenfalls eine Nachklärzone für die beiden Behandlungstürme zugeordnet wurde. Durch die Anordnung der Nachklärzone im oberen Behälterbereich mußten besondere statische Probleme gelöst werden.

Die Umrüstung unserer Kläranlage auf diese Hochbiologietechnik hatte mehrere Gründe, wobei die Entscheidung zur Umrüstung alleine durch Dow gefällt wurde und zur damaligen Zeit keine genehmigungs- oder wasserrechtlichen Zwänge bestanden. Die Gründe im einzelnen waren, unsere Bestrebungen u.a. zu mehr und verbessertem Grundwasserschutz, da die alten Betonbecken aus der Erde herauskamen bzw. die Türme auf der Erdoberfläche zur Aufstellung kommen. Evtl. Leckagen sind damit weitaus besser und im Frühstadium erkennbar.

Ein weiterer Grund war die Absicht zur Energieeinsparung. Die Belüftungsluftmenge konnte um etwa 90 % gesenkt werden, d.h. die Kompressorleistung der Kompressoren, die die wesentlichen Energieverbraucher der Biox darstellen, konnte erheblich vermindert werden. Dieses war möglich sowohl durch eine neue Luftverdüsung mit extremer Feinblasigkeit als auch durch die große Durchdringungshöhe der Luftblasen durch das ca. 20 m hohe Belebungsbecken hindurch. Die Sauerstoffausnutzung hatte sich damit um den etwa 10-fachen Wert verbessert. Dieses hatte auch zur unmittelbaren Folge, daß durch die geringe Lufteinblasemenge auch die Emissionen zur Luft erheblich vermindert werden konnten.

Überdies konnte die gesamte Neuinstallation der Turmbiologie auf einer wesentlich kleineren Fläche als die Altanlage untergebracht werden. Ein weiterer Erfolg stellte sich nun nach mehr als eineinhalbjährigem Betrieb ein, der darin besteht, daß die ursprünglich veranschlagte mindestens 20 %ige Leistungsverbesserung der Anlage erheblich übertroffen wurde und bei ca. 40 % liegt.

Damit war es möglich, daß wir ein Teil der Investitionen auf die Abwasserabgabe nach Abwasserabgabegesetz verrechnen konnten. Die Leistung unserer Kläranlage, die vom Niedersächsischen Landesamt für Ökologie Hildesheim bescheinigt wurde, liegt bei Abbaugraden wie folgt:

CSB: 89 %
BSB: 97,6 %
AOX: 95 %

Bei der Umrüstung wurde die Kläranlage gleichzeitig auf ein bei uns in Prozeßanlagen übliches Computer-Steuerungssystem umgerüstet, was unter anderem optimalere Fahrweisen bzw. eine bessere Überwachung zuläßt.

Unabhängig davon sind allerdings die Abwassererzeuger nach interner Vorgabe verpflichtet, ihre Abwässer nach bestimmten Spezifikationen zu fahren und vorgegebene Maximalbelastungen nicht zu überschreiten. Diese Überwachung erfolgt damit redundant zur Biox-Anlage und wird sichergestellt durch eine Kombination von on-line-Meßgeräten sowie routinemäßigen Analysen.

Als Überwachungsparameter und beeinflußbar sind für uns von Bedeutung sowohl der TOC, der CSB als auch der AOX. Unbedeutend dagegen sind, da produktionsbedingt, die Parameter Schwermetalle, Stickstoff- und Phosphor-verbindungen, da sie von den Abwasserquellen her nicht relevant sind. Bedeutend, aber nicht beeinflußbar, ist die Fischgiftigkeit, die sich alleine aus der Salzbelastung herleitet. Sie spielt als Abwasserabgabeparameter eine für uns nicht unerhebliche Rolle. Unsere wesentlichen Bemühungen in der Vergangenheit zur Erlangung einer verbesserten Abwasserqualität lagen im Bereich der chlorierten Kohlenwasserstoffe.

Durch eine Vielzahl von Einzelmaßnahmen ist es gelungen, die tägliche Fracht an leichtflüchtigen Kohlenwasserstoffen (Siedepunkt: 20-180°C) unter 20 kg pro Tag und die schwerflüchtigen auf 10-20 Gramm pro Tag zu reduzieren. Dieses alles erfolgte stets im Vorgriff auf gesetzliche Entwicklungen oder behördliche Maßnahmen. Unsere Bemühungen werden weiter fortgesetzt werden und setzen da an, wo sich neue technische Erkenntnisse durch unsere Forschungsaktivitäten ergeben und die Machbarkeit zur Umsetzung dieser Erkenntnisse sich im Rahmen der Verhältnismäßigkeit bewegt. Um dieses etwas näher zu erläutern, lassen Sie mich ein paar Sätze zu der heutigen Konstellation gesetzgeberischer Vorgaben sagen.

Wir haben in den letzten 8 Jahren ca. 150 Millionen DM in abwasserverbessernde Maßnahmen investiert. Wir haben, wie jetzt ein Gutachten belegt, die gesetzlichen Anforderungen, nämlich der Rahmenabwasserverwaltungsvorschrift Anhang 22, erfüllt, jedoch noch mit einer Ausnahme. Den vorgegebenen AOX-Wert am Auslauf unserer Biox-Anlage von 1 mg/l können wir noch nicht einhalten.
Bei der Festlegung des AOX-Wertes in der Entstehungsgeschichte des Anhangs 22 war hinreichend bekannt, daß für die Chlorhydrinprozesse das Erreichen von 1 mg AOX/l nicht leistbar ist, da es kein wirkungsvolles Verfahren gibt, diesen Wert dauerhaft zu unterschreiten und eine Ausnahme in den Rechtsvorschriften erforderlich ist. Dieses wurde sogar in der Begründung zum Gesetzgebungsverfahren festgehalten. Diese Erkenntnis hat sich in der Zwischenzeit weiter gefestigt. Heute nach ca. 3 Jahren hat man sich in den gesetzgebenden Institutionen immer noch nicht dazu durchringen können, eine Ausnahmeregelung festzuschreiben. Den Industrien, die solche Prozeße betreiben, muß man zwangsläufig den Stand der Technik absprechen und verlangt daher die Bezahlung des vollen Abgabesatzes nach Abwasserabgabengesetz. Das Vorgehen und die Forderungen der Überwachungsbehörden sind aus unserer Sicht dabei verständlich. Sie werden mit uns bei der Lösung dieser Probleme alleine gelassen. Der Zustand ist für die Industrie und behördliche Verwaltung äußerst unbefriedigend.

Wir bezahlen weiterhin jährlich ca. 1 Million DM für den Parameter Fischgiftigkeit, der sich aus dem Salzgehalt herleitet, nur weil das Testverfahren einen Süßwasserfisch vorschreibt. In der Elbe, bedingt durch die Brackwasserzone, ist Salz vorhanden. Durch unsere Salzeinleitung gehen nachweisbar keine ökologischen Nachteile einher. Wir können die wesentliche Salzfracht nicht verhindern. Die Zahlung beinhaltet daher keinen Anreiz für uns und wird zwangsläufig zum reinen Abschöpfungsinstrument abgewertet. Wir würden es daher sehr begrüßen, wenn bestehender Formalismus im Gesetzgebungsverfahren durch mehr Pragmatismus abgelöst werden könnte. Wir brauchen dringend Entlastung im Bereich der Abgaben.

Wir haben seit langem bereits die Abwasserabgabe. Hinzu kommen die
Abfallabgabe
der Wasserpfennig
die z.T. immer höhere Abgaben von der Industrie abfordern. Wir reden
über die Energiesteuer
über die CO_2-Steuer
Was wird man der Industrie in Zukunft noch alles auferlegen?

Als international operierendes Unternehmen kann ich Ihnen versichern, daß sich die Investitionsbereitschaft am Standort Deutschland bereits erheblich verschlechtert hat. Die Industrie braucht dringend Anreize und Entlastung, sie braucht Deregulierung und mehr Pragmatismus bei neuen Gesetzen, und sie braucht dringend ökonomische und keine Abschöpfungsinstrumente.

Soweit meine kurze Einschätzung zu diesem Thema.

Ich möchte über meine bisherigen Ausführungen hinaus zum Wasserverbrauch und zur Abwasserbehandlung noch ein paar Sätze zu dem mit der Kläranlage unmittelbar verbundenen Feststoffpfad machen, der natürlich auch zum Thema Wasser gehört.

Für die Behandlung des zwangsläufig entstehenden Überschußschlammes aus der biologischen Klärung wurde in Stade ein Verfahren entwickelt, das die verbleibende Filterkuchenmenge drastisch reduziert. Prinzip dieses patentierten Verfahrens, das wir Chemolyse nennen, ist ein Behandlungsschritt, der Bakterienmasse mittels Salzsäure bei ca. 150°C aufspaltet. Unter diesen Bedingungen werden die Zellwände der Bakterien zerstört und das organische Material so weit hydrolysiert, daß es in die biologische Klärstufe zurückgefahren werden kann (Abb. 1).

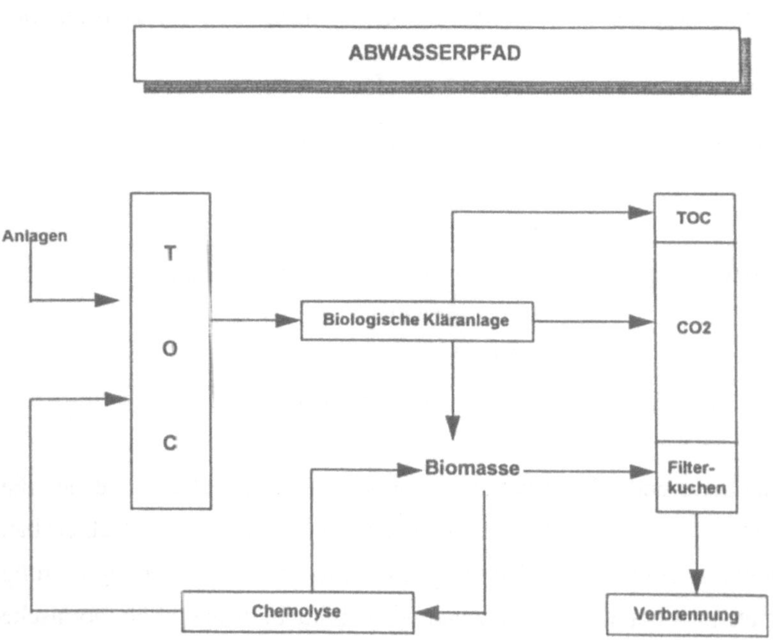

Abb. 1: Integration Kläranlage - Chemolyse

Das Hydrolyseprodukt ist darüber hinaus hervorragend biologisch abbaubar.
Das Resultat ist, daß statt der 1200 t Filterkuchen, die 1986 monatlich angefallen sind, heute noch ca. 100 t/Monat anfallen, die als Einsatzstoff in unsere Reststoffverwertungsanlage gehen.

Der Erfolg beruhte auf mehreren sich ergänzenden Maßnahmen, wie

- die Optimierung der Spaltung der Zellsubstanz,
- verbesserte Filtriervorgänge,
- Verminderung und Vermeidung von Filterhilfsmitteln, etc.

Dieses Ihnen in Schwerpunkten vorgestellte Konzept der Wasser-, Abwasser- und Feststoffbehandlung (Abb. 2) ermöglicht es, eine Produktionsstätte zu betreiben, die nicht nur das technisch Machbare auf dem Abwassersektor implementiert hat, sondern zusätzlich auf dem Reststoff-/Abfallgebiet ohne Inanspruchnahme fremder Verbrennungskapazitäten und auch fast gänzlich ohne Inanspruchnahme von Deponieraum auskommt. Wir sind in dieser Hinsicht heute annähernd autark und sind mit diesen Bemühungen überall anerkannt. Wir werden uns in Sachen Umweltschutz weiter bemühen und werden auch weitere Fortschritte erzielen. Wir brauchen dazu jedoch Zeit und die ökonomischen Voraussetzungen.

Hier stehen wir als Industrieunternehmen nicht alleine und wir hoffen, daß bei der Entwicklung weiterer Rechtsvorschriften Vernunft und Augenmaß gewahrt wird. Den Umweltschutz können wir uns nur leisten, wenn die wirtschaftlichen Instrumente erhalten bleiben und wir uns stets auch unserer sozialen Verantwortung bewußt sind.

VERBUNDKONZEPT ZUR ABFALLVERMEIDUNG BEI DOW STADE

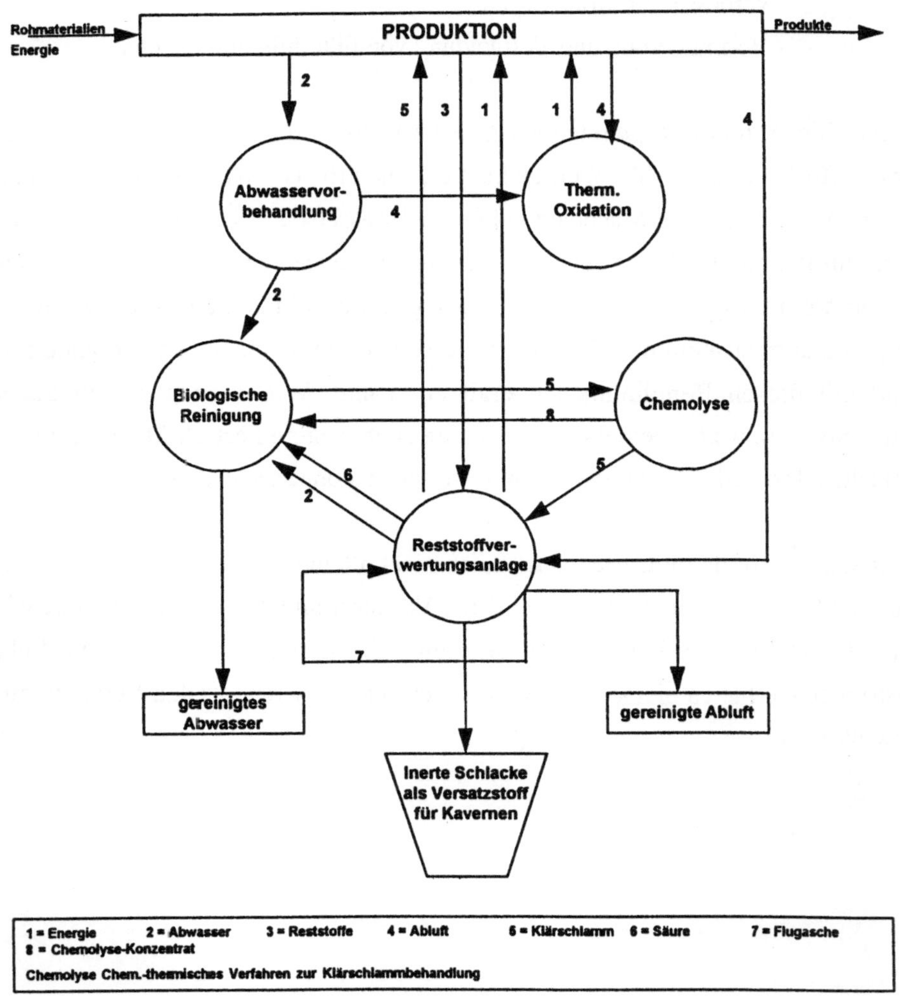

Abb. 2: Verbundsystem Produktion - Umweltschutz

Stand der Abwasserreinigung im Werk Brunsbüttel der Bayer AG

J. Zirner; Brunsbüttel

In dem jüngsten Produktionsstandort der Bayer AG, dem Werk Brunsbüttel, stellen etwa 1600 Mitarbeiter eine Vielzahl von organischen Chemikalien her. Neben einer Reihe von Zwischenprodukten, die teils verkauft, teils aber auch intern weiterverarbeitet werden, werden in Brunsbüttel Polyurethan- Vorprodukte (Isocyanate) und Farbstoffe sowie ein Alterungsschutzmittel für Kautschuke synthetisiert. Bei diesen chemisch und verfahrenstechnisch ganz unterschiedlichen Produktionen fallen zwangsläufig eine Vielzahl in Volumen und/oder Belastung differierende Abwässer an, woraus sich erhebliche Anforderungen an das Abwassermanagementsystem ergeben.

Um unserer Verantwortung von vornherein gerecht zu werden, wurde schon in der ersten Aufbauphase des Werkes ein Abwassersystem aufgebaut, welches nicht nur weit über den in den 70er Jahren üblichen Standard hinausging, sondern auch heute noch in seiner kontinuierlich weiterentwickelten Form alle z.B. wasserrechtlichen Anforderungen erfüllt.

Dieses Abwassersystem besteht aus sieben verschiedenen, im wesentlichen unabhängig voneinander installierten Rohrleitungsnetzen, in denen die in ihrer Qualität unterschiedlichen Abwässer einer jeweils geeigneten Behandlungseinheit und natürlich auch Kontrollstation zugeführt werden.

Bevor ich Ihnen erläutere, wie aus der Kombination dieser einzelnen Teilsysteme ein leistungsfähiges Ganzes wird, muß ich auf ein weiteres wesentliches Standbein in unserem Abwassermanagementsystem hinweisen: die Wasserüberwachung. Aufbauend auf die zwingend erforderlichen analytischen Daten sowohl der einzelnen Abwässer als auch der teils kontinuierlich, teils stichprobenartig überwachten

Teilströme verfügt unsere Umweltschutzabteilung über alle notwendigen Kenntnisse, um den optimalen Einsatz des Abwassersystems des Werkes gewährleisten zu können.

Bei der nun folgenden Vorstellung der einzelnen Teilsysteme möchte ich mit dem Regenwassernetz beginnen, bei dem wir insbesondere zwei Problemfelder zu betrachten haben. Zum einen ist durch geeignete Maßnahmen sicherzustellen, daß das Oberflächenwasser nicht durch Leckagen oder ähnliche Schmutzwässer verunreinigt wird. Dies haben wir dadurch erreicht, daß die Entwässerung sämtlicher kontaminationsgefährdeter Bereiche vom Regenwassernetz abgekoppelt wurde: entweder wird das aufgefangene Regenwasser erst nach entsprechender Prüfung freigegeben oder es wird grundsätzlich anders, so z.B. über die Kläranlage, entsorgt. Darüberhinaus haben wir das Regenwassersystem so mit fernbedienbaren Schiebern und Klappen ausgerüstet, daß im trotz allem ja nicht absolut ausschließbaren Fall einer Kontamination des Oberflächenwassers die Verschmutzung örtlich begrenzt und eine unzulässige Einleitung des Regenwassers in den Vorfluter verhindert werden kann.

Auch beim Kühlwasser, der nächsten zu diskutierenden Abwasserart, ist das Hauptaugenmerk auf der Entsorgungsseite - wenn man einmal von dem Themenkreis Temperatur und Wärmefracht absieht - auf das Problem der ungewollten Verschmutzungen zu lenken. Zu dieser Thematik können wir an dieser Stelle auf die entsprechenden Richtlinien des Verbandes der chemischen Industrie in Deutschland hinweisen, die die BAYER AG auch im Werk Brunsbüttel vollständig umgesetzt hat. Für die Kühlung wassergefährdender Systeme sind danach klare Anforderungen definiert, die in der Regel durch Indirektkühlung und/oder geeignete Überwachungssysteme erfüllt werden.

Außer dem Kühlwasser fallen im Werk Brunsbüttel noch weitere Abwässer an, die - zumindest was organische Inhaltsstoffe betrifft - unbelastet sind. Hierbei handelt es sich z.B. um schwach saure Salzlösungen, die, weil frei von weiterer Belastung und auch nicht verwertbar, lediglich über eine Neutralisationsanlage der Abwasserkontrollstation zugeführt werden.

In der biologischen Kläranlage, der ersten von den drei größeren hier vorzustellenden Abwasserbehandlungsanlagen, werden zwei weitere Abwasserarten behandelt. Dabei handelt es sich zum einen um die sogenannten Sanitärabwässer, zum anderen aber auch um ausgesuchte Betriebsabwässer. Die beiden zugehörigen Rohrleitungssysteme sind sowohl aus hygienischen als auch verfahrenstechnischen Gründen bis in die Kläranlage hinein getrennt gehalten: während die Sanitärabwässer ohne jede Zwischenstapelung direkt in die Kläranlage eingespeist werden, werden die für eine biologische Behandlung vorgesehenen Abwässer in große Tanks geleitet, die neben einer für die Kläranlage wichtigen Vergleichmäßigung des Abwassers auch eine analytische Überwachung sowie eine gezielte Dosierung einzelner Inhaltsstoffe erlauben.

Verfahrenstechnisch betrachtet handelt es sich bei der werkseigenen Kläranlage um eine Turmbiologie, übrigens der ersten, die bei der BAYER AG in Betrieb genommen wurde. In derzeit vier Belebungstürmen mit einem Volumen von jeweils 1500 m^3 wird das Abwasser bei Verweilzeiten von etwa 50 h von den biologisch abbaubaren Inhaltsstoffen befreit. Die überschüssige Biomasse wird ausgeschleust und in der benachbarten Verbrennungsanlage entsorgt.

Zur Beschreibung der Kläranlage gehören auf jeden Fall einige Stichworte zum Thema Absicherung gegen unzulässige Belastungsspitzen im Anlagenzulauf. Unser Absicherungskonzept basiert dabei nicht alleine auf den bereits beschriebenen Abwassertanks mit ihrer Überwachung, sondern bezieht sogar schwerpunktmäßig die einzelnen Abwassererzeuger mit ein. Betrieb für Betrieb sind in Einzelabsprachen die Risiken gemeinsam ausgelotet und geeignete Gegenmaßnahmen und Teilstromabsicherungen festgelegt worden. Hierbei hat sich neben der erforderlichen guten Zusammenarbeit zwischen der Umweltschutzfachabteilung mit den Produktionsbereichen auch die enge organisatorische Verzahnung von Abwassermanagement und Anlagenbetrieb als sehr wesentlich erwiesen. Zur Abwasserabsicherung bleibt nachzutragen, daß sowohl der Kläranlagenzulauf als auch der -ablauf durch eine kontinuierliche TOC-Messung überwacht werden, die zusammen mit den in den Betrieb integrierten Meßstellen und in Relation zu der überdurchschnittlichen Verweilzeit der Abwässer in der Kläranlage ein ausreichend schnelles Frühwarnsystem darstellt.

Während die Kläranlage zwar den Großteil des Abwasservolumens zu entsorgen hat, verbleibt mit etwa 95 % der Abwasserfracht die Schwerarbeit der Abwasserreinigung bei zwei physikalisch-chemischen Behandlungsanlagen. In Brunsbüttel betreibt die BAYER AG zur Entsorgung der biologisch nicht ausreichend reinigbaren Abwässer zusätzlich eine Naßoxidations- sowie eine Abwasserverbrennungsanlage. In beiden Anlagen werden die Inhaltsstoffe oxidativ zerstört, einmal bei 250-300°C mit chemischer Katalyse, in der anderen Anlage in einer etwa 1300°C heißen Flamme.

Der Kern der Naßoxidationsanlage ist ein Reaktor, in dem die Abwässer unter dem der Betriebstemperatur entsprechenden Hochdruck mit Luft beaufschlagt werden. Die exotherme Reaktion macht die Anlage bei vielen Abwässern unabhängig von einer zusätzlichen Energiezufuhr, oft kann sogar noch Prozeßdampf erzeugt werden. In das Anlagenkonzept sind zusätzlich eine Abluftreinigung, die Katalysatorrückführung und eine Rückgewinnung von im Reaktor gebildeten Ammoniak integriert.

Die Abwasserverbrennungsanlage, die korrekt als Gasphasenoxidationsanlage zu bezeichnen ist, stellt zumindest bei einer ausschließlich auf eine Wasserthematik bezogenen Betrachtungsweise die totale, weil 100%ige, Entsorgung dar. Die einzelnen, nach Möglichkeit weitestgehend in der vorgeschalteten sechsstufigen Eindampfanlage vorkonzentrierten Abwässer, werden in eine Flamme eingedüst, die im Abwasser enthaltenen verbrennbaren Inhaltsstoffe dabei vollständig thermisch zerstört. Die Verbrennung wird so geführt, daß nicht nur bezogen auf die Wasserreinigung, sondern auch auf die Abluftemission sowie die Energieverwertung ein Optimum erreicht wird. Der hohe Energieverbrauch der Anlage wird zusätzlich dadurch aufgefangen, daß infolge der auch abfallrechtlichen

Genehmigung der Gasphasenoxidationsanlage energiereiche Flüssigabfälle verwertet werden können.

Mit dem hier vorgestellten Abwassersystem kommen wir in Brunsbüttel auf eine Reinigungsleistung von - rein statistisch betrachtet - insgesamt etwa 96 % der angelieferten Fracht. Trotz dieser Bilanz spiegelt das Abwasserreinigungssystem nur einen kleinen Teil unseres Abwassermanagements wider. Auf zwei weitere wesentliche Bestandteile kann hier nur am Rande verwiesen werden, und doch stellen gerade diese beiden in diesem Vortrag etwas kurz kommenden Aufgabengebiete immer mehr den Schwerpunkt unserer Aktivitäten dar: die dezentrale und damit deutlich spezifischere Teilstrombehandlung und insbesondere natürlich die produktionsverfahrensintegrierten Maßnahmen zur grundsätzlichen Optimierung des Abwasseranfalls selbst. In beiden Teilgebieten gibt es eine Reihe schöner Erfolge zu verzeichnen, ich verweise hier insbesondere auf den von der BAYER AG herausgegebenen Umweltbericht.

Die Vielzahl der dezentralen Maßnamen hat mittlerweile zu der Situation geführt, daß die früher einmal voll ausgelasteten zentralen Abwasserbehandlungsanlagen inzwischen über freie Kapazitäten verfügen, die wir sowohl zur Hilfestellung, natürlich aber auch als Nebengeschäft externen Abwassererzeugern zur Nutzung anbieten. Bereits jetzt ist das BAYER-Werk Brunsbüttel ein Netto-Entsorger, zumindest auf die Gesamtfrachten bezogen übersteigt die Entsorgungsleistung des Werkes die Eigenerzeugung von Abwasser. Trotzdem sehen wir noch deutliche Freiräume für ein weitergehendes Abwassermarketing, welches auch für potentielle Abwasserlieferanten von Nutzen sein sollte. Schließlich sind die von uns zur Mitnutzung angebotenen Abwasserbehandlungsanlagen in der Investition und auch im Betrieb so aufwendig, daß der Aufbau eigener vergleichbarer Infrastruktur nur in den seltensten Fällen als Alternative zur Verfügung steht.

Abschließend sei auf die als Anlage angehängte Einleitungsstatistik des Werkes Brunsbüttel verwiesen, in der wir sicherlich auch jetzt noch Optimierungspotential sehen. Immerhin sind trotz unserer bisher erreichten Werksgröße unsere

Abwassereinleitungen soweit reduziert, daß das BAYER-Werk Brunsbüttel nicht in der 1992 veröffentlichten IKSE-Auflistung der 25 größten CSB-Einleiter aus der Chemischen Industrie auftaucht.

Gesamt-Emissionen Abwasser				
BAYER AG Brunsbüttel (nach Abzug der Vorbelastung CSB, P und Salz)				
Paramter		1989	1991	1993
Kühlwasser	Tm^3 /d	62,3	45,3	44,5
Abwasser	Tm^3 /d	23,9	19,1	17,8
Salz	t/d	171	162	155
CSB	t/d	1,47	0,83	0,85
BSB5	t/d	0,14	0,13	0,13
N	t/d	1,27	0,52	0,37
P	kg/d	15	4,36	9,0
AOX	kg/d	7,65	3,61	3,14
Ni	kg/d	3,64	2,32	1,51
Cu	kg/d	3,62	3,81	3,27
Pb	kg/d	0,36	0,22	0,12
Cr	kg/d	0,39	0,29	0,24
Cd	g/d	6,9	2,72	2,04
Hg	g/d	9,5	7,61	2,57

Wasserbauliche Maßnahmen und Ökologie

Der Einfluß der Staustufen in der Elbe auf die Gewässergüte

Z. Šámalová; Hradec Králové

1. Einleitung

In den vergangenen Jahrzehnten wurde bei uns, ähnlich wie bei anderen europäischen Ländern, der Beseitigung der negativen Folgen der einseitigen wirtschaftlichen Nutzung des Wassers und der Wasserläufe nicht die gebührende Aufmerksamkeit gewidmet, die vor allem durch die extensive Entfaltung der Industrie, der Landwirtschaft und durch Konzentration der Einwohner in den städtischen Gebieten verursacht wurden. Infolge der Belastung der Wasserläufe durch nicht oder nur ungenügend geklärte Abwässer und durch Abschwemmungen von den angrenzenden landwirtschaftlichen Flächen kam es zur allmählicher Verschlechterung der Gewässergüte in den Wasserläufen, des öfteren auch um den Preis der Abtötung allen Lebens in der Wasserumwelt.

Zweifellos läßt sich der gegenwärtig unbefriedigende Stand der Gewässergüte durch die Einschränkung der wesentlichen Ursachen der Verunreinigung, das heißt der Punkt- und Flächenquellen, wesentlich verbessern. Andererseits stellen wir uns jedoch die Frage, ob an dieser Verbesserung auch die physikalischen, biologischen und dynamischen Prozesse im Flußsystem, ein wasserwirtschaftlicher Ausbau und sinnvoll betriebene Schiffahrt ihren Anteil daran haben könnten.

2. Die Kaskade der Stauanlagen an der Elbe

Die Elbe ist ein bedeutsamer europäischer Fluß mit einer umfangreichen wirtschaftlichen Nutzung und sie bildet einen wichtigen Bestandteil der Landschaft. Sie fließt mit mehr als zwei Drittel ihrer Länge auf dem Gebiet der Tschechischen Republik durch das fruchtbare Elbetiefland. Bis zur Mitte der 19. Jahrhundert machte hier der Fluß Mäander, bildete Nebenarme, das Flußbett war flach und klein. Seit Menschengedenken wurden auf dem Fluß feste Wehre mit Floßschleusen zum Holzflößen gebaut, es wurden Wehre zum Antrieb der Wassermaschinen genutzt. Zahlreiche Überschwemmungen hatten große wirtschaftliche Schäden zur Folge, die durch die Zerstörung der Ufer und angrenzender Grundstücke verursacht wurden die die die Ernte vernichteten und fruchtbaren Boden wegspülten.

Diese negativen Auswirkungen führten in der letzten Jahrhundertwende zu nationalem Druck und zur Durchsetzung einer Komplexregelung der Elbe ab Jaroměř bis zu Hřensko, und zwar sowohl was die Richtung, als auch die Neigung und Kapazität anbelangt. Auf diese systematische Regulierung sollte dann die Regulierung der übrigen Grundwasserläufe, eine systematische Dränage umliegender versumpfter Flächen und ein Ausbau der Bewässerungsanlagen auf den trockenen Flächen folgen.

Die systematische Regulierung der Elbe verkürzte die Länge des Wasserlaufes im Abschnitt Jaroměř - Mělník um 42,6 km, das heißt um ca 9% seiner ursprünglichen Länge. 14 bestehende feste Wehre wurden durch 23 bewegliche Wehre in einer Kaskade ersetzt. Somit wurde die Nivellette des Flußbettes, der Wasserspiegel in den Staubecken innerhalb einer breiten Skala von Durchflüssen und der Grundwasserspiegel in der Talaue stabilisiert, der Hochwasserschutz für die angrenzende Flächen erhöht, die Wasserabnahmen aus den Staubecken sowie die Fahrwassertiefe gesichert und eine bessere Nutzung der Wasserenergie ermöglicht. Außerdem beeinflußt der beständige Stauspiegel positiv die Bildung einer natürlichen Umwelt sowie die Architektonik der Landschaft entlang dem Wasserlauf.

Andererseits bewirken die geringeren Strömungsgeschwindigkeiten des Wassers in den regulierten Wehrhaltungen im Vergleich mit den Verhältnissen in einem Naturfluß jedoch die Verringerung der Transportfähigkeit der suspendierten und ungelösten Stoffe sowie Veränderungen im Temperaturregime und die Abnahme der natürlichen Oxydationsfähigkeit des Wassers. Deswegen kommt es zur Verzögerung der Selbstreinigungsprozesses und bei der gegenwärtig hohen Belastung des Flusses durch verunreinigende Stoffe zu Sauerstoffdefiziten im Wasser. Durch die Regulierung kam es auch zu irreversiblen Änderungen des Flußökosystems und zur Verringerung der ursprünglichen Artenvielfaltigkeit lebendiger Organismen.

3. Die Möglichkeit der Beeinflussung des Sauerstoffdefizits durch den Betrieb von Stauanlagen

Das Sauerstoffregime des verunreinigten Flusses wird vom Auftreten einer sogenannten Sauerstoffdurchbiegung begleitet, so wie sie von A. Nejedlý in seiner Arbeit beschrieben wurde. Dieses Phänomen ist die Folge einer Deoxygenation (Verbrauch des Sauerstoffes) und einer Reaeration (Zufuhr des Sauerstoffes aus der Atmosphäre) mit dem kritischen Punkt an der Stelle, an der sich die Geschwindigkeiten der Oxydation und die der Desoxydation gleichen. Es kann als Momentaufnahme der Belastung an einem bestimmten Ort durch organische Verunreinigung und viele andere Faktoren betrachtet werden.

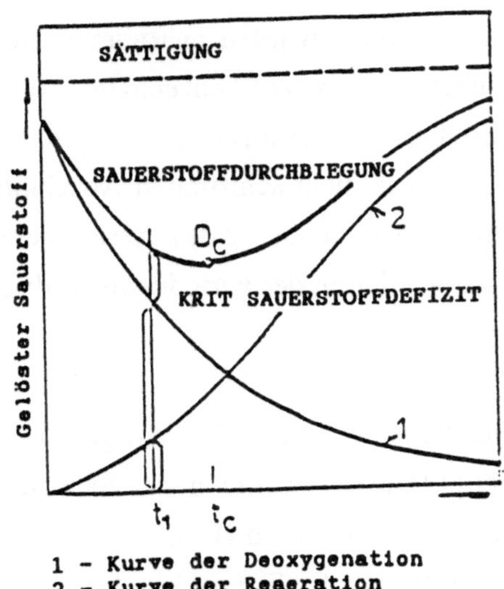

Abb.1: Kurve der Sauerstoffdurchbiegung

Die Parameter der Sauerstoffdurchbiegung hängen von den folgenden Randbedingungen ab: Durchfluß, Wassertemperatur, Stoffabfluß, Art der Stoffe, womit der Fluß belastet wird, Intensität und Qualität der Lichtbestrahlung, Morphologie des Flusses, Längsneigung, Bodenrauheit und Form der Querprofile.

Die Sauerstoffbilanz hängt ferner von der Diffusion des Sauerstoffes in die Bodensedimente, in denen eine biologische Oxidation der darin beinhalteten Stoffe stattfindet, von der Freisetzung der Gase aus den Anschwemmungen, von der Dotation der in lokalen Zunahmen des Durchflusses enthaltenen Verunreinigung, Photosynthese und weitere Faktoren ab.

Mit der Möglichkeit einer Beeinflussung des Sauerstoffdefizits durch den Betrieb der Stauanlagen an der Elbe war eine der Hauptaufgaben des tschechischen nationalen Elbeprojektes. Mit dieser Aufgabe wurde die Wasserwirtschaftsdirektion Elbe Hradec Králové in Zusammenarbeit mit der Tschechischen Technischen Universität in Prag (České vysoké učení technické) beauftragt.

Um nähere Informationen über die Wirkung der Stauanlagen auf die Veränderung des Sauerstoffgehaltes im Wasserlauf zu gewinnen, wurden in Rahmen dieser Aufgabe 1991 - 1992 systematische Messungen der Sauerstoffkonzentration sowohl im ganzen Längsprofil der Elbe ab Chvaletice bis zu Hřensko, als auch vereinzelt in einigen Staubecken des schiffbaren und auch des nicht schiffbaren Abschnittes durchgeführt, und zwar für verschiedene Varianten der Führung des Fusses über ein Wehr und Wasserkraftwerk. Die Messungen wurden in der Periode mit niedrigen Durchflüssen und hohen Lufttemperaturen vorgenommen.

Alle Messungen haben den positiven Einfluß dieser betriebenen Stauanlagen auf das Sauerstoffregime des Wasserlaufes bestätigt. Die Entwicklung des Sauerstoffregimes im regulierten Abschnitt der Elbe ab Střekov bis zu Hřensko zeigte, daß hiesige Selbstreinigungsprozesse mit den Prozessen in den Staubecken der Kaskade vergleichbar sind, allerdings mit der Beschränkung, daß in diesem Abschnitt des

Wasserlaufes kein Mittel zur Verbesserung der Situation in einer kritischen Periode zur Verfügung steht.

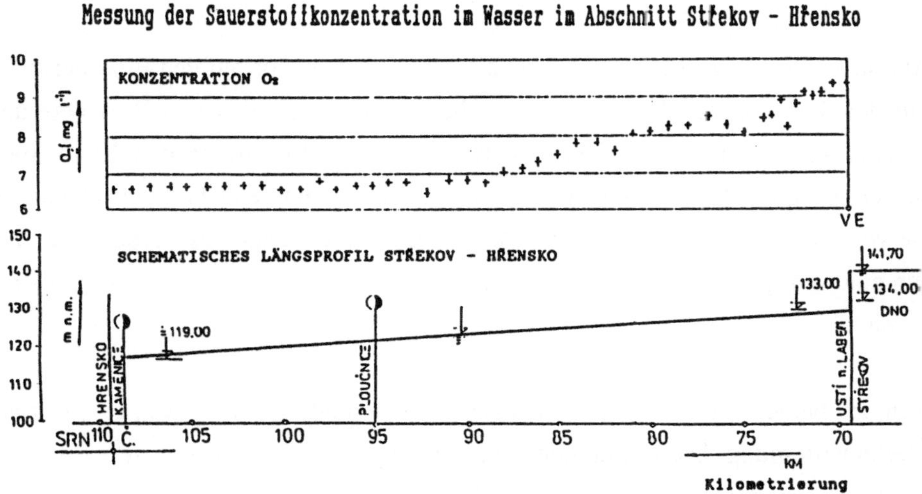

Abb.2: Messung der Sauerstoffkonzentration im Wasser im Abschnitt Střekov - Hřensko

Ferner wurde nachgewiesen, daß die Sicherstellung eines akzeptablen Standes der Sauerstoffkonzentration im Staubecken unterhalb der Stauanlage während der kritischen Periode des Sauerstoffdefizites auch durch kurzfristige Umstellungen am Wehr zu erreichen ist.

Mit der Problematik der Belüftung des Wassers durch den Überfall über die Wehrkörper befaßte sich theoretisch sowie experimentell eine ganze Reihe Forschungsgruppen im In- und Ausland . Mittels eines Laborversuches wurde festgestellt, daß 95% der Sauerstoffübertragung ins Wasser durch das Absorbieren der Luftblasen geschieht.

Bei der Durchlüftung des Wassers durch den Überfall über das Wehr sind drei Hauptfaktoren von entscheidender Bedeutung, und zwar die Fallhöhe des Wasserstrahles, der Durchfluß und die Tiefe des Unterwassers. Beim Überschreiten der optimalen Werte dieser Faktoren kommt es zur Verminderung des Belüftungseffektes.

Als Basis für den Vergleich der Ergebnisse der Experimente auf den Elbestaustufen mit der theoretischen Lösung wurden die neuesten Arbeiten von P. Novak und H. Nakasone genommen. Diese Verfasser haben für die Praxis brauchbare Beziehungen zur die Berechnung der Wasserbelüftung auf den Überfällen abgeleitet, die von den angeführten Hauptfaktoren ausgehen. Die Vergleichsberechnungen haben eine sehr gute Übereinstimmung der theoretischen Werten mit den Meßwerten gezeigt.

Von den beiden genutzten Methoden zeigt die Methode von P. Novak eine bessere Übereinstimmung. Diese Methode kann für eine ausreichend genaue Bestimmung des Aerationseffektes durch den Überfall über das Wehr auch bei Wasserwerken der Elbekaskade benutzt werden, wo die Messung nicht vorgenommen wurde.

Die Ergebnisse der Berechnung wurden in Graphen verarbeitet, die als Hilfsmittel in den Fällen dienen können, in denen ein Sauerstoffdefizit in den Staubecken der Elbekaskade auftritt. Bedingung für die Benutzung ist die Kenntnis der Ausgangslage, das heißt systematische Messungen der Sauerstoffkonzentration und der Wassertemperatur in allen Kaskadenstufen müssen durchgeführt werden.

4. Schlußfolgerung

Die Beeinflussung des Sauerstoffregimes im Wasserlauf durch die Aeration beim Überfall über den Wehrkörper wurde sowohl theoretisch als auch praktisch nachgewiesen.

Die Führung des Gesamt- oder eines Teildurchflusses über das Wehr beim Auftreten von extrem minimalen Durchflüssen hat andererseits einen Verlust bei der Erzeugung von Elektoenergie in den Wasserkraftwerken zur Folge. Die Methodik ihrer Quantifikation ist im Projekt Elbe beschrieben, aber in Bezug auf die Verluste in der Umwelt kann sie nicht angewandt werden.

Es ist deshalb sinnvoll und nötig, in den Handhabungsreglements der Wasserwerke die Situationen explizit zu definieren, bei denen der Durchfluß über den Wehrkörper zu führen ist. Das bedeutet, in den Normen des "Handhabungsreglements für Wasserwerke" durchzusetzen, daß eine positive Beeinflussung der Gewässergüte in den Wasserläufen durch Bedienung der Wehrverschlüsse einer der Hauptzwecke des Wasserwerkes werden würde.

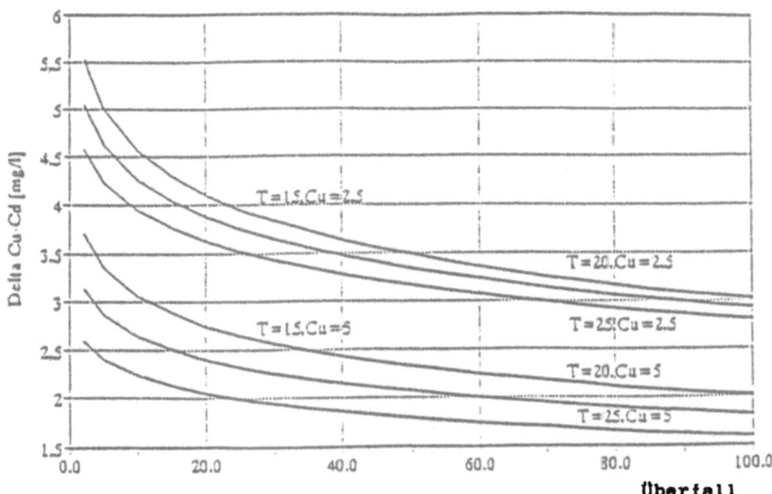

Cu - Konzentration von gelöstem Sauerstoff in oberem Staubecken
Cd - Konzentration von gelöstem Sauerstoff in unterem Staubecken
T - Wassertemperatur

Abb.3: Beispiel der graphischen Hilfe zur schneller Bestimmung der Konzentration vom gelösten Sauerstoff im unteren Staubecken beim Überfall über den Wehrkörper - Staustufe Brandýs n.L.

Literatur:

1. Nakasone, H.: Study of Aeration at Weirs and Cascades.

2. Nejedlý, A.: Ke kyslíkovému režimu znečištěných toků. Rybářství č.6, 1973. (Zum Sauerstoffhaushalt der verunreinigten Flußläufe, Fischerei Nr. 6, 1973).

3. Novak, P.: Improvement of Water Quality in Rivers by Aeration at Hydraulic Structures.

4. Střední Labe upravněné a usplavněné, časopis Středočeského komitetu, ročník V., Pardubice 1906. (Die Mittelelbe reguliert und schiffbargemacht, Zeitschrift des Mittelböhmischen Komitees, Jahrgang V., Pardubice 1906).

5. Trejtnar, K. a kol.: HÚ 04.02 Projektu Labe, Závěrečná zpráva za HÚ za období 1991 - 1993. (HA 04.02 des Projektes Elbe, Abschlußbericht über HA für die Periode 1991 - 1993).

Auswirkung der geplanten wasserbaulichen Maßnahmen in der Elbe auf die Sohlenerosion

F. Nestmann; Karlsruhe

1. Wechselwirkungen zwischen Strömung und Feststofftransport

Flußläufe gestalten als hydro-geologische Elemente entscheidend das Bild der Erdoberfläche. Infolge der Strömungsvorgänge werden die im Fluß vorhandenen Feststoffe umgelagert und zwar in Form von Geschiebe- und Schwebstofftransport. Das morphologische Verhalten eines Flusses in seinem Bett wird daher entscheidend von den Wechselwirkungen zwischen den Strömungsvorgängen und dem Feststofftransport beeinflußt.

Der Verlauf der Wasserspiegellage in einem Fluß ist dabei grundsätzlich abhängig von der dreidimensionalen Flußbettgeometrie, dem Abfluß und der Oberflächenbeschaffenheit des Flußbettes, die sich aus der Korngrößenzusammensetzung der dort vorhandenen beweglichen bzw. nicht beweglichen Feststoffe ergibt. Bei Geschiebetransport hängt das Wasserspiegelgefälle auch vom Geschiebeeintrag oberstrom und dem durch die Strömungsvorgänge bewirkten Transportvermögen ab, wie es das Beispiel in Abb. 1 zeigt.

Erosionsvorgänge setzen ein, wenn der Geschiebeeintrag in einer Flußstrecke in Relation zum Transportvermögen aufgrund der Strömungsverhältnisse zu klein ist. Durch die Erosion erfolgt eine Aufweitung der Stromröhre, eine Abnahme der mittleren Fließgeschwindigkeiten und dadurch eine Abnahme der kinetischen Energie bzw. Wasserspiegellagenneigung in Längsrichtung.

Sedimentationsvorgänge setzen ein, wenn der Geschiebeeintrag in Relation zum Transportvermögen des Flusses relativ zu groß ist. Die erfolgenden Anlandungen bzw. Ablagerungen tragen zu einer Vergrößerung des Flußgefälles bei, wobei das

Transportvermögen zunimmt. Ggf. stellt sich längerfristig ein Gleichgewichtszustand zwischen Geschiebeeintrag und Transportvermögen ein.

Bei der Beurteilung einer Erosions- bzw. Sedimentationstendenz eines Flusses ist darauf zu achten, daß diese Vorgänge sowohl als lokale wie auch als regionale Erscheinungen auftreten können. Als lokal begrenzte Erscheinungen können sie in allen Flußabschnitten auftreten. Diese werden durch die örtlichen geometrischen Verhältnisse infolge von Flußkrümmungen, Sohlunebenheiten, Wechsel von Materialeigenschaften wie Korngrößenverteilung und Kornbeschaffenheit, etc. und den Abfluß beeinflußt.

Regional, also großräumig betrachtet, bestehen die Zusammenhänge so, wie sie in Abb. 1 dargestellt sind. Betrachtet man den gesamten Fluß, gelangt man konsequenter Weise zu einer schematisierten Darstellung eines Flußlängsprofils. Ein solches Profil gibt bereits wertvolle Hinweise in Bezug auf die im Fluß ablaufenden dynamischen Vorgänge, welche vorwiegend durch ein ursprünglich natürlich vorgegebenes Gefälle in Fließrichtung, beispielsweise aus den Gletscherbewegungen der Eiszeiten, geprägt wurden. Durch das Gefälle des Flußbettes wird der für alle dynamischen Vorgänge wichtige Einfluß der Schwerkraft wirksam. Infolge der Gefälleveränderung in der Längserstreckung des Flusses ist der Schwerkrafteinfluß nicht überall gleichbleibend. Darüber hinaus sind auch wechselnde Gefälleveränderungen sowohl lokal als auch regional einflußnehmend auf die Strömungs- und Transportverhältnisse zu beobachten. Eine globale Parameteranalyse hierzu zeigt die Abb. 2.

In Bezug auf den Mittelwasserspiegellängsschnitt ergibt sich beispielsweise der in Abb. 3 dargestellte Verlauf für die Elbe. Bemerkenswert hierbei ist, daß im Unterschied zur Abb. 1, auf der bundesdeutschen Seite der Gebirgsstrecke unmittelbar eine Flachlandstrecke folgt. Eine solche Einteilung könnte vorgenommen werden, wenn man sie flußmorphologisch, aufgrund des vorhandenen Geschiebematerials, sowie es in Abb. 4 dargestellt ist, begründet.

Wenn man darüber hinaus bedenkt, daß es in der Elbe zahlreiche Fixpunkte gibt, sowie sie in Abb. 5 beispielhaft dargestellt sind (Felsen Torgau, Domfelsen, etc.), kann insbesondere die Elbe als eine Feststoffspeicher-Kaskade angesehen werden, wobei die einzelnen speicherfähigen Volumina durch einen dauernden Wechsel von nicht gleichmäßigen Füll- und Entleersphasen gekennzeichnet sind. Innerhalb dieser Speicherabschnitte nimmt das Flußbett eine stark unterschiedliche Gestalt an und reagiert je nach den Strömungsrandbedingungen mehr oder weniger empfindlich auf viele künstlich oder natürliche Änderungen der Abflußdynamik. Solche natürlich entstandenen Fixpunkte bzw. Kontrollstellen bestimmen die räumliche Ausdehnung der einzelnen Speicherstrecken über geologische Zeiträume hinweg. Die Flußsohle ist in diesen Bereichen unveränderlich in ihrer Höhenlage fixiert, und aus strömungsmechanischer Sicht beeinflussen diese Kontrollstellen die Strömungsvorgänge vor allem nach oberstrom. Nach unterstrom wirkt sich deren Einfluß durch die Beeinflussung der Geschwindigkeitsverteilung bzw. möglichen Abflußumverteilung in den Fließquerschnitten aus. Insbesondere die Elbe ist wegen der gezeigten Korngrößenverteilung in der Sohle einem besonders starken Wechselspiel zwischen Strömung und Feststofftransportvorgängen unterworfen. Deutlich macht dies auch die Abb. 5, in welcher beispielhaft die Veränderung einiger Pegel sowie die Entwicklung der Sohlerosion der Elbe im Querschnitt 153,91 bei Torgau dargestellt sind. Man muß sich in diesem Zusammenhang bewußt machen, daß die Elbe abschnittsweise Erosionsvorgängen unterworfen ist, die ca. 2 m in 50 Jahren betragen und wegen dieser außergewöhnlichen Stärke nicht nur das morphologische Bild der Elbe dynamisch prägen, sondern auch dasjenige der Vorland- und Auenbereiche, dort, wo die Grundwasserverhältnisse von den Wasserspiegelverhältnissen der Elbe direkt abhängig sind.

Somit prägen bereits die natürlichen Verhältnisse der Elbe ein stark komplexes Strömungs- und Transportgeschehen auf. Dies sollte insbesondere unter dem Aspekt beachtet werden, daß bei der Bewertung meist älterer flußbaulicher Ausbaumaßnahmen heute nicht bekannt ist, ob sich bei Inangriffnahme des Ausbaus, die Strömungs- und Transportvorgänge im Gleichgewicht befunden hatten. Es ist eher anzunehmen, daß dies am Beispiel der Elbe nicht der Fall war, und daher sind die nach früheren Ausbaumaßnahmen festgestellten Veränderungen nicht ausschließlich auf diese künstlichen Eingriffe zurückzuführen.

2. Bemerkungen zur Flußregelung in der Elbe

Aber auch künstliche Eingriffe in Form von Flußregelbauwerken, wie beispielsweise Buhnen, Parallelwerke, Grundschwellen, Dämme, etc. bewirken eine z. T. starke Veränderung der natürlichen Strömungs- und Transportvorgänge. In diesem Zusammenhang sei auch auf die komplexen Sekundärbewegungen und die damit in Wechselbeziehung stehenden Schubspannungsverteilungen in offenen Gerinnen hingewiesen. Diese bestimmen letztlich den Stabilitätsgrad der Strömung und die Richtung des Feststofftransportes.

In Kenntnis der in Kap. 1 diskutierten Zusammenhänge, muß insbesondere die hydraulische Wirkung von Flußregelbauwerken kurz diskutiert werden. In Abb. 6 ist die prinzipielle Wirkung von Buhnen dargestellt. Hierbei wird ein einfacher hydraulischer Ansatz einer Stromverengung zugrunde gelegt, wobei Energieverluste infolge Rauheitseinfluß der Sohle außer Acht gelassen werden. Demzufolge wird durch eine den Fluß einengende Maßnahme, wie beispielsweise der Verbau mit Buhnen, bei strömendem Abfluß abschnittsweise die Wassertiefe verringert. Eine Kompensation dieser Verringerung erfolgt durch die Zunahme der Fließgeschwindigkeiten, woraus sich die prinzipielle Erhöhung der Erosionstendenz ableitet. Man muß also erkennen, daß Flußregelmaßnahmen, besonders beim Vorhandensein einer leicht beweglichen Sohle, strömungsmechanisch sorgfältig bemessen sind. Dies kann geschehen, indem im Unterschied zu dem aufgezeigten Beispiel, die dreidimensionale Struktur der Strömung (ungleichförmige Geschwindigkeitsverteilungen, ungleichförmige Randgeometrie, Topographie des Flusses etc.) genutzt werden, um dennoch die Sohlenstabilität im Vergleich zum Ausgangszustand nicht zu verschlechtern.

Leider werden bekannte Zusammenhänge über die Beeinflussung der Transportrichtung infolge des Sekundärströmungseinflusses bei der Bemessung wasserbaulicher Maßnahmen viel zu wenig berücksichtigt. Ohne auf die physikalischen Hintergründe vertiefend einzugehen, sei auf die experimentellen Untersuchungen von Dr.-Ing. Hermann Bulle in Karlsruhe im Jahre 1926 hingewiesen.

An Gerinneverzweigungen demonstrierte er die beeindruckende Wirkung des Sekundärströmungseinflusses auf den Geschiebetransport. Bei einer Abflußaufteilung von je 50 % auf dem geradeausführenden Gerinnearm und den unter verschiedenen Winkeln abzweigenden Seitenarm, wurde in allen Fällen mehr als 80 % des Feststoffmaterials in den Abzweig geleitet. Diese, sowie die Vorgänge bei Kolk, Sandbank-, Transportkörperbildung etc., bedürfen allesamt weiterer systematischer Untersuchungen, da diese Vorgänge unter besonderer Berücksichtigung ökologischer Parameter eine besondere Rolle spielen.

Die Ausnutzung der naturgegebenen dreidimensionalen Strömungsstruktur zum Erhalt der Sohlenstabilität bedeutet, daß man insbesondere die zuvor diskutierten Sekundärströmungseinflüsse in einer betrachteten Regelungsstrecke quantifiziert. Denn wie in Abb. 7 dargestellt ist, kann wiederum aufgrund einer einfachen hydraulischen Analyse ohne Reibungseinfluß gezeigt werden, daß die Entstehung einer Erosion in Form eines Kolkes mit einer in der Innenkrummung liegenden Sandbank letztendlich zur Stabilisierung der Strömung in diesem Bereich führt. Hierbei ist dem Wasserbau die Aufgabe gestellt, den im Zusammenhang mit diesen Vorgängen verknüpften Vorgängen der Ufererosion, der Sandbankverlagerung, der Bettverlagerung des Flusses, etc. langfristig durch begleitende Strombaumaßnahmen Einhalt zu bieten. Denn die Entstehung eines Kolkes kann direkt in den Zusammenhang gebracht werden mit einer Sohlenvertiefung, die generell in einer Erhöhung der Wassertiefe resultiert. Dies bedeutet aber, daß insgesamt die Strömungsgeschwindigkeiten abnehmen, was wiederum eine Dämpfung der Erosion nach sich zieht.

In umgekehrter Weise kann man aus dem Ansatz zur Sekundärströmung in gekrümmten Gerinnen, wie er in Abb. 8 dargestellt ist, herausarbeiten, daß die für wasserbauliche Untersuchungen im experimentellen Modell meist erforderliche

Modellüberhöhung dazu beiträgt, daß in Modellen der Sekundärströmungseinfluß im Vergleich zur Natur überproportional verstärkt wird. Umgekehrt bedeutet aber dies, daß jeglicher technischer Ausbau eines Flusses z. B. in Form von starken Vertiefungsmaßnahmen, die der Wirkung einer Modellüberhöhung gleichkommen, die Tendenzen der Erosion und Verlandung beschleunigen.

Diese Beispiele, die in ihrer Tragweite im Rahmen dieser Veröffentlichung nur andiskutiert werden können, zeigen, daß es weitmehr darauf ankommt, das tatsächliche dreidimensionale Strömungsverhalten in der Natur und die Wechselwirkungen auf die Feststofftransportvorgänge zu kennen, um Strombaumaßnahmen so zu bemessen, daß auch die Stabilität der Sohle erhalten bleibt. Beim Zusammenwirken derartiger Vorgänge ist es aber auch möglich, den Stabilitätsgrad einer Strömung zu verbessern, um beispielsweise die langfristigen und großräumigen Erosionsvorgänge in der Elbe zu begrenzen.

3. Zielstellungen wasserbaulicher Maßnahmen

Es wurden ausgewählte wasserbauliche Maßnahmen diskutiert, durch welche die natürlichen Strömungs- und Transportvorgänge beeinflußbar sind. Generell folgen alle derartige Maßnahmen gewissen Zielstellungen, von denen nachfolgend einige wichtige genannt werden:

- Schadlose Abführung von Hochwasser und Eis,
- Fixierung und Schutz des Gewässerbettes im Bereich der Sohle und an den Uferrändern,
- Stabilisierung und Vergleichmäßigung der im Fluß ablaufenden Feststofftransportvorgänge,
- Stabilisierung der Grundwasserverhältnisse in den angrenzenden Grundwasserleitern,
- Gewährleistung der Sicherheit und Leichtigkeit der Schiffahrt,
- Schaffung von optimalen Nutzungsbedingungen für die Wasserkraft,

- wasserwirtschaftliche Gesichtspunkte, einschließlich Erhalt von Retentionsgebieten
- Gewährleistung ökologischer Forderungen zur Sicherung des Bestandes von Schutzgebieten bzw. Renaturierung und Rückgewinnung solcher Gebiete.

Die Zielstellungen wasserbaulicher Maßnahmen müssen abgestimmt sein auf die Strömungs- und Transportvorgänge in den betrachteten Bereichen. Für die Elbe auf bundesdeutschem Gebiet lassen sich hierzu folgende kurzgefaßte Einschätzungen abgeben:

- Staatsgrenze bis ehemalige sächsisch-preußische Landesgrenze, km 0 - 121,8, **Oberlauf** mit relativ grobem Geschiebematerial, der mit Deckwerken ausgebaut ist. Eine annähernd stabile Sohlenlage ist vorhanden, und die seit dem vorigen Jahrhundert an den Pegelstellen beobachteten Absenkungen stabilisieren sich.

- Die Absenkungen zwischen km 123 und km 143 sind in den Jahren 1935 bis 1959 zum Stillstand gekommen.

- Fortschreitende Sohlerosionen sind im Bereich von km 183 bis km 245 deutlich zu erkennen. Eine Ursache für diese fortschreitende Erosion ist die ab km 123 deutliche Abnahme des mittleren Geschiebe-Korndurchmessers. Bereits ab km 140 hat der Fluß infolge sehr feinen Geschiebematerials den Charakter eines Unterlaufes.

- Zwischen km 183 und km 245 sind seit 1935 keine größeren Änderungen eingetreten.

- Der gesamte Bereich von km 120 bis km 200 (Mündung der Schwarzen Elster) kann als Übergang vom Ober- zum **Mittellauf** der Elbe charakterisiert werden. Die Sohle besteht aus Mittel- bis Feinkies und der Ausbau in diesem Abschnitt erfolgt durchweg mit Buhnen.

- Von km 245 bis km 300 ist ebenfalls eine fortschreitende Erosion erkennbar.
- Dagegen sind im Bereich von km 300 bis nach Magdeburg zwischen 1904 und 1929 Absenkungen spürbar gewesen, die sich jedoch bis 1935 durch eine Hebung nahezu ausgeglichen hatten. Zwischen 1935 und 1959 sind wiederum Erosionen bis unter die Höhenlage von 1929 erkennbar gewesen.

- Von Magdeburg, km 325, bis unterhalb von Niegripp bei km 355 sind ebenfalls fortschreitende Erosionen spürbar, die ein Maximum in der verschärft regulierten Strecke zwischen Rothensee und Niegripp erreichen.

- Zwischen km 355 und Tangermünde wurden zwischen 1904 und 1929 starke Erosionen, danach jedoch wiederum Anlandungen aus der verschärft regulierten Strecke Rothensee-Niegripp festgestellt.

- Etwa von km 405 bis zur Havel-Mündung gibt es auch seit 1929 vorwiegend Anlandungserscheinungen.

- Unterhalb der Havel-Mündung, insbesondere ab Lenzen, dominierte in der Zeit von 1904 bis 1929 die Erosion, jedoch in der Zeit von 1929 bis 1935 wiederum die Anlandung. Ab 1943 zeigten sich dann wieder Erosionserscheinungen, die unterhalb km 525 erhebliche Ausmaße annehmen.

- In der Strecke km 475 bis km 540 sind in der Zeit von 1943 bis 1959 kaum Veränderungen eingetreten.

Wasserbauliche Maßnahmen zur Verbesserung der Schiffahrtsverhältnisse aber auch zum Erhalt der Wasserspiegellagen bzw. der Stabilisierung der Grundwasserspiegel müssen die derzeitigen flußmorphologischen Bedingungen genügend berücksichtigen. Zu beachten ist aber auch, daß eben wegen der abschnittsweisen gravierenden Erosionsvorgänge in der Elbe, wasserbauliche Maßnahmen unbedingt erforderlich sind, da durch die fortschreitende Erosion die Wasserspiegellagen und die

Grundwasserspiegellagen fortlaufend abgesenkt werden. Was die Schiffahrt betrifft, ist zu betonen, daß seitens des Bundesverkehrsministeriums keine Vorhaben verfolgt werden, die eine Kanalisierung der Elbe vorsehen. Dies wäre aufgrund des Verkehrsaufkommens und auch aus ökologischen und morphologischen Gründen nicht vertretbar.

In Abb. 9 sind einige wasserbauliche Maßnahmen gegenübergestellt und global hinsichtlich verkehrstechnischer, morphologischer und ökologischer Auswirkungen bewertet. Eine Vertiefung erfolgt im Rahmen dieser Veröffentlichung nicht. Es sei aber darauf hingewiesen, daß in die Elbe, wegen den dargestellten schwierigen Verhältnisse der Strömungs- und Transportvorgänge, nur nach sorgfältigen Untersuchungen eingegriffen werden sollte. Die Abwägung ökologischer und technischer Belange unter besonderer Berücksichtigung der Verbesserung der Sohlenstabilität spielen dabei eine zentrale Rolle.

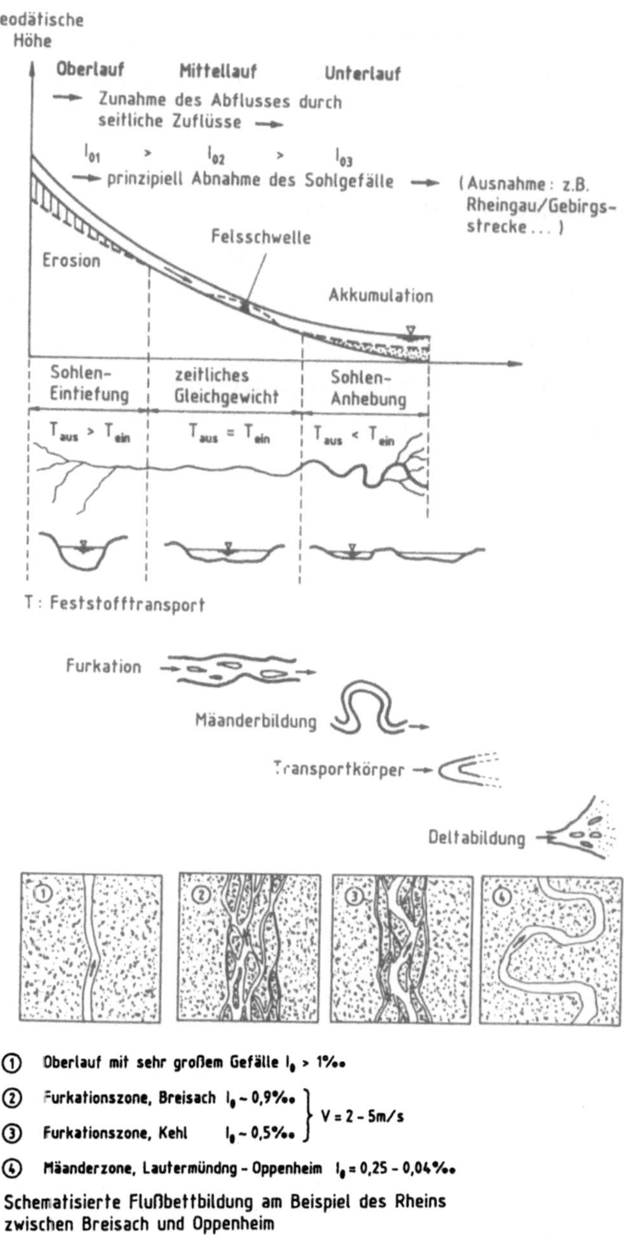

Abb.1: Typischer Flußlängsschnitt / Flußbettbildung

$\bar{u}, \bar{v}, \bar{w}$: räumlicher Geschwindigkeitsvektor

$\bar{y}$: örtliche Wassertiefe

T : Transport von Feststoffen

$$\left.\begin{array}{l}\bar{u}\\ \bar{v}\\ \bar{w}\\ \bar{y}\\ T\end{array}\right\} = f_{1,2,3,4}\left(\varrho, \mu, g, \begin{array}{l}r, \theta, z,\\ x, y, z,\end{array} \text{Gerinnegeometrie}, I_0, Q, \text{Rauheit, Instationarität, Anströmbedingungen, Feststoffe}\right)$$

Gerinnegeometrie:

- Grundriß
- Querprofile
- Längsprofile
- Bauwerke

Instationarität:

- Ganglinie
- Stauregelung
- Welleneinfluß durch Schiffe
- Stabilität

Anströmbedingungen:

- Gerinnegeometrie oberstrom und unterstrom des zu regelnden Abschnittes
- dreidimensionale Strömungsstruktur
- Turbulenz

Wechselwirkungen: Strömung ⟷ Feststofftransport

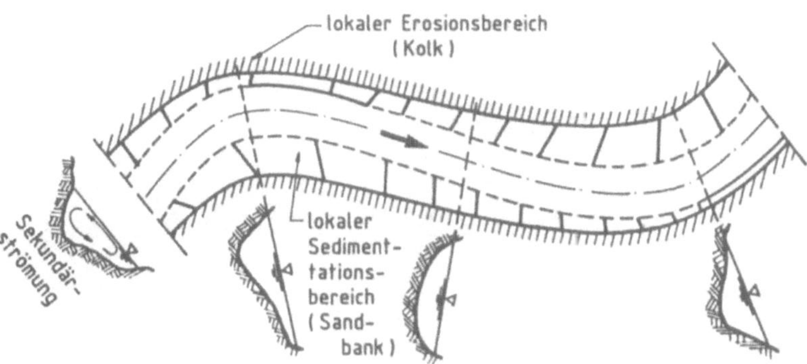

Abb.2: Parameteranalyse

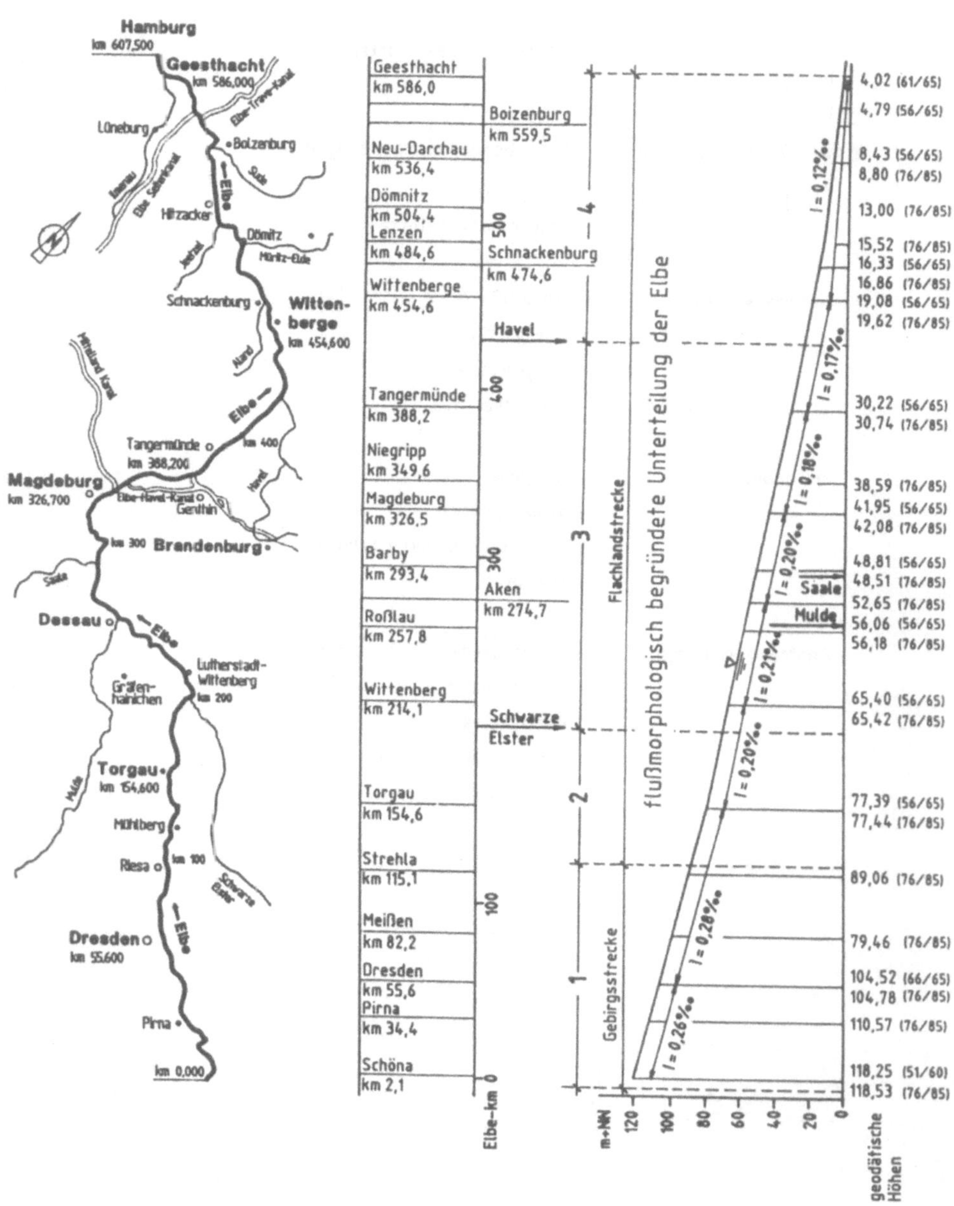

Abb.3: Mittelwasserspiegellängsschnitt der Elbe

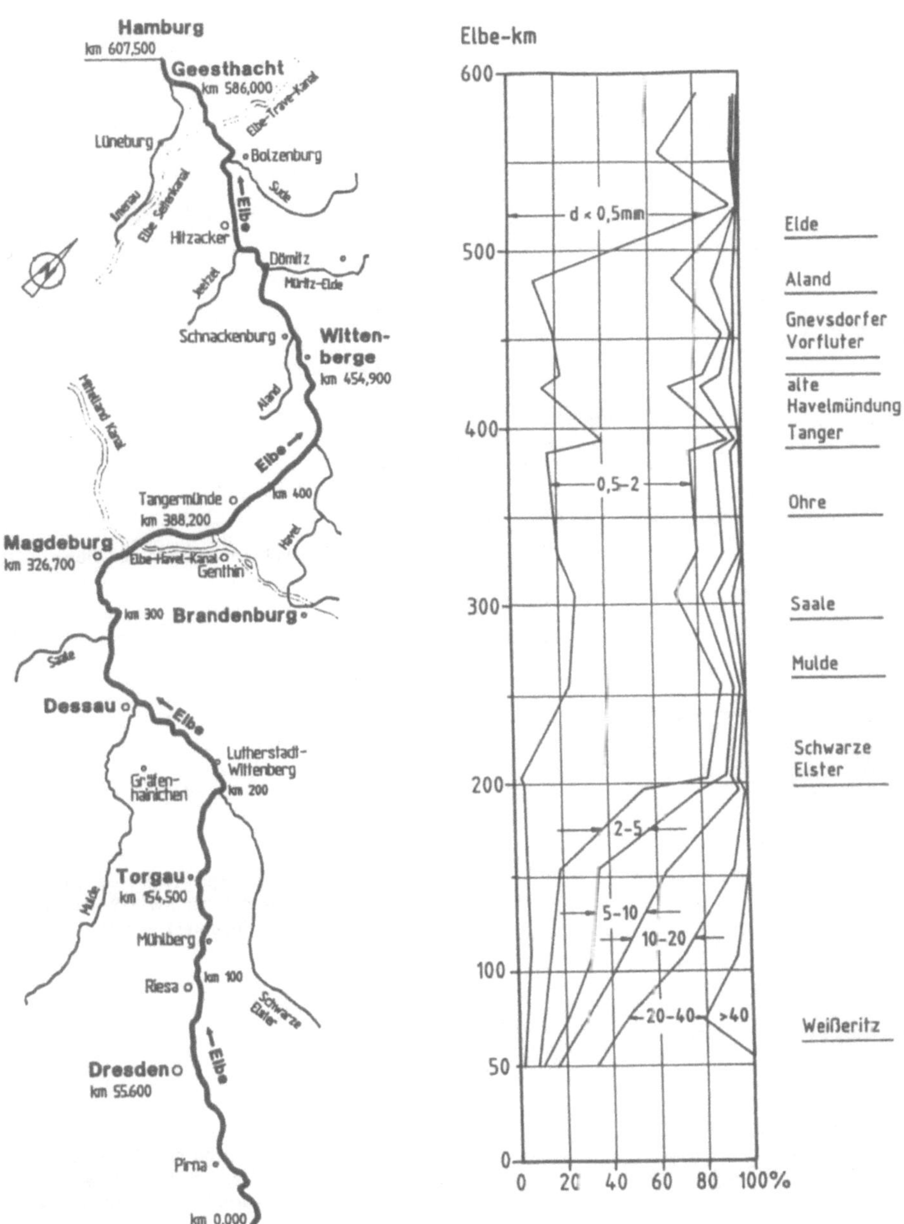

Abb.4: Kornverteilungsband der Elbe, Erhebungsstand 1990

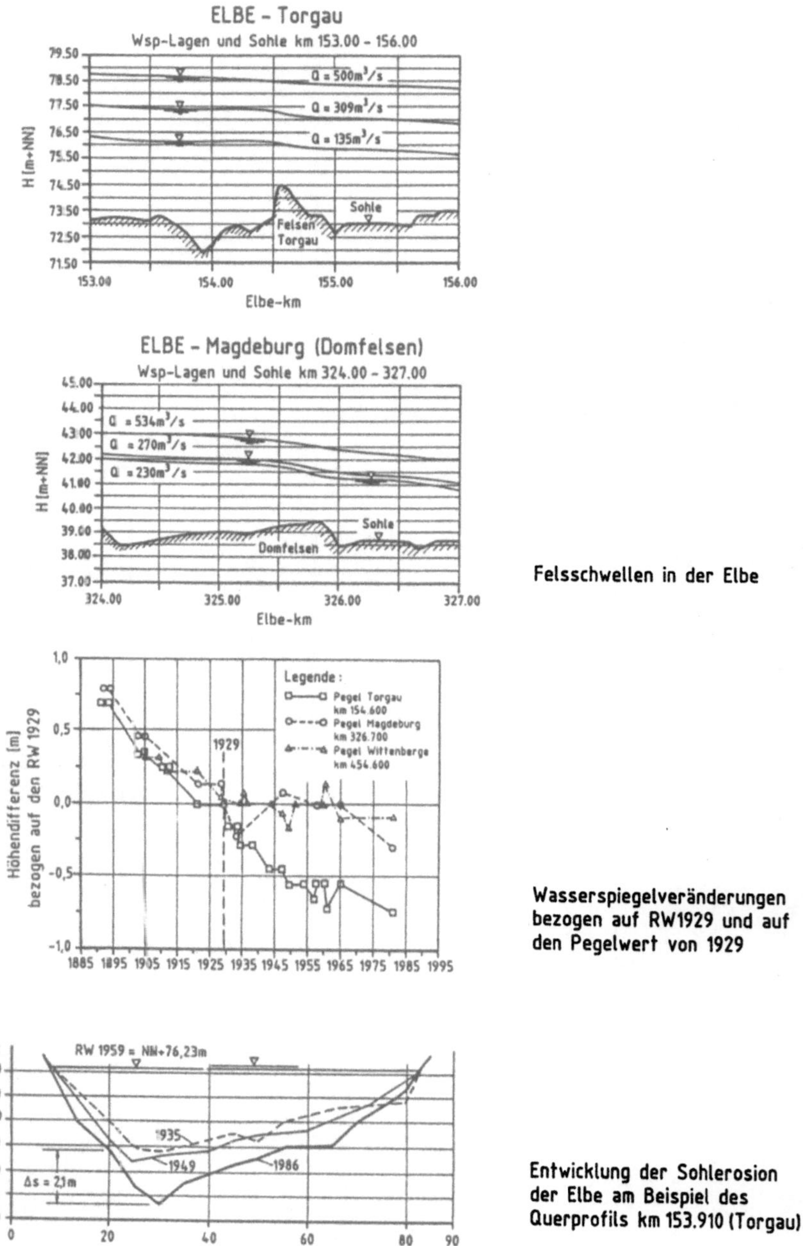

Felsschwellen in der Elbe

Wasserspiegelveränderungen bezogen auf RW1929 und auf den Pegelwert von 1929

Entwicklung der Sohlerosion der Elbe am Beispiel des Querprofils km 153.910 (Torgau)

Abb.5: Charakteristische Wasserspiegellagen an Felsschwellen

Einfacher hydraulischer Ansatz für eine Stromverengung

Anwendungsfall Buhnen!

Rechteck-querschnitt

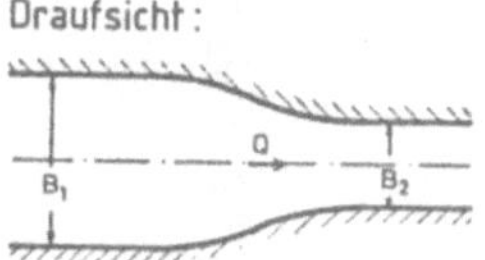

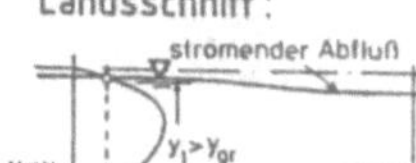

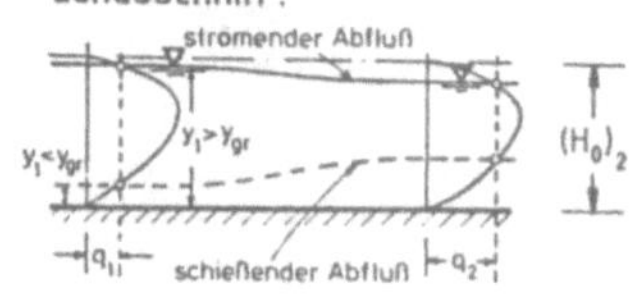

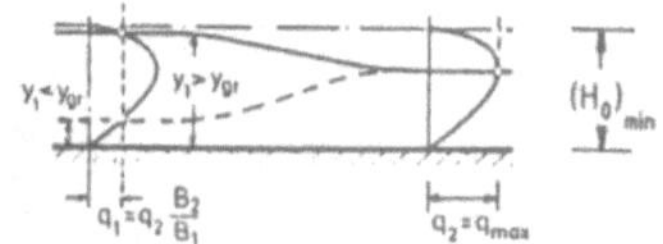

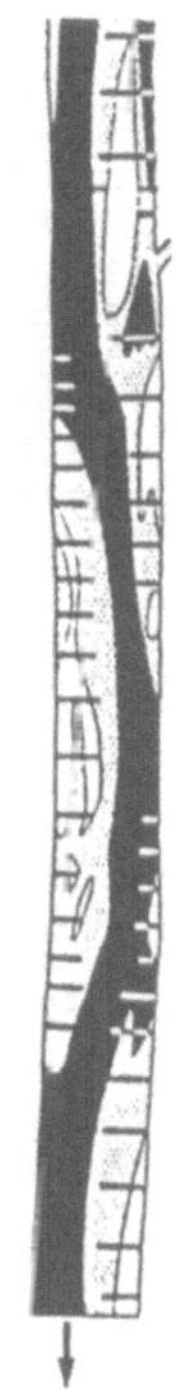

* spez. Energiehöhe: $H_0 = y + 0.5 \cdot y_{gr}^3 \cdot \frac{1}{y^2}$

* Verengung: $B_2 < B_1$

  $\wedge \quad y_{gr2} > y_{gr1}$

  $\wedge \quad \underline{y_2 < y_1}$

* Erosionstendenz steigend!

Abb.6: Prinzipielle hydraulische Buhnenwirkung

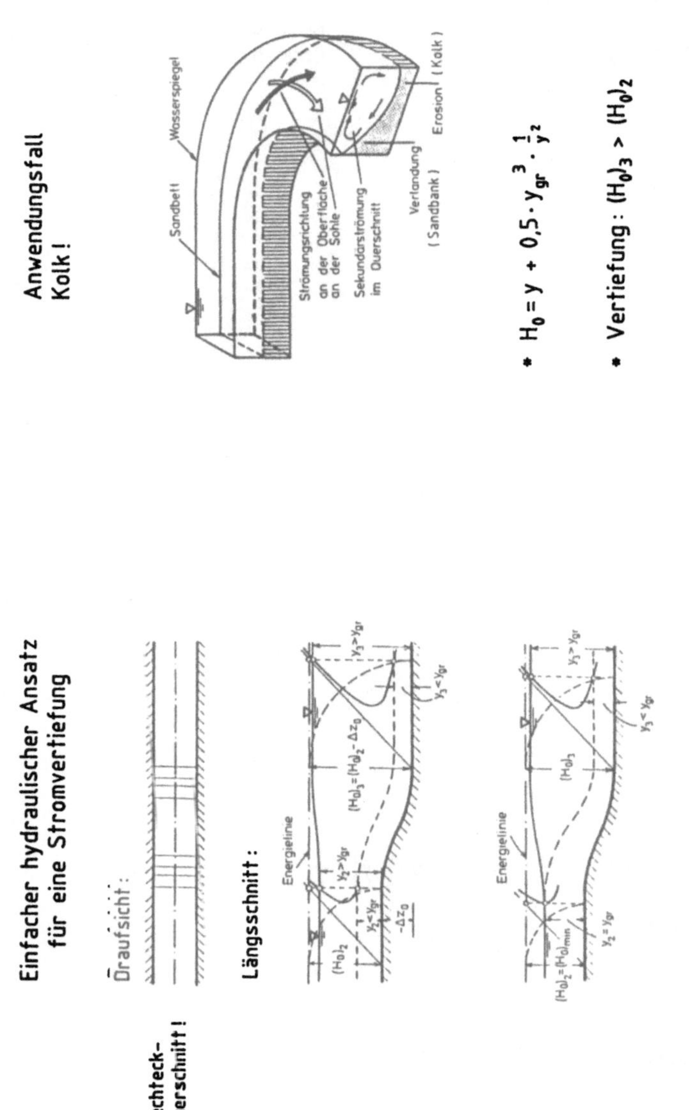

Abb.7: Prinzipielle hydraulische Kolkwirkung

Eulergleichung:

$$\frac{h}{n} = -\frac{a_n}{g}$$

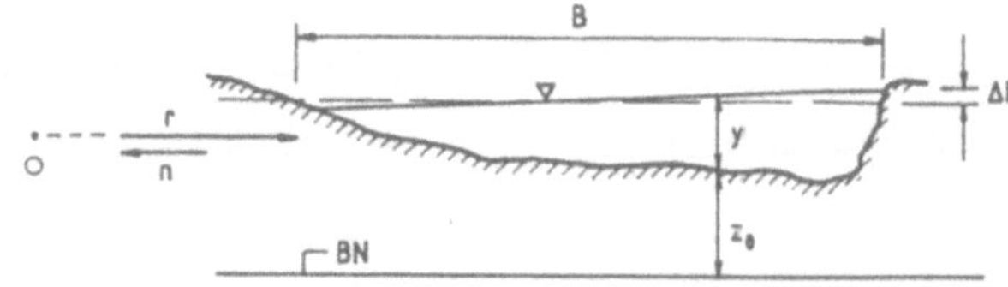

$$\curvearrowright \left|\frac{a_n}{g}\right| = \left|\frac{V^2}{g\ r}\right| \approx \frac{\Delta(z_0 + y)}{B} = \frac{\Delta h}{B}$$

$$\curvearrowright \Delta h \approx \frac{2B}{r} \cdot \left(\frac{V^2}{2g}\right) \longrightarrow \text{Sekundärströmung}$$

$\frac{2B}{r}$ ← Geometrie; $\left(\frac{V^2}{2g}\right)$ ← mittlere Geschwindigkeitshöhe

Ähnlichkeitsansatz liefert:

$$(\ldots)_r = (\ldots)_{Natur} / (\ldots)_{Modell}$$

mit $\left.\begin{array}{l}\Delta h_r \rightarrow L_{zr}\\ B_r \rightarrow L_{xr}\end{array}\right\}$ $\frac{L_{xr}}{L_{zr}} = n$ Modellüberhöhung!

folgt

$$\boxed{\begin{array}{c}\left(\frac{V^2}{g \cdot r}\right)_r = \left(\frac{\Delta h}{B}\right)_r = \frac{1}{n}\\ \hline \left(\frac{V^2}{g \cdot r}\right)_{Modell} = n \left(\frac{V^2}{g \cdot r}\right)_{Natur}\end{array}}$$

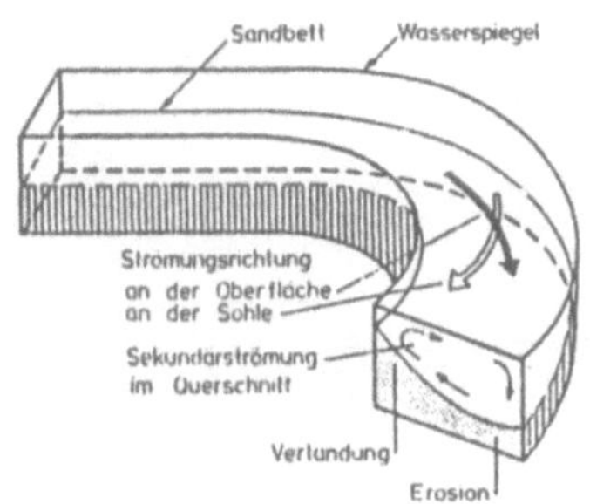

Modell: Überhöhung verstärkt Sekundäreinfluß!

↓

Praxis: Ausbau (Vertiefung) verstärkt Tendenzen der Erosion und Verlandung!

Abb.8: Zur Sekundärströmung in gekrümmten Gerinnen

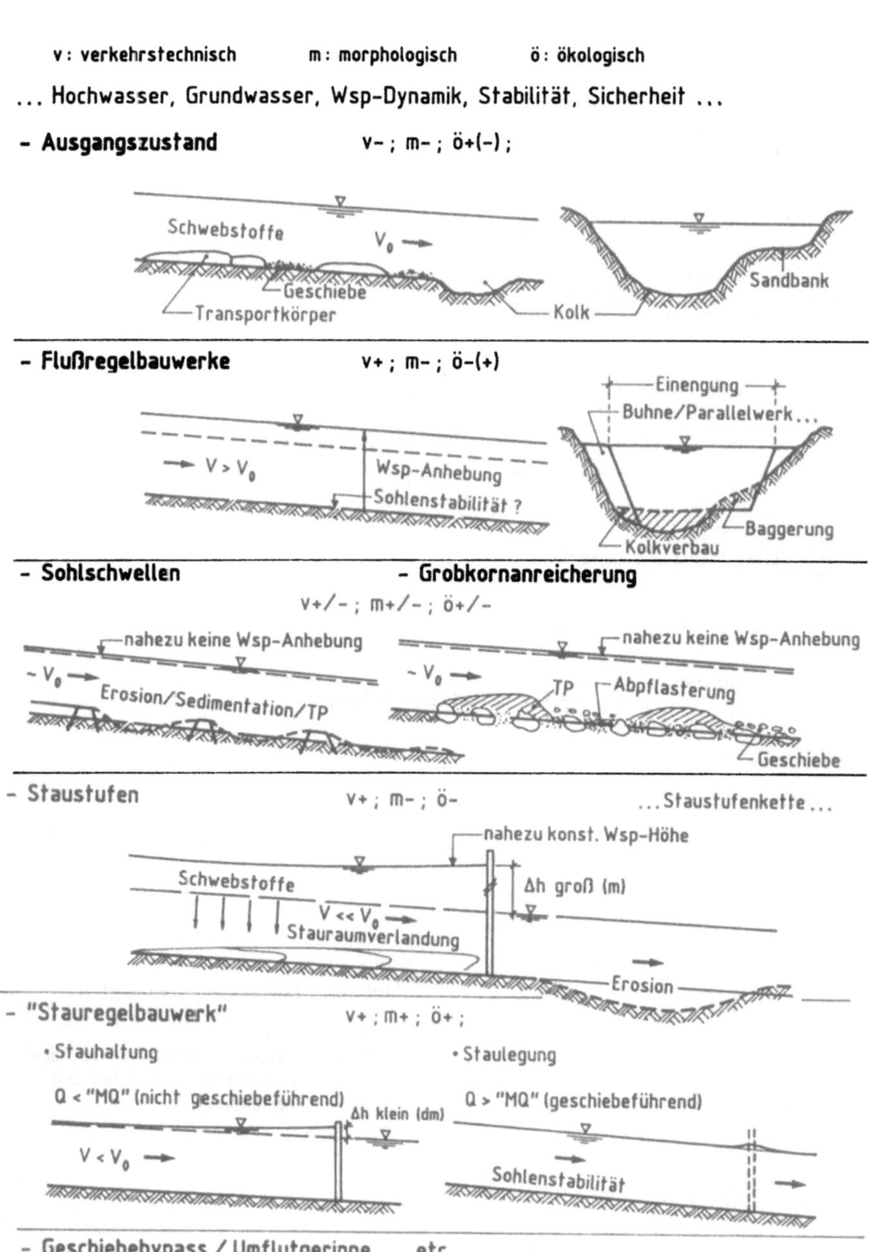

Abb.9: Beispiele wasserbaulicher Maßnahmen

Der Einfluß der Bauregelungen auf das Ökosystem der tschechischen Elbe und des Flusses Orlice

M. Šindlar; Hradec Králové

Aufgrund der Ergebnisse aus der Verhandlung der Arbeitsgruppe "O" der IKSE wurde von der tschechischen und deutschen Seite eine hilfreiche "Ökologische Studie zum Schutz und zur Gestaltung von Gewässerstrukturen und der Uferrandregionen der Elbe" erarbeitet. Sie ermöglicht die Eingangsinformationen für die Synthese von ökologischen Fragen mit denen, die mit dem Wasserlauf und seiner Flußgebietszone verbunden sind, zu erfassen. Neben den weiteren Schlußfolgerungen wurde auch die Struktur dieser Studien für bedeutsame Zuflüsse der Elbe formuliert, die nach Abstimmung von der Arbeitsgruppe "O" den Regierungen der einzelnen Länder empfohlen wurde. In der Tschechischen Republik wurde gemäß der empfohlenen Struktur eine zweckmäßige ökologische Studie der Orlice (Tichá = Stille, Divoká = Wilde und Spojená = Zusammengefügte), und der erste Teil der ökologischen Studie der Moldau erarbeitet. Diese Ausführungen sind detaillierter als die Studie über die Elbe und ihr Umfang kann fast als eine "ökologische Monographie" der einbezogenen Wasserläufe bezeichnet werden. Heute dienen diese Ausführungen neben ihrem Hauptziel auch zur Verifikation der benutzten Methodik der Bearbeitung, vor allem vom Standpunkt der Effektivität der Ausführlichkeit hinsichtlich der Aussagen.

Das Ziel der angeführten Studien ist folgendes:

- Die Intensität der anthropogenen Belastung des zu bearbeitenden Wasserlaufes und der Flußgebietzone auszuwerten.
- Die geschützten sowie ungeschützten ökologisch wertvollen Gebiete zu beschreiben und eine eventuelle Erweiterung des bestehenden Schutzes vorzuschlagen.

- Die Konfliktsituationen zwischen Ökologie und technischer Nutzung des Gebietes zu beschreiben.
- Konkrete Revitalisierungsmaßnahmen vorzuschlagen.
- Die Reihenfolge der Dringlichkeit des Schutzes von ökologisch wertvollen Gebieten und der vorgeschlagenen Revitalisierungsmaßnahmen festzulegen.
- Die Fachwelt, die politische Öffentlichkeit und die interessierten Laien über die Ergebnisse zu informieren.

Aufgrund der bisherigen Erfahrungen läßt sich die Effektivität der zur Erreichung der geforderten Ziele aufgewandten Mittel und Arbeit wie folgt abschätzen:

Ungefähr 30 % der Arbeit wurde für die Erfassung von Basisinformationen, die Vorschlägen und nachfolgenden Verhandlungen über konkrete Maßnahmen dienen, gewidmet. Dieser Teil der Ergebnisse läßt sich auch zur Festlegung von Prioritäten der vorgeschlagenen Maßnahmen nutzen, jedoch zwecks Objektivität der Auswertung sind diese um weitere Angaben zu ergänzen, deren Gewinnung 20 % des gesamten Arbeitsaufwandes ausmacht. Die restlichen 50% des Arbeitsaufwandes werden für allgemeine Informationen über das Gebiet und für redaktionelle Gestaltungen, die lediglich auf die Publizierung des gesamten Materials zielen, ausgeschöpft. Diese allgemeinen Informationen sind für eine konkrete Arbeit nicht ausführlich genug, andererseits erweitern sie wesentlich das resultierende Material, das sonst auch in der Fachwelt schwer anwendbar ist.

Ein weiterer, sehr bedeutsamer Faktor ist, daß die komplexe Erfassung aller ökologischen Probleme im Ökosystem des Wasserlaufes und seiner Flußgebietszone unübersichtlich wird und eine Einteilung in selbständige Problembereiche (z.B. Morphologie der Flußbetten und ihre komplexe Revitalisierung, Fischmigration und minimale Durchflüsse in den Flußbetten unterhalb von Stauanlagen, Vegetationsbegleitung der Wasserläufe, Wirtschaft in der Flußgebietszone, Altarme...) nachweisbar günstiger sei.

Aus den angeführten Gründen ist eine deutliche Reduktion der bestehenden Auffassung ökologischer Studien auf zweckmäßig ausgerichtete Problembereiche zu empfehlen, wobei der Gedanke an eine Publikation von so breit gefaßten "ökologischen Monographien" der Wasserläufe zu verlassen ist. Für die Arbeit mit Fachleuten, Politikern und Laien ist es vorteilhafter, lediglich kurzgefaßte Dokumente wie ein "Aktionsprogramm" oder "Sofortige ökologische Maßnahmen" u.ä. zu publizieren.

Der zweite Teil dieses Beitrages ist tschechischen Erfahrungen bei der Gestaltung eines hydroökologischen Auswertungsrasters (Aufgabe aus dem Mandat der Arbeitsgruppe "O" der IKSE) im Rahmen der bisher erarbeiteten Studien gewidmet. Sein Ziel ist es, die Qualität der Ökosysteme der Wasserläufe zu beurteilen, aufgrund derer sich die Prioritäten der vorgeschlagenen Maßnahmen festlegen lassen.

Die Hauptpunkte des gewählten Lösungsverfahrens sind folgende:

1) Definition der Problembereiche (siehe dazu den vorherigen Text die ökologischen Studien betreffend), wo eine Auswertung nach Prioritäten vorgenommen wird. Dieser Schritt beinhaltet eine Festlegung des Komplexes von auszuwertenden Kriterien und Parametern.
2) Definition der auszuwertenden Gesichtspunkte des jeweiligen Problembereiches (bisher haben sich zwei grundlegende bewährt: Intensität der Störung des Ökosystems durch anthropogene Aktivitäten und Akzeptierbarkeit des gegenwärtigen Zustandes vom Standpunkt der Ökologie aus unter Berücksichtigung der Nutzung der Flußgebietszone).
3) Festlegung des Umfanges und der Einzelheiten der aufzuzeichnenden Daten, der Art ihrer Auswertung und einer einheitlichen Interpretationsskala.

Als Beispiel kann die Beurteilung der Intensität des Einflusses der wasserbaulichen Situation auf das Ökosystem der Elbe und der Orlice genannt werden. Der gesamte Komplex von auszuwertenden Kriterien und Parametern wird in folgender Tabelle 1 angeführt:

Kriterien/Parameter	Spezifikation	Eingangsdaten
Kriterium K 1 Morphologische Charakteristik des Flußlaufes und Beeinflussung durch Stau		
Morphologie des Flußlaufes	Änderung der Begradigung im Vergleich mit dem natürlichen Zustand im auszuwertenden Abschnitt	Änderung der Schlagart
Entwicklung des Flußlaufes	Grad der Beseitigung der natürlichen Erosions- und Akkumulationsprozesse	Skala
Stau	Beeinflussung der natürlichen Strömung u. des Schwebstoffregimes im Flußbett	angestaut ja/nein
Kriterium K 2 Morphologische Charakteristik des Flußbettes		
Ausmaß der Gestaltung	Ausmaß einmaliger und kumulativer Auswirkungen von wasserbaulichen Eingriffen	Skala
Querschnitt	Liquidationsgrad der natürlichen Formen des Flußbettquerschnittes	Skala
Längsprofil	Liquidationsgrad der natürlichen Abwechslung von Stromschnellen und Stillwasserzonen	Skala
Befestigung des linken Ufers	Auswertung der Unnatürlichkeit der benutzten Uferbefestigung in gegebener Örtlichkeit	Skala
Befestigung des rechten Ufers	Auswertung der Unnatürlichkeit der benutzten Uferbefestigung in gegebener Örtlichkeit	Skala
Befestigung des Bodens	Auswertung der Unnatürlichkeit der benutzten Uferbefestigung in gegebener Örtlichkeit	Skala

Tab.1: Komplex der die Einflußintensität auf das Ökosystem des Fließgewässers bestimmenden Kriterien und Parameter

Nichtvergleichbare Werte zwischen den einzelnen Beschreibungsdaten in den Parametern wurden auf vergleichbare mittels des Programms SW Elbe, das in der Organisation Wasserwirtschaftsdirektion Elbe ausgearbeitet wurde, transformiert. Das genannte Programm nutzt das Prinzip multifaktorieller Analyse (Šindlar, 1991) . Die Auswertung kann an einem gegebenen Phänomen, beschrieben durch einige Kriterien oder nur durch Parameter aus dem gesamten Komplex, oder an einer

Zusammenfassung von einigen Phänomenen durchgeführt werden. Zwischen einzelnen auszuwertenden Elementen sind gegenseitige Prioritäten mittels Gewichtsrelationen festzustellen. Die Gewichte werden auf der Ebene von Kriterien, Parametern und Datensätzen bestimmt. Auf der Kriterienebene sind diese Relationen von der Kombination der Flußgebietszone und des Charakters des Wasserlaufes abhängig. Von diesen Kombinationen hängt auch die Grenze der Akzeptierbarkeit des Zustandes in der zu beurteilenden Örtlichkeit ab.

Die Ergebnisse werden nach der universalen, in der Tabelle 2 angeführten Beurteilung präsentiert und in übersichtlichen Grafiken (Abb. 1, 2 und 3) dargestellt.

Absolut %	Relativ %	Beschreibung des Zustandes	Ergänzungstext- indirekte Proportion, Störung des natürlichen Zustandes	Ergänzungstext- direkte Proportion, Erhaltung, evtl. Wiederherstellung des natürl. Zustandes
100	50	voll genügend	gänzl.geringfügig	sehr bedeutsam
(100..80)	(50..30)	genügend	geringfügig	bedeutsam
(80-60)	(30..10)	akzeptierbar	unterdurchschnittl.	beträchtlich
(60..40)	(10..-10)	fraglich	durchschnittlich	durchschnittlich
40..20)	(-10..-30)	ungeeignet	beträchtlich	unterdurchschnittlich
(20..0)	(-30..-50)	ungenügend	bedeutsam	geringfügig
0	(-50)	völlig ungenügend	sehr bedeutsam	gänzl.geringfügig

Tab. 2: Universale Beurteilungsskala

Im Rahmen der bearbeiteten "Ökologischen Studie zum Schutz und zur Gestaltung der Gewässerstrukturen und Uferrandregionen der Elbe" wurden für die Beurteilung der Morphologie des Wasserlaufes wegen der Intensität wasserbaulicher Eingriffe hinsichtlich des ursprünglichen Zustandes nur zwei Parameter - Morphologie der Flußführung und des Staues - genutzt. Ihre Anwendung war durch vorhandene konkrete Daten für die ganze tschechische Elbe festgelegt. Die Ergebnisse werden in der Abb. 1 präsentiert, wo es in Anbetracht des benutzten übersichtlichen Maßstabes zu einer bestimmten Schematisierung in den Abschnitten mit einer zu großen Aufsplittung der Eingangsdaten, die nicht alle Örtlichkeiten darzustellen vermag, kommt. Deshalb wird im Abschnitt von Špindlerův Mlýn bis zur Mündung der Metuje das Intervall von negativen und positiven Ergebnissen dargestellt. Es ist zu sehen, daß die intensivste Beeinflussung des ursprünglichen Zustandes der Elbe durch wasserbauliche Eingriffe im Gebiet des tschechischen Kreidebeckens, wo die Elbe ausgeprägt mäandriert hat, erfolgte. Hier drückt sich sowohl die Begradigung des Flußlaufes als auch der fast kontinuierliche Stau zwischen den Stauhaltungen aus. In den Erosionstälern werden die zu beurteilenden wasserbaulichen Eingriffe ausdrücklich auf die Stauhaltungen bezogen.

Dieselbe Auswertung (Änderung der Begradigung und des Staues) wurde auch an der Tichá, Divoká und Spojená Orlice aufgenommen, so daß es möglich war, durch gewogenes Mittel orientierungsweise die Reihenfolge der Intensität von Störungen der Fließgewässerökosysteme wie folgt aufzustellen:

Reihen-folge	Wasserlauf	Auswertung	Zustands-beschreibung	Störung des natürlichen Zustandes
1	Divoká Orlice	38%	entsprechend	gering
2	Tichá Orlice	25%	akzeptierbar	unterdurchschnittl.
3	Spojená Orlice	9%	fraglich	durchschnittlich
4	Elbe	-6	fraglich	durchschnittlich

Tab. 3: Auswertung der Störung der Gewässerökosysteme durch Änderung der Begradigung und durch Stauhaltungen

Für alle drei Flüsse der Orlice wurden im Rahmen der erarbeiteten ökologischen Studie ausführliche Daten erfaßt, somit war es möglich, eine Beurteilung des Einflusses der wasserbaulichen Gestaltung im vollen Umfang nach dem festgelegten Kriterien- und Parameterspektrum vorzunehmen. Das Ergebnis der Präzisierung ist aus dem Vergleich der resultierenden Graphen für die Spojená Orlice erkennbar, wo in der Abbildung 2 eine Teilauswertung der Beeinflussung durch Änderung der Begradigung und der Stauhaltung dargestellt wird, wogegen in der Abbildung 3 schon Ergebnisse des gesamten Komplexes von auszuwertenden Kriterien und Parametern gemäß Tabelle 1 angeführt werden. Dieser Empfindlichkeitstest hat die nötige Erweiterung der Auswertungen auf einem höheren Detailliertheitsgrad der

Beschreibungsdaten nachgewiesen. Beim Vergleich der Ergebnisse des exakten Auswertungsverfahrens, das von detaillierten Daten ausgeht, mit den Expertenkenntnissen zur ökologischen Problematik direkt im Gelände wurde die Richtigkeit und genügende Aufgliederung der Schlußfolgerungen bestätigt. Die Bedeutung dieses Verfahrens besteht vor allem in der Tatsache, daß die ausgewerteten Eingangsdaten technischen Charakters sind, was einen subjektiven Fehler minimalisiert und vor allem ermöglicht, für die Beurteilung eine fortlaufend aktualisierte betriebstechnische Evidenz der Wasserläufe auszunutzen.

Die Anwendung der Auswertung zur Festlegung von Prioritäten kann am Beispiel der Spojená Orlice gezeigt werden, wo die Reihenfolge der kritisch betroffenen Örtlichkeiten in der Tabelle 4 angeführt wird. Beim Vorschlag von Maßnahmen wurde die Lösung allmählich von den am schlimmsten betroffenen gesucht, und die erste reale technische Lösung ist in dem Gebiet Tylův Palouk, Flußkilometer 23,00 - 23,47 möglich, wo eine Rückführung des Wasserlaufes der Orlice in einen künstlich abgeteilten Arm erwogen werden kann. An der Präzisierung der Art und des Ausmaßes der Auswertung wird ununterbrochen gearbeitet, so daß die präsentierten Erfahrungen als Teilarbeitsergebnisse zu verstehen sind.

Literatur

Šindlar M.: Metodika ekologické optimalizace říčních systémů a jejich povodí. (Methodik der ökologischen Optimalisierung der Flußsysteme und ihrer Einzugsgebiete) Vodní hospodářství, 1/91, 1991.

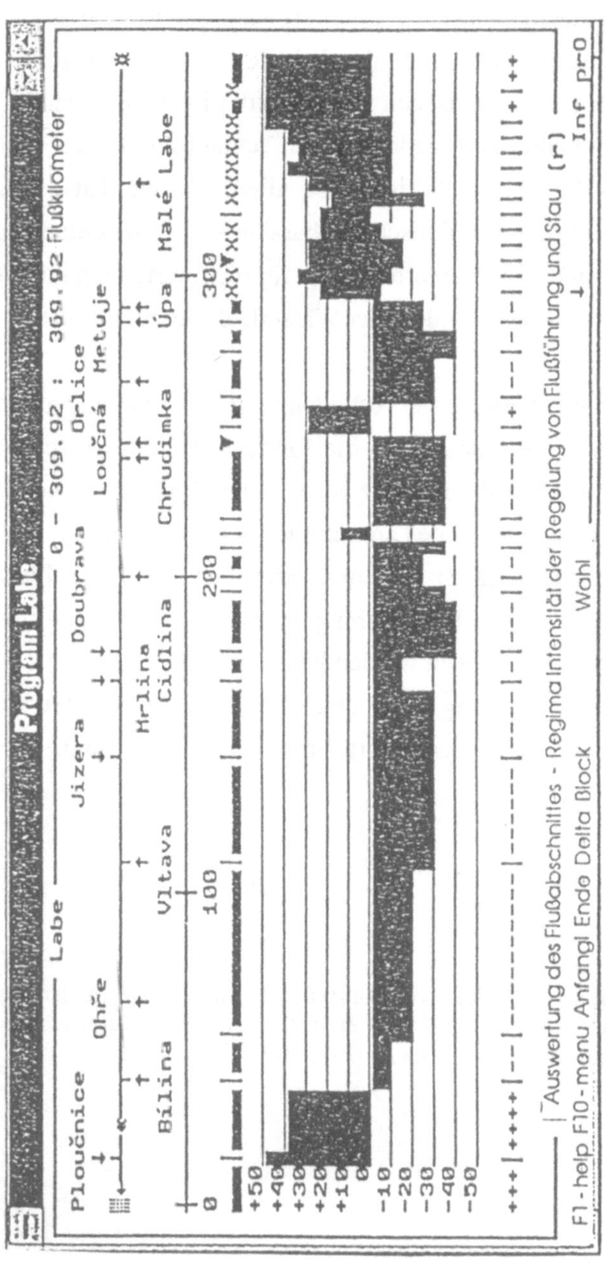

Abb. 1: Einfluß der Änderungsintensität der Begradigung und der Stauhaltung auf das Ökosystem der Elbe

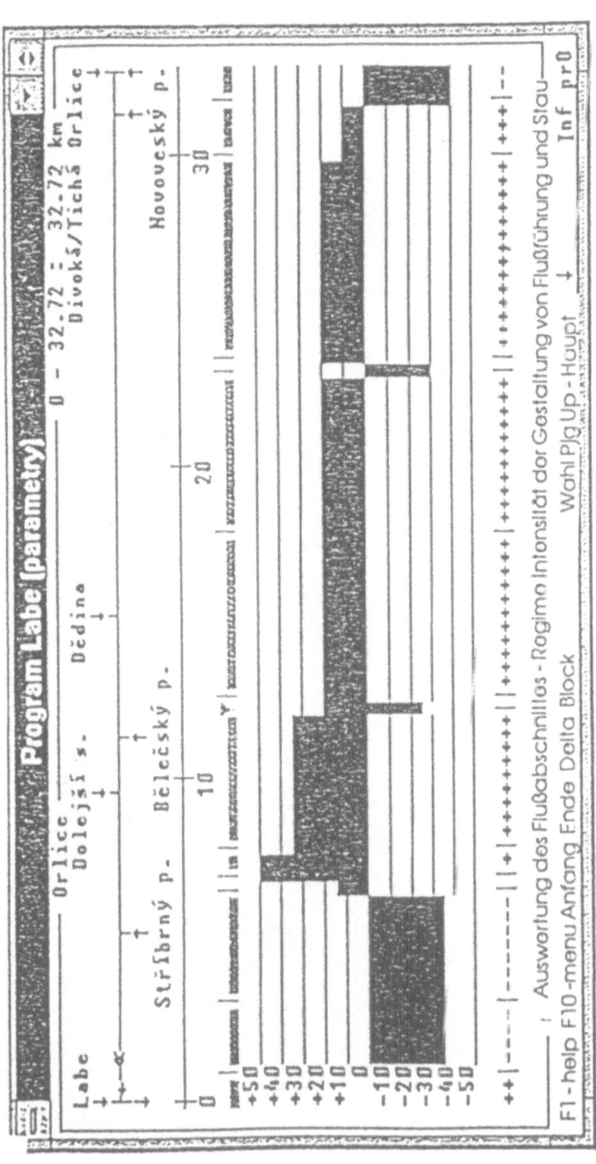

Abb. 2: Einfluß der Änderungsintensität der Begradigung und der Stauhaltung auf das Ökosystem der Spojená Orlice

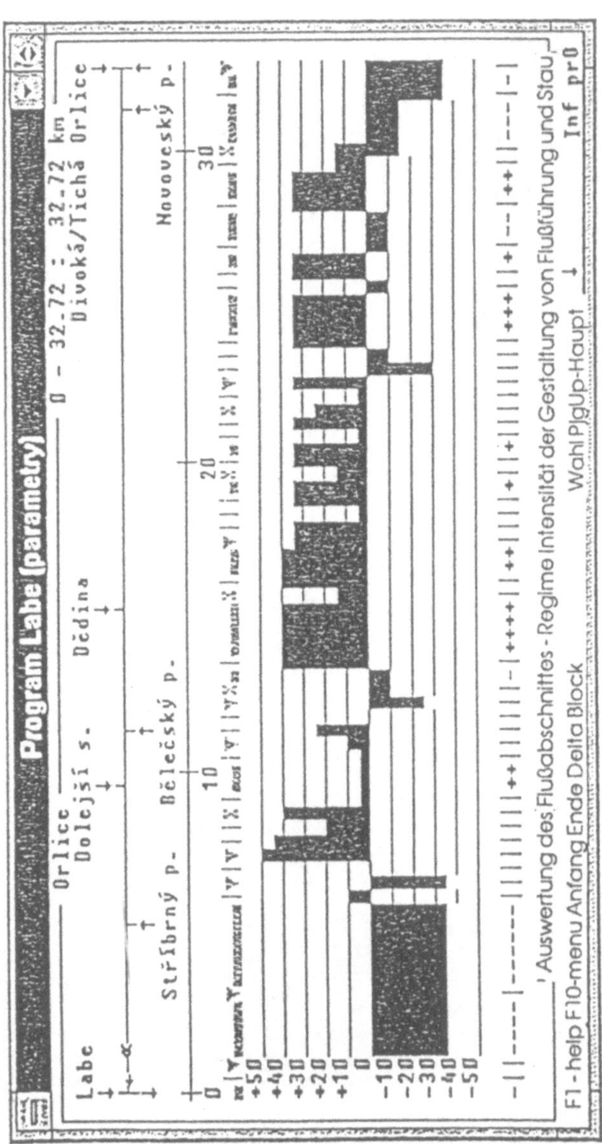

Abb. 3: Intensität des Einflusses von sämtlichen wasserbaulichen Eingriffen auf das Ökosystem der Spojená Orlice

Örtlichkeit	Flußkm ab (km)	Flußkm bis (km)	Auswertung (%)	Zusands-beschreibung	Störung des natürl. Zustandes
Albrechtice	31,967	32,540	-36	ungenügend	bedeutsam
Pod břehy	3,000	5,500	-34	ungenügend	bedeutsam
Tylův palouk	22,700	23,000	-13	ungeeignet	beträchtl.
	23,000	23,470	-26	ungeeignet	beträchtl.
	23,470	23,840	-13	ungeeignet	beträchtl.
Nepasice	12,050	12,700	-25	ungeeignet	beträchtl.
	12,840	13,400	-15	ungeeignet	beträchtl.
Týništê	30,100	31,967	-22	ungeeignet	beträchtl.
Jordán	27,200	28,400	-13	ungeeignet	beträchtl.

Tab. 4: Durch wasserbauliche Eingriffe kritisch betroffene Bereiche an der Spojená Orlice

Ichthyozönosen in der tschechischen Elbe und Rückkehrmöglichkeiten von Zugfischen in das böhmische Elbegebiet

J. Vostradovský; Prag

Einleitung

Die Elbe ist der größte tschechische Fluß, der nicht nur die meisten auf dem Gebiet der Tschechischen Republik (ČR) entsprungenden Wasserläufe abführt, sondern auch das Gebiet der ČR mit der Nordsee verbindet. Mit den Hauptzuflüssen Moldau (432 km), Eger (257 km), Orlice (240 km) bildet das Einzugsgebiet der Elbe ein Flußnetz, das die ganze westliche Hälfte der ČR bedeckt. Der eigentliche Flußlauf (gemeinsam mit den bestehenden Armen) stellt auf dem Gebiet der ČR eine Wasserfläche von ungefähr 3800 ha dar, die in 39 Fischereireviere gegliedert, von 25 Fischereiorganisationen, im Tschechischen Fischereiverband vereinigt, bewirtschaftet wird. Aus der Geschichte sind eine Menge von Berichten über Elbefischerei und Fische, die von der Nordsee bis auf das tschechische Gebiet kommen, erhalten. Die Informationen über Migrationen vom Lachs (Salmo salar) bilden einen unzertrennlichen Teil der historischen Entwicklung dieses Flusses.

Der gegenwärtige Stand der Ichthyozönosen der tschechischen Elbe beweist die qualitativen Veränderungen, denen der Fluß vor allem im XX. Jahrhundert und teils auch in der zweiten Hälfte des XIX. Jahrhunderts unterzogen wurde. Die Prognosen über Erneuerung des Flußlebens werden von Überlegungen betreffend der Rückkehr einiger Wanderfische in das Gebiet der ČR begleitet. Die vorliegenden Informationen über den gegenwärtigen Stand der Ichthyozönosen wurden durch Untersuchung gewonnen, die an dem Fluß in den Jahren 1991 - 1993 im Rahmen des nationalen Elbeprojektes vorgenommen wurden. Einige Teilergebnisse wurden im Auftrag "Fischaufstiegshilfen", mit dessen Lösung 1994 begonnen wurde, gewonnen, und sie werden deshalb auch in diesem Beitrag erwähnt.

Material und Methoden

Die qualitative und quantitative Zusammensetzung der Fischfänge an 31 ausgewählten Abschnitten der Elbe (auf dem Gebiet der ČR) wurde durch Elektrofischerei ermittelt, die mit deutschen und tschechischen Elektrofischgeräten durchgeführt wurde. Die abgefischten Flußabschnitte waren 0,5 - 1 km lang. Alle gefangenen Fische wurden determiniert und gezählt. Ausgewählte Arten und Größen wurden dann nach Alterslänge sortiert und nach Gehalt an Fremdstoffen analysiert, was nicht Gegenstand von diesem Beitrag ist. Sie sind jedoch in den Beiträgen von Vostradovsky und Svobodová, 1992 [5] und Vykusová und Koll., 1994 [6] zu finden. Mit der Kontrolle der Fischaufstiegshilfen wurde 1994 begonnen und die Ergebnisse vom April bis Juni werden präsentiert.

Ergebnisse und Diskussion

Der gegenwärtige Stand der Ichthyozönosen der Elbe auf dem tschechischen Gebiet ist die Folge der Einwirkung einer ganzen Reihe negativer anthropogener Einflüsse (Vostradovsky, 1992). Dazu gehört vor allem die Verunreinigung des Flusses und Kanalisierung des Wasserlaufes, einschließlich der Liquidation von Altarmen und Tümpeln. Ferner gehört dazu der Verbau des Wasserlaufes durch Wasseranlagen, verschiedene Gestaltungen des Ufers, die Schiffahrt und ihre Einrichtungen usw. Während die Belastung durch organische Stoffe perspektiv eine sinkende Tendenz aufweist, vermag die anorganische Belastung (aus Punktquellen) - in verschiedenen Formen - z.B. aus den Sedimenten, die Qualität und Quantität der Ichthyozönosen noch während der nächsten Jahre zu beeinflussen. Infolge der diffusen Verteilung Verunreinigungsquellen wurde die Elbe in viele Abschnitte mit verschiedenem Verunreinigungsgrad zergliedert. Dem entspricht im Grunde genommen auch das art- und anzahlmäßige Auftreten der Fische in diesen Abschnitten. Im Längsprofil des Flusses werden artenreichere Zonen von artenarmen Abschnitten, in denen die Anzahl von anwesenden Fischarten auf einige vereinzelte Vertreter sinkt, abgelöst. Von Bedeutung ist hier sowohl die Intensität der Verunreinigung, als auch der

Charakter des Wasserlaufes (Strömung). In torrentilen (stark strömenden) Abschnitten (gewöhnlich unterhalb von Wehren) sind immer mehrere Arten (in größerer Häufigkeit) anwesend als z.B. in den Stauhaltungen. Ein typisches Beispiel ist das größte Staubecken der tschechischen Elbe in Střekovská nádrž (oberhalb von Ústí nad Labem), wo 5 Fischarten dominierend waren im Gegensatz zu den torrentilen Partien unterhalb des Staubeckens, wo 21 Fischarten zu finden waren.

In den 30 Flußabschnitten, ab der Staatsgrenze mit der BRD bis Verdek (oberhalb von Dvůr Králové, d.h. Flußkm 313.5), schwankte die Häufigkeit der festgestellten Fischarten von einer Art (im Staubecken Bílá Třemešná) bis zu 21 Fischarten, festgestellt am Flußkm 39.8 (unterhalb von Střekov). Am besten ist das aus der Abbildung 1, in der alle untersuchten Profile an der Elbe eingetragen sind, ersichtlich. Fünf und weniger Fischarten wurden nur an zwei Abschnitten, 6 - 10 Fischarten an 6 Abschnitten, 11 - 15 Arten an 18 Abschnitten festgestellt. An der tschechischen Elbe traten also in den Jahren 1991 - 1993 am häufigsten 11 - 15 Fischarten auf. An 24 der 30 Abschnitte wurde auch die Anwesenheit von Vertretern der Gruppe der Raubfische (Hecht, Silberlachs, Zander, Wels) festgestellt, wobei der zahlreichste Raubfisch momentan an der Elbe der Zander ist (trotzdem ist seine Anzahl in Anbetracht des zahlreichen Auftretens von karpfenartigen Fischarten weiter zu erhöhen).

Die Gesamtzahl an festgestellten Fischarten betrug Ende 1993 32. 1994 wurde im Rahmen eines anderen Forschungsprogrammes der Silberkarpfen (Hyphopthalmichthys molitrix) gefangen und die Gesamtzahl an nachgewiesenen Arten erreicht so 33 (zum 30. Juni 1994). Beim Sportangeln wurden angeblich noch weitere Fischarten gefangen, von denen nachweisbar 1993 unterhalb von Střekov ein Stör (Acipenser sp.) ohne nähere Artenbezeichnung abgefangen wurde. Unbelegte Berichte führen in den Fängen (in der genannten Periode) noch den Marmorkarpfen (Aristichthys nobilis), Große Schwebrenke und Schnäpel (Coregonus lavaretus und Coregonus peled) an. Von den Aquaristen wird manchmal auch das Auftreten des Rotbarsches (Trichogaster aculeatus) angeführt. Damit würde sich die Anzahl von Fischarten auf 38 erhöhen (siehe Fischartenliste in der Tabelle 1).

Die zahlreichste Gruppe ist die der karpfenartigen Fische (Familie Cyprinidae), wo 21 Vertreter anwesend waren (einschließlich Silberkarpfen). Das vermerkte Auftreten von lachsartigen Fischen wird durch das Vorhanden von Forellenbächen oder darin befindlichen Forellenbecken, immer in der Nähe von den Fangstandorten lokalisiert, begründet. Aus der Abbildung 2 ist eine große Häufigkeit an Plötzen zu erkennen, die fast überall im Fluß 40 - 56 % des Anteiles unter allen elektrisch gefangenen Fischen erreicht. Aus der Abbildung 3 ist auch der große Anteil an Ukelei (vor allem um Fluflkm 250), wo die Häufigkeit mehr als 30 %, in den unteren Abschnitten der Elbe dann gewöhnlich 5 - 15 % erreicht, ersichtlich. Ein weiterer verbreiteter Fisch unter den karpfenartigen Fischen ist die Kleine Brasse mit einer Häufigkeit von mehr als 20 % (Abb. 4), der Döbel mit sichtbar wachsender Häufigkeit stromabwärts mit 6 %, ähnlich auch der Barsch (Abb. 5) usw. Aus dem Vergleich mit den historischen Angaben über die Situation im Fischartenreichtum in der tschechischen Elbe (Frič, 1908) scheint es, daß kein großer Unterschied in der Artenanzahl besteht. Anders ist bestimmt die Menge an empfindlicheren Fischarten, die auf negative anthropogene Einflüsse reagieren (Raubfischarten, lachsartige Fische, reophile Fischarten wie z.B. Barbe, Zährte, Eintagsdöbel und Zugfischarten).

Migrationsmöglichkeiten der Fische auf dem Gebiet der ČR

Die Migrationsmöglichkeiten der Fische im deutschen Teil der Elbe und auf dem Gebiet der ČR bleiben ganz offen. In der tschechischen Elbe und ihren großen Zuflüssen (Eger, Moldau) wurden in diesem Jahrhundert viele große wasserwirtschaftliche Anlagen (Stauanlagen und -becken) erbaut, wo keine Fischaufstiegshilfen vorgesehen waren (z.B. Moldautalsperren). Einige der kleineren Wasserbauten (Wehre, Staustufen) sind auch heute für Zugfische überwindbar. Wenn sie nicht über eine Fischaufstiegshilfe (üblicherweise eine ammeranlage) verfügen, sind hier Floßschleusen oder Kiesablässe vorhanden. Einige davon sind als Slalompisten für Wassersporte gestaltet. Diese ersetzen auf günstige Weise die Fischaufstiegshilfen und die Fische können die Wasserbauten überwinden. Anderswo würde eine Ermöglichung des Fischzuges weiter stromaufwärts enorme Finanzkosten erfordern. Das erste große Hindernis für die Fischmigration in der Elbe (auf dem Gebiet der ČR) ist der Staubeckendamm in Střekov. Obwohl die hiesige Kammeraufstieganlage nicht ideal ist, haben wir festgestellt, daß die Fische auch dort passieren können. Es treten mindestens 9 Fischarten (das sind 50% von den in dem Elbeabschnitt anwesenden) darin auf. Die meisten Fische wurden im Mai bei Temperaturen von 13 - 18 °C angetroffen. In dieser Zeit kommt es offensichtlich zu Laichmigrationen der Fische stromaufwärts. Die zahlreichsten (den Massenzug unternehmenden) Fische waren im Frühjahr 1994 Barben und Döbel, die bis zu 90 % der Wanderfische bildeten, in der Anzahl von einigen Hundert Stück. Die Untersuchung der Fischaufstiegshilfen hat 1994 begonnen und aus den ersten Beobachtungen ist die Notwendigkeit von einigen technischen Veränderungen an diesen Anlagen ersichtlich. Es ist jedoch klar, daß diese auch für einige Wanderfischarten funktionsfähig sein könnten.

Für die Zukunft der Elbfische sind neben Aal vor allem lachsartige Fische, d.h. Lachs- und Meerforelle, die einst im tschechischen Gebiet auftraten, einzuführen. Einige Elbezuflüsse verfügen über gute Voraussetzungen für eine eventuelle natürliche Vermehrung dieser Fische oder wenigstens für Smoltausssetzung. Es lassen sich hier Erfahrungen von anderen Flüssen und Elbezuflüssen (z.B. Hansen, 1991, Mills, 1993 u.a.) applizieren. Die Wiedereinbürgerung von Wanderfischen könnte schon vor dem Jahre 2000 relevant werden, falls sich die Gewässergüte im Fluß markant verbessert und die Fischaufstiegshilfe in Geesthacht, wo von 26 anwesenden 16 - 20 Fischarten durchgehen (Limnobios, 1993), voll in Betrieb genommen wird.

Schlußfolgerung

Die Verbesserung der Gewässergüte in der Elbe widerspiegelt sich günstig in der Ichthyozönose des Flusses, vor allem an den torrentilen Abschnitten und an den typisch fluvialen Fischarten. Die Anzahl der nachgewiesenen Fischarten in der tschechischen Elbe erreichte 33. Der Verfasser schließt die Ankunft von einigen

Wanderfischarten auf das Gebiet der ČR schon vor dem Jahre 2000 nicht aus. Empfohlen werden eine weitere Untersuchung von Durchlässigkeit der Fischaufstiegshilfen an der Elbe und die Realisierung von einigen technischen Anlagen, die den Durchgang der Fische durch Kammeraufstieganlagen (einschließlich Ausarbeitung von Handhabungsreglements) ermöglichen würden.

Literatur

1. Frič, V.,1908: České ryby a jejich cizopasníci (Tschechische Fische und ihre Schmarotzer), Prag.

2. Hansen, L.,1991: Restoration of the Atlantic Lasmon Stock in the River Drammenselv, Norway. In: The Linnean Society. Strategies for the rehabilitation of Salmon Rivers.

3. Limnobios,1993: Funktionsüberprüfung der Fischaufstiegshilfen an der Staustufe Geesthacht. Zusammenfassung der Ergebnisse: Seite 1 - 18.

4. Mills, D.,1993: Strategien zum Wiederaufbau von Lachsflüssen. In: Schriftenreihe der Lachs- und Meerforellen Sozietät und der ARGE für Fischarte- und Gewässerschutz der norddeutschen Landessportfischerverbände. Bl.: 1-32.

5. Vostradovský, J., Svobodová, Z.,1992: K současnému stavu ichtyocenóz a jejich zatížení cizorodymi látkami v Labi. 4. Magdebursky seminář o ochraně vod (Gegenwärtiger Stand der Ichthyozönosen und ihre Belastung durch Fremdstoffe in der Elbe. 4. Magdeburger Gewässerschutzseminar: Seite 139-147).

6. Vykusová, B.,Svobodová, Z., Piačka, V., Máchová, J., 1994: Monitoring polutantů v rybách z různých lokalit řeky Labe a jeho přítoků. Sb.ref. Ichtyol.konf.Vodňany (Monitoring der Pollutante in den Fischen aus verschiedenen Lokalitäten der Elbe und ihrer Zuflüsse. Slg.der Ref. der Ichthyol.Konf.Vodňany), VÚRH: Seite 156 - 159.

1.	Salmonidae	
1.1	Salmo trutta m. fario	- Forelle
1.2	Oncorhynchus mykiss	- Forelle
1.3	Thymallus thymallus	- Äsche
2.	Esocidae	
2.4	Esox lucius	- Hecht
3.	Cyprinidae	
3.5	Rutilus rutilus	- Plötze
3.6	Leuciscus leuciscus	- Hasel
3.7	Leuciscus cephalus	- Döbel
3.8	Leuciscus idus	- Eintagsdöbel
3.9	Phoxinus phoxinus	- Elritze
3.10	Scardinius erythropthalmus	- Perlfisch
3.11	Aspius aspius	- Silberlachs
3.12	Tinca tinca	- Schlei
3.13	Chondrostoma nasus	- Nase
3.14	Gobio gobio	- Gründling
3.15	Pseudorasbora parva	- Kärpfling
3.16	Barbus barbus	- Flußbarbe
3.17	Alburnus alburnus	- Ukelei
3.18	Blicca bjoerkna	- Kleine Brasse
3.19	Abramis brama	- Große Brasse
3.20	Vimba vimba	- Zährte
3.21	Rhodeus serioceus	- Bitterling
3.22	Carassius carassius	- Karausche
3.23	Carassius auratus	- Giebel
3.24	Cyprinus carpio	- Karpfen
4.	Cobitidae	
4.25	Noemacheilus barbatulus	- Schmerke

Tab. 1: Liste der während der Untersuchungen im Rahmen des nationalen Elbeprojektes nachgewiesenen Fischarten (in der Elbe)

5. S i l u r i d a e

5.26 Silurus glanis - Wels

6. I c t a l u r i d a e

6.27 Ictalurus nebulosus - Zwergwels

7. A n g u i l l i d a e

7.28 Anguilla anguilla - Aal

8. G a d i d a e

8.29 Lota lota - Quappe

9. P e r c i d a e

9.30 Perca fluviatilis - Barsch

9.31 Stizostedion lucioperca - Zander

9.32 Gymnocephalus cernua - Kaulbarsch

Bemerkung: 1994 wurde der Silberkarpfen (Hyphopthalmichthys molitrix) gefangen.

Fortsetzung der Tabelle 1

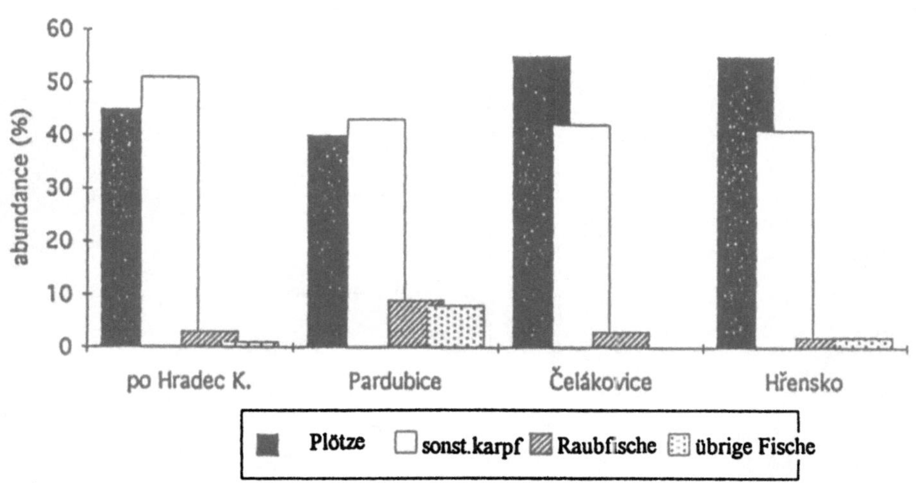

Abb. 2: Anteile von Plötze, sonstigen karpfenartigen, Raub- und übrigen Fischarten an der Ichthyozönose der Elbe

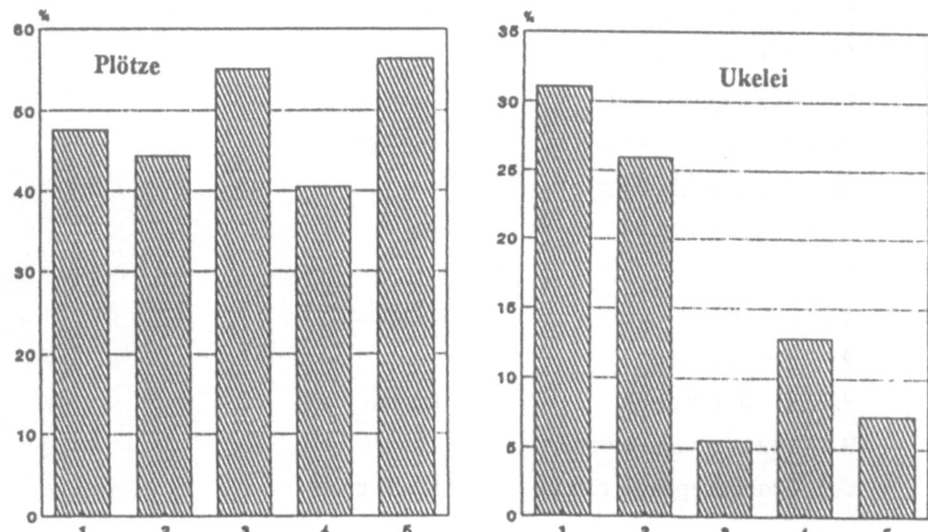

Abb. 3: Anteil von Plötze und Ukelei an den gesamten Fischfängen in den Abschnitten von Hradec Králové, Pardubice, Čelákovice und Hřensko

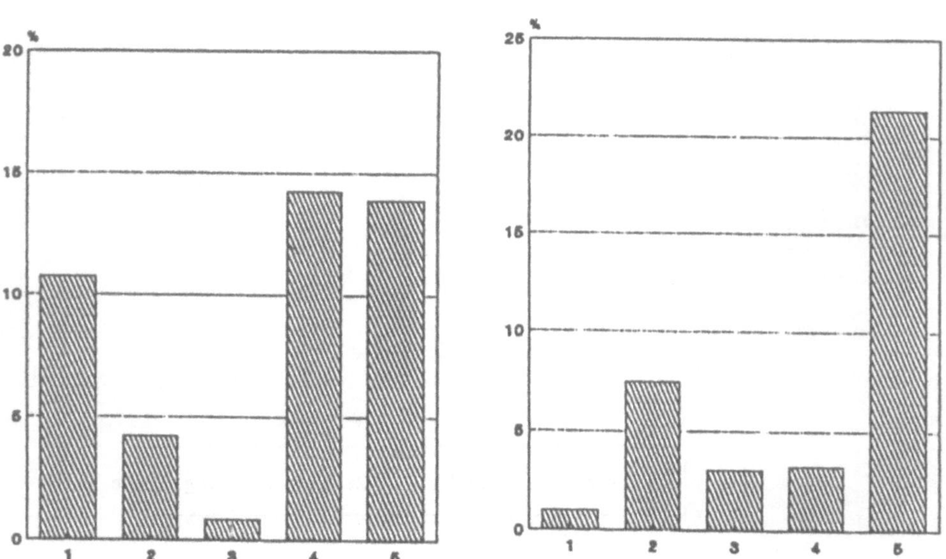

Abb. 4: Anteil von Großer und Kleiner Brasse an den gesamten Fischfängen in den Abschnitten von Hradec Králové, Pardubice, Čelákovice und Hřensko

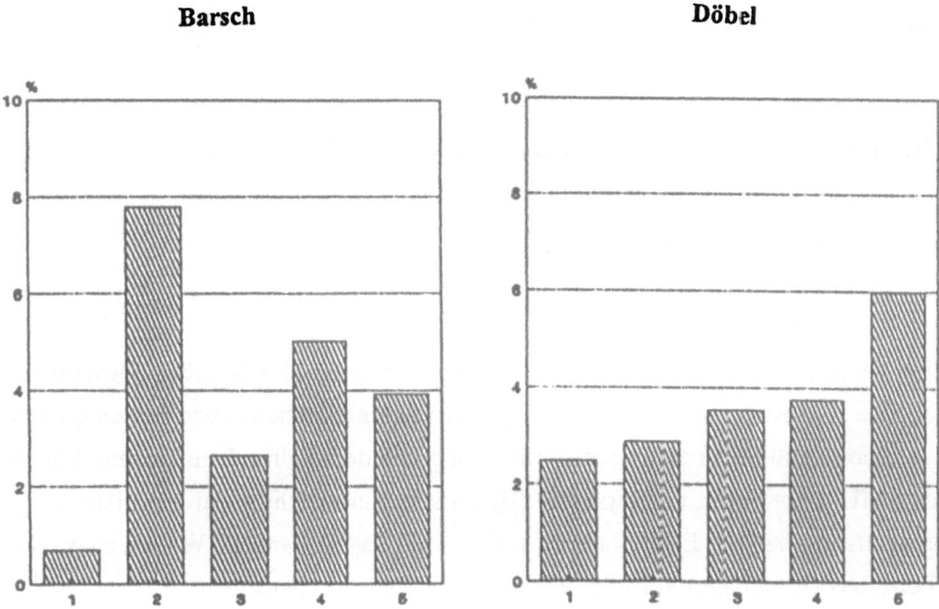

Abb. 5: Anteil von Barsch und Döbel in gesamten Fischfängen in den Abschnitten von Hradec Králové, Pardubice, Čelákovice und Hřensko

Legende:

1...Hradec Křalove
2...Pardubice
3...Čelákovice
4...Ústí - Hřensko 1991
5...Ústí - Hřensko 1992

Belastungsveränderungen und ihre Auswirkungen auf Lebensgemeinschaften

Die aquatische Lebensgemeinschaft der Elbe - einst und jetzt

A. Petermeier, F. Schöll, T. Tittizer; Koblenz

Eine wichtige Voraussetzung für eine Verbesserung der ökologischen Verhältnisse der Elbe sind Kenntnisse ihres ursprünglichen Arteninventars sowie dessen qualitativer und quantitativer zeitlicher Veränderung und deren Ursachen. Die aus Mitteln des BMU geförderte Literaturstudie "Historische Entwicklung der aquatischen Lebensgemeinschaft der Elbe" sammelt und arbeitet das vorhandene Wissen zu diesem Thema aus verfügbaren Veröffentlichungen und Datenbeständen auf.

- Geomorphologische Entwicklung

Zu Beginn des Holozäns (vor 10.000 Jahren) durchfloß die Elbe ein breites z.T. versumpftes Stromtal mit bewaldeten Auen und Schilfsümpfen. Überströmte Sandbänke, Kolke, Uferabbrüche und flache Uferbereiche mit einer reichhaltigen Vegetation charakterisierten den Flußlauf. Häufige Verlagerungen der Flußarme führten zur Bildung flußbegleitender Altwässer. Regelmäßige Überschwemmungen prägten die Auenlandschaft.

Einschneidende Veränderungen der Flußmorphologie im Bereich der Ober- und Mittelelbe begannen in der zweiten Hälfte des 19. Jahrhunderts. Durch Deichbauten wurde allein im Regierungsbezirk Magdeburg die Fläche der aktiven Überflutungsaue von 2.200 km^2 auf 350 km^2 reduziert. Zur Mittel-und Niedrigwasserregulierung wurden Quer- und Längswerke gebaut, Sandbänke und Baumstämme aus dem Stromlauf entfernt und große Bereiche des Vorlandes mit Kies aufgefüllt. Zusammen mit der Stauregulierung der tschechischen Elbe haben diese Maßnahmen zu einer verstärkten Sohlenerosion geführt.

An der Tideelbe fanden einschneidende Strukturveränderungen durch den Hafenbau und die Vertiefung der Fahrrinne auf 13,50 m MTNW statt. Durch Deichbaumaßnahmen gingen der Tideelbe in den letzten 90 Jahren 66 % der Vorlandgebiete, 11% der Wattengebiete und 26 % der Flachwasserbereiche verloren. Die Tideelbe kann somit heute als der stärkste anthropogen beeinflußte Abschnitt der Elbe auf deutschem Gebiet bezeichnet werden.
Die oben geschilderten wasserbaulichen Maßnahmen haben zu einer Uniformisierung der gewässermorphologischen Strukturen geführt. Dennoch weist heute insbesondere die Mittelelbe durch die vorhandenen Restauengebiete eine höhere Strukturvielfalt auf als viele andere mitteleuropäische Fließgewässer.

- **Stoffhaushalt**

Eine nennenswerte stoffliche Belastung der Elbe setzte mit der Industrialisierung ab Mitte/ Ende des 19. Jh. ein. Einleiter waren neben den Kommunen (häusliche Abwässer) die Steinsalzbergwerke, Webereien, Färbereien, Bleichereien, Papierfabriken und die Zuckerindustrie. Insbesondere die Abwässer der Zuckerindustrie gaben Anlaß zu ersten Untersuchungen der Elbe. Deutliche Verschlechterungen der Wasserqualität durch organische Stoffe lassen sich aus den langjährigen Meßreihen des $KMnO_4$-Verbrauchs am Wasserwerk Magdeburg Buckau und des O_2-Gehaltes bei Magdeburg zu Beginn der 30er Jahre und Beginn der 50er Jahre des 20. Jahrhunderts ableiten. Seit Beginn der 50er Jahre traten sogar fischtoxische Sauerstoffgehalte (< 3 mg/l O_2) regelmäßig und langanhaltend in der Mittelelbe auf. Von 1989 bis 1992 stieg der O_2-Gehalt in diesem Elbabschnitt aufgrund geringerer Einleitungen aus der Industrie (Stillegung vieler Betriebe) kontinuierlich an. So wurden im Zeitraum 1991 bis 1993 keine fischtoxischen Sauerstoffkonzentrationen mehr gemessen. Durch den Bau weiterer Kläranlagen und die Verringerung der Abwasserlast durch emissionsärmere Produktionsverfahren muß die Wasserqualität weiter verbessert werden. Auch ist eine weitere Senkung der Belastung der Elbe mit Nährstoffen, toxischen Stoffen und Salzen erforderlich.

- Makrozoobenthos

Literaturangaben über bestimmte Tiergruppen des Makrozoobenthos der Elbe liegen seit dem ausgehenden 19. Jahrhundert vor. Im gesamten deutschen Elbabschnitt ist die Molluskenfauna am besten dokumentiert. Vor ca. 100 Jahren konnten in der Elbe noch 6 ökologisch anspruchsvolle Großmuschelarten nachgewiesen werden. Durch die starke Verschmutzung waren sie ab Mitte des 20. Jahrhunderts aus dem Faunenbild verschwunden. Die neuerlichen Nachweise von *Unio pictorum* und *Anodonta anatina* aus dem Jahre 1992 sind Zeichen einer leichten Verbesserung der Wasserqualität.

Den insgesamt 58 aquatischen Insektenarten aus der Gruppe der *Plecoptera, Ephemeroptera, Trichoptera und Odonata* zu Ende des 19. Jahrhunderts standen zur Zeit der größten Elbverschmutzung nur noch 15 Arten gegenüber. Seit 1990 trat mit 27 Arten eine leichte Erholung der Bestände ein (Abb. 1). Bemerkenswert sind lokale Funde der Asiatischen Keiljungfer (*Gomphus flavipes*) und der Steinfliegenlarve *Leuctra fusca*.

Für die übrigen Tiergruppen reichen die Literaturangaben nicht aus, um die "ursprüngliche" Artenzusammensetzung zu beschreiben. Dennoch wurde die historische Entwicklung der Porifera, Hydrozoa, Turbellaria, Nematoda, Oligochaeta, Hirudinea, Crustacea und Bryozoa soweit wie möglich dokumentiert und ausgewertet. In den 70er und 80er Jahren traten durch toxische Belastungen lokal lebensfeindliche Bedingungen auf, in denen selbst so verschmutzungstolerante Makrozoobenthosarten wie *Asellus aquaticus*, *Glossiphonia heteroclita* und *Erpobdella octoculata* nicht mehr bestehen konnten.

Zum Makrozoobenthos der Elbe gehören heute nachweislich 12 Neozoen. Den größten Anteil der Neozoen bildet die Gruppe der *Crustaceen*. Viele Neozoen sind euryök und salztolerant und vermögen daher freigewordene ökologische Nischen zu besetzen. Aufgrund ihrer geringen Ansprüche und hohen Toleranz stellen sie eine große Konkurrenz für die heimischen Arten dar. Jüngstes Beispiel für die Wiederausbreitung von Neozoen in der Elbe sind *Corophium curvispinum* und *Gammarus tigrinus*. Insgesamt stellt das Makrozoobenthos der Elbe heute eine euryöke Restlebens-gemeinschaft dar. Jedoch zeigt die zeitliche Entwicklung ab 1990 eine deutliche Er-holung der Zoozönose. Insbesondere das massenhafte Auftreten der Köcherfliegen-art *Hydropsyche contubernalis* sowie die lokalen Nachweise der Dreikantmuschel (*Dreissena polymorpha*) zeigen, daß sich die Elbe am Anfang einer Regenerations-phase befindet, die mit der Situation am Rhein zu Beginn der Abwassersanierung Mitte der 70er Jahre vergleichbar ist (Abb. 1).

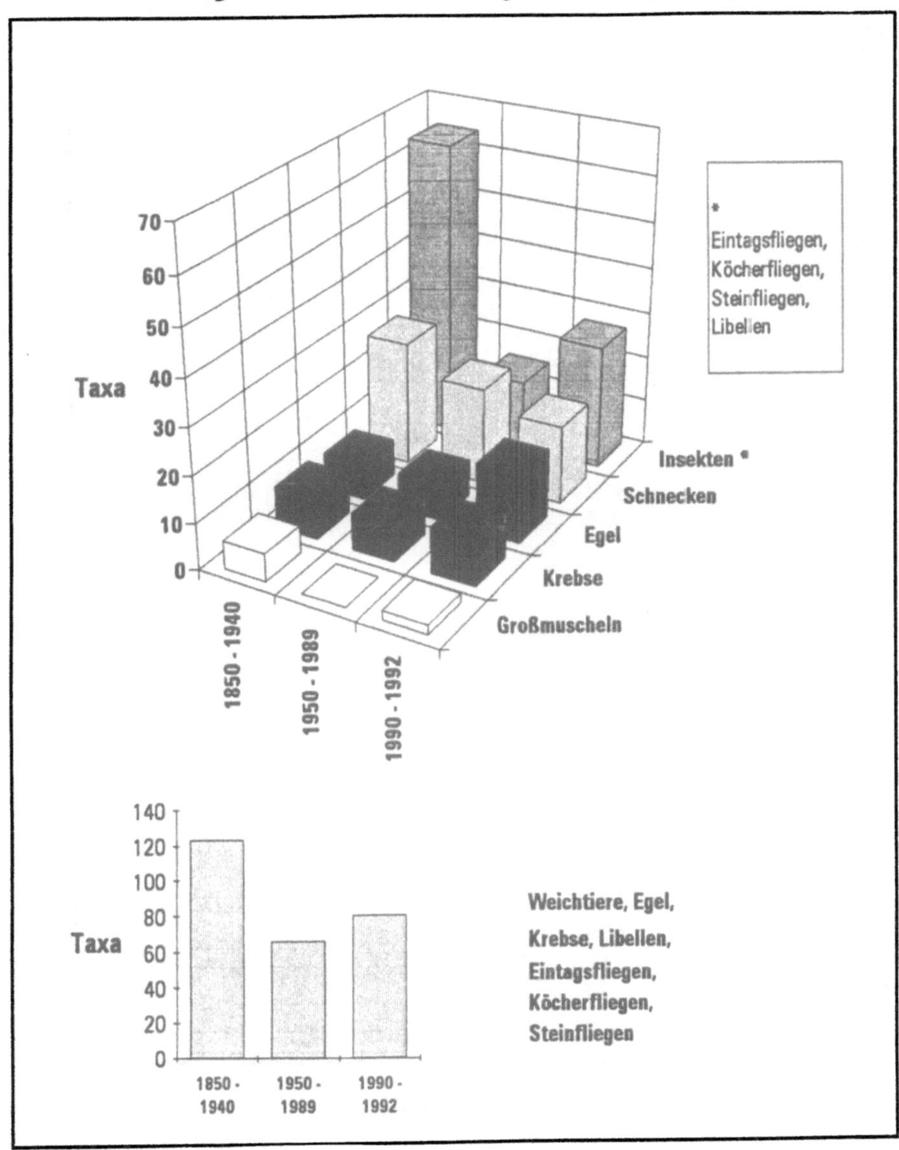

Abb. 1: Historische Entwicklung des Makrozoobenthos der Elbe

- Fische

Veränderungen in der Artenstruktur der Elbfischfauna lassen sich anhand der Literaturdaten bis 1549 zurückverfolgen (Abb. 2). Insgesamt wurden 55 limnische und euryhaline Fischarten (davon 49 heimische) für den deutschen Elbeabschnitt beschrieben.

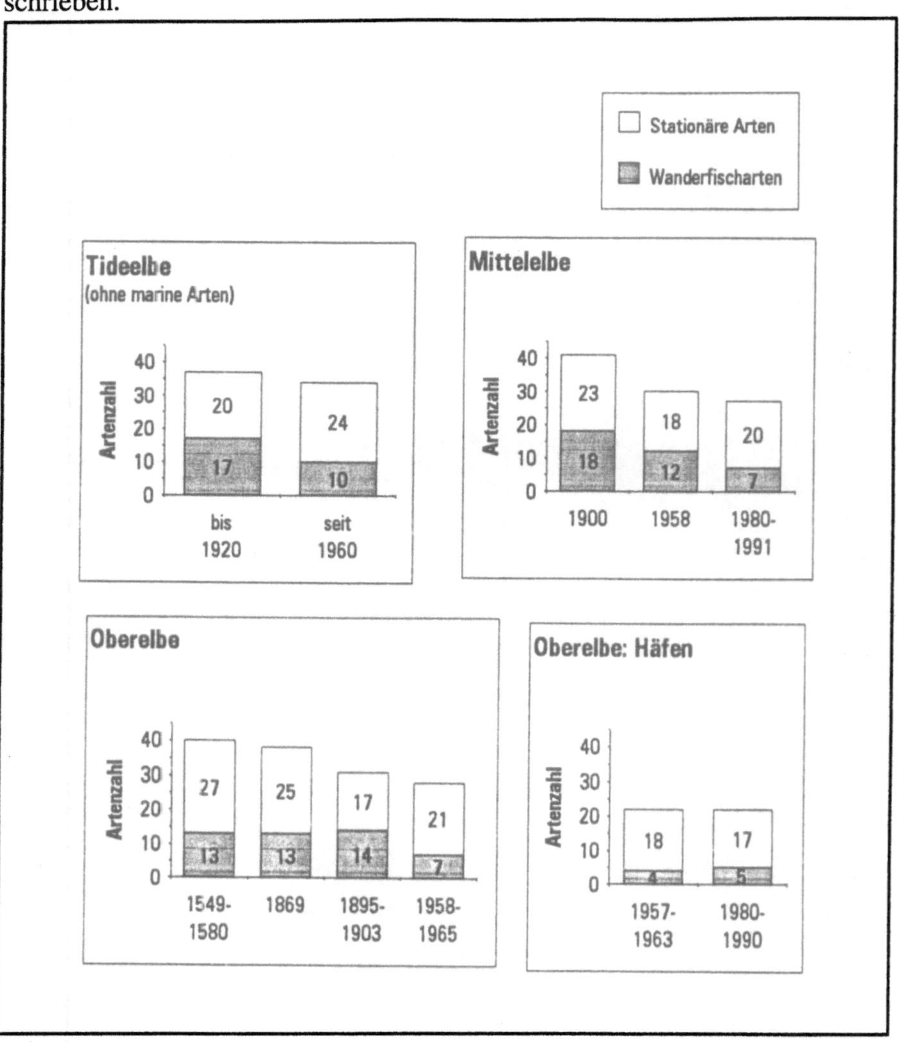

Abb. 2: Historische Entwicklung der Elbfischfauna

Infolge anthropogener Eingriffe in das Ökosystem Elbe sind ab 1900 deutliche Veränderungen des Fischarteninventars erkennbar. So wurde bereits Ende des 19. Jahrhunderts ein starker Rückgang der Wanderfischbestände (Lachs, Stör, Maifisch, Wels, Aal) in der Mittel- und Oberelbe beobachtet. Bis heute verschwanden aus der Oberelbe 16, aus der Mittelelbe 17 und aus der Tideelbe mindestens 9 Arten.
Nimmt man die Ergebnisse der aktuellsten Bestandserhebungen in allen deutschen Elbabschnitten zusammen, so ergibt sich ein Fischbestand von 39 indigenen Fischarten. Obwohl dies gegenüber dem potentiell möglichen Bestand (49 Arten) einen Rückgang von 20 % bedeutet, kann die Elbe heute nicht als artenarm angesehen werden. Auffällig ist jedoch die Verschiebung des Artenspektrums von rheophilen Wanderfischen hin zu standorttreuen Fischen (Abb. 2).
Als Hauptursachen für den Artenschwund und Bestandsrückgang der Fischfauna gelten: Gewässerverschmutzung, Vernichtung von Laichgründen und Aufwuchsgebieten und ihr Abschneiden vom Hauptstrom, Veränderung der Fluß- und Ufermorphologie, Vernichtung der Fische in den Kühlanlagen der Kraftwerke, Überfischung und Besatzmaßnahmen.

Maßnahmen zur Verbesserung der ökologischen Verhältnisse

Ausgehend von den Erfahrungen zur Wiederbesiedlung von Insektenlarven nach der Verbesserung der Gewässergüte im Rhein ist auch für die Elbe mit einem Anstieg der Artenzahlen und Abundanzen zu rechnen. Durch die erfolgten morphologischen Veränderungen sind jedoch viele Habitatstrukturen verändert oder verschwunden, so daß die Zusammensetzung der Biozönose sicher eine andere sein wird als die ursprüngliche. Neben einer deutlichen Erhöhung der Wasserqualität sind insbesondere Verbesserungen der morphologischen Struktur notwendig, um Artenschutz bzw. Wiederbesiedlungsprogramme für z.B. Lachs, Meerforelle, Barbe oder Wels durchzuführen. Hierzu gehört die

- Schaffung von Kiesbänken als Laich- und Aufzuchtbiotope
- Naturnahe Gestaltung der Ufer
- Vielfältige Gestaltung und Verbesserung der Strömungsverhältnisse in den Buhnenfeldern

- Anbindung abgetrennter Altarme und Vorlandgewässer (Bracks)
- Kein Verfüllen, sondern ökologische Umgestaltung alter Hafenbecken
- Verbesserung der Durchgängigkeit des Wehrs Geesthacht, der Wehre im Oberlauf der Elbe und der Elbezuflüsse durch Einrichtung verbesserter Fischaufstiege
- Verhinderung der Sohlenerosion durch gezielte ökologisch verträgliche Maßnahmen
- Entschlammung stehender Gewässer in der Aue
- Rückbau begradigter Fließgewässer im Einzugsgebiet der Elbe, wo dies möglich ist
- Rücknahme von Uferbefestigungen und Dämmen in Flußabschnitten, wo dies möglich ist
- Extensive Bewirtschaftung der Grünlandflächen in den Auen mit einem ökologisch vertretbaren Viehbestand
- Unterbindung des Grünlandumbruchs in den Vorländern und schrittweise Rückführung von Ackerland zu Grünland
- Renaturierung bisheriger Agrarflächen
- Umorientierung der forstlichen Nutzung zu standortgerechtem Gehölzbestand (Weich- und Hartholzaue)
- Vergrößerung vorhandener und Schaffung neuer Retentionsflächen zur Rückhaltung der Hochwässer
- Wiederbewaldung ehemals forstwirtschaftlich genutzter Flächen im Einzugsgebiet der Elbe
- Verzicht auf Nutzung von Wasser der Elbezuflüsse zur Verfüllung der Braunkohletagebaurestlöcher
- Wiedervernässung ehemaliger Feuchtgebiete
- Renaturierung von Rohstoffentnahmestellen.

Literatur

Petermeier, A., Schöll, F., Tittizer, T. (1994):
Historische Entwicklung der aquatischen Lebensgemeinschaft (Zoobenthos und Fischfauna) im deutschen Abschnitt der Elbe. BfG-Gutachten 0832, Koblenz.

Trendstudie zur langfristigen Schadstoffkontamination von Elbfischen zwischen 1979 und 1994

R. Kruse, U. Ballin, K.-E. Krüger; Cuxhaven

1. Einleitung

Das Aufkommen von marktfähigen Fischarten in der Elbe führte noch im ersten Drittel unseres Jahrhunderts stellenweise zu Jahreserträgen von mehreren 10 kg pro Hektar [1]. Als Folge wasserbaulicher Maßnahmen sowie zivilisatorischer stofflicher Gewässerbelastung hat die kommerzielle Elbfischerei ihre Bedeutung in den zurückliegenden Jahrzehnten fast völlig eingebüßt. An nutzbaren Arten spielt praktisch nur noch der Aal eine gewisse Rolle.

Neben dem drastischen Resourcenrückgang steht aber auch die Belastung der Elbfische mit verschiedenen Schadstoffen einer Vermarktung entgegen. Als biologische Schadstoffakkumulatoren spiegeln Fische auf hochgradig verstärktem Niveau das Kontaminationsgeschehen ihres aquatischen Milieus wieder. Infolgedessen besteht gegenwärtig beim gewerbsmäßigen Inverkehrbringen von Elbfischen aus bestimmten Flußabschnitten ein erhebliches Risiko des Verstoßes gegen lebensmittelrechtliche Bestimmungen.

Der jeweils im Einzelfall zu führende Nachweis von Verstößen stellt nach unserer Auffassung nicht die effektivste Form des Konsumentenschutzes dar. Als erfolgversprechendere Alternative hat sich auch hier das Modell des Monitoringsystems erwiesen, bei welchem mögliche zeitliche Trends und regionale Belastungsschwerpunkte durch systematische Beprobung ermittelt werden. Die hierbei gewonnenen Daten beschreiben die Situation besser als es über eine Summe von Einzelbefunden erreichbar wäre.

2. Material und Methode

2.1 Proben

Im Rahmen der vorliegenden Arbeit werden die an folgenden drei Probengruppen erhaltenen Ergebnisse beschrieben:

- Aale an der Station Lauenburg von 1978 bis 1993 *)
- Brassen an der Station Lauenburg von 1979 - 1993 *)
- Aale gezogen als aktuelle Planproben der amtlichen niedersächsischen Lebensmittelüberwachung in den Jahren 1993 und 1994.

2.2 Untersuchungsparameter

Die Untersuchungen erfolgten ausschließlich an Einzelfischen und erstreckten sich auf die Schwermetalle Hg, Pb, und Cd und (mit Einschränkungen) auf folgende chlorierte Kohlenwasserstoffe: Hexachlorbenzol, die HCH-Gruppe (a-, b-, g- und d-Isomeres),die DDT-Gruppe (4,4'- und 2,4'-ISOMERE VON DDT, DDD und DDE) Octachlorstyrol und die Leitkongeneren der PCB (28, 52, 101, 118, 138, 153, 180 und 194).
Ferner wurden Länge, Gewicht und Fettgehalt jedes Individuums ermittelt.

2.3 Analysenverfahren

Die Ermittlung der Schwermetalle erfolgte nach unterschiedlichen Modifikationen der AAS (Quecksilber: Kaltdampf-, Blei und Cadmium: Graphitrohrofen-Methode).
Die Gehalte an organischen Kontaminanten wurden durch Doppel-Kapillar-ECD-Gaschromatographie bestimmt.

---

*) Für die Beschaffung und Bereitstellung der Proben danken wir der Sportanglervereinigung Lauenburg sowie Herrn Erhard Wiese, Lauenburg.

3. Ergebnisse

3.1 Schwermetalle

Innerhalb der Gruppe der drei berücksichtigten Schwermetalle dominiert das Quecksilber mit Gehalten von mehreren mg/kg je nach Fischart und Organ. Von besonderem Belang ist hierbei sein Vordringen in die Muskulatur der Fische als dem verzehrbaren Anteil. Die beiden anderen Metalle erreichen in der Muskulatur nur Gehalte im unteren oder sogar nur im sub-µg/kg-Bereich. Hohe Gehalte im mg/kg-Bereich werden in nicht zum Verzehr bestimmten Organen wie Leber und Niere angetroffen.

Sinnvoll interpretierbare Langzeiteffekte lassen sich innerhalb der Gruppe der Schwermetalle nur beim Quecksilber aufzeigen (Vergl. Abb. 1). Beide Fischarten weisen seit Ende der 70er Jahre eine ansteigende Belastung auf, die Mitte bis Ende der 80er Jahre ein mehrfach grenzwertüberschreitendes Niveau erreichte. Seit Beginn der 90er Jahre ist die Hg-Belastung der Fische deutlich zurückgegangen. Der nationale [2] bzw. innergemeinschaftliche [3] Grenzwert von 0,5 mg/kg für Brasse und 1,0 mg/kg für Aal wird nur noch gelegentlich überschritten.

3.2 Organochlor-Pestizide und PCB-Kongeneren

Eine Zusammenfassung der gesetzlichen Vorgaben [3,4,5] für organische Schadstoffe in Fischen erfolgt in Tab. 1. Bei beiden Fischarten (Abb. 2 und 3) hat über längere Zeit das Hexachlorbenzol eine dominierende Rolle als elbspezifische Kontaminante auf grenzwertüberschreitendem Niveau gespielt. Sowohl die Gehalte dieser Noxe als auch - auf niedrigerem Niveau - die des Octachlorstyrols sind während des Untersuchungszeitraums innerhalb von 10 Jahren auf bis zu 1/5 der ursprünglichen Werte zurückgegangen.

Hohe Gehalte waren anfangs auch bei den DDT-Metaboliten 4,4'-DDE und 4,4'DDD sowie bei PCB-Leitkongeneren festzustellen. Der Rückgang verlief bei diesen Stoffgruppen verhaltener und wurde während eines Jahrzehnts höchstens halbiert bzw. blieb annähernd konstant. Bei den in - relativ gesehen - niedrigeren

Gehalten vorkommenden Vertretern der HCH-Gruppe sind mehrheitlich keine interpretierbaren zeitlichen Trends zu erkennen. Die Gehalte dieser Stoffgruppe weisen z. T. sprunghafte jährliche Änderungen auf.

3.2.1 Einfluß des Bezugssubstrates

Die Darstellung der auf Frischsubstanz bezogenen Ergebnisse läßt bei einigen der genannten Verbindungen (HCB, OCS) eine gute Übereinstimmung mit dem zeitlichen Verlauf des Fettgehaltes insbesondere beim Aal erkennen (vergl. Abb.4). Während der letzten Jahrzehntwende wurde ein Minimum sowohl einiger der CKW-Gehalte als auch der Fettgehalte durchlaufen. Der Anstieg der Gehalte einiger lipophiler Kontaminanten kann daher mit der aktuell verbesserten Nahrungssituation der Elbfische erklärt werden und belegt nicht einen möglichen Wiederanstieg der Gewässerbelastung.

4. Vermarktung

Die Kontamination der Elbaale mit HCB übersteigt, trotz des anhaltenden Rückganges dieser Noxe, noch in vielen Fällen den Grenzwert der Pflanzenschutz- bzw. Rückstands-Höchstmengenverordnung [4, 5]. Eine die nationale Schadstoff-Höchstmengenverordnung [2] betreffende Grenzwertüberschreitung durch Hg bei Aalen und Brassen ist nur noch in Einzelfällen und dann geringgradig zu erwarten. Werden die Gehalte entsprechend der EU-Entscheidung 93/351 [3] bewertet, dürfte aufgrund der dort vorgeschriebenen Mischprobenuntersuchung (n = 10 bei Aal, n = 5 bei Brasse) in kaum einem Fall eine Überschreitung festzustellen sein. Eine von uns veranlaßte Beprobung von Aalen des Handels hat ergeben, daß derzeit im Einzelfall Fische mit Rückständen an elbspezifischen Kontaminanten anzutreffen sind (Abb. 5). In Übereinstimmung mit der vorangegangenen Trendanalyse ist aber deren Hg-Gehalt bereits nicht mehr auffällig erhöht. Die Hinweise auf eine Herkunft aus der Elbe oder einem angrenzenden Gewässer ergeben sich erst bei Prüfung der Rückstände von chlororganischen Verbindungen mit ihren "verräterischen" Anteilen an HCB und OCS.

Stoff/Stoffgruppe	Gesetzl. Vorgaben / zul. Höchstw.		
I. Polychlorierte Biphenyle	**Schadstoff-Höchstmengen-Verordnung SHmV v. 23.03.1988**		
	in Frischs.		
Nr. 28, 52, 101, 180	0,08	Seefische	
	0,2	Süßwasserf.	
	0,4	Dorschleber	
Nr. 138, 153	0,1	Seef.	
	0,3	Süßwasserf.	
	0,6	Dorschleber	
II. Pflanzenschutzmittel	**Rückstands-Höchstmengen Verordnung RHmV, (In Vorbereitung, löst die Pflanzenschtzmittel-HmV ab)**		
	in Frischs.	im Fett	
Gesamt-DDT	0,5	5,0	Fisch allg.
Hexachlorbenzol	0,05	0,5	"
Gesamt-HCH	0,05	0,5	Aal
"	0,02	0,2	Fisch allg.
Lindan	0,1	1,0	Aal
"	0,05	0,5	Fisch allg.
Aldrin + Dieldrin	0,03	0,3	Leber / Rogen
"	0,02	0,2	Fisch allg.
Polychlorierte Terpene (Toxaphen)	0,01	0,1	Fisch allg.
Dichlobenil, Dichlorbenzamid, Simazin, Terbutryn	0,05		"
Aldicarb, Coumaphos, Dichlorvos, Endosulfan, Ethion, Propanil, Propargit, Chlordan, Endrin, Heptachlor, Mirex	0,01		"

Angaben in mg/kg

Tab. 1: Organische Schadstoffe in Fischen
Gesetzliche Regelungen, Stand: April 1994 (Angaben in mg/kg)

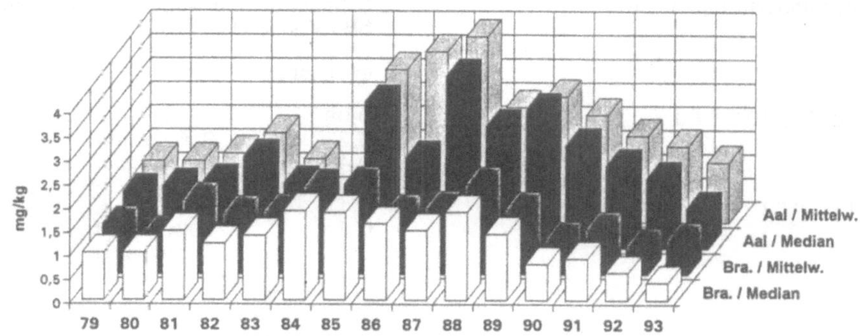

Abb. 1: Hg-Gehalte von Aalen und Brassen der Elbe bei Lauenburg (VUA CUX 1994)

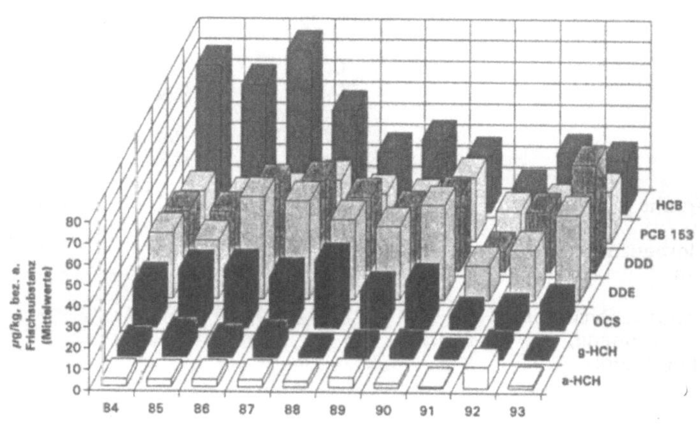

Abb. 2: Chlorierte Kohlenwasserstoffe in Brassen der Elbe bei Lauenburg (VUA CUX 1994)

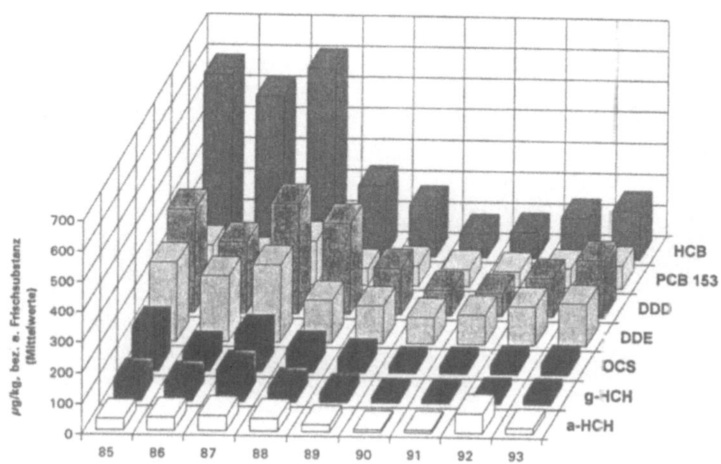

Abb. 3: Chlorierte Kohlenwasserstoffe in Aalen der Elbe bei Lauenburg (VUA CUX 1994)

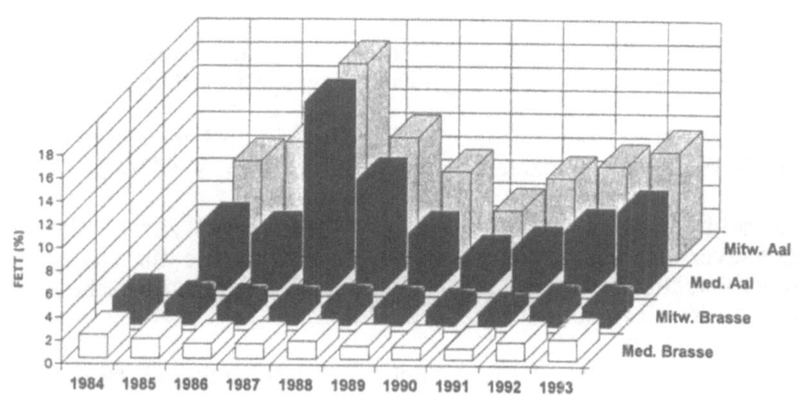

Abb. 4: Fettgehalte in Aalen und Brassen der Elbe bei Lauenburg (VUA CUX 1994)

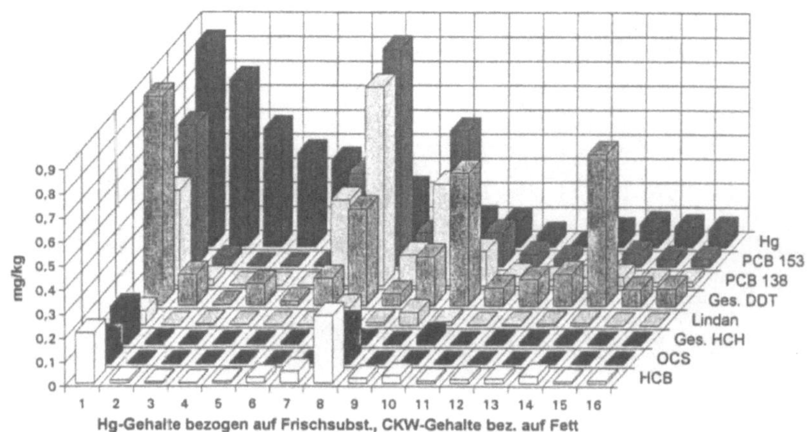

Abb. 5: Quecksilber und Chlorierte Kohlenwasserstoffe in Aalproben des Handels (VUA CUX 1994)

Literatur:

1. Pape, A. (1952): Untersuchungen über die Erträge der Fischerei der Mittelelbe und die Auswirkungen des Ertragsniederganges. Z.f.Fischerei I NF, 45-72

2. Verordnung über Höchstmengen an Schadstoffen in Lebensmitteln vom 23. März 1988. Bundesgesetzblatt, Jahrgang 1988, Teil I, S. 422-424

3. Entscheidung der Kommission vom 19. Mai 1993 zur Festlegung der Analyseverfahren, Probenahmepläne und Grenzwerte für Quecksilber in Fischereierzeugnissen (93/351/EWG). Amtsblatt der Europäischen Gemeinschaften Nr. L 144 vom 16.06.93, S. 23-24

4. Fünfte Verordnung zur Änderung der Pflanzenschutzmittel, Höchstmengenverordnung vom 9. Juli 1992. Bundesgesetzblatt, Jahrgang 1992, Teil I S. 1313-1318

5. Rückstands-Höchstmengenverordnung (im Entwurf)

Beziehungen zwischen Nahrungsbasis, Wachstum und Kontamination von Fischen in der mittleren Elbe

T. Augst; Dresden

Zielstellung der Untersuchungen war es, im Ökosystem Elbe die Entwicklung der Schadstoffkontamination und deren mögliche Auswirkungen auf die Organismen unter der seit Ende der 1980er/ Anfang der 1990er Jahre stark veränderten Belastungssituation zu verfolgen. Dazu wurden u.a. umfangreiche Untersuchungen an Fischen durchgeführt. Dabei sollte auch zur Frage Stellung genommen werden, ob sich im Zuge der Änderungen in der Besiedlung der Elbe mit Makrozoobenthon auch die Nahrungsbasis für die Fischfauna geändert hat. Desweiteren sollte das Wachstum der Fische unter den gegebenen Bedingungen untersucht und verschiedene weitere Parameter erfaßt werden, die nähere Aussagen über eine Fischpopulation zulassen. Parallel dazu sollte die Kontamination verschiedener Organe der Fische mit Quecksilber (Hg) als ein prioritär zu untersuchender Schadstoff ermittelt werden, um mögliche Beziehungen zwischen Nahrungsbasis, Wachstum und Schadstoffbelastung in den Fischen herauszufinden.

Die Untersuchungen sind Bestandteil eines von der Deutschen Forschungsgemeinschaft geförderten Forschungsprojektes mit dem Thema "Biozönotische Struktur und Schadstoffkontamination von Ökosystemgliedern in der oberen Elbe".

Das Untersuchungsgebiet erstreckt sich von Steti in der Tschechischen Republik bis nach Barby (Sachsen-Anhalt) unmittelbar im Bereich der Einmündung der Saale. Die übrigen Probenahmestellen liegen alle in Sachsen. Es sind dies die Elbhäfen Prossen, Dresden-Loschwitz und Meißen sowie die Stromelbe im Stadtgebiet von Dresden.

Im Rahmen des o.g. Forschungsprojektes wurden jeweils im Frühjahr bzw. Herbst größere Untersuchungskampagnen gemeinsam mit der Arbeitsgruppe von Dr. Karbe vom Institut für Hydrobiologie und Fischereiwissenschaften der Universität Hamburg durchgeführt. Das dabei gewonnene Material wurde von uns sowohl zur Erfassung der Belastung der Fische mit Schadstoffen, als auch zur Ermittlung unterschiedlicher populationsbeschreibender Parameter verwendet. Das gleiche Material nutzten die Hamburger Kollegen für ihre ökotoxikologischen und biochemischen Untersuchungen.

Neben den Ergebnissen, die seit 1992 während der Projektlaufzeit gewonnen wurden, war es möglich, auf vergleichbare Werte aus den Jahren 1989 bis 1992 zurückzugreifen, die im Institut für Hydrobiologie der TU Dresden bereits vorliegen. Es bot sich an, diese Werte mit den neueren Befunden vergleichend auszuwerten.

Die vorgestellten Ergebnisse beziehen sich fast ausnahmslos auf den Brassen (*Abramis brama*), da diese Fischart die einzige ist, die an allen Untersuchungsstationen in ausreichender Individuenzahl vorkommt und somit eine gute Vergleichbarkeit zwischen den verschieden Lokalitäten möglich ist. An dieser Stelle sei darauf verwiesen, daß der Brassen auch von der ARGE ELBE, der LAWA und der IKSE als bevorzugtes Untersuchungsobjekt genutzt wird.

Die Quecksilbergehalte in verschiedenen Organen der Fische wurden nach dem Prinzip der Mikro-Kaltdampf-AAS bestimmt. Da die Hg-Gehalte in den Proben meist relativ gering sind, wurde ein von HATCH & OTT (1968) entwickeltes Quecksilberbestimmungssystem verwendet.

Die zunehmende Verbesserung der Wasserbeschaffenheit in der Elbe seit 1989/90 im Ergebnis erster Sanierungsmaßnahmen, umfangreicher Produktionseinschränkungen sowie Betriebsstillegungen hat zu einer deutlichen Zunahme der Artenvielfalt der Makrozoobenthonbiozönose geführt. Ausgehend von dieser Tatsache liegt die Vermutung nahe, daß auch das Nahrungsangebot für die Fische Veränderungen unterworfen sein könnte.

Deshalb wurden an Brassen, Plötzen, Barschen, Hechten und Zandern Nahrungsanalysen durchgeführt.

Die massenhaft vorkommenden Arten des Makrozoobenthon (z.B. Hydropsyche contubernalis, verschiedene Chironomidenarten und Bithynia tentaculata) sind der-

zeit noch die gleichen wie bis 1989. Diese Arten repräsentieren auch den weitaus größten Prozentsatz in der Nahrung der Friedfischarten Brassen und Plötze. Der prozentuale Anteil der übrigen Nährtiere ist sehr gering (< 5%). Es kann eingeschätzt werden, daß sich prinzipiell am Nahrungsspektrum der untersuchten Fischarten noch keine sehr deutlichen Veränderungen zeigen.
Bei einer fortschreitenden Verbesserung der Wasserbeschaffenheit ist auch künftig mit einer Zunahme der Artenzahl sowie mit Verschiebungen in der Zusammensetzung der Benthonbiozönose zu rechnen. Dadurch kann sich einerseits das Nahrungsspektrum für die Fische ändern, andererseits sind auch Rückkopplungen auf die Schadstoffkontamination infolge von Veränderungen des Wachstums der Fische denkbar. Hier müssen weitere Untersuchungen ansetzen.

Mit Hilfe von Wachstumsrückberechnungen anhand von Kiemendeckeln (und Schuppen) konnte für die Brassen aus der Elbe gezeigt werden, daß das Längenwachstum im Vergleich zu Brassen aus anderen Gewässern (Talsperre Bautzen - optimales Wachstum - SCHULTZ 1990, 1993 und Havel - verbutteter Bestand - BAUCH 1953, 1958) im Normalbereich liegt.
Bei einer Beurteilung der Wachstumskurven für die Brassen von den Fangstellen in der Elbe fällt auf, daß sich diese Populationen mehr oder weniger deutlich unterscheiden. Das beste Wachstum wurde an der Station Barby ermittelt. Individuen aus dem Elbhafen Dresden-Loschwitz weisen die geringsten Zuwachsraten auf; bei diesen Tiere knickt die Wachstumskurve schon bei einem Alter von ca. 6 Jahren ab und bleibt dann deutlich unter den Kurven für die anderen Stationen zurück.

Vergleicht man die Kondition, d.h. das Verhältnis von Länge und Gewicht der untersuchten Brassen für die einzelnen Untersuchungsstationen, so zeigen sich keine signifikanten Unterschiede. Gleiches gilt für eine Gegenüberstellung der Daten von Brassen aus dem Elbhafen Prossen und der Talsperre Bautzen (SCHULTZ 1993).
Bei der Bearbeitung des Fischmaterials wurden auch die Gonadengewichte unter Berücksichtigung des jeweiligen Reifegrades bestimmt. Dabei wurde sowohl für Brassen als auch für Plötzen ein hoher Prozentsatz von weiblichen Tieren mit offensichtlich geschädigten Gonaden festgestellt. Dieser liegt bei 15% bis 28% aller unter-

suchten Weibchen. Die Schädigungen äußern sich in einer anormalen Struktur der Gonaden; diese machen einen verhärteten und regelrecht eingetrockneten Eindruck. Das Gewicht solcher Gonaden liegt im Vergleich zu normal ausgebildetem Rogen (jeweils im Verhältnis zum Körpergewicht) deutlich niedriger.
Da für dieses Phänomen momentan noch keine Erklärung vorliegt, wird es als dringend erforderlich angesehen, diese Problematik auch zukünftig zu verfolgen und mögliche Gründe für diese Gonadenschädigungen zu finden. Deshalb ist eine Zusammenarbeit mit Fischpathologen und anderen Fischereiwissenschaftlern anzustreben.

Bezüglich der Quecksilberkontamination der Brassen wurden für die einzelnen Untersuchungsstationen recht unterschiedliche Ergebnisse ermittelt. Da am Institut für Hydrobiologie der Technischen Universität Dresden bereits seit 1989 derartige Untersuchungen durchgeführt werden, bietet sich ein Vergleich mit den daraus resultierenden Befunden an.

Infolge der deutlichen Verbesserung der Wasserbeschaffenheit der Elbe seit Anfang der 1990er Jahre wurde für die Hg-Kontamination der Fische ebenfalls mit einem mehr oder weniger deutlichen Rückgang gerechnet. Diese Erwartung konnte bis zum heutigen Zeitpunkt jedoch nur bedingt bestätigt werden (Fangstelle Barby).
Im Gegensatz dazu konnte an den Stationen Elbhafen Prossen, Elbhafen Dresden-Loschwitz und insbesondere für Brassen aus der Stromelbe im Stadtgebiet Dresden ein (zumindest vorübergehender) Anstieg der Hg-Gehalte in den verschiedenen Organen festgestellt werden. Seit der Probenahme im Oktober 1993 zeichnet sich jedoch auch an diesen Stationen eine Trendwende ab.
An der Station Steti in der Tschechischen Republik stellt sich die Situation im Untersuchungszeitraum 1990 bis 1993 relativ unverändert dar. Der Grund dafür ist in der prinzipiell gleichbleibenden Belastungssituation der Elbe in diesem Gebiet zu suchen.

Bei einer räumlichen Betrachtung der Untersuchungsergebnisse, d.h. jahresweise für jede der einzelnen Untersuchungsstationen, werden für Barby im Jahre 1990 die

mit Abstand höchsten Hg-Gehalte in Organen von Brassen festgestellt. Diese liegen um den Faktor 2...3,5 über den Werten, die für die Tschechische Republik und den Elbhafen Prossen ermittelt wurden, was sowohl für Muskulatur- als auch für Leberproben gilt.
Im Jahre 1992 - der Belastungsrückgang in Sachsen-Anhalt ist bereits deutlich spürbar - wird der Schwerpunkt der Belastung im Stadtgebiet von Dresden festgestellt. Für die übrigen Lokalitäten wird eine zunehmende Vereinheitlichung der Meßwerte dokumentiert.
Beim Vergleich der Befunde der Frühjahrs- und Herbstbeprobung 1993 wird eine rückläufige Tendenz in den Quecksilbergehalten in den Organen der Brassen deutlich. Dieser Rückgang ist in den inneren Organen (Niere) stärker ausgeprägt als in der Muskulatur und ist somit ein Beleg für die Exkretionsfunktion der inneren Organe; die Muskulatur hingegen ist kein Hg-Exkretionsorgan; in ihr erfolgt eine festere Bindung des aufgenommenen Quecksilbers.

Der Versuch, die Daten der Quecksilberkontamination mit denen der ökologischen und populationsdynamischen Untersuchungen zu verknüpfen, d. h. Zusammenhänge zwischen solchen herzustellen, zeigt, daß mit zunehmendem Alter der Brassen eine steigende Quecksilberakkumulation in den Organen erfolgt. Eine Ausnahme bilden hierbei lediglich die ältesten Individuen; bei ihnen werden wieder geringere Hg-Gehalte gemessen.

Mit Hilfe der FULTON´schen Formel: $K = G * 100/Lt^3$

läßt sich der Korpulenzfaktor für Fische berechnen. In diese Formel gehen das Gewicht (G) und die Länge (Lt) der Fische ein. Setzt man die gefundenen Hg-Konzentrationen in Beziehung zur Korpulenz der Fische (getrennt nach Geschlechtern), konnten für die bisherigen Untersuchungen noch keine signifikanten Korrelationen gefunden werden, auch nicht, wenn vom Gesamtgewicht das Gewicht der Gonaden abgezogen wurde, um somit den Einfluß unterschiedlicher Reifegrade zu eliminieren.

Literatur

Bauch, G. (1953): Die einheimischen Süßwasserfische. 1. Aufl., Radebeul und Berlin: Neumann Verlag.

Bauch, G. (1958): Untersuchungen über die Gründe für den Ertragsrückgang der Elbefischerei zwischen Elbsandsteingebirge und Boizenburg. Z. Fischerei NF 7, 3/6:161 - 437.

Hatch & Ott (1968): Cold vapour mercury determination. Anal. Chem. 40: 2085.

Schultz, H. (1990): persönliche Mitteilung.

Schultz, H. (1993): persönliche Mitteilung.

Charakteristik der Struktur und Biomasse der Gesellschaften von Organismen im Längsprofil der Elbe auf dem Gebiet der Tschechischen Republik

P. Punčochář; Prag

Einleitung

Eines der Ziele der Internationalen Kommission zum Schutz der Elbe (IKSE) besteht darin, eine Verbesserung der Gewässerökosysteme im Einzugsgebiet der Elbe zu erreichen, ihren Schutz zu gewährleisten und dadurch dem naturnahen Zustand mit einer natürlichen Artendiversität anzunähern.

Grundlage für die vorgeschlagenen Verbesserungs- sowie Schutzmaßnahmen ist die Kenntnis des aktuellen Gewässerzustandes. Die gegenwärtigen Forschungs- und Monitoringarbeiten konzentrieren sich vor allem auf eine umfangreiche Palette von chemischen und physikalischen Kennwerten. Die biologischen Parameter dagegen sind nur in beschränktem Umfang in diesem Programm vertreten, obwohl gerade die naturnahe Struktur der natürlichen Lebensgemeinschaften zu den Hauptzielen der Verbesserungsmaßnahmen und der Schutzempfehlungen gehört. Nicht übersehen werden darf dabei das Interesse der Öffentlichkeit, die die Fragen der Wasserreinheit nicht nur mit ihrer Rolle als Trinkwasserquelle, sondern auch mit der Anwesenheit von Lebewesen, vor allem von konsumierbaren Fischen, in Zusammenhang bringt. Der Vorzug des Biomonitorings besteht auch in seinem komplexen Charakter, denn es integriert die Wirkung biotechnischer und abiotischer Faktoren über eine lange Zeitachse. Die Nachteile aber liegen in der beträchtlichen natürlichen Variabilität der Indikatorarten, den hohen Ansprüchen an die benutzten Methoden sowie den Schwierigkeiten bei der eindeutigen Interpretation. Auch wenn die Aktualisierung der Methoden diese Nachteile vermindert, bleibt ihre begrenzte Anwendungsfähigkeit nach wie vor bestehen. Sie wird dazu durch die Tatsache verstärkt, daß Auswertung und Interpretation der Ergebnisse häufig Nichtbiologen übertragen werden.

Der folgende Beitrag bringt Informationen über die Lösung des Themenkomplexes "Grundlagen des Biomonitorings und Untersuchung der Kontaminierung der Biomasse der in der Elbe lebenden Organismen", der Bestandteil des tschechischen nationalen Projektes Elbe war. Die Lösung konzentrierte sich zum einen auf die Erfassung der Struktur der Biozönosen, zum anderen auf die Ermittlung der Kontaminierung der Biomasse ausgewählter Glieder der Nahrungskette.

Untersuchte Elemente der Biozönosen

- Ichtyozönosen der Elbe und ihre Verhältnisse zur Schadstoffbelastung des Flußlaufes (Artenzusammensetzung der Fischbesiedlung, Kontaminierung der Biomasse)
- Struktur des Makrozoobenthos und Kontaminierung seiner Vertreter durch Schwermetalle (Artenstruktur, Bestimmung von 3 Metallen in der Biomasse von sieben Arten, Erfassung morphologischer Deformationen der Chironomidenlarven)
- Produktion von Aufwuchs und seine Kontaminierung durch Schadstoffe (Analyse der Aufwüchse auf künstlichen Unterlagen nach einer 4-5-wöchigen Exposition)
- Auftreten von Makrophyten im Flußlauf und in der Uferzone der Elbe, Bestimmung des Schwermetallgehaltes bei ausgewählten Arten (Charakteristik des Artenspektrums und seine historische Entwicklung, Bestimmung von 9 Metallen in 9 Pflanzenarten)
- Verteilung des Phytoplanktons entlang des Laufs der Elbe im Verhältnis zur Nährstoffkonzentration (Änderungen des Chlorophylls a, der Phaeophytine und der Artenstruktur des Phytoplanktons in der Elbe und den Hauptnebenflüssen).

Lokalitäten und Zeitverlauf der Arbeiten

Die angeführten Biozönosen wurden von 1992 - 1994 in sechs entlang des Flußlaufes auf dem Territorium der Tschechischen Republik verteilten Grundprofilen verfolgt, die meistens in der Nähe der internationalen Profile der IKSE lagen (Abb. 1).

Ergebnisse

Im tschechischen Abschnitt der Elbe konnten 33 Fischarten nachgewiesen werden, wobei im Vergleich zum Stand vor etwa 100 Jahren 6 Fischarten verschwanden (vor allem Wanderfische) und 3 Arten neu vertreten waren. Verglichen mit früheren Ergebnissen sank der Anteil der Raubfische, der der Karpfenartigen jedoch verdoppelte sich. Die Analysen der Fische zeugen von der Überschreitung des Hygienelimits der PCB- und Quecksilberkonzentration in der Elbe unterhalb von Pardubice (unterhalb des Flußkilometers 240) und unterhalb Ústí nad Labem (Flußkilometer 40). Im Einklang mit dem Vorgehen in der Bundesrepublik Deutschland wurde der Beurteilung des Brachsen (Abramis brame) als Signalfischart Aufmerksamkeit gewidmet (Tab. 1); detaillierte Angaben siehe /5/, /6/.

Die Artenstruktur des Makrozoobenthos zeigte die Verschlechterung der Gewässergüte ab Kilometer 252,2 an, also ab Beginn der Lokalisierung großer punktartiger Einleitungsquellen (städtische Abwässer, Industrie) - siehe /3/. Das wurde auch durch die Änderung des Saprobitätsindex bestätigt. Aus der Analyse geht die Verunreinigung durch organische Stoffe und Nährstoffe auf der gesamten Länge des Flußlaufes hervor, wobei 30 Stellen Zeichen der chemischen Kontaminierung tragen. Hinsichtlich der saprobiologischen Beurteilung wurde eine leichte Verbesserung gegenüber dem Zustand in den Jahren 1985 - 1990 festgestellt.

Die Kontamination der Benthosorganismen korrelierte mit dem Auftreten von Metallen in den Sedimenten, und die Daten bestätigten bereits ab Kilometer 252 eine erhebliche Verunreinigung des Flußlaufes (Tab. 2). Eine Überraschung waren auch die relativ hohen Metallwerte in der Biomasse der Fauna im höchstliegenden Profil (km 313,5), die von der Belastung des gesamten Elbelaufs zeugen. Die niedrigste Kontaminierung der Biomasse mit Schwermetallen (Blei, Kadmium und Quecksilber) wurde in Bythinia tentaculata und Sphaerium corneum festgestellt; die größte dagegen wiesen Chironomidenlarven (Pb, Cd) und Radix auricularia (Hg) auf. Das Auftreten von morphologischen Deformationen der Zuckmückenlarven der Familie Glyptotendipes zeigten weder zur Höhe der Kontaminierung der Biomasse eine lineare Beziehung noch zu den Veränderungen der Diversität der Lebensgemeinschaften. Die Häufigkeit von 20 - 36 % ist der höchste bisher publizierte Wert; die ungleichmäßige Verteilung der analysierten Art erlaubt jedoch keine detaillierte statistische Analyse.

Die Konzentration der Schwermetalle in Aufwuchs kulminierte ebenfalls im Profil Valy (Flußkilometer 227,3), wo gleichzeitig auch die größte Aufwuchsproduktion registriert wurde. Entlang dem Flußlauf nahm die Quecksilberkonzentration im Aufwuchs zu; dagegen ging die von Blei, Kupfer, Chrom und Silber zurück. Das Auftreten von organischen Mikropollutanten in den Aufwüchsen zeugte von der Kontaminierung durch Pestizide im oberen Teil des Flußlaufes; im Profil Hřensko (Flußkilometer 1,6) wurde die Zunahme von HCB und PCB registriert. Die Ergebnisse der Aufwuchsanalyse bestätigten, daß diese bedeutsame Nahrungskomponente benthiner Organismen eine Quelle der Belastung ihrer Biomasse mit Schermetallen darstellt. Diese Schwermetallkonzentration in der Biomasse von Makrophyten war ein Anzeiger für die Kontaminierung des Elbwassers, denn am Ufer nahm mit der Entfernung vom Flußbett die Schwermetallkonzentration in den Pflanzen ab. Die größte Akkumulation wurde bei den submersen Arten (Callitriche, Myriophyllum, Ceratophyllum) festgestellt; trotzdem wiesen die im Flußbett oder in der ufernahen Zone wurzelnden Pflanzen entlang des Flußlaufes in ihrer Biomasse ebenfalls Änderungen der Schwermetallkonzentration auf (Tab. 2). Am schwersten betroffen war die Vegetation bei Flußkilometer 117,3, also unterhalb des Abschnitts mit einer Reihe von punktuellen Verunreinigungsquellen /3/. Überraschend war die Kontaminierung der Vegetation unterhalb Pardubice (Kilometer 227,3 bzw. 152,2) am geringsten. Neben den natürlichen Eigenschaften des Flußbettes (Gefälle, Untergrund) beeinflussen die Schiffahrt und die damit verbundenen Aktivitäten die Artenzusammensetzung der Vegetation im Längsprofil der Elbe am stärksten. Infolge des seit 1977 durch die Kohlentransporte für das Kraftwerk Chvaletice gestiegenen Schiffsverkehrs zwischen den Flußkilometern 109 und 211 sank die Artenvielfalt der

Wasserpflanzen; submerse und emerse Pflanzen, insbesondere das Laichkraut (Potamogeton) und die Kleine Seerose (Nymphaea candida), gingen zurück. Auf die Vegetation der Talflur wirken sich die ungemähten Wiesen negativ aus, denn sie verbuschen und die Artenvielfalt sinkt.

Die hohe Eutrophierung des Flußlaufes macht sich infolge der Belastung mit Nährstoffen bereits im oberen Viertel des Laufs durch Zunahme des Phytoplanktons bemerkbar. Das Phytoplankton wird durch den Aufstau des Wassers und die Beimpfung aus den Zuflüssen begünstigt. Die Chlorphyllkonzentrationen erreichen bereits auf dem Gebiet der Tschechischen Republik 100 $\mu g \cdot l^{-1}$; in der Struktur des Phytoplanktons dominieren Grünalgen; aber auch Cyanobakterien treten auf. Die Algenzellen erreichen sogar schon ab Flußkilometer 338 eine Abundanzzahl von 10^{-4} Zellen/l; weitergehende Angaben - siehe /1/.

Die Lösung der Eutrophierung ist ein Langzeitproblem, denn rund 40 % der Phosphorbelastungen gelangt aus diffusen Quellen in den Fluß und es ist schwierig, ihre Zufuhr schnell zu verringern. Die Untersuchung der Entwicklung der Eutrophierung im Elbebereich und die systematische Einschränkung der Nährstoffzufuhr (vor allem von Phosphor wegen der Süßwasserbiotope und von Stickstoff wegen des Meeres) gehören zweifellos zu den Prioritäten der Aktionsprogramme der IKSE.

Schlußfolgerungen

Die Daten über die Biozönosen der Elbe auf dem Gebiet der Tschechischen Republik dokumentieren die gegenwärtige Struktur der Lebensgemeinschaften (Biovariabilität) und informieren über die Belastung der Glieder der Nahrungskette durch Schadstoffe. Damit ist die Grundlage sowohl für die nachfolgende Beurteilung der Verbesserungs- und Schutzmaßnahmen als auch für die Beurteilung der Veränderungen im Zustand der Biozönosen durch Einführung des Biomonitorings geschaffen.

Die Erweiterung des Spektrums der biologischen Kennziffern und ihre koordinierte Einführung im Rahmen der internationalen Gemeinschaftsprogramme der IKSE würde erheblich zur Gewinnung relevanter und vergleichbarer Angaben über Entwicklung und Änderungen des Ökosystems der Elbe beitragen.

Dankesworte

Mein herzlicher Dank gehört den Mitarbeitern, deren Arbeitsergebnisse in diesem Beitrag präsentiert wurden. Es handelt sich um Frau Dr. rer. nat. B. Desortová CSc., die Herren Dipl.-Ing. J. Vostradovský CSc., Dr. rer. nat. J. Fuksa CSc, und Dr. rer. nat. M. Fiala (alle aus dem Forschungsinstitut VÚV T.G.M.), Frau Dr. vet. Z. Svobodá Dr.Sc. (Forschungsinstitut VÚRH Vodňany) und die Herren Dr. rer. nat. P. Kovář CSc., Dr. rer. nat. E. Stuchlik CSc. und Magr. M. Liška (Naturwissenschaftliche Fakultät der Karlsuniversität zu Prag).

Literatur

/1/ B. Desortová, T. Gaumert, V. Koza (1994): Verteilung des Chlorophylls a und des Phytoplanktons entlang dem Lauf der Elbe

/2/ J. Dorschner und Koll. (1993): Der Gewässerzustand der Elbe 1991 (Ergebnisse einer Bereisung mit dem Hessischen Meß- und Laborschiff "Argus" zwischen Veletov und Geesthacht). Wiesbaden, Seite 99

/3/ T. Hrubý und Koll. (1992): Punktquellen der Verunreinigung im Elberaum. 4. Magdeburger Seminar (Spindlermühle), Seite 17-22

/4/ P. Punčochář (1993): Ökologie der Elbe. In: Kongreß Wasser Berlin 93, Kurzfassungen, Fachvorträge (Berlin), Seite 118-119

/5/ J. Vostradovský, Z. Svobodá (1992): Zum gegenwärtigen Zustand der Ichtyozönosen und ihre Belastung mit Fremdstoffen in der Elbe (ČR). 4. Magdeburger Seminar (Spindlermühle), Seite 139-146

/6/ J. Vostradovský (1994): Ichtyozönosen in der tschechischen Elbe und die Möglichkeiten der wandernden Fische im tschechischen Teil der Elbe (gleiches Sammelheft)

FIG.1
BRD
POLSKO
ČR
DĚČÍN
ÚSTÍ N.L.
LOVOSICE
MĚLNÍK
PRAHA
NYMBURK
KOLÍN
HRADEC KRÁL.
PARDUBICE
LABE
0 km 30
1
2
3
4
5
6
600
500
400
300
m
200
100
D
CR
km
100
0
100
200
300

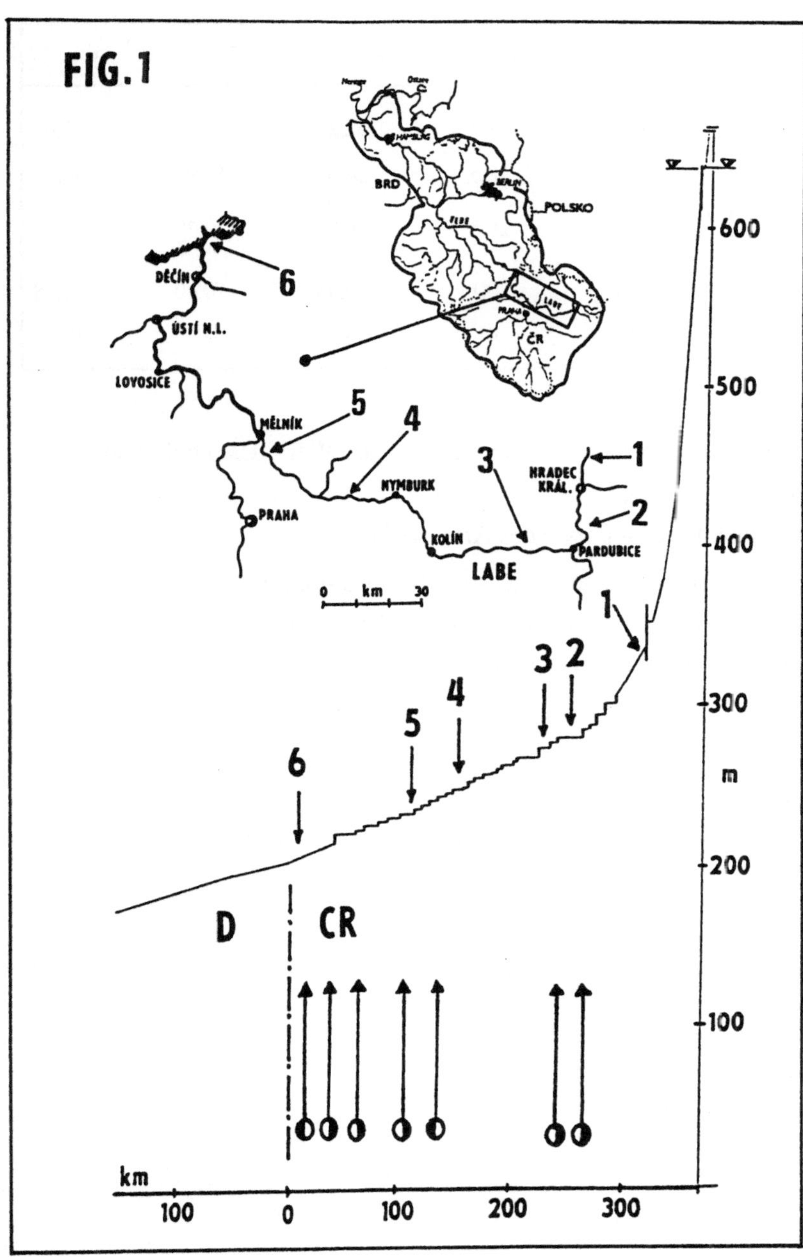

Abb.1

Standort	2	3	4	5	6
Fluß-km	252,7	227,3	152,2	117,3	1,6
S_p	46,1	18,5	24,6	16,9	36,9
S_{ab}	54,7	20,8	19,0	20,3	29,6
mg Hg* kg^{-1} (Ab)	0,15	0,11	0,44	0,40	0,28
u (Ab)	10	4	5	5	17

S - Sensorische Eigenschaften (je niedriger der Wert, desto höher der Schädlichkeitsgrad

S_p - durchschnittl. Ergebnisse des Artenspektrums

S_{ab} - Analysenergebnisse des Brachsen (*Abramis brama*)

\- Hg-Konzentration in der Biomasse des Brachsen

u - Anzahl der analysierten Fische

Tab. 1: Angaben über die Qualität der Biomasse von Fischen

Standort		1	2	3	4	5	6
Fluß-km		313,5	252,7	227,0	152,2	117,3	1,6
A	Hg	-	0,79	2,54	1,01	1,47	1,71
	Pb	-	6,71	3,72	8,53	7,71	4,61
B	Hg	0,3	1,0	3,0	2,0	8,0	11,5
	Pb	65,0	58,0	110,0	380,0	320,0	165,0
C_1	Hg	0,07	0,09	1,01	-	-	-
	Pb	15,32	9,58	26,6	-	-	-
C_2	Hg	0,03	0,02	0,08	0,02	0,04	0,02
	Pb	0,79	1,32	2,53	1,04	0,87	0,91

A - Larven der Chironomidae

B - Aufwüchse

C_1 - submerse Pflanzen

C_2 - emerse Pflanzen (Phalaris arundinacea)

Tab. 2: Schwermetallkonzentration [µg/kg] in der Biomasse mehrerer Organismen an verschiedenen Stellen der Elbe

Regeneration der Makrozoobenthos-Lebensgemeinschaft in der Mittelelbe

U. Dreyer; Magdeburg

1. Einführung

Die Lebensgemeinschaft des Makrozoobenthos der Elbe wurde durch intensive menschliche Nutzung verändert und teilweise zerstört. Vor allem die z.T. extremen Belastungen aus industriellen und kommunalen Abwassereinleitungen vor 1990 führten zu einer verarmten Fauna mit wenigen verschmutzungstoleranten Arten. Mit der Verbesserung der Belastungssituation der Elbe durch den wirtschaftlichen Strukturwandel besonders durch die verbesserten Sauerstoffverhältnisse sind Veränderungen in der Makrozoobenthos-Lebensgemeinschaft zu erwarten. Die Voraussetzungen hierfür sind günstig, da die Ufer der Elbe durch die zu DDR-Zeiten eingeschränkten Wasserbaumaßnahmen eine relativ naturnahe Struktur aufweisen. Naturnah ist die Habitatvielfalt mit Hart-und Weichsubstraten, stark strömenden Zonen und strömungsberuhigten Bereichen, Buhnenfeldern, lockeren Steinschüttungen an Buhnenköpfen und Längswerken, Sand- bzw. Kiesbänken und Felszonen (Domfelsen, Herrenkrugfelsen bei Magdeburg) und zahlreichen angeschlossenen Altarmen. Die Vielfalt an vorhandenen Lebensräumen bietet die Möglichkeit der Ansiedlung von Organismen mit unterschiedlichen Ansprüchen an Strömung und Substrat in der Elbe bei verbesserter Wasserqualität.

Generell wird die Makrozoobenthoslebensgemeinschaft von verschiedenen ökologischen Faktoren beeinflußt:

- chem. und physikalische Parameter (T, pH, Sauerstoff, organische Belastung, toxische Belastung)
- Strömung , Durchfluß
- Substratbeschaffenheit (Größe, Struktur, Material)
- Jahreszeit, Lebenszyklus
- biol. Parameter (Nahrung, Konkurrenten, Räuber, Parasiten)

2. Methodik

Für eine genaue Beschreibung der Makrozoobenthoslebensgemeinschaft ist es notwendig, die verschiedenen Besiedlungssubstrate zu untersuchen. Konkret für den untersuchten Elbeabschnitt heißt das Einbeziehung der Steinschüttungen an den Buhnenköpfen und Längswerken, Untersuchung der Weichsedimente in den Buhnenfeldern und der Besiedlung der Sedimente der Strommitte. Im folgenden wird hauptsächlich auf die Besiedlung der Hartsubstrate eingegangen.

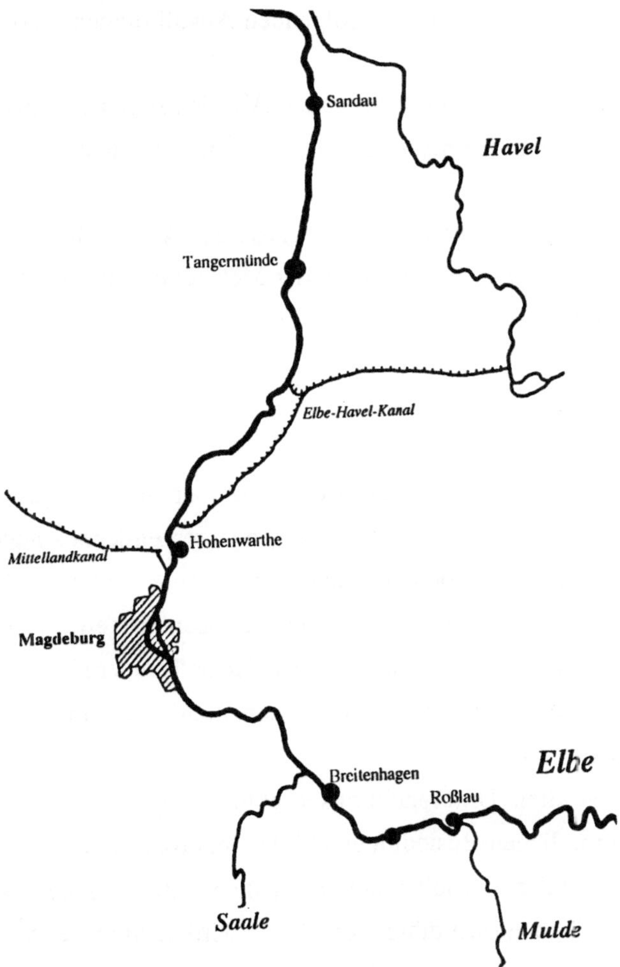

Abb. 1: Überblick über Probenahmestellen

1991-1993 wurden Längsschnittbereisungen an der Elbe durchgeführt. Über die Lage der Probenahmestellen gibt Abb. 1 Auskunft.

Die meisten Probenahmen erfolgten bei Niedrigwasser vom Ufer aus. 1991 wurde eine Elbebereisung mit dem hessischen Laborschiff "Argus" durchgeführt (DREYER 1993), wo ein Polypgreifer zum Einsatz kam.

Die Auswertung der Proben erfolgte qualitativ und quantitativ nach DIN 38410-Teil2. Auf die quantitativen Aspekte kann in den folgenden Ausführungen jedoch nicht eingegangen werden.
Die einzelnen Taxa wurden, wenn möglich, bis zur Art identifiziert. Oligochaeten und Chironomiden-Larven wurden nicht genauer taxonomisch eingestuft, sondern jeweils nur als Gruppe erfaßt.
Zusätzlich zu den Längsschnittuntersuchungen wurde der Aspekt der saisonalen Dynamik in der Makrozoobenthosbesiedlung an der Meßstelle Magdeburg bei den Untersuchungen 1992 einbezogen.

3. Ergebnisse und Auswertung

Befunde von Einzeluntersuchungen zur Makrozoobenthospopulation sind z.T. wenig aussagefähig hinsichtlich des Artenspektrums wegen jahreszeitlicher Änderungen der Besiedlungsmuster. Die Makrozoen besitzen artspezifische Lebenszyklen, die wesentlich die saisonalen Schwankungen in der Makrozoobenthosgemeinschaft bestimmen. Von Bedeutung ist dabei unter anderem der Faktor Temperatur, der oft als Auslöser für bestimmte Aktivitäten der Organismen dient (Schlupf, Eiablage, Verpuppung...) (SCHÖNBORN 1992).
Die in Abb. 2 dargestellten Untersuchungsergebnisse zeigen deutlich die Schwankungen im sommerlichen Besiedlungsbild der Makrozoen sowohl bei der Anzahl an Taxa als auch in der Artendiversität. Einmalige Untersuchungen können zu wenig repräsentativen Ergebnissen führen. Erschwert wird dadurch der Vergleich von Untersuchungsbefunden verschiedener Jahre, da die Probenahmetermine in den einzelnen Jahren meist nicht identisch sind, die Probenahmen nicht unter den glei-

chen meteorologischen, hydrologischen Voraussetzungen stattfanden und frühere Untersuchungen zum Teil auch mit unterschiedlicher Intensität durchgeführt wurden. Aufgrund des großen Aufwandes bei Probenahme und Auswertung ist es jedoch nicht möglich, für alle Probenahmestellen im Längsschnitt Untersuchungen zur saisonalen Dynamik durchzuführen. Zu empfehlen sind Messungen an einigen ausgewählten Standorten.

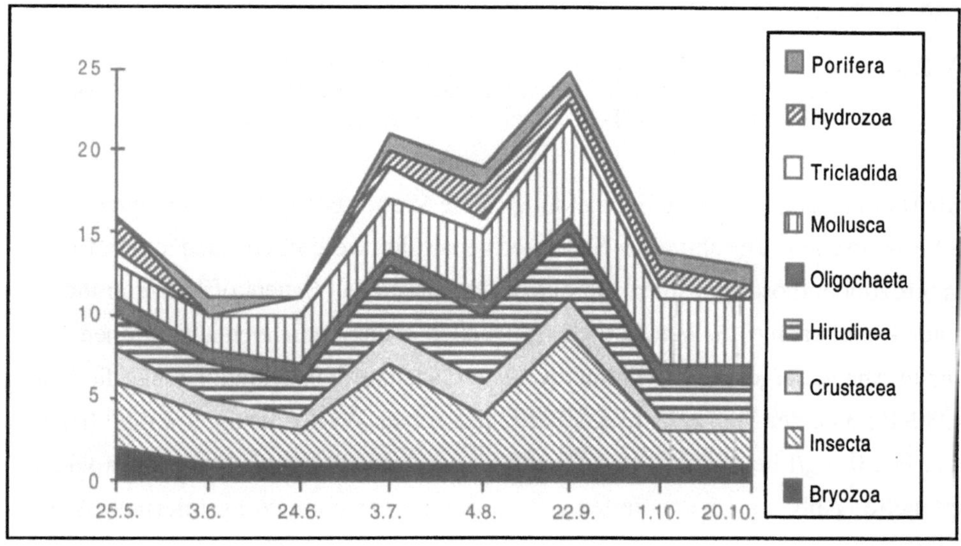

Abb. 2: Saisonale Dynamik der Makrozoobenthosbesiedlung 1992 in der Elbe (Magdeburg li)

Vergleichende Betrachtungen von früheren Untersuchungsbefunden mit aktuellen Ergebnissen geben trotzdem relativ sicher Auskunft über die Makrozoobenthosgemeinschaft der Elbe an ausgewählten Meßstellen (Abb. 3). Generell kann eine Zunahme der Artendiversität registriert werden. An der Probenahmestelle Magdeburg, bei der auch Datenmaterial von Anfang der siebziger Jahre zur Verfügung steht, ist die positive Entwicklung der Makrozoenbestände besonders gut dokumentiert.

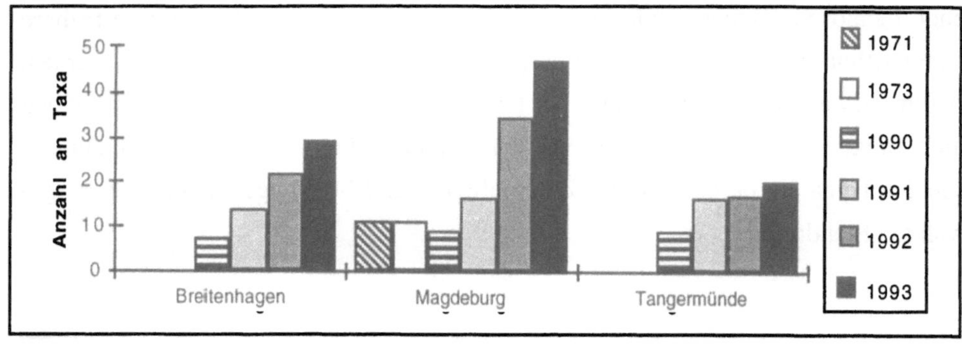

Abb. 3: Entwicklung der Artenzahl an ausgewählten Meßstellen (1971/73...unveröff. Datenmaterial WWD Magdeburg, 1990...ARGE ELBE(1991), 1991-1993...eigene Untersuchungen)

Als Hauptursache für diese Entwicklung ist die Verbesserung der Wasserqualität der Elbe anzusehen. Vor allem der Sauerstoffgehalt hat wesentliche Bedeutung für die Makrozoobenthosorganismen. Bereits bei kurzfristigen Sauerstoffkonzentrationen unter 4 mg/l kann es zu beträchtlichen Ausfällen in der Artendiversität kommen.
Die in Abb. 4 dargestellten Minimalwerte der Sauerstoffkonzentrationen für die Jahre 1980-1993 an der Meßstelle Magdeburg links zeigen Werte, die unter 4 mg/l liegen, z.T. fast 0 mg/l betrugen, was sich auch in der Besiedlung mit Makrozoen widerspiegelte (Abb. 3). Es existierten einige wenige verschmutzungstolerante Arten. Bestätigt werden diese Befunde durch Ergebnisse von Guhr & Rudolf et al. (1985),Wittan (1990), Mädler (1992) an anderen Elbeabschnitten.
Die nach 1989 deutlich sichtbare Verbesserung der Sauerstoffverhältnisse in der Elbe bewirkt Änderungen in der Makrozoobenthosgemeinschaft (Abb. 3).

Ähnliche Verhältnisse wie in der Elbe waren auch im Rhein zu beobachten, wo z.B. nach Untersuchungen 1969 (Schiller 1990) weite Bereiche des Rheins in Nordrhein-Westfalen als biologisch stark oder völlig verödet charakterisiert wurden. Dieser Zustand besserte sich seit Ende der siebziger Jahre durch umfangreiche Sanierungsmaßnahmen. Eine Gegenüberstellung von Organismenlisten von 1969 und 1987 brachte mehr als eine Verdreifachung der Anzahl der Taxa.

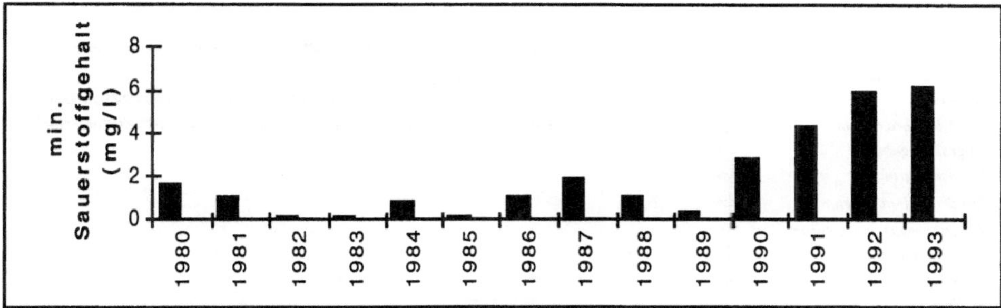

Abb. 4: Überblick über minimale Sauerstoffgehalte in der Elbe (Magdeburg, li) (unveröffentlichtes Datenmaterial WWD Magdeburg , GKSS-Institut für Gewässerforschung Magdeburg)

Beim Vergleich der Organismenverbreitung in der Elbe von 1991 zu 1993 zwischen Roßlau und Sandau (Abb. 5) sind erste Regenerationseffekte in der Makrozoenbesiedlung zu beobachten. Organismen, die bisher nur sporadisch auftraten, zeigten 1993 eine kontinuierliche Verbreitung, neue Arten siedelten sich an. Die positive Tendenz in der Entwicklung der Makrozoenbestände darf jedoch nicht überbewertet werden, da es sich zum größten Teil um Organismen handelt, die eine relativ große Toleranz gegenüber wechselnden Sauerstoffkonzentrationen, organischer und anorganischer Belastung besitzen (Streit 1992; Neumann 1990).

Die heutige flußtypische Makrozoenfauna der Elbe muß trotz der sichtbaren Erholungseffekte nach wie vor als artenarm bezeichnet werden. Im Untersuchungsgebiet wurden z.B. im Strom bisher keine lebenden Großmuscheln gefunden, die nach Informationen von Wobick (1906-1908), Regius (1929-1938, 1969), Rheinhardt (1874) häufig im Bereich der Mittelelbe anzutreffen waren.
Deutlich sind auch die Ausfälle bei den Insekten-Larven, die nur in wenigen Arten (außer Chironomidae) und meist lokalen Vorkommen angetroffen werden.

Hervorzuheben ist die Besiedlung mit Neozoen, d.h. aus anderen Faunengebieten eingewanderten Arten, die in der Lage sind, die früher von einheimischen Arten genutzten Nischen zu besiedeln, z.B. die Dreikantmuschel *Dreissena polymorpha,*

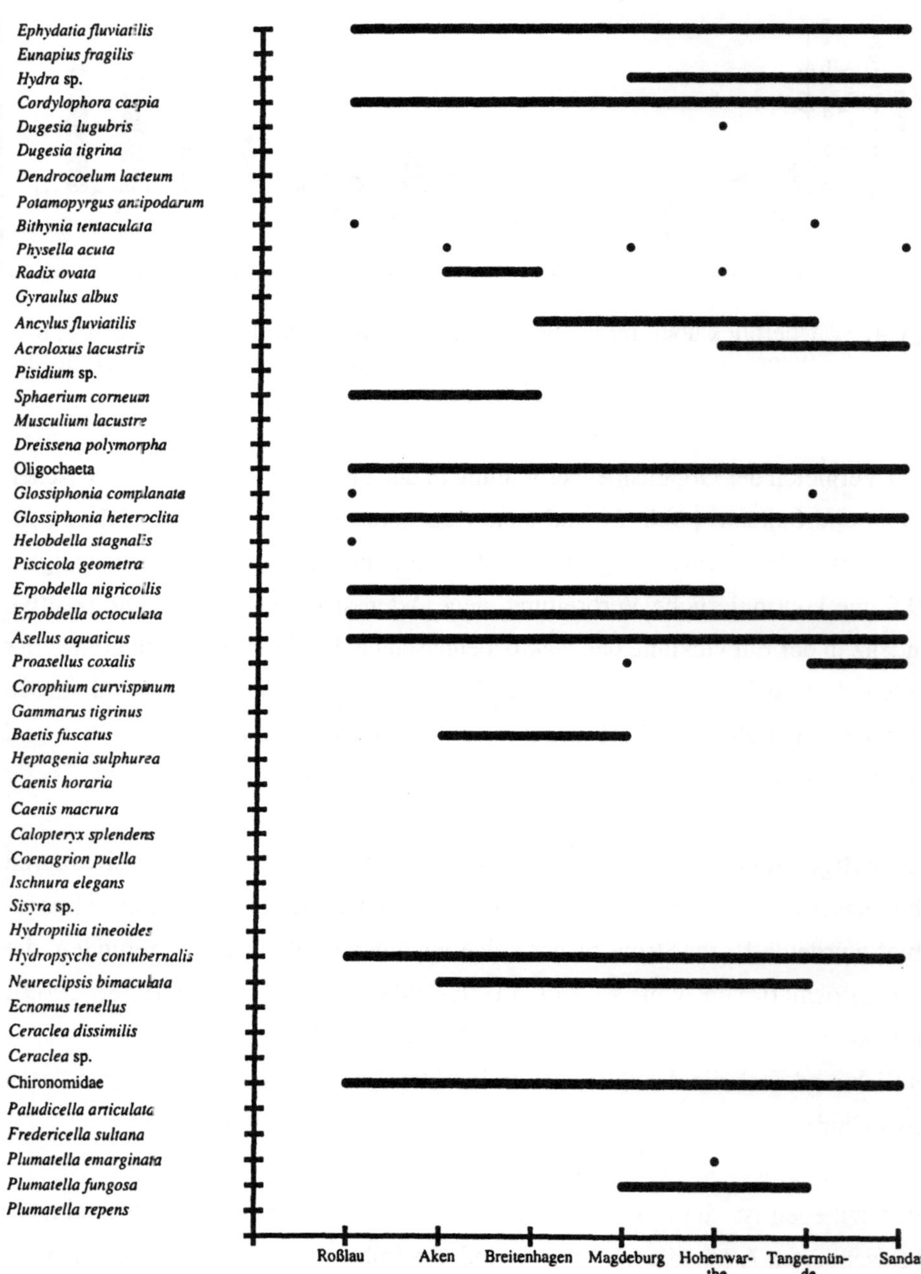

Abb. 5a: Längsschnitt der Makrozoobenthosbesiedlung auf Steinschüttungen in der Elbe 1991

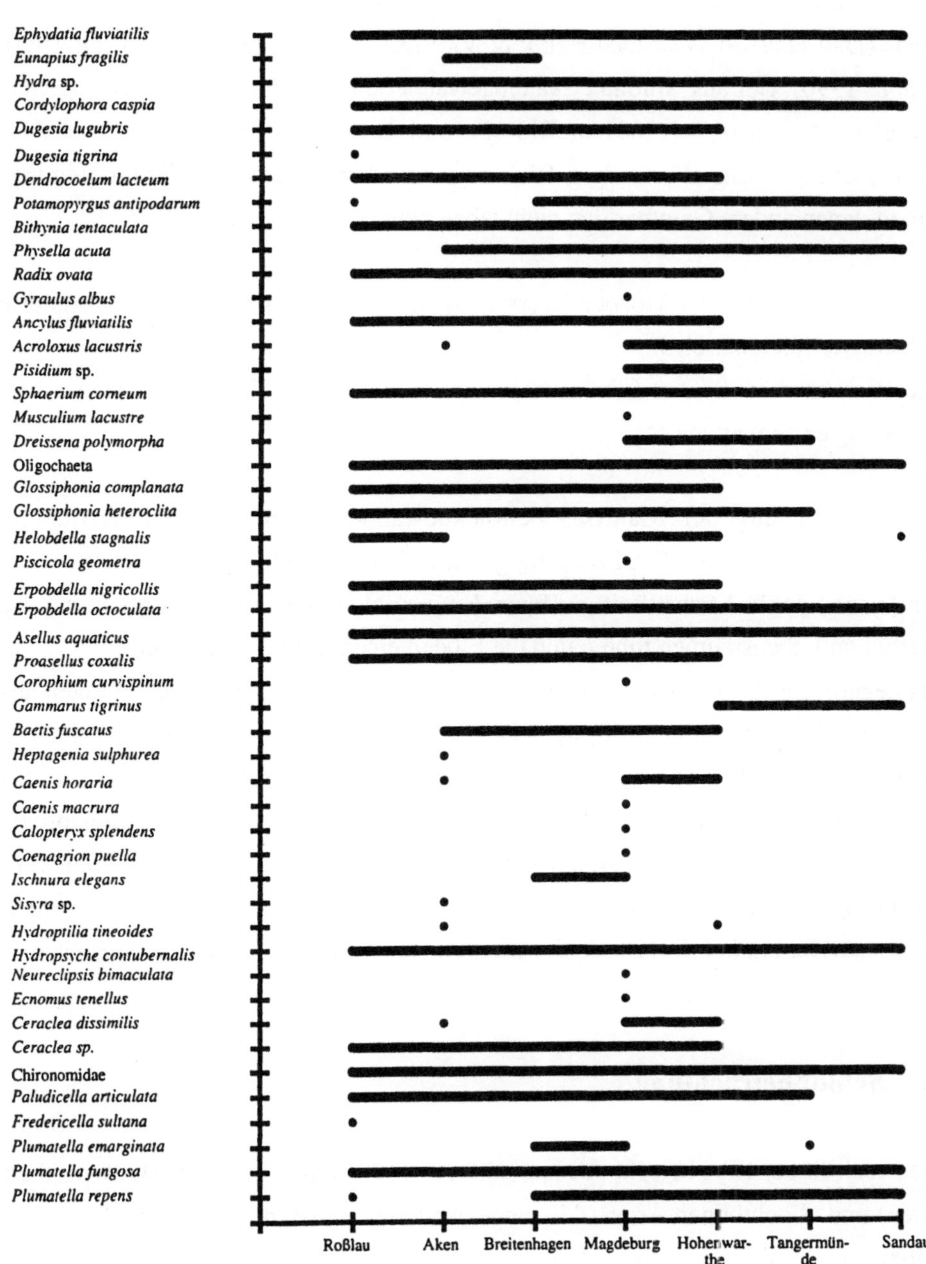

Abb. 5b: Längsschnitt der Makrozoobenthosbesiedlung auf Steinschüttungen in der Elbe 1993

der getigerte Flohkrebs *Gammarus tigrinus*, der Schlickkrebs *Corophium curvispinum* (DEN HARTOG, VAN DEN BRINK & VAN DER VELDE 1992; KINZELBACH 1990; SCHÖLL 1990). Der aus Nordamerika eingewanderte Amphipode *Gammarus tigrinus* dringt nach SCHMITZ (1960) in Biotope und Habitate (z.B. Brackwasser oder Gewässer mit stark schlammigen Böden oder starker organischer Verunreinigung) ein, in denen andere Gammariden nicht leben können.

Als günstig für die Makrozoendiversität ist die in der Einleitung charakterisierte Substratvielfalt anzusehen.
Die Weichsedimente der Elbe sind jedoch vermutlich auch Grund ihrer starken Belastung extrem artenarm.

Eine Gefährdung der Makrozoobenthosbestände besteht durch übertriebene Wasserbaumaßnahmen. Die Pflasterung von Buhnen anstelle von Steinschüttungen, der Ausbau der bisher landseitig offenen Buhnenfelder würden zur Vernichtung der Vielfalt an Lebensräumen führen und die Elbe in einen Kanal umwandeln.
Als negativ für die Makrozoenbesiedlung in Fließgewässern sind Stauhaltungen anzusehen. Die wirksamste ökologische Veränderung durch den Aufstau ist die Abnahme der Fließgeschwindigkeit in Niedrigwasserzeiten. Damit im Zusammenhang steht die Abnahme des Sauerstoffgehaltes und seiner physiologischen Verfügbarkeit für die Organismen. Es verschwinden fast alle rheophilen, d.h. strömungsangepaßten Arten (MAUCH 1981). Dabei handelt es sich um Organismen, die wegen der starken Belastung der meisten unserer Fließgewässer sowieso schon einer extremen Gefährdung unterliegen.

4. Schlußbetrachtung

Die Tierwelt der Elbe besteht aus autochthonen (d.h. einheimischen, flußtypischen Arten) und allochthonen Arten (d.h. eingewanderten Arten, die in der Lage sind, die früher von einheimischen Arten genutzten Nischen zu besiedeln=Neozoen). Restpopulationen der autochthonen und der allochthonen Fauna verblieben auch in Zeiten erhöhter Belastung im Flußbett selbst, in Rand-und Seitengewässern und in weniger belasteten Nebenflüssen. Diese Restvorkommen dienen nun als Regenerationsquellen für die Elbefauna.

Strategien zur Wieder-und Neubesiedlung sind unter anderem direkte Wanderung, Verdriftung, Kompensationsflug, Transport durch Fische und Vögel.

Erste Erholungseffekte in der Makrozoobenthosbesiedlung der Elbe sind zu beobachten, die in unmittelbarer Beziehung mit der Verbesserung des Sauerstoffhaushaltes stehen. Ebenfalls von Bedeutung für die Entwicklung der Makrozoen ist auch die Verringerung der Schadstoffbelastung der Elbe. Weitere Sanierungsmaßnahmen sind jedoch notwendig, um eine stabile Makrozoobenthosgemeinschaft zu erhalten. Als günstig ist hierfür die bestehende Strukturvielfalt anzusehen, als gefährdend unüberlegter Stromausbau.

Literatur

ARGE ELBE (1991): Das oberflächennahe Zoobenthos der Elbe als Indikator für die Gewässerqualität.- Wassergütestelle Elbe.

GUHR, H. & RUDOLF, G. et al. (1985): Bericht über die Elbebereisung 1984.- unveröff. Teilbericht F/E-Thema: Weitere Aufklärung der Selbstreinigungsvorgänge in der Elbe, Inst. f. Wasserwirtschaft, Außenstelle Magdeburg.

DEN HARTOG, C.; VAN DEN BRINK, F.W.B. & VAN DER VELDE (1992): Why was the invasion by *Corophium curvispinum* and *Corbiculla* species so successful?.- Journal of Natural History 26: 1121-1129.

DIN 38410 Teil 2: Deutsche Einheitsverfahren zur Wasser-, Abwasser- und Schlammuntersuchung: Biologisch-ökologische Gewässeruntersuchung.

DREYER, U. (1993): Makrozoobenthos im Vergleich.- Umweltplanung, Arbeits- und Umweltschutz 153: 48-62, Hessische Landesanstalt für Umwelt (Hg.): Der Gewässerzustand der Elbe 1991 (Ergebnisse einer Bereisung mit dem hessischen Meß-und Laborschiff "Argus" zwischen Veletov und Geesthacht.

KINZELBACH, R. (1990): Besiedlungsgeschichtlich bedingte Fauneninhomogenitäten am Beispiel des Rheins.- Limnologie aktuell 1, KINZELBACH, R. & FRIEDRICH, G. (Hg.): Biologie des Rheins, Stuttgart, New Vork: Fischer.

MÄDLER, K. (1992): Untersuchungen zum Makrozoobenthon und Fischbestand im sächsischen Bereich der Elbe (Epipotamal).- Berichte Zentr. Meeres-u. Klimaforschung Hamburg 24.

MAUCH, E. (1981): III. Der Einfluß des Aufstaus und des Ausbaus der deutschen Mosel auf das biologische Bild und den Gütezustand.- DVWK Schriften 45.- Beiträge zur Gewässerbeschaffenheit

NEUMANN, D. (1990): Makrozoobenthos- Arten als Bioindikatoren im Rhein und seinen angrenzenden Baggerseen.-Limnologie aktuell 1, KINZELBACH, R. & FRIEDRICH, G. (Hg.) Biologie des Rheins.- Stuttgart, New York: Fischer.

REGIUS, K. (1929-1938): Die Weichtiere in der näheren Umgebung von Magdeburg.- Abh. und Berichte aus dem Museum für Naturkunde und Vorgeschichte und dem wiss. Verein in Magdeburg, Bd. VI.

REGIUS, K. (1969): Malakologische Miscellen (Mollusca) - Die Elbe von Schönebeck bis Hohenwarthe aus malakologischer Sicht.- Abh. Ber. Naturkd. Vorgesch. Magdeburg XI(5): 151-159.

REINHARDT, O. (1874): Die Binnenmollusken Magdeburgs.- 6. Heft der Abh. und Berichte aus dem Museum für Natur-und Heimatkunde und dem wissenschaftlichen Verein in Magdeburg.

SCHILLER, W. (1990): Die Entwicklung der Makrozoobenthonbesiedlung des Rheins in Nordrhein-Westfalen im Zeitraum 1969-1987.- Limnologie aktuell 1, KINZELBACH, R. & FRIEDRICH, G. (Hg.): Biologie des Rheins.- Stuttgart, New York: Fischer.

SCHMITZ, W. (1960): Die Einbürgerung von *Gammarus tigrinus* SEXTON auf dem europäischen Kontinent.- Arch. Moll. 57(1/2): 223-225.

SCHÖLL, F. (1990): Zur Bestandsaufnahme von *Corophium curvispinum* SARS im Rheingebiet.- Lauterbornia 5: 67-70.

SCHÖNBORN, W. (1992): Fließgewässerbiologie.- Jena; Stuttgart: G. Fischer.

STREIT, B. (1992): Zur Ökologie der Tierwelt im Rhein.- Verhandlungen der Naturforschenden Gesellschaft Basel 102(2): 323-342.

WITTAN, B. (1990): Abwasserbelastung, Organismenbestand und toxische Wirkungen in der Oberen Elbe .- Diss. TU Dresden.

WOBICK, C. (1906-1908): Molluskenfauna auf dem Domfelsen in der Stromelbe zu Magdeburg.- Museum für Natur-u. Heimatkunde zu Magdeburg, Abh. und Berichte. (Hrsg.: A. MERTENS), Bd. I.

Verteilung von Chlorophyll-A und Phytoplankton im Längsprofil der Elbe

B. Desortová, Praha; T. Gaumert, Hamburg;
V. Koza, Hradec Králové

Eines der Hauptziele des Elbeprojektes ist die Erfassung der aktuellen Situation der Gewässergüte der Elbe und ihrer Zuflüsse sowie die Beschreibung des Ökosystems dieser Biotope, deren Bestandteil biologische Komponenten sind.

Die Gemeinschaft der autotrophen Mikroorganismen im freien Wasser (Phytoplankton) ist eine der Komponenten der Wasserbiozönose, die durch ihre Anwesenheit die Beschaffenheit des Wassers und dessen Nutzung für verschiedene wasserwirtschaftliche Zwecke bedeutsam beeinflußt. Andererseits wird vom Zustand dieser biotischen Komponente, ihrer Typenstruktur und der Größe der Biomasse die Umweltqualität widergespiegelt.

In Abhängigkeit von chemischen und physikalischen Charakteristiken, Durchflußverhältnissen, Morphologie des Flußbettes und nicht zuletzt von Wachstumcharakteristiken der Gemeinschaft der Planktonalgen kommt es allmählich zur Entfaltung der Biomasse des Phytoplanktons in Fließgewässern entlang des Wasserlaufs.

Die erhöhte Nährstoffzufuhr (N, P) in die Oberflächengewässer hat einen Anstieg der Produktion und der Biomasse der autotrophen Organismen, besonders der Blaualgen und Algen, zur Folge. Deren Menge verschlechtert die Nutzungsmöglichkeiten der Gewässer und ist gleichzeitig ein Indiz für das Eutrophisierungsausmaß des Wasserbiotops. Die Zufuhr der organischen, durch das Phytoplanktonwachstum "in situ" entstandenen Masse, bedeutet vor allem in den eutrophen Gewässern eine Erhöhung ihrer Belastung. In fließenden Gewässern stellt diese Zufuhr nicht nur eine Belastung für den eigentlichen Wasserlauf dar, sondern auch gleichzeitig eine Beeinflussung von weiteren Vorflutern flußabwärts.

Die Informationen über die Verteilung vom Phytoplankton (Menge der Biomasse und deren Typenstruktur) im Längsprofil des Wasserlaufes sind deshalb sowohl für die Auswertung der Wassergüte als auch für die Beurteilung seiner Nutzung unerläßlich.

Im Rahmen des nationalen Elbeprojekts werden am tschechischen Abschnitt der Elbe seit 1991 Analysen von Phytoplankton und die Bestimmung des Gehalts an Chrorophyll-a in 12 Meßprofilen der Elbe sowie in den Mündungen bedeutsamer Zuflüsse durchgeführt (5).

Neben diesen routinemäßigen Analysen wurden einmalige Probenahmen und anschließende Analysen von Chlorophyll-a und Phytoplankton aus dem Längsprofil der Elbe und in den Mündungen aller Zuflüsse vorgenommen. Die Ergebnisse dienen zur ausführlichen Beschreibung der Änderungen bei angeführten Parametern in der vorgegebenen Periode im Elbefluß von der Quelle bis zur Staatsgrenze (2).

Was den deutschen Teil der Elbe betrifft, wird bezüglich der Phytoplanktoncharakteristiken vor allem der Abschnitt vom Meßprofil Schnackenburg bis zur Mündung der Elbe in die Nordsee genau untersucht (1).

1992 wurden die Analysen vom Chlorophyll-a in das Internationale Meßprogramm der IKSE eingeordnet. 1993 wurde die Bestimmung gemäß IKSE an 11 internationalen Meßprofilen durchgeführt (3, 4).

Aufgrund der in den genannten Quellen (1, 4, 5) angeführten Ergebnisse der Bestimmung von Chlorophyll-a wurden Mittelwerte der Konzentration des Chlorophylls-a für die Wachstumperiode (März-Oktober) in den Jahren 1991 - 1993 für alle Meßprofile des internationalen Meßnetzes berechnet (Tab.1). Die durchschnittlichen und vor allem die maximalen Meßwerte der Konzentration des

Chlorophylls-a dokumentieren das Auftreten von hohen Biomassen des Phytoplanktons sowohl im tschechischen Abschnitt der Elbe als auch in dem Teil des Wasserlaufes von der ČR/BRD-Grenze bis zum Profil Zollenspieker. Die Angaben beweisen eine starke Eutrophierung dieser Partien des Wasserlaufes, die auch durch ermittelte hohe Konzentrationen der Nährstoffe (Gesamtphosphor, N-NO3) bestätigt wird (siehe 4,5).

Angesichts der Länge des Elbeflusses von der Quelle bis zur Mündung (ungefähr 1100 km) und der Anzahl von 12 Meßprofilen, die 13mal pro Jahr beprobt werden, ist von dieser Untersuchung keine Erfassung der Veränderungen in der Phytoplanktonverteilung im gesamten Längsprofil der Elbe zu erwarten.

Zwecks detaillierter Beschreibung der Situation wurde am 11.-12.5.1994 eine Probenahme und anschließende Analyse von Chlorophyll-a an 32 Meßprofilen der Elbe und in den Mündungen zehn bedeutsamer Zuflüsse durchgeführt. Die Ergebnisse der Bestimmung (Abb.1) erfassen den Abschnitt von der Quelle der Elbe bis zum Meßprofil Wahrenberg. Am deutschen Abschnitt des Flusses wurden die beim linken und rechten Ufer (Abb.1, L=links, R=rechts) abgenommenen Proben analysiert. Zur selben Zeit wurden in den Meßprofilen am Unterlauf der Elbe folgende Werte vom Chlorophyll-a ($\mu g \cdot l^{-1}$) festgestellt: Zollenspieker = 103,6; Seemannshöft = 79,9; Grauerort = 28,1; Cuxhaven = 41,4. Aus den Ergebnissen - in Abb.1 dargestellt - ist eine starke Entwicklung der Phytoplanktonbiomasse schon vom Profil Lysá (150 km von der ČR/BRD-Grenze) evident.

Die angeführten Werte bilden den ersten vollständigen Datensatz, der die Änderungen der Phytoplanktonbiomasse entlang der Elbe und in den Mündungen ihrer Zuflüsse beschreibt.

Literatur:

(1) ARGE Elbe (1993): Wassergütedaten der Elbe von Schnackenburg bis zur See. -Zahlentafel 1992. - Hamburg, 149 S.

(2) Desortová B. (1993): Distribuce fytoplanktonu podél toku Labe ve vztahu ke koncentraci - Bericht für Forschungsinstitut fr Wasserwirtschaft T.G.M., Elbeprojekt), 16 S.

(3) IKSE (1992): Zpráva o jakosti vody v Labi 1990/1991 (Bericht über die Wassergüte in der Elbe 1990/1991). - Hamburg, 20 S.

(4) IKSE (1993): Tabulky hodnot fyzikálních, chemických a biologických ukazatelů Mezinárodního programu měření MKOL 1992 (Werttabellen der physikalischen, chemischen und biologischen Parameter des Internationalen Meßprogramms der IKSE 1992). - Magdeburg, 95 S.

(5) Ročenky "Jakost vody v tocích" (Jahrbücher "Wassergüte in den Wasserläufen" 1991-1992, 1993. - ČHMÚ (Tschechisches hydrometeorologisches Institut), Prag.

Jahr	1991				1992				1993			
Meßprofil	Mittelwert	Min.	Max.	n	Mittelwert	Min.	Max.	n	Mittelwert	Min.	Max.	n
Valy	30,5	3,4	111,2	8	32,8	4,5	78,9	8	19,7	3,9	49,5	9
Lysá	28,6	5,8	68,8	8	36,9	10,7	92,5	8	25,9	6,7	59,3	9
Obříství	32,8	2,7	88,7	8	21,2	8,9	39,7	8	22,7	9,1	36,9	9
Děčín	40,7	4,2	108,8	8	29,5	11,7	59,2	8	34,8	13,4	82,8	9
Schmilka									29,8	9,9	79,1	9
Magdeburg					127,0	2,7	751,0	8	53,9	7,4	137,0	9
Schnackenburg	71,1	28,1	129,0	6	153,2	37,0	317,0	8	149,0	16,3	291,6	9
Zollenspieker					74,8	22,2	129,0	6	92,2	6,8	183,6	9
Seemannshöft	28,9	14,8	50,3	6	26,9	5,9	44,4	5	29,5	1,1	61,7	8
Grauerort	8,4	5,9	14,8	6	11,8	5,9	17,8	6	13,0	7,4	25,2	9
Cuxhaven									7,1	1,5	22,2	9

Tab.1: Mittel-, Minimal- und Maximalwerte der Konzentration von Chlorophyll-a ($\mu g \cdot l^{-1}$) in der Periode März-Oktober in angeführten Jahren und Meßprofilen.

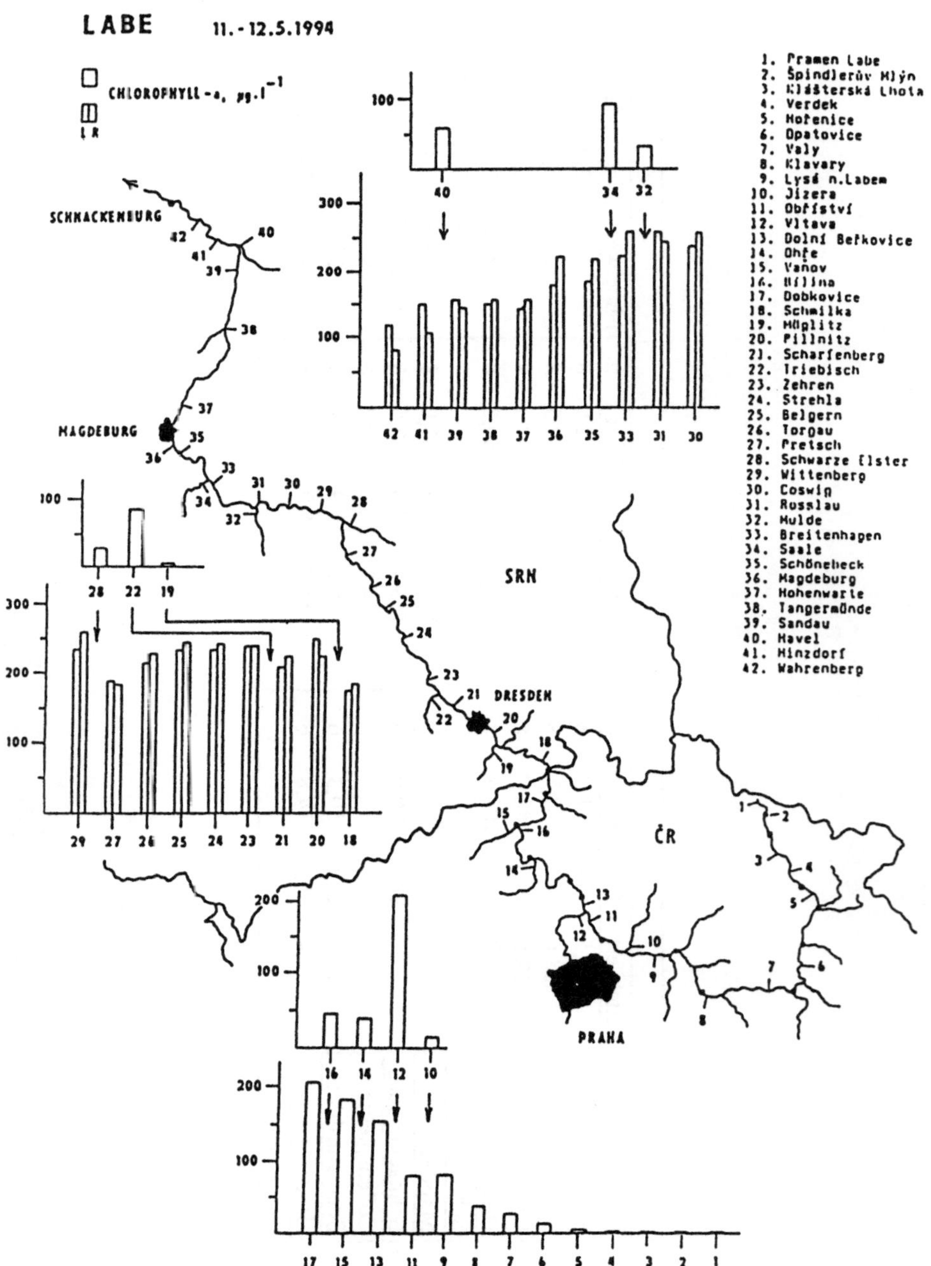

Abb.1: Veränderungen der Konzentration von Chlorophyll-a dem Elbefluß entlang

Elbauen: ihre ökologischen Aspekte

Auen und Marschen als Senken für belastete Sedimente der Elbe

G. Miehlich; Hamburg

1. Einleitung

Seit ca. 2 Jahrzehnten werden in Mitteleuropa intensive Anstrengungen unternommen, die Schadstoffbelastung der Flüsse zu reduzieren. Nach den politischen Umwälzungen vor fünf Jahren konnte auch für die Elbe ein internationales Sanierungsprogramm begonnen werden. Häufig wird dabei übersehen, daß auch die Überschwemmungsgebiete durch kontaminierte Sedimente belastet sind. Anhand von Schwermetallgehalten in Böden soll dieser Beitrag für drei Standorte das Ausmaß der Belastung von Auen und Marschen der Elbe aufzeigen.

2. Standorte

Einer der Standorte liegt am Mittellauf der Elbe (Pevestorfer Elbaue, Stromkilometer 485), die beiden anderen im Süßwasserbereich der Tideelbe. Sie unterscheiden sich durch den Schadstoffgehalt der Flußsedimente. Das NSG Heuckenlock (Stromkilometer 612) liegt im Bereich hoch belasteter Elbsedimente, während die Elbsedimente am Standort Asseler Sand (Stromkilometer 665) geringer belastet sind. Die Standorte sind bei MEYER u. MIEHLICH 1983, MELCHIOR u. MIEHLICH 1986, MIEHLICH 1986 und MIEHLICH u.a. 1992 detailliert beschrieben.

3. Verfahren der Abschätzung

Grundlage der Abschätzung ist die Hypothese, daß Bodeneinheiten ein sinnvolles

Abgrenzungskriterium unterschiedlich belasteter Auen-/Marschenbereiche sind. Es wurde daher in den Standorten eine detaillierte bodenkundliche Kartierung durchgeführt und die Flächenanteile der Bodeneinheiten durch Planimetrie bestimmt. Für jede Bodeneinheit wurde ein typisches Profil ausgewählt, horizontweise beprobt und analysiert. Der Mindestdatensatz für die Berechnung umfaßt: Tongehalt, Gehalt an organischer Substanz, Raumgewicht und Schwermetallgehalte (Gesamtgehalte in der Fraktion < 2mm). In einem ersten Auswertungsschritt wurden die anthropogenen Anteile der Schwermetallkontamination der Bodenproben nach dem Verfahren von LICHTFUSS u. BRÜMMER (1981) erfaßt und mit Hilfe des Raumgewichts die Schwermetallkontamination der Bodeneinheiten in kg / ha x 1m Bodentiefe ermittelt. Über die Flächenanteile der Bodeneinheiten kann die Belastung der Vordeichsländer abgeschätzt werden.

Abgesehen von Analysenfehlern wird die Güte der Abschätzung entscheidend von der Genauigkeit der Kartierung und der erreichten Repräsentativität der ausgewählten Profile bestimmt. Die Verallgemeinerbarkeit auf die gesamten Vordeichsländer hängt von der Repräsentativität der ausgewählten Kartiergebiete ab. Eine Fehlerabschätzung ist aus den bislang erhobenen Daten nicht möglich. Das Verfahren stellt jedoch einen erheblichen Fortschritt gegenüber zufällig ausgewählten Probenahmepunkten dar.

4. Ergebnisse und Diskussion

Die Schwermetallgehalte der Oberböden (Tab.1) lassen große Unterschiede zwischen den Bodeneinheiten erkennen. In der Pevestorfer Elbaue finden sich extrem hohe Gehalte in den Einheiten f (Auennaßgley) und g (Auenanmoorgley). Sie sind mit Gebieten im engeren Depositionsbereich von Schwermetallhütten vergleichbar (MIEHLICH u. LUX 1990). Im Gegensatz zu diesen über die Luftbelastung verunreinigten Böden ist die Kontamination der Auenböden f und g 40 bzw. 60 cm mächtig, weil sie tiefliegende Hohlformen der Auen einnehmen, in denen schon seit langer Zeit die Sedimentation feinkörniger Sedimente vorherrscht. Die Gehalte an Cadmium und Arsen übersteigen in diesen Bodeneinheiten die Sanierungs-Prüfwerte

(EIKMANN u. KLOKE 1991) für die unempfindlichsten Nutzungsformen (Industrie, Gewerbeflächen etc.). Für landwirtschaftliche Nutzung wird dieser Prüfwert zusätzlich für die Elemente Kupfer und Zink erheblich überschritten. Analysen von Futterpflanzen dieser als Weiden genutzten Standorte haben ergeben, daß die Grenzwerte für Kupfer (Schafe) und Zink häufig überschritten werden (MIEHLICH 1983).

Bodeneinheiten	Cadmium	Blei	Kupfer	Zink	Arsen	Nickel
Pevestorf						
a	0,1	45	46	230	11	20
b	4,0	138	118	616	76	38
c	1,0	46	26	41	8	14
d	5,3	142	126	669	67	44
f	19,8	305	450	1573	150	76
g	27,6	319	427	2110	164	111
Heuckenlock						
h	0,1	8	17	26	3	6
i	5,1	100	74	361	48	37
k	0,8	34	33	78	10	24
l	15,8	245	353	1554	113	96
Assel						
l	1,0	86	39	191	25	26
m	2,4	96	70	471	29	58

Tab.1: Schwermetallgehalte im Oberboden (mg/kg in 0 - 20cm Tiefe)

Hohe Gehalte haben die Bodeneinheiten Paternia (b) und Allochthone Vega (d), deren Belastung sich jedoch auf den Oberboden beschränkt. Sehr geringe bis geringe Gehalte weisen Standorte auf, in denen überwiegend Sande abgelagert werden (Rambla = a, Autochthone Vega = b in Tab. 1 u. 2).

Bei insgesamt etwas geringerem Belastungsniveau lassen sich die Böden des Heuckenlocks analog zur Pevestorfer Elbaue gliedern: extrem hohe und tiefreichende Kontamination im Schlickwatt (l), mittlere und auf den Oberboden beschränkte Anreicherung in der sandigen Kleimarsch (i) sowie geringe Gehalte im Sandwatt (h) und der lehmigen Kleimarsch (k). Die Bodeneinheiten m (Kalkmarsch) und n (Schlickwatt) des Asseler Sands sind lediglich mittel bis gering belastet.
Trotz geringerer Gehalte im Oberboden (Tab. 1) ist die Gesamtbelastung im Heuckenlock aus zwei Gründen höher als in Pevestorf (Tab. 2).

Bodeneinheit Flächenanteil	Cadmium	Blei	Kupfer	Zink	Arsen	Nickel
Pevestorf						
a / 3%	5	313	214	1592	124	20
b / 8%	13	531	315	2591	306	0
c / 12%	6	112	0	544	80	0
d / 33%	15	406	306	2352	264	0
e / 37%	27	571	580	2754	301	13
f / 2%	51	902	1127	3559	375	38
g / 5%	96	1509	1452	7448	860	82
Gesamt	**22**	**499**	**435**	**2534**	**284**	**10**
Heuckenlock						
h / 10%	0	0	93	461	15	0
i / 19%	8	132	167	520	84	2
k / 27%	2,5	90	191	323	121	0
l / 44%	54	1130	988	5759	897	114
Gesamt	**26**	**546**	**528**	**2772**	**445**	**51**
Assel						
m / 86%	1,3	891	310	196	103	30
n / 14%	14	431	312	2054	150	45
Gesamt	**3**	**826**	**310**	**456**	**110**	**32**

Tab.2: Anthropogene Metallanreicherung (kg/ha * 1m Tiefe)

Einmal ist dort die Mächtigkeit der kontaminierten Schicht größer, zudem nimmt die stark belastete Bodeneinheit l (Schlickwatt) nahezu die Hälfte der Fläche ein. Für die hohe Anreicherung von Blei in der Bodeneinheit m (Kalkmarsch) konnte keine Erklärung gefunden werden. Die Anreicherung der übrigen Metalle ist deutlich geringer als in den beiden anderen Standorten.

Insgesamt spiegelt die Kontamination in den Böden der Vordeichsländer die Schwermetallgehalte der Flußsedimente in den verschiedenen Elbabschnitten wider (ARGE ELBE 1980). Trotz bereits erkennbarer Belastung der Pflanzen ist wegen der hohen pH-Werte die Mobilität der Metalle gering. Lediglich Arsen ist in der Bodenlösung des Kapillarsaums und des obersten Grundwasserleiters stark erhöht (ANDRESEN 1994). Bei schwacher Pufferkapazität der kalkfreien Standorte Heuckenlock und Pevestorf muß dort mit einer starken Erhöhung der Mobilität gerechnet werden, sobald die Flächen durch Vordeichungen von der ständigen Zufuhr mit frischem Sediment abgeschnitten werden (Absenkung des pH-Wertes, Anstieg des Redoxpotentials). Die geringe Mobilität der Stoffe bedingt, daß die Auenbereiche, unabhängig von den Fortschritten der Elbsanierung, praktisch unbegrenzt lange kontaminiert bleiben.

Literatur

Andresen, J.: Eigenschaften der Feststoff- und Lösungsphase von Außendeichsböden der Unterelbe - Dissertation in Vorbereitung (1994).

ARGE Elbe: Schwermetalldaten der Elbe - Wassergütestelle der Elbe. Hamburg (1980).

Eikmann, Th. & Kloke, A.: Nutzungs- und schutgutbezogene Orientierungswerte für (Schad-)Stoffe in Böden - VDLUFA Mitteilungen, Sonderdruck aus Heft 1 (1991).

Lichtfuß, R. & Brümmer, G.: Natürlicher Gehalt und anthropogene Anreicherung von Schwermetallen in den Sedimenten von Elbe, Eider, Trave und Schwentine - Catena 8 (1981) 251-264.

Melchior, S. & Miehlich, G.: Hydrologie, Bodengenese und -systematik im tidebeeinflußten Vordeichsland der Elbe bei Hamburg (Naturschutzgebiet Heuckenlock) - Hamburger Bodenkl. Arb. 1 (1986) 157-176.

Meyer, H. & Miehlich, G.: Einfluß periodischer Hochwässer auf Genese, Verbreitung und Standorteigenschaften der Böden in der Pevestorfer Elbaue (Kreis Lüchow-Dannenberg) - Abh. naturwiss. Ver. Hamburg 25 (1983) 41-73.

Miehlich, G.: Schwermetallanreicherung in Böden und Pflanzen der Pevestorfer Elbaue (Kreis Lüchow-Dannenberg) - Abh. naturwiss. Ver. Hamburg 25 (1983) 75-89.

Miehlich, G.: Freshwater-marsh of the Elbe river - Mitt. Dtsch. Bodenkl. Gesell. 51 (1986) 99-128.

Miehlich, G. & Lux, W.: Eintrag und Verfügbarkeit luftbürtiger Schwermetalle und Metalloide in Böden - VDI Berichte 837 (1990) 27-51.

Miehlich, G., Fischer, S., Gröngröft, A & Andresen J.: Wasser- und Stoffhaushalt tidebeeinflußter Vordeichsböden an der Unterelbe - Erste Ergebnisse aus der Meßzone Assel - In: Kausch, H. (Hrsg.): Die Unterelbe - Natürlicher Zustand und Veränderungen durch den Menschen - Berichte aus dem ZMK 19 (1992) 103-122.

Untersuchungen zum Wasserhaushalt tidebeeinflußter Vorlandsmarschen im Ästuar der Elbe. Charakteristische Prozesse und Faktoren

S. M. Fischer, A. Steingräber, J. Andresen, G. Miehlich; Hamburg

1. Einleitung und Problemstellung

In einer Zeit intensiver menschlicher Einflußnahme auf die natürliche Umwelt und den immer deutlicher werdenden Folgen anthropogener Eingriffe in den Naturhaushalt gewinnt das Wissen um die Struktur und die inneren Regelmechanismen der betroffenen Ökosysteme zunehmend an Bedeutung. Auch an einen Fluß wie die Elbe mit einem Gesamteinzugsgebiet von von 148.268 km^2 werden unterschiedlichste Nutzungsansprüche gestellt, die vielfach konträrer Natur sind. Das Konfliktpotential und die Auswirkungen sind im Rahmen des 3. und 4. Magdeburger Gewässerschutzseminars detailliert dargestellt worden [vgl. 1, 2].

Im Rahmen des Sonderforschungsbereiches 327 -Tide Elbe- an der Universität Hamburg untersucht unsere Arbeitsgruppe die Austauschprozesse zwischen Feststoffen und Porenlösung in den Vorlandsmarschen des Elbeästuars mit dem Ziel, Stofffrachten zwischen der Elbe und den Vorlandsmarschen abzuschätzen, um zu klären, für welche Stoffe und Stoffgruppen die Vorlandsmarschen Quelle, Senke oder Transformationsraum sind. Die übergeordneten Fragestellungen der zu diesem Zweck in den Untersuchungsgebieten Asseler Sand und Böschrücken durchgeführten hydrologischen Untersuchungen lauten [vgl. auch 3]:

- Wie ist der Wasserhaushalt der Vorlandsmarschen strukturiert, d. h. welche Teilflüsse treten auf ?
- Wie und mit welcher Intensität werden die wasserhaushaltlichen Regel mechanismen in den Vorlandsmarschen von der Tide beeinflußt, und welche rein tidal gesteuerten hydrologischen Prozesse treten im Gegensatz zu Wasserhaushaltssystemen im Binnenland zusätzlich auf ?

2. Methodisches Vorgehen

In beiden Untersuchungsgebieten wurden im Anschluß an eine Boden- und Sedimentkartierung, die der Charakterisierung und hydrologischen Bewertung des oberflächennahen Untergrundes diente, mehrjährig angelegte (November 1987 bis November 1989) Wasserhaushaltsuntersuchungen zur Erfassung der jahreszeitlichen Boden- und Grundwasserdynamik durchgeführt. Zur Erfassung und Beschreibung tidegesteuerter hydrologischer Prozesse wurden am Asseler Sand die hydraulischen Potentiale in den oberflächennahen Grundwasserleitern in hoher zeitlicher Auflösung mit Druckaufnehmertensiometern erfaßt. Die Verweilzeit des Grundwassers in der Vorlandsmarsch wurde am Asseler Sand zusätzlich durch zwei Tracerversuche bestimmt. Wasserstandsaufzeichnungen der Elbpegel Brunsbüttel, Krautsand und Grauerort sowie meteorologische Daten der Stationen Freiburg und Drochtersen ergänzen diese Datengrundlage.

3. Ergebnisse

In Abb. 1 ist das Wasserhaushaltsschema für die Vorlandsmarschen des Elbeästuars dargestellt. Es basiert in dieser Form auf den von uns durchgeführten Felduntersuchungen und deren Ergebnissen.

Der charakteristische, dieses Wasserhaushaltssystem kennzeichnende hydrologische Faktor ist die Tide. Aus dem Wirken der Tide resultieren die folgenden zwei hydrologischen Prozesse, die die Vorlandsmarschen von allen anderen hydrologischen Systemen unterscheiden:

- im Tiderhythmus wechselnde Wasserstände und die Umkehrung der Fließrichtung in den Vorflutern der Vorlandsmarsch,
- tidehochwasserstandsabhängige partielle oder vollständige Überflutungen der Vorlandsmarsch.

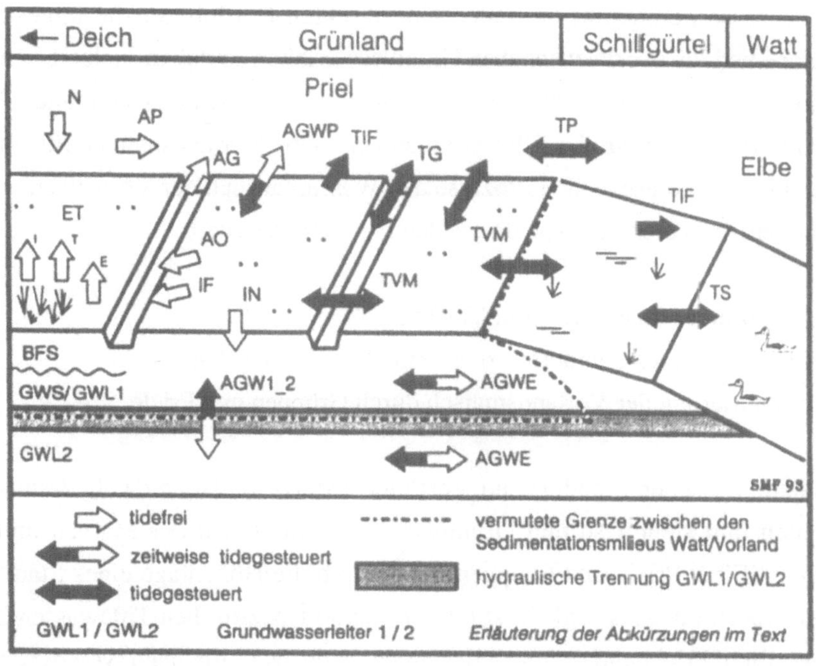

Tidefrei

N : Niederschlag
ET : Evapotranspiration
AP : Abfluß in den Priel
in den
AG : Abfluß in der Grüppe
AO : Oberflächenabfluß
IF : Interflow
IN : Infiltration

Zeitweise tidefrei

AGWP : Grundwasserabfluß in den Priel
AGWE : Grundwasserabfluß in die Elbe
AGW1_2 : Grundwasserabfluß vom ersten
zweiten Ableiter

Tidegesteuert

TP : Tidewassereintrag im Priel
TG : Tidewassereintrag in der Grüppe
TS : Tidewassereintrag im Schilfgürtel
TVM : Tidewassereintrag in der gesamten Vorlandsmarsch
TIF : Tidegesteuerter Interflow

Abb. 1: Wasserhaushaltssystem tidebeinflußter Vorlandsmarschen

Beide Prozesse nehmen a) bei jeder Tide direkten Einfluß auf die ungesättigte Bodenzone und die oberflächennahen Grundwasserleiter, so daß in Teilbereichen der Vorlandsmarsch ständig hydrologisch instationäre Zustände herrschen, und können b) zu einer Infiltration großer Elbwassermengen in die Vorlandsmarsch führen. Mit welcher Intensität diese beiden Prozesse den Wasserhaushalt der Vorlandsmarschen beeinflussen, wird durch die nachfolgenden Faktoren gesteuert:

- Distanz eines Standortes zum Vorfluter,
- Höhenlage eines Standortes, d. h. seine Überflutungshäufigkeit,
- Strukturierung der Vorlandsmarsch durch Grüppen und Priele.

Die Distanz zwischen Standort und Vorfluter bedingt die Höhe des hydraulischen Gradienten und steuert so den Grundwasserfluß zwischen der Marsch und den Vorflutern (Elbe, Priele und Grüppen). Die durch die Höhenlage eines Standortes bedingte Überflutungshäufigkeit ist für den standortspezifischen Tidewassereintrag verantwortlich. Priele und Grüppen dienen der Tide als Leitbahnen, von denen ausgehend eine Infiltration von Elbwasser in die Vorlandsmarschen einsetzt. Je größer die Anzahl der Priele und Grüppen ist, desto intensiver ist der Wasseraustausch zwischen Elbe und Vorlandsmarsch. Damit kommt diesen beiden charakteristischen Strukturmerkmalen der Vorlandsmarschen im Elbeästuar die größte Bedeutung für die Intensität des Wasseraustausches zwischen Vorlandsmarsch und Elbe zu.
Im Bereich des Schilfgürtels und im Bereich der Prielränder nimmt die Tide ständig Einfluß auf das Grundwasserfließverhalten im ersten und zweiten Grundwasserleiter. Es können drei typische Situationen unterschieden werden:

1. Das Tidehochwasser steigt deutlich über das Niveau des freien Grundwasserspiegels, und es setzt eine in das Vorland gerichtete Grundwasserströmung ein. Die dabei in das Vorland infiltrierte Wassermenge ist vergleichsweise gering (wenige Liter), und bis zur nachfolgenden Flut ist sie größtenteil wieder abgeflossen.
2. Das Tidehochwasser erreicht in etwa das Niveau des freien Grundwasserspiegels. Es bildet sich kein in das Vorland gerichteter hydraulischer Gradient

aus. Zum Hochwasserzeitpunkt kommt die Grundwasserbewegung nur kurzzeitig zum Stillstand. Eine Elbwasserinfiltration findet nicht statt.

3. Der Tidehochwasserstand bleibt deutlich unter dem Niveau des freien Grundwasserspiegels. In diesem Fall ist die Grundwasserströmung ausschließlich prielwärts gerichtet. Zum Hochwasserzeitpunkt verlangsamt sich die Fließgeschwindigkeit des Grundwassers lediglich kurzfristig.

In Abbildung 2 sind für die 1. Situation die Fließrichtungen zum Niedrigwasser- und Hochwasserzeitpunkt dargestellt. Diese Änderung der Grundwasserfließrichtung kann sich im Verlauf mehrerer Tiden wiederholen, so daß das Grundwasser sozusagen "hin und her schwappt", in der Bilanz aber eindeutig in den Priel abströmt.

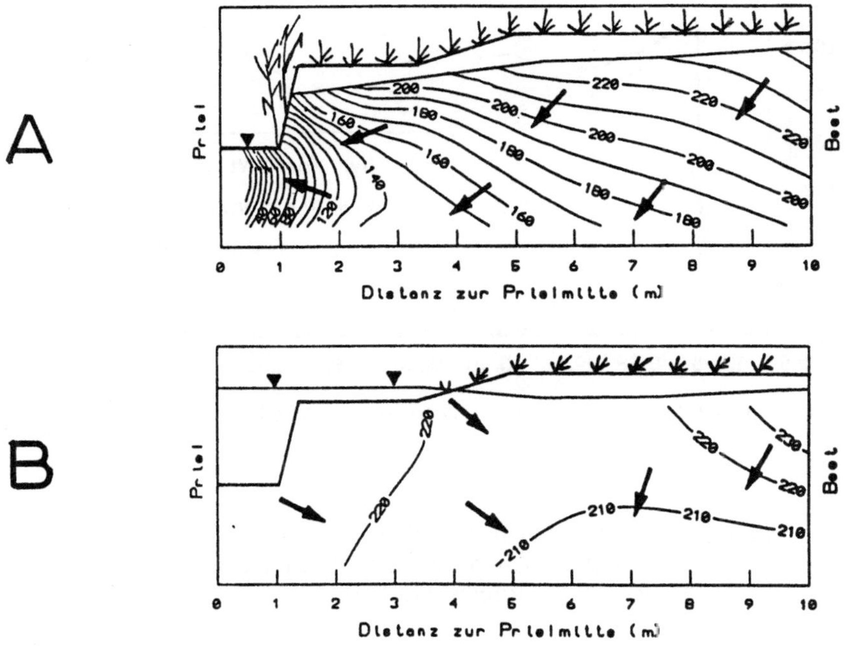

Abb. 2: Isolinien des hydraulischen Potentials im Bereich des Prielrandes, Prielwasserstand (▼) und die resultierende Grundwasserfließrichtung (←) zum Niedrigwasserzeitpunkt (A) und zum Hochwasserzeitpunkt (B)

Im Gegensatz zu dieser räumlich begrenzten Einflußnahme der Tide, bei der nur sehr geringe Mengen Elbwasser in die Vorlandsmarsch infiltrieren, stehen Überflutungen des Vorlandes, die zur Infiltration großer Wassermengen führen können. In Abbildung 3 ist die sukzessive Auffüllung des Grundwasserspeichers als Folge von vier Vorlandsüberflutungen dargestellt. Die in den oberflächenahen Grundwasserleiter infiltrierte Wassermenge beträgt in diesem Fall 116 l/m².

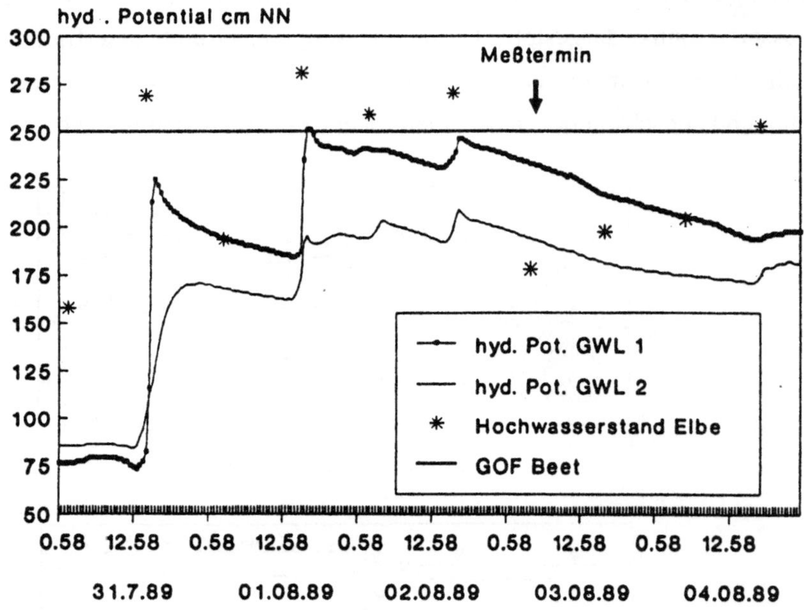

Abb. 3: Verlauf des hydraulischen Potentials im 1. und 2. Grundwasserleiter im Zuge von vier Vorlandsüberflutungen sowie die resultierende Infiltration und Auffüllung des 1. Grundwasserleiters

In Tabelle 1 sind die Jahresbilanzen des Wasserhaushaltes für die Meßstandorte des Asseler Sandes wiedergegeben. Sie zeigen, welche Größenordnung der Tidewassereintrag im Vergleich zu den übrigen Wasserhaushaltsgrößen erreichen kann und welche Unterschiede zwischen den Meßstandorten bestehen. Am Standort Priel ist die in das Vorland eingetragene Wassermenge aufgrund des ständigen Tideeinflusses deutlich größer als am Standort Beet, der aufgrund seiner größeren Distanz zum Priel und der Geländehöhe seltener überflutet wird.

Standort	Assel Beet	Assel Priel
1987/88	854	854
Niederschlag mm		
1988/89	779	779
1987/88	448	448
aktuelle Evapotranspiration mm		
1988/89	525	525
1987/88	- 28	- 17
dBFS mm		
1988/89	- 12	- 15
1987/88	0	0
dGWS mm		
1988/89	0	0
1987/88	505	517
Gesamtabfluß mm		
1988/89	437	492
1987/88	71	94
Tidewasserzufluß mm		
1988/89	171	221
dBFS : Wassergehaltsänderung im Bodenfeuchtespeicher dGWS : Wassergehaltsänderung im Grundwasserspeicher		

Tab. 1: Standortbezogene Jahresbilanzen des Wasserhaushaltes für die Meßstandorte des Asseler Sandes

4. Ausblick

Anthropogene Eingriffe in ein Ökosystem führen ohne Kenntnisse der inneren Regelmechanismen zu nicht vorhersehbaren Auswirkungen auf die Umwelt. Auch für den Bereich des Elbeästuars werden die Folgen derartiger Eingriffe, z. B. Fahrrinnenanpassung in der Unterelbe, neuerliche Anbindung abgedeichter Priele und Entwässerungsgräben an die Elbe oder Rückbau von Deichen, diskutiert. Unsere Untersuchungen können einen wesentlichen Beitrag leisten, die Konsequenzen dieser Eingriffe für den Wasser- und Stoffhaushalt der betroffenen Vorlandsmarschen besser abzuschätzen. Dieses gilt insbesondere für Maßnahmen, die zu einer Veränderung der Wasserstandshöhen und der Überflutungscharakteristik der Elbe führen können. Insbesondere ansteigende Hochwasserstände und damit zunehmende Überflutungshäufigkeiten der Vorländer werden zu einem erhöhten Wasser- und Stoffeintrag in die Vorlandsmarschen führen. Vor dem Hintergrund der nachgewiesenen Schadstoffbelastung von Schwebstoff und Elbwasser sowie der oberflächennahen Marschensedimente erhält diese Auswirkung erhebliche Bedeutung.

Literatur

[1] GKSS Forschungszentrum Geesthacht, Wasserwirtschaftsdirektion Magdeburg (Hrsg.) (1992): 3. Magdeburger Gewässerschutzseminar - Zur Belastung der Elbe -, Tagungsband. Magdeburg, 342 S.

[2] GKSS Forschungszentrum Geesthacht, Staatliches Amt für Umweltschutz Magdeburg (Hrsg.) (1994): 4. Magdeburger Gewässerschutzseminar - Die Situation der Elbe -, Tagungsband, Spindleruv Mlyn, 376 S.

[3] Fischer, S. M. (1994): Untersuchungen zum Wasserhaushalt tidebeeinflußter Vorlandsmarschen im Ästuar der Elbe. - Elemente, Faktoren, Prozesse-. Dissertation am Fachbereich Geowissenschaften der Universität Hamburg, 209 S.

Vorschläge zur Verbesserung des gewässerökologischen Zustandes der Elbe im Auebereich zwischen südöstlicher Landesgrenze Sachsen-Anhalt und Aken

W. Leßmann; Halle

1. Einleitung

Länderübergreifend von der Quelle in der Tschechischen Republik bis hin zur Mündung in die Nordsee nimmt die Elbe als verbindendes und landschaftsprägendes Element eine zentrale Stellung für alle Anrainerländer ein.

Neben der Verbesserung der biologischen und chemischen Gewässergüte als höchste Priorität, kommt der Verbesserung der ökomorphologischen Strukturen der Elbaue eine ebensolche Bedeutung zu.

Die noch vorhandenen, weitgehend naturnahen und strukturreichen Elbauebereiche in Sachsen-Anhalt dürfen nicht darüber hinwegtäuschen, daß es eine Vielzahl von Arealen gibt, in denen die Existenz schützenswerter Tier- und Pflanzenarten bedroht ist.

Besonderes Augenmerk muß auf die Restauwälder sowie Alt- und Totarme gelegt werden, die zum Teil letzte Refugien und landschaftliches Kleinod darstellen.

Im Auftrag des Ministeriums für Umwelt und Naturschutz LSA wurde durch das LAU, Abt. Wasserwirtschaft, eine Studie mit Maßnahmevorschlägen zur Verbesserung des gewässerökologischen Zustandes der Elbe im Auebereich zwischen Landesgrenze Sachsen und Aken erarbeitet. Sie ist eine der Grundlagen einer Gesamtkonzeption für den sachsen-anhaltinischen Elbeabschnitt, die der Internationalen Kommission zum Schutz der Elbe (IKSE) übergeben wurde.

2. Grundlagen und Ergebnisse

Gemessen an der Fülle möglicher und künftig notwendiger struktur- und lebensraumverbessernder Maßnahmen für aquatische, amphibische und terrestrische Le-

bensgemeinschaften wurde in Zusammenarbeit mit dem Staatlichen Amt für Umweltschutz Dessau/Wittenberg, den unteren Naturschutz- und Wasserbehörden der Landkreise, dem Biosphärenreservat und tangierenden Interessenten, wie Schiffahrtsverwaltung, Forst- und Landwirtschaft, 14 Objekte als besonders untersuchungswürdig ausgewählt.
Es gelang dabei, bestehende bzw. zu erwartende Interessenkonflikte grundsätzlich abzustimmen und auszuräumen.

In der anschließenden Detailarbeit erfolgte im Rahmen von Vorortbegehungen im Frühjahr und im Herbst die objektweise Erfassung der Gewässerstrukturen, Vegetation bzw. Naturraumausstattung sowie der Wasserverhältnisse. Alle ermittelten Daten und Zustandsverhältnisse wurden anschließend aufbereitet, analysiert und bewertet. In diesem Prozeß fanden gleichzeitig die konkreten Tageswerte der Monate März und September 1992 sowie die Monatsmittelwerte des Jahres 1992 der relevanten Pegel Torgau, Wittenberg und Aken und die Monatsniederschläge 1992 Berücksichtigung bzw. Aufnahme.

Im Ergebnis wurden konkrete Zielstellungen abgeleitet, und jede Maßnahme wurde in der Studie wie folgt dargestellt:

1. Gewässerökologischer Zustand u.a. mit Lage, Schutzstatus, Gewässerstrukturen, Wasserführung, Fauna, Flora, Störfaktoren
2. Verbesserungsvorschläge einschließlich deren Diskussion
3. Grobkostenschätzung
4. Eventuelle Interessenkonflikte

Fotografien und Kartendarstellungen ergänzen und veranschaulichen die textlichen Ausführungen der Studie. In der Tabelle 1 sind die untersuchten Objekte in einer Kurzdarstellung nach Ortsbezeichnung, Biotopstruktur sowie Art der Maßnahme aufgelistet.
Im Ergebnis der Untersuchungen und der daraufhin abgeleiteten Verbesserungsvorschläge kann festgestellt werden, daß alle betrachteten Bereiche für die Erhaltung

bzw. Entwicklung der Pflanzen- und Tierwelt, des Erholungswertes sowie des Landschaftsbildes schwerpunktmäßig

- der Wasserstandserhöhung,
- der Entschlammung,
- der Gehölzanpflanzungen und
- der Nutzungsänderungen des Umfeldes

bedürfen.

3. Schlußfolgerungen

Aus der Betrachtung und Diskussion der vorgeschlagenen Maßnahmen ging hervor, daß sich insbesondere durch den Nährstoff- und Schadstoffeintrag landwirtschaftlicher, kommunaler oder gewerblicher Abwässer starke Verlandungsprozesse zeigen.

Neben der Verminderung des Schadstoffeintrages in die Gewässer durch eine ordnungsgemäße Abwasserreinigung ist eine umweltverträgliche und schonende Umsetzung der Vorschläge eine vordringliche Aufgabe.

Auf Grund der Länge des zu untersuchenden Elbeabschnittes (ca. 105 km) und der daraus resultierenden Menge und Vielfalt von Maßnahmen, stellt die Studie zwar nur einen Auszug dar, ist aber als wesentlicher Beitrag zu dem von der IKSE avisierten "ökologischen Sofortprogramm" zu verstehen.

Mit den Schwerpunkten der Analyse der Ist-Zustände, der beeinflussenden Störfaktoren und der einzuleitenden Maßnahmen soll sie ein Grundlagenkonzept für weitere detaillierte, objektbezogene Untersuchungen bzw. Planungen darstellen.
Die dafür notwendige Festlegung von Rang- und Reihenfolgen muß als Einzelfallprüfung erfolgen, denn jede Maßnahme hat seine eigene Bedeutung im Gesamtkonzept der Elbe.

lfd. Nr.	Strom-km (abwärts)	Ortsbezeichnung	Biotopstruktur	Art der Maßnahme	Bemerkung
1	rechts der Elbe 190 - 194	Klödener Riß	Altwasser, Grünland/Wiesen Riedbestände, nach Überflutung Schlickbänke	Wasserstandserhöhung, Teilbaggerung und Teilvertiefung, Gehölzanpflanzung, Nutzungsänderung des Umfeldes	vorgesehene NSG-Erweiterungsfläche, avifaunistisch wertvoll, Rast- und Nahrungsgebiet für Limikolen
2	links der Elbe 190 - 191	Alte Elbe Bösewig	Weichholzaue, ausgedehntes Grünland, Röhrichtbestände	Wehr instandsetzen, Gehölzpflanzung	NSG
3	links der Elbe 200 - 205	Wartenburger Streng	Weichholzaue, ausgedehntes Grünland, Röhrichtbestände	Errichtung einer veränderlichen Sohlschwelle, Einzelgehölzpflanzungen	NSG, im LSG "Mittelelbe" omithologisch bedeutungsvoll, Laichgebiet für autochthone Wildfischarten
4	rechts der Elbe 211 - 212	Wittenberger Luch	grundwassernahes Grünland, Kleinröhricht, Hartholzaue -Feuchtgebiet	Entschlammung, Nutzungsänderung des Umfeldes	LSG "Mittelelbe"
5	links der Elbe 214	Muldensteiner Hafen-Brückenkopf-Wittenberg (ehemals Russische Kaserne)	bei HW mit Elbestrom in Verbindung, versandeter unbenutzter Hafen mit Stillwasserbereichen	umfassende Sanierung des gesamten Objektes vor der Formulierung gewässerökologischer Ziele	LSG "Mittelelbe" soll evtl. für Wassertouristik, Erholung genutzt werden
6	links der Elbe 218	Durchstich Pratau	Altarm, wertvoller Auerest mit aufkommender Weichholzaue, Kleinröhricht und vegetations freie Flächen	Teilvertiefung, Entschlam-mung	FND im LSG "Mittelelbe"
7	links der Elbe 226	Crassensee	gering anthropogen beeinflußtes Stillgewässer, ausgeprägter Röhrichtgürtel und Schwimmblattpflanzenbestände Ruderalvegetation auf geschobenem Spülfeld	Sanierung der Röhrichtzone, Entschlammung, Rekultivierung des Spülfeldes	NSG, Zone II des Biosphärenreservates "Mittelelbe"
8	links der Elbe 223 - 226	Große Straube	Wiese, Restelemente Weichholzaue	kein gewässerökologischer Handlungsbedarf	LSG "Mittelelbe" im Biosphärenreservat Zone III
9	links der Elbe 234	Trokinlache	Feuchtgebiet, Kleinröhrichte, Hartholzaue, stark vorangeschrittene Verlandung	Entschlammung, Beseitigung von Verrohrungen	LSG im Biosphärenreservat, Zone III, reiche Amphibienvorkommen, Laichgewässer

Tab. 1: Zusammenstellung der Vorschläge zur Verbesserung des gewässerökologischen Zustandes ausgewählter Gebiete der Elbaue

lfd. Nr.	Strom-km (abwärts)	Ortsbezeichnung	Biotopstruktur	Art der Maßnahme	Bemerkung
10	links der Elbe 249 - 254	Kupenwiesen Kupen-Rohrlache	ehemals Feuchtwiesen, jetzt intensiv bewirtschaftetes Grünland, Hartholzbestände (Alteichen), Entwässerungsgraben, Restbestände wertvoller Wasserpflanzenarten	Wasserstandsanhöhung Stauanlage errichten evtl. Verfüllung von Entwässerungsgräben	LSG im Biosphärenreservat, Zone III
11	links der Elbe 254	Löbben-Leiner See	Grünlandnutzung, Weichholzauenreste, Hartholzbestände, Restbestände an seltenen Wasserpflanzen	Entschlammung des Gewässerzuges	Biosphärenreservat, Zone III Fischgewässer
12	links der Elbe 257	Pelze	Feuchtgebiet mit gut entwickeltem Auwald	Errichtung eines Staues	Biosphärenreservat, Zone II NSG, Ichthyofaunistisch wertvoll
13	links der Elbe 260,5	Peisker-Wallwitzer-Hafen	Stillwasserbereiche und Rückzugsmöglichkeiten für Fischfauna vorhanden, Gehölzmischbestände	vorerst kein Handlungsbedarf	Biosphärenreservat, Zone III
14	links der Elbe 274	Bürgersee	alte Elbschlinge, z.T. verlandet, Mischbestände, Weich- und Hartholzaue, extensive Grünlandnutzung	Baggerung und Teilvertiefung, Wasserstau an bereits vorhandener Schleuse bzw. Wiederöffnung	Biosphärenreservat, Zone IV, Brut- und Rastgebiet

Tab. 1: Zusammenstellung der Vorschläge zur Verbesserung des gewässerökologischen Zustandes ausgewählter Gebiete der Elbaue (Fortsetzung)

Bereiche möglicher Deichrückverlegungen in der Elbaue im Bereich der Mittelelbe - Vorschläge aus ökologischer Sicht als Beitrag zu einer interdisziplinären Diskussion

K.-H. Jährling; Magdeburg

1. Veranlassung und Zielstellung

Für die Elbe und deren unmittelbare Auenbereiche besteht, wie für kaum einen anderen Strom in Mitteleuropa, die dringende Notwendigkeit der Sanierung und der Erhaltung sowie der Verbesserung nach ganzheitlichen und ökologisch komplexen Gesichtspunkten. Sowohl hinsichtlich der Wasserbeschaffenheit als auch der Gewässermorphologie und der Auenstruktur sollten unter Beachtung der veränderten Bedingungen neue Denkansätze gefunden und realisiert werden. Neben der dringenden Notwendigkeit besteht in weiten Bereichen entlang der Elbe die grundsätzliche Möglichkeit der Findung und Realisierung komplex-ökologischer Sanierungen, wie dies an vergleichbaren mitteleuropäischen Strömen sehr oft nicht mehr möglich ist.
Im vorliegenden Vortrag werden mögliche Bereiche von Deichrückverlegungen vom rein ökologischen Gesichtspunkt betrachtet und vorgeschlagen. Diese verstehen sich in keinem Fall als Dogma, sondern sollten als mögliche Grundlage und als Versuch der Einleitung einer interdisziplinären und fachlich übergreifenden Diskussion angesehen werden. ***Auf diesem Wege lassen sich für die Elbe und deren Auengebiete mit den Möglichkeiten des modernen Wasserbaues, den neuesten Erkenntnissen der Ökologie großer Ströme und deren Auen sowie den administrativen Mitteln der Bundesländer gangbare Kompromisse zur Erhaltung, Stabilisierung und Verbesserung der ökologischen Bedeutung der Elbeauen erzielen.***
Natürlich werden die vielen Probleme, welche mit Sicherheit existieren, in keinem Fall aus dem Auge verloren. Neben den notwendigen großen ökonomischen Aufwendungen aus öffentlichen Mitteln sind bei einer möglichen Realisierung enorme Probleme aus juristischer Sicht, des Besitzstandes der vorhandenen und progno-

stisch angestrebten Nutzung der Altauen, der Gewinnung notwendiger Erdstoffe u.v.a.m. vorhanden. ***Auch bzw. gerade dann, wenn diese Wege nicht die einfachsten und bequemsten darstellen, dürften die Ergebnisse in mehrfacher Hinsicht überzeugen.***

2. Grundlagen

2.1. Strom und Aue aus ökologischer Sicht

Obwohl die Liste von Veröffentlichungen über die ökologischen Zusammenhänge und Probleme der Auenbereiche großer Ströme immer länger wird, erscheint es als Beitrag zum Gesamtverständnis der angestrebten Deichverlegungsmaßnahmen notwendig, einige grundsätzliche Bemerkungen zur Auenproblematik aus ökologischer Sicht zu machen. Diese sollen dem Verständnis der vorgeschlagenen Maßnahmen dienen und werden nur sehr kurz gehalten. Für weitergehende Notwendigkeiten wird auf die entsprechende Fachliteratur verwiesen.

Als Auenbereiche werden die Niederungen entlang der Fließgewässer bezeichnet, welche dem ständigen Wechsel des Wasserstandes ausgesetzt sind, d.h. welche mehr oder weniger regelmäßig durch natürlich auftretende Hochwässer überschwemmt werden. Hier kommt es in allererster Linie nicht, wie oft fälschlicherweise angenommen, auf den mehr oder weniger statischen Zustand des einen oder anderen Wasserstandes bzw. den unvollständigen Wechsel zwischen Mittel- und Hochwasserstand, sondern auf das natürliche Wasserstandsregime in seiner vollen dynamischen Breite an. Derartige laienhafte Aussagen wie:"... wieder Wasser in die Aue bringen..." sind beliebte Argumente der Verkehrswasserbauer für eine Staustufe in schiffbaren Fließgewässern. ***Wichtig ist hier primär der stete Wechsel der Wasserstände in der Flußaue zwischen Trockenfallen und Überfluten als der entscheidenste Ökosystemfaktor für die typischen Auenlebensgemeinschaften.*** Nach DISTER /1/ hängen alle anderen, für die Aue wichtigen Ökofaktoren von diesem Hauptfaktor ab. Dies sind neben der erwähnten Dynamik der Wasserstände im Fluß die Dynamik des Grundwasserstandes, die

Standort- und Vegetationsdynamik, der Eintrag von Nährstoffen in die Flußaue sowie der Austausch von Organismen zwischen Fließgewässer und Aue.

Wasserstandsdynamik

Die Dynamik der Wasserstände in der Elbe wird durch die entsprechende hydrologische Statistik charakterisiert und hängt in erster Linie von der meteorologischen Situation des Einzugsgebietes ab. So weist der typische Jahresgang des Wasserstandes in der Elbe einen anderen Verlauf auf als der Rhein, welcher ein Fluß mit ausgeprägten Sommerhochwässern durch die Lage der Entstehungsgebiete in den Hochalpen ist. Die Hochwässer der Elbe treten dagegen in den Winter- und Frühjahrsmonaten auf, wobei Sommerhochwässer zwar vorkommen können, jedoch eher selten sind. Typische Arten der Überflutungsauen verfügen über spezielle Anpassungen an solche Situationen, wobei neben der Jahreszeit vor allem die Dauer und die Höhe der Hochwasserwelle von Bedeutung sind. Wie diese wirken, richtet sich nach dem Standort bzw. dem Lebensraum, speziell nach der Höhenlage des Biotops und dem sehr heterogenen Relief der Überflutungsaue. Dementsprechend kommt es durch die ausgeprägten Anpassungen der einzelnen Pflanzen- und Tierarten an die vorgenannten Bedingungen zu einer Auslese in Abhängigkeit der Limitierung der einzelnen Art gegenüber der ihr spezifischen Hochwassertoleranz. Nur auf diese Weise, indem die konkurrenzschwachen und untypischen Lebens-gemeinschaften ständig selektiert werden, können auentypische Biozönosen auf Dauer erhalten werden.

Grundwasserstandsdynamik

Die engen Zusammenhänge zwischen den Wasserständen des Fließgewässers und denen der Grundwasserleiter der Aue liegen im wesentlichen auf der Hand. Die Einspeisung in den Grundwasserleiter im Hochwasserfall hängt vor allem von der Größe der überströmten Fläche, der Dauer des erhöhten Wasserstandes und dem anstehenden Substrat ab. Demgegenüber kommt es im Niedrigwasserfall zu einem Grundwassereinstrom in den Fluß. Durch die stetig wechselnden Fließrichtungen werden die Porenräume ständig "rückgespült". Diese Wirkung und das Eindringen über die Aueflächen besitzen enorme Bedeutung für die natürliche Selbstreinigungsleistung und die Freihaltung der notwendigen Porenräume. Die Wechselwirkungen mit dem Grundwasserleiter reichen selbst bei kleinen Hochwässern, wenn auch zeitlich verzögert, bis weit in die Auenflächen hinein und beeinflussen ökologisch wichtige Strukturen (Randsenken, Brüche etc.). Der Gesamtzusammenhang zwischen dem hydrologischen Regime des Gewässers und der Grundwasserstandsdynamik als bestandsbildender Faktor der Auen wird, z.B. bei oberflächlichen Betrachtungen zu Staustufen, sehr oft fälschlicherweise negiert oder völlig vernachlässigt.

Standort- und Vegetationsdynamik

Gegenüber den umformenden Wirkungen des fließenden Wassers auf die Morphologie in natürlichen Flüssen muten die in den mehr oder weniger ausgebauten Gewässern des modernen Mitteleuropas eher kläglich an. Die Heterogenität der flußnahen Bereiche mit Abbruchufern und Inselbildungen ist auch an der Elbe im wesentlichen nicht mehr vorhanden. Gewisse Ausgleiche können in den Buhnenfeldern vor allem während Niedrigwasserperioden beobachtet werden. Zwischen den erodierenden, transportierenden und akkumulierenden Prozessen bestehen enge Zusammenhänge. Bestimmte Pflanzenarten haben sich als Pionierbesiedler entsprechend angepaßt und sind in der Lage, Anlandungen, zumindest zeitweise, festzulegen. Damit setzen diese den Grundstein für die Sukzession, welche in Abhängigkeit der Lage und Wasserstände gestört oder ungestört verläuft. In der Elbe verhindern wesentliche Bedingungen, vor allem jedoch die Verlagerung des Geschiebegleichgewichtes in Richtung der Erosion (Talsperrenbau in den Oberläufen, Niedrigwasserregulierung, direkte Eingriffe wie Unterhaltung etc.), eine ungestörte Sukzession.

Nährstoffeintrag

Einen wesentlichen Einflußfaktor auf das Gefüge und die Besiedlung der Auenstandorte bildet der Nährstoffeintrag, welcher sich in ungestörten Auenstandorten in erster Linie über die Schwebstofffrachten der Hochwasserereignisse vollzieht. Die

Pflanzengemeinschaften der Auenstandorte bzw. der nachfolgenden genutzten Flächen werden als äußerst produktiv bewertet. Dies gilt natürlich nur für die Flächenteile, die ständig der Nährstoffzufuhr unterliegen, d.h. periodisch überflutet werden. In den Teilen der Altaue, welche nur noch "gefiltertes" Drängewasser bekommen, machen sich nach gewissen Zeiträumen deutliche Besiedlungsunterschiede bemerkbar. Hier kann man auf Grund des veränderten Trophiestatus und der nachfolgenden Änderung der Lebensgemeinschaft nicht mehr von Auenstandorten, sondern allenfalls von auenähnlichen Standorten sprechen.

Organismenaustausch

Der Austausch der Organismen zwischen dem Hauptgewässer und den Hochflutauen gehört zu den kennzeichnenden Faktoren einer dynamischen Gewässeraue. Viele Auengewässer fallen periodisch ganz oder teilweise trocken und besitzen korrespondierende und schwankende Wasserstände. Im Niedrigwasserfall sind diese gar nicht oder nur unvollständig mit dem Hauptgewässer verbunden. Bei ansteigenden Hochwässern wird das komplizierte Gewässernetz der Hochflutaue mit seinen Altarmen, Tümpeln und Feuchtflächen angeschlossen, miteinander verbunden und überflutet. Dadurch bedingt werden Wasserorganismen Wege in benachbarte Lebensräume, z.B. Laichgewässer von Fischen, eröffnet und verödete Bereiche, z.B. nach Havarien oder sonstigen Streßsituationen wie langandauernden Niedrigwassern, wiederbesiedelt. Bei fallenden Hochwässern werden viele Gewässer erneut isoliert und bilden, begründet durch deren Temperatur und Nahrungsreichtum, einen bevorzugten Aufwuchsraum für Jungfische, wobei die Fische nur ein Beispiel für alle anderen komplizierten Wanderungs- und Ausbreitungsmechanismen darstellen. Neben den aktiven Bewegungen höherer Organismen in den Längs- und Quer-gradienten des Gewässers und seiner Aue spielen auch passive Bewegungen wie die Verdriftung von Mikroorganismen tierischer und pflanzlicher Herkunft, von submersen Makrophyten sowie von Samen bzw. Sämlingen der Pionierbesiedler (verschiedenste Weiden- und Pappelarten) eine Rolle.

Mit den vorstehenden Äußerungen soll und kann kein vollständiges Bild der Auenökologie gegeben werden. Zumindest wird dadurch je-

doch ein kleiner Einblick in die komplizierten Zusammenhänge der Auenbereiche möglich. Alle weiteren Faktoren im Ökosystem Aue hängen netzartig von den o.g. Hauptfaktoren, speziell jedoch von der Wasserstandsdynamik des Gewässers als grundlegendem Fundament, ab.

2.2. Erfordernisse aus ökologischer Sicht

In diesem Zusammenhang ist es erforderlich, die Forderungen zu analysieren, welche der Hochwasserschutz an den Ablauf des Hochwassers, d.h. an die Form der Hochwasserwelle, den zeitlichen Ablauf und mögliche Maßnahmen einer direkten Bekämpfung bzw. möglichen Abschwächung, stellt. ***Wichtig erscheint auf jeden Fall die Feststellung, daß die Form der Hochwasserwelle, also der Anstieg, die Scheitelhöhe und der schnelle Abfall, eine Folge der Hochwasserschutzmaßnahmen der letzten Jahrhunderte (Deichbau, Retentionsflächenverlust) ist.*** Natürlich sind zu einem gewissen Anteil auch Meliorationen und Flächenversiegelungen in den Einzugsgebieten beteiligt. Dies ist im Sinne der Vollständigkeit dringend zu erwähnen. In der Gegenwart werden im Bereich der mittleren Elbe vor allem Deiche mit dem Ausbauziel HQ 100 + 1,0 m Freibord erhöht. Dadurch ändert sich natürlich nicht der eigentliche Hochwasserverlauf; eher ist eine Erhöhung der Häufigkeit von Spitzenhochwässern, u.a. durch Maßnahmen im Einzugsgebiet, zu prognostizieren.

Derartige Erscheinungen werden vermehrt im Bereich des Oberrheins beobachtet. Im Sinne des dringend notwendigen Schutzes der Rheinanliegerstädte werden hier weitergehende Schritte unternommen. In der Hochwasserschutzkonzeption für den Oberrhein /2;3/ geht es in erster Linie um die Kappung von Hochwasserscheitel-abflüssen, d.h. um ein "Abschneiden" der Hochwasserspitzen. Dazu bestehen eine Anzahl von Möglichkeiten, welche vom Poldereinstau über den Sonderbetrieb der Rheinkraftwerke bis zum Kulturwehreinstau reichen. Diese sollen hier, mit Ausnahme des ökologisch zu bewertenden Poldereinstaus, jedoch nicht weiter betrachtet werden. An der Elbe kommen im wesentlichen Polderbewirtschaftungen, Be-pflanzungen der Deichvorländer, Deichrückverlegungen und Deichbeseitigungen zur

Entschärfung der Hochwassersituation in Betracht (generelle Möglichkeiten). Diese sollen im folgenden unter Berücksichtigung der ökologischen Erfordernisse diskutiert werden.

Vom Grundsatz her steht ohne Zweifel fest, daß hinsichtlich des zu fordernden Überflutungsregimes eine weitestgehende Natürlichkeit den ökologischen Erfordernissen am nächsten kommt. Die Erfordernisse aus Sicht der Auenökologie lassen sich logisch aus den ökologischen Grundlagen folgern, welche sich dementsprechend wie folgt ergeben:

1. Sicherung eines natürlichen oder möglichst naturnahen hydrologischen Verlaufs der Hochwasserwelle hinsichtlich der absoluten Überflutungshöhen und des zeitlichen Verlaufs zur Sicherung der auentypischen Dynamiken der Wasserstände und angrenzender Bedingungen wie Grundwasser- und Standortdynamik.
2. Gewährleistung des Einstroms auch kleinerer Hochwässer auf die gesamte Überflutungsfläche im Hinblick auf die sortierenden und selektierenden Wirkungen des Hochwassers, da diese Wirkungen in Poldern nur sporadisch bei Spitzenhochwässern mit katastrophalen Wirkungen auf die nicht angepaßten Lebensgemeinschaften auftreten (z.B. in Sommerpoldern).
3. Erhaltung und Wiederherstellung der ökologisch günstigen hydraulischen Wirkungen des Hochwassers in der Flutaue unter Beachtung des Hochwasserstromstriches. Damit sind die Verbindungen des Gewässersystems in der Überflutungsfläche (Altwasser, Hochflutrinnen etc.) und deren Erhaltung langfristig gesichert. Desweiteren werden die eingetragenen Nährstoffe durch das fließende Wasser über die gesamte Aue verteilt und anaerobe Abschnitte in tieferen Standgewässern und Geländetiefpunkten der Aue verhindert.
4. Letztendlich sollte eindeutig die Forderung nach einer maximalen Flächengröße der aktiven Hochflutaue bekräftigt werden. Diese sollte sich der Fläche der ehemaligen Überflutungsgebiete möglichst annähern. Damit wären ent-scheidende Wirkungen auf das Grundwasserregime, dessen Dynamik und die effektive Selbstreinigung gegeben.

Die vorstehenden Punkte verstehen sich als Forderungen der Ökologen an die Hochwasserschützer. Darüber hinaus bestehen weitergehende Forderungen wie sie

DISTER in anschaulicher Art und Weise beschreibt /4, 5/. Dies sind in erster Linie das Zulassen der Morphodynamik des Gewässers in einem gewissen Umfang und die Schaffung durchgängiger Verbindungen zwischen dem Fluß und dessen Überflutungsgebiet.

In diesem Sinne sind die möglichen Hochwasserschutzmaßnahmen aus ökologischer Sicht zu überprüfen und zu werten.

Polderbewirtschaftung

Die Polderbewirtschaftung stellt in vielen Arbeiten betreffs notwendiger Hoch-wasserschutzprogramme einen zentralen Punkt dar. In der Regel ist in derartigen Fällen ein gewisses Volumen der Hochwasserwelle in zeitweilige Speicherräume, also Polderflächen mit definierten Volumina, einzuleiten, zwischenzuspeichern und nach Durchlauf des reduzierten Scheitels wieder abzugeben. Besonders am Rhein werden sogenannte Taschen- und Fließpolder bevorzugt. Darauf soll in diesem Zusammenhang jedoch nicht näher eingegangen werden. Im Bereich der mittleren Elbe stehen mehrere Niederungen als Polderflächen zur Verfügung. Dabei handelt es sich um ausgesprochene Sommerpolder, welche in der Regel nicht gezielt geflutet werden, sondern ungesteuert vollaufen. Gegebenenfalls bestände die Möglichkeit des Flutens über Siele. Diese sind jedoch in der Regel zur Entwässerung vorge-sehen. Desweiteren bestehen einzelne Möglichkeiten einer gezielten Flutung z.B. in der Magdeburger Elbumflut. Im Bereich der Havel stehen Havelpolder bei aus-gesprochenen Katastrophenhochwässern durch Sprengung zur Verfügung. In diesem Sinne kann eigentlich nicht von einer Polderbewirtschaftung, sondern eher von einem ungesteuerten Poldereinstau gesprochen werden.

Sowohl die Sommerpolder der Elbe als auch die gesteuerten Taschenpolder und die Fließpolder mit Querriegeln am Rhein weisen aus ökologischer Sicht ernstzunehmende Mängel auf.

Auf Grund der Zielstellung treten auf den Polderflächen nur sporadische Über-flutungen auf, da durch das Fehlen kleiner, häufigerer Überflutungen die eigentlich notwendige "Vorsortierung" entfällt. In den Poldern könnnen sich Biozönosen entwickeln, welche auenuntypisch sind. Nach Einleitung gekappter Spitzenhoch-wässer

kommt es hier jedesmal zum Zusammenbruch ganzer Lebensgemeinschaften. Hochflutangepaßte Formen haben auf Grund der langen Zeiträume zwischen den Hochwässern keine Chance zur Entwicklung. Hier sollten sich Einsprüche des Naturschutzes deutlich machen, da die Folgen des Zusammenbruches durchaus wertvolle Arten betreffen können. Desweiteren verläuft die einströmende Welle völlig untypisch, ohne Gewährleistung der eigentlichen Dynamik bis hin zum Grundwasser. Die hydraulischen Wirkungen bleiben begrenzt, es kommt zum einfachen Einstau mit stehendem Wasser und die ökologisch aktive Verbindung zum Fluß ist nicht vorhanden. Durch die teilweise ungeeigneten Nutzungsformen sind Auswirkungen auf die Wasserbeschaffenheit nicht auszuschließen (Mähwiese, teilweise Ackernutzung und Flächenumbruch).
Unter Berücksichtigung der Nichterfüllung o.g. Erfordernisse auentypischer Standorte durch den Poldereinstau ist diese Möglichkeit summarisch als ökologisch negativ zu beurteilen. In diesem Moment sind die eingesetzten Mittel aus auen-ökologischer Sicht nicht mehr zu begründen und wären an anderer Stelle besser eingesetzt.

Bepflanzung der Deichvorländer

Die Bepflanzung eines Teils der aktiven Hochflutaue könnte durchaus positive Wirkungen auf die Hochwasserverläufe haben. Allerdings bestehen aus Sicht des Hochwasserschutzes Einwände betreffs der Verschärfung eines möglichen Eisrückstaus bis hin zur Eisversetzung. Diese sind keineswegs unbegründet, wie die Eisversetzung während des Hochwassers im Winter 1987 zeigte. Die Ursachen dürften jedoch in der teilweise sehr schmalen Hochflutaue liegen, so daß hier ein ursäch-licher Zusammenhang zu ökologisch notwendigen Deichrückverlegungen besteht. In der Hochflutaue hat Eisgang durch seine selektierende Wirkung durchaus positive Folgen im Sinne einer ständigen Auenverjüngung.
Aus ökologischer Sicht stellt o.g. Maßnahme eine wertvolle Ergänzung angestrebter Deichrückverlegungen dar. Desgleichen könnten wichtige hydraulische Größen wie Rauhigkeit etc. günstig beeinflußt werden. Auch wenn der Naturschutz sehr oft Extensivgrünland favorisiert, ist aus auenökologischer Sicht eine Stabilisierung und Ausweitung dynamischer, geschlossener Auewaldbereiche, sowohl als Weichholz-

als auch als Hartholzausbildung, wünschenswert.

Deichrückverlegungen

Deichrückverlegungen im Sinne einer ökologischen Optimierung der rezenten Elbaue sowie der Erweiterung auf Teile der Altaue stellen den eigentlichen Anlaß der vorliegenden Arbeit dar.
Durch gezielte Deichrückverlegungen werden die Erfordernisse hinsichtlich der auentypischen Standorte gegenüber der Problemlösung mittels Poldereinstau im wesentlichen erfüllt. Obwohl nur ein gewisser Teilbereich der Altaue durch die Maßnahme erfaßt wird, werden die wichtigsten ökologischen Grundlagen für Erhaltung, Reaktivierung und Erweiterung auentypischer Standorte und für nach-folgende Lebensgemeinschaften gelegt.

Gegebenenfalls könnten, wie bereits erwähnt, in diesem Zusammenhang Einsprüche aus Sicht des Naturschutzes zu diskutieren sein. Einige Vertreter des "klassischen, erhaltenden" Naturschutzes dürften auf erhaltenswerte Arten in der wieder zu aktivierenden Altaue und bestimmte Strukturelemente verweisen. Dem sind unbe-dingt die Wertigkeit auentypischer Organismengruppen, die selektierende Wirkung der Hochwasserereignisse und die strukturerhaltende Dynamik der Hochflut ent-gegenzuhalten. Im wesentlichen kann davon ausgegangen werden, daß die meisten Organismen und Pflanzengesellschaften eher durch ein Abschneiden von der aktiven Aue geschädigt wurden. Eine natürliche Hochflutaue weist allein durch ihr vielgestaltiges Strukturbild und die heterogene Höhenausprägung genügend Nischen für Organismen jeglichen Anpassungsgrades aus. Desweiteren ist jede Maßnahme ohnehin objektkonkret zu überprüfen. Oft wird hier schon die Nichthaltbarkeit o.g. Argumente bewiesen. Insgesamt stellt sich dieses Problem eher als naturschutzfachliches Politikum hinsichtlich der Zielstellung des modernen Naturschutzes dar.

Deichbeseitigungen

Deichbeseitigungen sind im wesentlichen Sinne, mit Ausnahme von Sommer- und

Polderdeichen und in begrenzten Abschnitten bis zur existierenden Niederterrasse (Ohremündung, Rogätzer Hang), nicht Bestandteil der vorliegenden Arbeit. Im Bereich der mittleren Elbe bieten sich derartige Möglichkeiten auf Grund der Nutzungs- und Besiedlungsstrukturen im wesentlichen nicht an. Es muß hier jedoch eindeutig und unzweifelhaft festgestellt werden, daß die Beseitigung des Hochwasserschutzdeiches die ökologisch optimalste Lösung darstellen würde.

Zusammenfassend muß eingeschätzt werden, daß Polderflächen den Ansprüchen auentypischer Biozönosen nicht genügen. Eher sind ökologische Katastrophen die unausbleiblichen Folgen der sporadischen Polderüberflutungen. Entsprechend den grundlegenden Forderungen an die ständige Dynamik aller stattfindenden Prozesse werden die ökologischen Erfordernisse einzig und allein durch Änderungen der Deichführung, sei es durch Beseitigungen bis zur Niederterrasse, wo dies noch möglich ist, bzw. durch Deichneubauten im Hinterland und partieller Abtragung der Altdeiche (Deichrück-verlegung), erfüllt.

2.3. Entwicklung der rezenten Elbaue

Entsprechend der Aufgabenstellung erachtet der Verfasser eine kurze Darstellung der Entwicklung der Elbauenlandschaft mit dem Schwerpunkt der Deiche sowie den zu betrachtenden, noch aktiven rezenten Hochflutauen und Altauenflächen, wie diese sich heute darstellen, zum Gesamtverständnis der vorgeschlagenen ökologischen Optimierungen als unbedingt notwendig. Dabei werden primär die Maßnahmen des Hochwasserschutzes aufgeführt. Natürlich waren auch andere Nutzungen und Einwirkungen für die Struktur der heutigen Elbauen von ausschlaggebender Bedeutung, wie der Ausbau zur Wasserstraße, die landwirtschaftliche Nutzung oder die Kiesgewinnung. Entsprechend der zu bearbeitenden Problemstellung werden diese jedoch hier vernachlässigt.

Die rezente Elbaue stellt eine weitestgehend anthropogen genutzte Landschaft dar, welche sehr stark durch die Hochwasserschutzdeiche geprägt ist. Die ersten Deiche wurden im Bereich der Mittelelbe um das Jahr 1180 angelegt und schützten als Ringdeiche die einzelnen Ansiedlungen. Die eigentliche Auendynamik war dadurch nur räumlich begrenzt eingeschränkt. Die Ringdeiche wurden in den folgenden Jahrhunderten mit regional typischen Bauweisen und Baustoffen entlang der Elbe verbunden. Der Deichbau als durchkonzipierte und zusammenhängende Hochwasserschutzmaßnahme begann erst mit der Existenz des preußischen Staates /6/.

Das Hochwasser 1845 führte in Preußen zur Annahme des Deichgesetzes. Dieses regelte den Bau, die Unterhaltung und Verteidigung sowie die Aufbringung der erforderlichen Mittel. Auf der Grundlage dieses Gesetzes wurden die bestehenden Deichgenossenschaften reorganisiert und in erheblichem Umfang Deiche verstärkt, verlängert sowie neu angelegt. In der zusammenfassenden Übersicht waren dies in erster Linie nach KRANAWETTREISER /7/ folgende Maßnahmen:

1862 Fertigstellung des Elbedeiches und Ohre-Rückstaudeiches des Magdeburg-Rothensee-Wolmirstedter Deichverbandes; geschützte Fläche 6 366 ha, entzogenes Retentionsvolumen 57 hm^3

1862 Verlängerung des Elbedeiches an der Löcknitzmündung um 2 km und Bau des Rückstaudeiches; Senkung der Rückstauhöhe um 0,25 m für eine Fläche von 12 600 ha, entzogenes Retentionsvolumen 16 hm^3

1865 endgültige Verstärkung des Elbe- und Saaledeiches des Aken-Rosenburger Deichverbandes; geschützte Fläche 12000 ha, entzogenes Retentions-volumen 60 hm^3

1865 Bau des Schartauer Winterdeiches; geschützte Fläche 1500 ha, entzogenes Retentionsvolumen 15 hm^3

1865 Ausbau des Reetz-Wische-Deiches und des rechten Alanddeiches als Winterdeiche; Senkung der Rückstauhöhe um 0,47 m für eine Fläche von 36400 ha, entzogenes Retentionsvolumen 150 hm^3

1875 Abschneiden der Alten Elbe und Bau der Polderdeiche für die Elbumflut Magdeburg; geschützte Fläche 6600 ha, entzogenes Retentionsvolumen 66 hm^3

Damit beträgt das entzogene Retentionsvolumen allein aus diesen Baumaßnahmen 364 hm³. Ähnlich einschneidende Maßnahmen sind aus den Nebenflußmündungen, wie hier der Havel, bekannt:

1772 Bau des Trennungsdeiches zwischen Elbe und Havel von Sandau ab im Anschluß an den Jerichower Elbdeich, Verlegung des Rückstaupunktes um 8 km, Senkung der Rückstauhöhe um 1,3 m

1809 Verlängerung des Trennungsdeiches um 1,5 km; Senkung der Rückstauhöhe um 0,25 m

1832 Verlängerung des Trennungsdeiches um weitere 1,5 km; Senkung der Rückstauhöhe um weitere 0,25 m, verbleibende Rückstaufläche 38000 ha

1936 Bau der Wehrgruppe Quitzöbel und Ausbau des Havel-Mündungsbereiches

1956 Bau des Gnevsdorfer Vorfluters - Verlegung der Havelmündung um weitere 7 km stromab, Senkung der Rückstauhöhe um 1 m. Durch den Bau der Wehrgruppe Quitzöbel und die Havelpolder wird der Elbe, bezogen auf das Hochwasser 1920, ein Volumen von 413 hm^3 entzogen, wobei 170 bis 320 hm^3 durch Flutung wieder zugänglich gemacht werden können; 92 ha werden auf Dauer entzogen; die Rückstaufläche wird auf 11000 ha verringert (bei Flutung)

Weitere erhebliche Retentionsräume wurden durch den Abschluß der Karthane-, Löcknitz-, Elde-, Sude- und Alandniederung entzogen (so 120 hm^3 beim Abschluß der Karthane). Etwa ab dem Jahre 1973 wurde das Meliorationsprojekt "Untere Havel - Dosse" realisiert. Hierdurch wurden weitere Flächen entzogen und es entstanden die heutigen Havelpolder.

Zusammenfassend beträgt die Summe des zwischen Saale- und Sudemündung seit 1850 durch Baumaßnahmen entzogenen Volumens 576 hm^3. Die Summe der entzogenen Retentionsfläche beträgt 598 km^2.

Das entspricht natürlich auch der Flächenminimierung der eigentlich ökologisch aktiven bzw. der wieder zu reaktivierenden Hochflutaue. Bezogen sind alle Angaben auf die Hochwässer, welche im oberen Bereich der bisher beobachteten liegen. Entsprechend den Gefälle- und speziellen Geländeverhältnissen stellen sich o.g. Werte, bezogen auf die Hochwässer mit kleineren Scheitelhöhen, etwas geringer dar.

Die aufgeführten Maßnahmen sicherten zwar die direkt betroffenen Niederungen weitestgehend gegen Überschwemmungen, minimierten jedoch die Speicherräume in der Flußaue erheblich. Durch deren Retentionswirkung wurden in der Vergangenheit die Scheitelabflüsse der Hochwässer verringert und deren Ablauf verzögert. Die Veränderungen der Hochwasserabläufe wurden jedoch maßgeblich auch durch andere Maßnahmen im Elbeeinzugsgebiet, wie den Bau von Talsperren und Hochwasserrückhaltebecken, beeinflußt. Das Volumen der Hochwasserrückhaltung in den Talsperren der Oberläufe soll hinsichtlich der Größenordnungen dem der entzogenen Retentionsvolumina im unteren Mittellauf gleichkommen /7/. Demnach sind, zumindest für die beobachteten Zeiträume und Hochwässer, Scheitel-reduzierungen zu verzeichnen. Erst bei sehr hohen Hochwässern werden die ent-zogenen Retentionsräume wirksam und es kommt zu einer Scheitelaufhöhung. Der zeitliche Ablauf dürfte sich auf jeden Fall beschleunigt haben. Ähnliches ist für das Zusammenfallen sonst nicht zeitgleich ablaufender Hochwässer der Nebenfluß-einzugsgebiete anzunehmen.

In mehr oder weniger unbeeinflußten Flußauen lassen sich dagegen Erscheinungen beobachten, welche in regulierten Abflußräumen kaum noch zum Tragen kommen. Neben der eigentlichen Retentionswirkung, d.h. der Zwischenspeicherung ab-fließender Hochwasserwellen, wirken vor allem Abflußverzögerungen. Dies hängt mit der vergrößerten Rauhigkeit durch den mehr oder weniger natürlichen Bewuchs und die größeren Querschnittsoberflächen zusammen. Desweiteren kommt es zu Einspeisungen in den Grundwasserleiter über die gesamte Flutungsfläche. Dem sollte bei der Herangehensweise an die vorgestellte Problematik Rechnung getragen werden, da auch bei einem gewissen Realisierungsgrad möglicher Flutauenauf-weitungen der Anteil der zurückgewonnenen Retentionsflächen gegenüber den verlorenen sehr klein bleiben wird. Eine Zurückerlangung des Großteils der ehemaligen Retentionsflächen ist völlig unrealistisch; dem ist sich der Verfasser durchaus bewußt. Gerade aus diesem Grunde sollten solche Betrachtungen zur Ab-flußverzögerung in die Überlegungen mit einfließen.

Aktuell bestehen die Maßnahmen des Hochwasserschutzes vor allem in Deicherhöhungen, Deichverstärkungen und Schöpfwerksrekonstruktionen. Bei der angestrebten Planmäßigkeit derartiger Maßnahmen von der grundlegenden Planung über die notwendige Umweltverträglichkeitsprüfung bis hin zur Mittelfreigabe könnten sich mögliche ökologiche Optimierungsmaßnahmen durchaus effektiv einordnen lassen.

2.4. Weiterführende Aussagen

Grundsätzlich wird für das Verständnis der vorgeschlagenen Maßnahmen eine ganzheitliche Herangehensweise sowohl bei den einzuleitenden Diskussionen über derartige Maßnahmen als auch bei der notwendigen interdisziplinären Zusammen-arbeit einer möglichen Realisierung vorausgesetzt. Dies betrifft neben der Einsicht in die Ursachen der heutigen Hochwasserverläufe vor allem volkswirtschaftiche Auf-wendungen für den Hochwasserschutz und die Sinnfälligkeit bzw. die Zielstellungen des Hochwasserschutzes an der Elbe unter den veränderten wirtschaftlichen Be-dingungen. ***In diesem Zusammenhang stellt niemand die Notwendigkeit des Hochwasserschutzes generell in Frage. Dem Schutz von Menschenleben kommt auf jeden Fall und ohne jegliche Diskussion absolute Priorität zu.***

Im Gesamtzusammenhang der diskutierten Maßnahmen sollte aus ökologischer Sicht ein möglichst großer räumlicher und zeitlicher Rahmen gewählt werden, ohne jedoch die Notwendigkeit und Effektivität kleinerer Maßnahmen zu negieren. Alle Einzelbeispiele sollten Mosaiksteine einer neu zu überdenkenden Hochwasserschutzkonzeption werden. ***Der oft zitierte Anspruch des modernen Hoch-wasserschutzes, auch zugleich ein ökologisch verträglicher Hoch-wasserschutz zu sein, kann nur auf diesem Wege realisiert werden. Der klassische Hochwasserschutz steht diesem Anspruch, begründet durch seine Zielstellung der schnellen und schadlosen Hochwasser-abführung, eindeutig entgegen.***

Neben den ökologischen Erfordernissen an eine neu zu überdenkende Hochwasserschutzkonzeption stehen eine Anzahl weiterer Gründe im Raum, welche am Beispiel der mittleren Elbe sowohl gedankliche Ansätze wie Zielstellungen und Schutz-würdigkeiten als auch bauliche Veränderungen wie Deichrückverlegungen effektiv erscheinen lassen. Diese hängen in erster Linie von den speziellen Bedingungen der Elbe bzw. den konkreten Randbedingungen des behandelten Elbeabschnittes ab.

Deichrekonstruktionen

An mehreren Deichabschnitten entlang der Elbe im Regierungsbezirk Magdeburg stehen notwendige bauliche Veränderungen an. Diese sind erforderlich, da aus Sicht des Hochwasserschutzes die notwendige Freibordhöhe nicht mehr gewährleistet ist. Desweiteren verlaufen einige Böschungen entsprechend modernen Deichbauten zu steil und die Zusammensetzung des Deichkörpers entspricht nicht den DIN-Normen. In einigen Bereichen muß deshalb verbreitert und erhöht werden. ***Es ist in diesem Falle durchaus lohnenswert, die volkswirtschaftlichen Aufwendungen unter neuen Aspekten zu überdenken. Hier sind für angestrebte ökologische Lösungsvarianten des Hochwasserschutzes möglicher-weise gute Kompromisse bei relativ geringem Aufwand zu erreichen.*** Desweiteren traten bei notwendigen Deichbaumaßnahmen Probleme mit dem sehr alten und unbedingt erhaltenswerten Baumbestand auf. Da diese z.T. sehr alten Stieleichen kaum ersetzbar sind, ***empfiehlt sich schon im Vorfeld eine andere Trassierungsplanung gegenüber der vorhandenen, konflikt-beladenen Lösung.***

Flächenstillegungen

Entsprechend den veränderten wirtschaftlichen Bedingungen im Gebiet besteht nicht mehr die ausschließliche Notwendigkeit der landwirtschaftlichen Produktion zur Deckung des Eigenbedarfes wie dies bis 1989 der Fall war. In landwirtschaftlich genutzten Altauenbereichen wurden in der jüngeren Vergangenheit häufig Hoch-wasserschutzmaßnahmen allein zu Gunsten der Produktivität intensiver landwirt-schaftlicher Nutzflächen durchgeführt. Vor allem in den letzten 40 Jahren hatte diese Zielstellung eindeutig Primat. Auf Grund der veränderten Bedingungen seit Ein-führung der Marktwirtschaft in der ehemaligen DDR bzw. generell auf Grund der Überproduktion in der Landwirtschaft im Bereich der EG, kommt es verstärkt zu einer Extensivierung bzw. zu einer Stillegung landwirtschaftlicher Nutzflächen. Dementsprechend sollten die Zielstellungen und Strategien des modernen Hoch-wasserschutzes dringend den neuen Erfordernissen angepaßt werden. Mit einer ent-sprechenden politischen Lösung könnten derartige Bestrebungen in eine für den Hochwasserschutz und die Ökologie vernünftige Richtung gelenkt werden. ***Auf diesem Wege könnte der Flächenbedarf als Haupthinderungsgrund des Reaktivierungsgedankens ehemaliger Hochflutauen bei gleichzeitiger Schaffung notwendiger Retentionsräume aus der Welt geräumt werden.***

Landschafts- und Nutzungsstuktur

Die aktuell entlang der Elbeauen in den neuen Bundesländern anzutreffenden Landschafts- und Nutzungsstrukturen stellen die besten Voraussetzungen für eine eingangs diskutierte ganzheitliche und komplex-ökologische Fließgewässersanierung dar. Dies hängt in erster Linie damit zusammen, daß wesentliche einschränkende Faktoren wie der Bau von Freizeithäusern im Bereich der luftseitigen Deich-böschung, Straßenführungen auf der Deichkrone und große Industrieansiedlungen direkt in Flußnähe in der Regel nicht vorhanden sind. Desweiteren ist der allgemein zunehmende Siedlungs-, Erholungs- und Freizeitdruck im Bereich der Elbealtauen bisher noch relativ gering ausgeprägt. ***An vergleichbaren anderen Strömen wie dem Rhein, der Donau oder auch der Elbe zwischen Schnackenburg und Hamburg sehen die Verhältnisse wesentlich anders aus. Großzügig angelegte und ökologisch effektive Renaturierungs-vorhaben scheitern hier schon oft im Vorfeld auf Grund der sehr intensiven Nutzung und der räumlich beengten Verhältnisse.***

Ausgleichs- und Ersatzmaßnahmen

Gegenwärtig und in Zukunft werden in allernächster Nähe der Elbe Bauvorhaben realisiert, welche auf die ökologischen Wechselbeziehungen der Elbauen wissenschaftlich bezifferbare, negative Auswirkungen haben werden (z.B. Schnellbahnstrecke, Autobahnverbreiterung, Erdgastrassen, Hafen- und Wasserstraßenbau sowie Brückenbauten allgemein). Entsprechend der UVP- Gesetzgebung, welche aus ökologischer Sicht durchaus noch zu diskutieren wäre, stehen für bezifferbare Negativeinflüsse notwendige Realisierungen von Ersatz- und Ausgleichsmaßnahmen an. Die hier zur Verfügung stehenden finanziellen Mittel werden manchmal unplanmäßig und für völlig unsinnige, rein ästhetisch begründete Ausgleichsmaßnahmen eingesetzt. ***Aus Sicht des Artenschutzes in den betroffenen Auenbereichen könnten die hier angestrebten Reaktivierungen von Altauenbereichen durch Deichneubauten eine ökologisch effektive Ersatz- und Ausgleichsmaßnahme darstellen. Möglicherweise ließen sich in derartigen Fällen die zur Verfügung stehenden Mittel effektiver für Veränderungen der Deichführungen, ggf. im Zusammenhang mit Landesmitteln des Hochwasserschutzes, einsetzen .***

Hochwasserschutz

Neben allen bisher aufgeführten Argumentationen für mögliche Deichrück-verlegungsmaßnahmen darf der Hochwasserschutz natürlich nicht fehlen. Jede vorgeschlagene Aufweitung der rezenten Hochflutaue der Elbe hat auch positive Auswirkungen auf den Hochwasserschutz. Auch wenn die neu hinzugewonnenen Retentionsflächen gegenüber den verlustigen sehr klein sind und sich der Speicherwert kaum in eine Scheitelsenkung umrechnen läßt (bisherige Auskunft gegenüber dem Verfasser durch Fachleute), sollten mögliche zeitliche Prozesse durch erhöhte Rauhigkeiten und Querschnittsvergrößerungen berücksichtigt werden. Dem sollte um so mehr Rechnung getragen werden, da bisher bei zu modellierenden Scheitelhöhen auch im Zentimeterbereich vorhergesagt wurde. Was der Vorhersage recht, sollte einer möglichen Senkung billig sein!

Ergänzend soll auf die erhöhte Einspeisung von Hochwasserwellen in den Grundwasserleiter bei vergrößerten Hochflutauen hingewiesen werden. Bei engen Flußschläuchen reagiert das Grundwasser luftseitig des Deiches gegenüber unbeeinflußten Hochflutauen nur gering und zeitverzögert auf höhere Wasserstände, d.h. die eigentliche Speicherwirkung der angrenzenden Grundwasserleiter ist sehr klein. Dies hängt eindeutig mit dem schnellen Abfließen der Hauptwassermassen und der Verkleinerung der Infiltrationsflächen durch enge Deichführungen zusammen. Ähnliches trifft übrigens auf die heterogene Gestalt der Auenflächen zu. Luftseitig der Deiche sind oft noch Strukturen vorhanden, welche neben der Rauhigkeits-erhöhung einer gewissen Speicherwirkung zuträglich wären (alte Hochflutrinnen, Altarmsysteme, Kleingewässer, Feuchtflächen etc.).
Neben den hydrologischen Belangen muß in diesem Zusammenhang auf die Hydraulik der ablaufenden Hochwasserwelle und die Deichkonstruktionen hin-gewiesen werden. Einige der im Nachgang vorgestellten Möglichkeiten ergänzen sich hinsichtlich des Stromstrichverlaufes der Hochwasserwelle. Dies hängt mit der erreichten Öffnung von Engstellen im vorhandenen Flußschlauch zusammen und sollte dahingehend hydraulisch überprüft werden. Ein "Überstreichen" vergrößerter Auenbereiche mit erhöhter Rauhigkeit und vergrößerter Infiltrationsfläche erscheint durchaus positiv im Sinne des Hochwasserschutzes. Damit wird auch die absolute Belastung der vorhandenen Deiche, welche teilweise schar liegen, herabgesetzt. Desweiteren werden vorgeschlagene Neudeiche auf Grund ihrer zurückgesetzten Lage in der Regel weniger belastet (Einstau- bzw. Geländehöhe, Auflaufgeschwindigkeit).
Zusammengefaßt dürften die Belange des Hochwasserschutzes in jedem Fall durch vorgeschlagene Deichrückbaumaßnahmen und Auenaufweitungen positiv berührt werden. Auch wenn sich aus aktueller Sicht und ohne spezielle Meß- und Forschungsprogramme Aussagen zu konkreten quantitativen Größenordnungen möglicher zeitlicher Verläufe und Scheitelkappungen der Hochwasserwellen verbieten, erscheint die rein qualitative Aussage, daß sich die Scheitelspitzen in der Summe realisierbarer, vorzuschlagender Maßnahmen abrunden, ggf. leicht senken lassen und sich der zeitliche Verlauf verzögert, möglich. Eine ausschließliche Begründung aus wasserwirt-

schaftlicher Sicht, d.h. aus Sicht des Hochwasserschutzes, ist jedoch nicht möglich. Unter Beachtung aller anderen Randbedingungen ist dies eine gesamtgesellschaftlich zu begründende Aufgabenstellung.

3. Bereiche möglicher Deichrückverlegungen

Die nachstehende Tabelle versteht sich als Zusammenfassung von 20 möglichen Einzelgebieten, welche aus Platzgründen hier nicht veröffentlicht werden können. Dabei ergeben sich, neben den allgemeingültigen Argumentationen, in den Einzelfällen spezielle Begründungen einer prognostisch notwendigen Realisierung sowohl aus ökologischer als auch aus hochwasserschutztechnisch-hydraulischer Sicht.

lfd. Nr.	Bereich	Flächengröße (in ha)	Bemerkungen
1	Breitenhagen - Aken	1200	
2	Dornburger Niederung/ Magdeburger Elbumflut	525	Polderflächen, ohne Elbumflut
3	Monplaisier - Glinde	180	
4	Glinde - Schönebeck	500	Polderflächen
5	Sommerdeich Prester See	60	Polderflächen
6	Glindenberg - Heinrichsberg	260	
7	Schartau - Blumenthal	900	
8	Havelsche Mark	500	
9	Parey	270	
10	Bittkau - Schelldorf	490	
11	Klietznick - B188	910	davon 750 ha Polderflächen
12	Bölsdorf - Tangermünde	330	Polderflächen
13	Schönhausen - Schönfeld	2460	
14	Arneburger Hochhang/ Fährkrug Sandau	bisher nicht zu ermitteln	

lfd. Nr.	Bereich	Flächengröße (in ha)	Bemerkungen
15	Sandau	630	
16	Werder	170	Polderflächen
17	Wahrenberg	920	Optimalvariante regelbar einstauen
18	Saalemündung - untere Saale	1280	Polderflächen
19	Ohremündung - Kuhwerder/Schafwerder	450	davon 130 ha Polderflächen
20	Unterhavel	1530	Polderflächen
Summe		***13565***	
davon:	***neue Hochflutflächen***	***7370***	
	Polderflächen	***6195***	

Durch den Verfasser wurden in vorliegender Tabelle die Flächen summarisch erfaßt, welche bei Realisierung aller genannten Maßnahmen wieder regelmäßig überflutet werden würden. ***Diese Zusammenfassung aus Sicht der Flächengröße ist insofern zu vertreten, da es entsprechend der Aufgabenstellung grundsätzlich um eine ökologische Optimierung geht. In erster Linie steht hier der Fakt des Zugewinns aktiver Hochflutauen mit einer typischen Dynamik aller betroffenen auenökologischen Randbedingungen. In diesem Sinne würde der Zugewinn etwa 136 km² betragen. Gegenüber dem eingangs erwähnten Verlust von etwa 598 km² Überflutungsflächen seit dem Jahre 1850 im Bereich der Mittelelbe wären dies ca. 23 %.***

Bestandteil des Zugewinns wären die Polderflächen bzw. Flächen, welche (meist im Rückstau) sowieso überflutet werden. Diese wurden mit rund 62 km² extra ausgewiesen, so daß als neu hinzuzugewinnende Hochflutflächen bzw. zu reaktivierende ehemalige, ökologisch dynamische Hochflutaue ca. 74 km² verbleiben. Diese Trennung erfolgte im wesentlichen nur zur Kennzeichnung der wirklich möglichen

Retentionsräume aus Sicht des Hochwasserschutzes, da die Polderflächen und die entsprechenden Volumina, zumeist ungesteuert und bei Extremabflüssen, sowieso vorhanden sind. Es soll nicht der Eindruck entstehen, daß versucht wird, potentiell schon vorhandene Retentionsräume als Zugewinn im Sinne des klassischen Hochwasserschutzes auszuweisen. ***Hier sollte jedoch dringend eine modellmäßige Gegenüberstellung des wirklichen Schutzeffektes bei Extremhochwässern im zeitlichen und räumlichen Zusammenhang des Gesamtgebietes vorgenommen werden. Der Verfasser vertritt nach wie vor die Meinung, daß natürlich überflossene Hochflutauen in breiten Talräumen günstigere Effekte auf die Form der Hochwasserkurve (Extremwerte) und den zeitlichen Ablauf aufweisen, als ungesteuerte Spitzenpolder. Dabei sollten die weiteren Randbedingungen und Zusammenhänge wie Rauhigkeiten, Grundwasserdynamik und Flächen, wie eingangs bereits erläutert, berücksichtigt werden. Desweiteren ist offen und ehrlich zu bekennen, daß in der Vergangenheit die Begründungen zur Poldertrockenhaltung doch mehr oder weniger oft im Sinne der Landwirtschaft geschönt wurden!***

Grundsätzlich ist der ökologische Gewinn hinsichtlich der effektiv wirkenden Flächen im Sinne einer Flußaue als Summe zu betrachten, da sporadisch überstaute Flächen wie Polderbereiche auenökologisch keine oder höchstens untergeordnete Bedeutung besitzen und es im Ausnahmefall eines Hochwassereinstromes eher zu ökologischen Gesamteinbrüchen als zu positiven Wirkungen kommt. Aus diesem Grunde erfolgte im Hinblick auf die Themenstellung vorliegender Ausführungen, die im Inhalt vorgelegten Grundlagen und die speziellen Begründungen keine Trennung der Flächenanteile.

4. Nachfolgemaßnahmen

Aus Sicht des Verfassers scheint die reine Aufzählung von Bereichen möglicher Deichrückverlegungen entsprechend fachlicher Gegebenheiten unvollständig zu sein.

Unter der Voraussetzung der Tatsache, daß in Zukunft ein gewisser Teil der vor-geschlagenen Altauenaktivierungen realisiert wird, besteht dringender Bedarf der Diskussion von Nachfolgemaßnahmen. Die konkreten Nachfolgemaßnahmen an realisierten Deichrückverlegungen sind natürlich vor Beginn des Neubaus unter Hinzuziehung der zuständigen Behörden und Verbände abzustimmen, zu untersuchen und konkret festzulegen.
Die Herangehensweise, sowohl an die hier zu diskutierenden Nachfolgemaßnahmen als auch grundsätzlich an jegliche andere Landschaftsveränderung, wird auch im naturschutzfachlichen Sinne durch die entsprechende Zielstellung bestimmt. Die Absicht der Deichrückverlegung sollte eigentlich auf die Zielstellung der Erreichung bzw. Wiederaktivierung der auetypischen Biotopstrukturen und der hier angepaßten Lebensgemeinschaften hinweisen. Diesem Ziel sollten sich natürlich die Nachfolgemaßnahmen unterordnen, um ein effektives, ökologisches Ergebnis zu erzielen. Die vorstehenden Grundlagen beziehen sich vor allem auf gegenständige Meinungen hinsichtlich der prognostischen Entwicklung von Extensivgrünland und der natürlichen Sukzession bzw. gezielten Entwicklung von Auenwald. Im wesentlichen lassen sich die Nachfolgemaßnahmen in den zurückgewonnenen, reaktivierten Altauen in die Gruppen der strukturver-bessernden und der umweltpolitischen Forderungen formulieren. Diese lassen sich damit in die prognostisch notwendigen Maßnahmen nach JÄHRLING /8/ ein-gliedern.

Strukturverbessernde Maßnahmen

Entwicklung von Auenwald

Diesem Punkt kommt nach Ansicht des Verfassers eine zentrale Rolle in der naturschutzfachlichen Herangehensweise einer richtungsweisenden Entwicklung der zukünftigen Elbaue zu. Im wesentlichen ist eine derartige Herangehensweise jedoch eine Frage der zentralen Zielstellung der zukünftigen Entwicklung der Elbauenlandschaft. Bei einer Berücksichtigung der weltweiten Bedrohung und des daraus re-

sultierenden Schutzstatus natürlicher Auwälder mit ihrer typischen Dynamik und Besiedlung sowie der hier diskutierten Möglichkeiten von Altauenrenaturierungen erscheinen Diskussionen zu deren Stabilisierung und Erweiterung folgerichtig.

In diesem Sinne sollten die vorhandenen Hartholzauenfragmente und die Rand-bereiche der noch vorhandenen, geschlossenen Hartholzauenwälder verstärkt zu großen, eigendynamischen Komplexen entwickelt werden. Entsprechend der Höhenlage und der sich daraus ergebenden Standortdynamik könnten dergleichen geschlossene Weichholzauen entstehen. Diese sind im wesentlichen im Bereich der mittleren Elbe durch die starke Beweidung und den entsprechenden Verbiß nicht mehr vorhanden. Dasselbe trifft auf die begleitenden Stromtalrasen mit ihren typischen Pflanzengesellschaften zu. In diesem Zusammenhang ist zu überprüfen, ob einer natürlichen Sukzession oder der gezielten Entwicklung mit Initialpflanzungen der Vorzug zu geben ist. Dies ist u.U. auf geeigneten Flächen in der Praxis als Großversuch abzuwickeln.

In diesem Zusammenhang wird darauf hingewiesen, daß der Verfasser keineswegs die ökologische Bedeutung extensiv genutzter Grünlandflächen verkennt. Die verbleibenden Flächengrößen dürften durchaus den ökologischen Ansprüchen (z.B. denen des Vogelzuges, der Wiesenbrütern, jagender Greife und Eulen) genügen, da die o.g. Gedanken entsprechend der hier angedachten Deichrückverlegungen, d.h. einer effektiven Ausweitung der Hochflutaue, geäußert wurden. Ergänzend sei auf die absolute Artenzahl bestandsbedrohter Brutvögel und vieler weiterer Organismengruppen der Auenwälder hingewiesen. Diese übersteigen die des Extensivgrünlandes um ein Vielfaches. Ähnliches trifft auf die Belange des Hochwasserschutzes zu. Befürchtete Rückstauerscheinungen sind bei geeigneten Deichrückbauten nicht zu verzeichnen.

Reliefoptimierung

Besonders im Bereich der Altauen luftseitig des Deiches, aber auch teilweise schon auf höhergelegenen Flächen der aktiven Flutaue, können wesentliche Änderungen des Geländeprofiles im Sinne einer Reliefabflachung beobachtet werden. Diese

Geländeabflachungen sind im wesentlichen nutzungsbedingt entstanden (Landumbruch, regelmäßiges Pflügen der Altauen, Vertritt durch Überbeweidung).
Das Ergebnis zeigt sich im völligen Verlust ökologisch wichtiger Auenstandorte wie Gewässer, Hochflutrinnen und inselartige Erhebungen mit den entsprechenden Auswirkungen auf die Durchgängigkeit netzartiger Verbindungswege über das Gewässersystem und die Existenz hochwasserfreier "Inseln".
Gegebenenfalls kann der erhöhten Tiefenerosion der Elbe und einer möglichen Änderung der Höhe und Richtung des Hochwasserstromstriches (örtlich verschieden) eine anteilige Wirkung hinsichtlich der Reliefabflachung in der rezenten Aue zugesprochen werden. Dies trifft mit Sicherheit auf die Verlandung einiger Altwässer zu. ***Damit formuliert sich hier der direkte Zusammenhang zur örtlichen, immensen Sohlerosion. Diese sollte als zentrales Problem bei keiner der zukünftigen Herangehensweisen aus den Augen verloren werden.***
Entsprechend dieser Wirkungen sollte auf den erweiterten Auen nach Möglichkeiten gesucht werden, das Relief wieder zu optimieren. Dazu tragen die zu erhaltenden Bruchstücke der Altdeiche und die Örtlichkeit der Schlitzung (Richtung der Hochwasserwelle) bei. Desweiteren sollte der mögliche Anschluß abgeschnittener Altwässer in Abhängigkeit von der Höhenlage und der konkreten ökologischen Situation untersucht werden. Der mögliche Einwand der gütemäßigen Ver-schlechterung des Freiwasserkörpers und des Sedimentes des Altwassers durch den Einstrom von Elbewasser ist insofern gegenstandslos, da sich nach neueren Untersuchungen von GAUMERT /9/ die Belastung der Stromelbe als niedriger gegenüber der der Altwässer auswies. Natürlich sollte trotz dieser allgemeinen Aussage eine konkrete Untersuchung und Bewertung vorgenommen werden. Weiterhin besteht die Möglichkeit der Neuschaffung von Gewässern oder initiatorisch wirkender Flutrinnen in geeigneten Aueräumen mit untypischem, künstlich verformtem Reliefbild .

Flächennutzungen

In diesem Zusammenhang geht es in erster Linie um die prognostische Flächennutzung in den zu reaktivierenden Altauegebieten. Es versteht sich von selbst, daß eine

intensive ackerbauliche Nutzung in Überflutungsbereichen nicht zulässig ist. Daraus ableitend sind die Nutzungen entsprechend zu extensivieren bzw. ganz auf-zugeben. Dies hängt in erster Linie vom gesamten Nutzungsaspekt und den finanziellen Möglichkeiten ab. Falls eine extensive Nutzung erhalten bleibt oder auf den aktivierten Aueflächen angestrebt wird, sind natürlich die Nutzungsintensitäten abzustimmen. Eine ganzjährige Beweidung mit geeigneten Arten und sehr geringen Besatzdichten erscheint zumindest überprüfenswert. In sensiblen Bereichen wie sukzessiv zu entwickelnden Auewäldern und den neu einzusäenden Ackerflächen verbietet sich natürlich jede Nutzung. Desweiteren sind empfindliche Auenstrukturen wie Gehölze, Kleingewässer, Altwässer und Dünen auszuzäunen.
Zusammenfassend sind die o.g. Schritte konkrete, strukturell notwendige Nachfolgemaßnahmen im Anschluß an die erfolgten Deichrückverlegungen. Weitere und detaillierte Strukturverbesserungen in den Auenbereichen der Elbe sind /8/ zu entnehmen, von denen einige hier unter anderen Gesichtspunkten bereits genannt wurden (z.B. Altarmanschluß unter dem Stichwort der "Reliefoptimierung"). Aus Sicht des Verfassers erscheinen nachfolgende umweltpolitische Schritte dringend erforderlich.

Umweltpolitische Maßnahmen

Die o.g. strukturverbessernden Maßnahmen stellen sich aus auenökologischer Notwendigkeit dar. Eine unbedingte Grundlage zu deren langfristiger und effektiver Sicherstellung sind nachfolgende politische Lösungen:

Unterschutzstellung
Die neu hinzugewonnenen Gebiete ökologisch aktiver Hochflutauen sollten einen entsprechenden Schutzstatus erhalten. Dieser richtet sich natürlich nach deren Biotopausstattung und könnte ggf. nach einer gewissen Zeit der Sukzession bis zum Naturschutzgebiet erhöht werden. Die alleinige Unternehmung der Unterschutzstellung der Elbauen paßt sich im wesentlichen sehr gut in die aktuellen Anstrengungen der Oberen und Unteren Naturschutzbehörden zur Unterschutzstellung der noch nicht geschützten Flächenbestandteile entlang der Elbe ein. Die optimalste und

aus ökologischer Sicht jederzeit zu begründende Lösung wäre natürlich die Ausweisung eines zusammenhängenden Biosphärenreservates in Anbindung des im Süden vorhandenen und des im Norden des Gesamtabschnittes geplanten Biosphärenreservates.

Behandlungsrichtlinie
Einem derartigen Schritt wird vom Verfasser eine prioritäre Wertigkeit zugemessen, da in einer Art "Elbauenbehandlungsrichtlinie" sämtliche gegenwärtige und zukünftige wirtschaftliche sowie alle weiteren Ansprüche gesetzlich geregelt werden können. Dies sollte eine kurzfristig zu realisierende Maßnahme sein, welche später durch die konkreten Inhalte der Schutzgebietskonzeptionen des vorstehenden Schrittes abgelöst werden könnte. Gegenwärtig erscheinen einige Regelungen, soweit überhaupt vorhanden, zumindest unvollständig zu sein. Dies betrifft in erster Linie Gebiete ohne Schutzstatus und die neu zu aktivierenden Altauen. ***Hier könnte ein eindeutiger politischer Schritt deutliche Zeichen hinsichtlich der gesamtgesellschaftlichen Wertigkeit der Elbauen setzen.*** Die vorgeschlagene Behandlungsrichtlinie sollte neben der bereits angesprochenen landwirtschaftlichen Nutzung und deren Randbedingungen vor allem solche Problembereiche wie sämtliche Aspekte der Naherholung (Sportbootverkehr, Camping, Sportfischerei, prognostisch auch Badenutzung), den Kiesabbau und die Unterhaltung der Wasserstraße enthalten.
Die Nutzungen der Auenbereiche sowie die Art und Weise ihrer Durchführung müssen in ihren Auswirkungen auf das Gewässer und seine Aue kritisch überwacht werden, zumal die unterschiedlichen Nutzungsinteressen maßgeblich mit den wasserbaulichen Ausbaumaßnahmen der Vergangenheit in Verbindung zu bringen sind.

5. Zusammenfassung und Schlußfolgerungen

Die vorgeschlagenen Maßnahmen der ökologischen Optimierung und Reaktivierung von Altauenbereichen stellen sehr effektive Möglichkeiten eines langfristig angelegten Biotop- und Artenschutzes dar.

Dies begründet sich vor allem aus der Tatsache heraus, daß die Auen der großen Flüsse zu den weltweit am stärksten beeinflußten und bedrohtesten Ökosystemen gehören. In diesem Sinne sollten die diskutierten Deichrückbauten und deren Varianten als prognostisch zu realisierende Szenarien ökologisch orientierter, wasserbaulicher Maßnahmen aufgefaßt werden. Statt einer technischen Korrektur von Symptomen könnten hier neue Denkansätze komplexe Lösungen für alle angesprochenen Problembereiche bringen.

Als ***Zusammenfassung*** könnte mit einer neuen, ökologisch orientierten Hochwasserschutzkonzeption eine wesentliche Optimierung der Funktion der Flußaue in ökologischer und hydrologischer Hinsicht erreicht werden. Zumindest ein Teil der seit Mitte des letzten Jahrhunderts verschwundenen Retentionsflächen, welche zugleich als ökologisch dynamische Hochflutaue verloren gingen und in Altaue überführt wurden, könnten damit reaktiviert und in die normale Dynamik zurückgeführt werden. Dies könnte geschehen, ohne die Zielstellung des Hochwasserschutzes grundsätzlich in Frage zu stellen. Mit der Realisierung vorgeschlagener Maßnahmen, oder zumindest eines Teiles, wäre eher das Gegenteil der Fall. Dadurch könnte ein prognostisch vorbeugender, ökologisch verträglicher und richtungsweisender Hochwasserschutz betrieben werden, welcher in dieser Form ein Orientierungsmaßstab für alle zukünftigen Verfahrensweisen darstellen würde.

Natürlich stellen diese vorgestellten Möglichkeiten aus auenökologischer Sicht formulierte, einseitige Maximalforderungen dar, welche, zumindest kurzfristig und vielleicht auch mittelfristig, nicht im vollen Umfang erreichbar sind. Dem stehen schon die teilweise hohen finanziellen Aufwendungen entgegen. Dieser Tatsache ist sich der Verfasser durchaus bewußt, ohne damit den Inhalt seiner Arbeit als konzeptionelle Grundlage eines "Szenarium des Idealzustandes" in Form eines Kompromisses zwischen hochwasserschutztechnischen und auenökologischen Belangen in Frage zu stellen.

Als ***Schlußfolgerung*** erscheint der eigentliche Anlaß der vorliegenden Arbeit der geeignete Rahmen zu sein. Dabei geht es vorrangig um die Einleitung einer interdisziplinären und übergreifenden Diskussion im Sinne der Erhaltung und Verbesserung der ökologischen Funktionen der Elbauenlandschaft. In diesem Zusammenhang sollte die grundsätzliche Zielstellung des Hochwasserschutzes an der Elbe mit Überlegungen neuer Umsetzungsmöglichkeiten und Empfehlungen von Varianten umgesetzt werden. Entscheidend für die zukünftige Herangehensweise sollte die einmalige Möglichkeit der ***komplexen*** Sanierung eines großen Niederungsstromes mitten im dichtbesiedelten Mitteleuropa sein. Hier könnte ein deutlicher Schritt von der reinen abwassertechnischen Sanierung, d.h. von der Verbesserung der ***Wassergüte***, in Richtung der Verbesserung der ***Gewässergüte*** getan werden. Eine Unterschätzung der ökologischen Bedeutung von Altauenreaktivierungen und eine Unterlassung heute noch möglicher Deichrückbaumaßnahmen käme einem völligen Verlust der derzeit noch teilweise intakten bzw. reaktivierbaren Altaue in Form der Austrocknung und Reliefeinebnung im Sinne einer deutlichen Vereinheitlichung des Landschaftsbildes gleich.

Die grundsätzliche Herangehensweise an diese eigentlich unbequeme Problemstellung ist nicht zuletzt ein Ausdruck des Stellenwertes von Ökologie und Natur im gesamtgesellschaftlichen Wertebewußtsein.

Literatur

/1/ Dister, E., Auenlebensräume und Retentionsfunktion, aus: Laufener Seminarbeiträge 3/85, Akademie für Naturschutz und Landschaftspflege

/2/ Hochwasserschutz am Oberrhein, Ministerium für Umwelt und Gesundheit Rheinland-Pfalz, Informationsveranstaltung der Landesgruppe Mitte des DVWK, Ludwigshafen, 17.02.1989 (Zusammenfassung gehaltener Vorträge verschiedener Autoren)

/3/ Ministerium für Umwelt Baden-Württemberg, Materialien zum integrierten Rheinprogramm, Band 1 - Rheinauenschutzgebietskonzeption im Regierungsbezirk Karlsruhe, Band 2 - Biotopsystem Nördliche Oberrheinniederung, Karlsruhe 1988

/4/ Dister, E., Hochwasserschutzmaßnahmen am Oberrhein - ökologische Probleme und Lösungsmöglichkeiten, Geowissenschaften in unserer Zeit, 4. Jahrgang, Heft 6, 1986

/5/ Dister, E., Ökologische Forderungen an den Hochwasserschutz, Wasserwirtschaft, 82. Jahrgang, Heft 7/8, 1992

/6/ Jährling, K.- H., Auswirkungen wasserbaulicher Maßnahmen auf die Struktur der Elbauen - prognostisch mögliche ökologische Verbesserungen, Vortrag auf dem 4. Magdeburger Gewässerschutzseminar - Die Situation der Elbe, Spindleruv Mlyn, 22.-26.09.1992

/7/ Institut für Wasserwirtschaft / Hydraulisches Labor Schleusingen, Abschlußbericht zum Thema: Vorzugslösung für das Hochwasserschutzsystem im Flachland unter besonderer Berücksichtigung der Elbe, Schleusingen, 1981

/8/ Jährling, K.- H., Gutachten zur Erfassung des ökologischen Zustandes der unmittelbaren Elbeauen im Regierungsbezirk Magdeburg unter Berück-sichtigung prognostisch notwendiger ökologischer Optimierungsmaßnahmen, Staatliches Amt für Umweltschutz Magdeburg, Magdeburg, 1991 (unver-öffentlicht)

/9/ Gaumert, T., Vergleichende Untersuchungen zur unterschiedlichen Be-lastungssituation eines Altarmes und der Mittelelbe bei Stiepelse, Wassergütestelle Hamburg, Hamburg, 1993

Posterbeiträge

I. Belastungsquellen und Methoden der Erfassung

Ausgewählte Probleme der Sprengstoffanalytik am Beispiel der Rüstungsaltlast Torgau-Elsnig (Sachsen)

A. Bongartz, Leipzig; C. Merckel, Oranienburg

In Vorbereitung des 2. Weltkrieges wurden in den 30er Jahren eine Vielzahl von Sprengstoffbetrieben gebaut. Der Bau des Werkes in Elsnig wurde 1936 begonnen und bereits 1937 begann man mit der TNT-Produktion. Nach Erkundungen der Hydrogeologie GmbH Nordhausen NL Torgau wurden im Gebiet Torgau/Elsnig auf dem ehemaligen Gelände der WASAG von 1936 bis 1945 Sprengstoffe für die militärische Verwendung (TNT, Hexogen, Hexyl) hergestellt, zu den unterschiedlichsten Mischungen zusammengestellt und in den Füllstellen des Heeres und der Marine in Granaten, Minen und Torpedos abgefüllt.

Weitere Produkte bzw. Ersatzstoffe:

Ammonnitrat	Trinitroanilin
Trinitrobenzol	Dinitronaphthalin
Dinitrodiphenylamin	Ethylendiaminodinitrat
Trinitrochlorbenzol	

Analysenstrategie:

1. Vorlegen von Extraktionsmittel in der Probenflasche vor der Proben
2. Kühlung der gewonnenen Proben
3. Extraktion der Proben vor Ort im Mobillabor

4. Tiefkühlung der gewonnenen Extrakte
5. Unmittelbare Analytik der Proben im Mobillabor
6. Qualitätskontrolle durch Ringversuche an nativen Proben

Analysenmethoden:

Bei den analytischen Methoden und Techniken handelt es sich im wesentlichen um Spezialtechniken der

- Probenvorbereitung
- Kapillargaschromatographie
- Hochleistungsdünnschichtchromatographie
- Hochleistungsflüssigkeitschromatographie
- Massenspektroskopie-Hochleistungsdünnschichtchromatographie

Analysenprogramm:

EG-PHARE-Projekt	EG-PHARE-Projekt	Stadtallendorf
Phase I (Mai - August 1993)	Phase II (ab Okt. 1993)	
2-Nitrotoluol	2-Nitrotoluol	2-Nitrotoluol
3-Nitrotoluol	3-Nitrotoluol	3-Nitrotoluol
4-Nitrotoluol	4-Nitrotoluol	4-Nitrotoluol
		2,3-Dinitrotoluol
2,4-Dinitrotoluol	2,4-Dinitrotoluol	2,4-Dinitrotoluol
2,6-Dinitrotoluol	2,6-Dinitrotoluol	2,6-Dinitrotoluol
	3,4-Dinitrotoluol	3,4-Dinitrotoluol
3,5-Dinitrotoluol	3,5-Dinitrotoluol	
Summe Dinitrotoluole		
2,4,6-Trinitrotoluol	2,4,6-Trinitrotoluol	2,4,6-Trinitrotoluol
		2,3,4-Trinitrotoluol

EG-PHARE-Projekt	EG-PHARE-Projekt	Stadtallendorf
Phase I (Mai - August 1993)	Phase II (ab Okt. 1993)	
2-Amino-4-nitrotoluol		2-Amino-4-nitrotoluol
4-Amino-2-nitrotoluol		4-Amino-2-nitrotoluol
	2-Amino-4,6-dinitrotoluol	2-Amino-4,6-dinitrotoluol
	4-Amino-2,6-dinitrotoluol	4-Amino-2,6-dinitrotoluol
Isomere Aminodinitrotoluole		
Hexogen	Hexogen	Hexogen
Hexyl	Hexyl	
		2,4-Diaminotoluol
		2,6-Diaminotoluol
		2,4,6-Triaminotoluol
Dibutylphtalat		
Dioktylphtalat		
Chlornitrobenzole		
Di-Chlordinitrobenzole		
		1,2-Dinitrobenzol
1,3-Dinitrobenzol	1,3-Dinitrobenzol	1,3-Dinitrobenzol
		1,4-Dinitrobenzol
	1,3,5-Trinitrobenzol	
Dinitrophenole		
		Phenole
		Arsen
		PAK
		BTX

(Fortsetzung der Tabelle "Analysenprogramm")

Ausgewählte Ergebnisse:

Gegenüberstellung der Analysendaten konservierter und unkonservierter Proben hinsichtlich des TNT-, Hexogen-, Hexyl- und DNT-Gehaltes: ((1), (2) und (3) Labore)

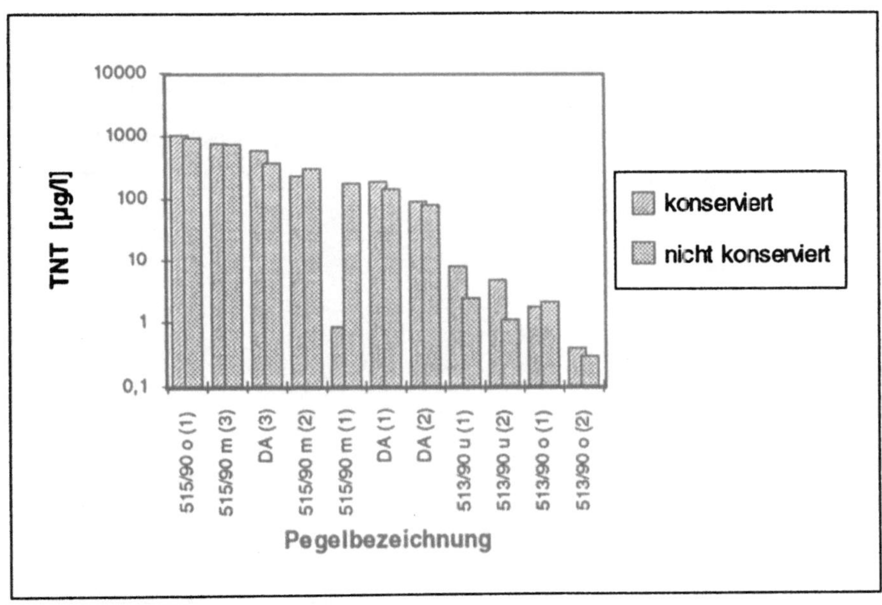

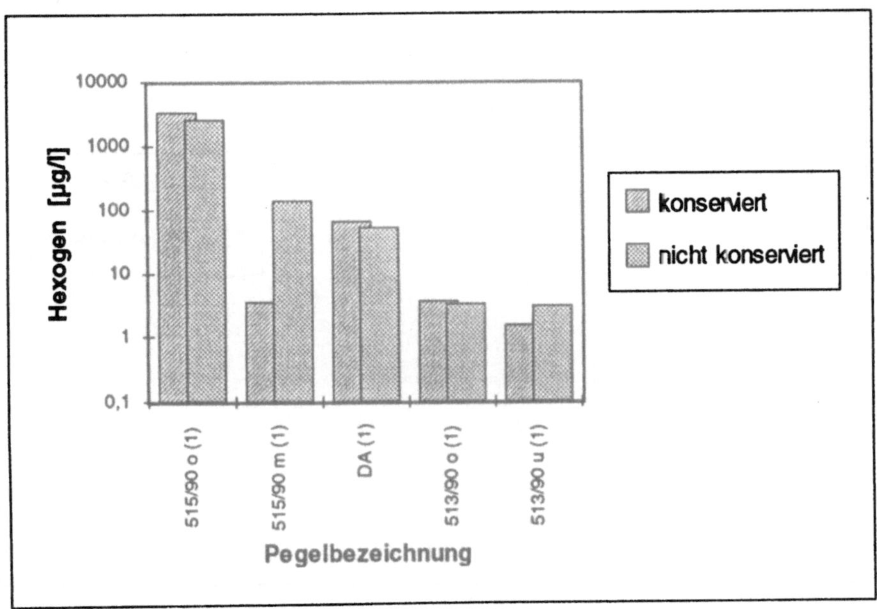

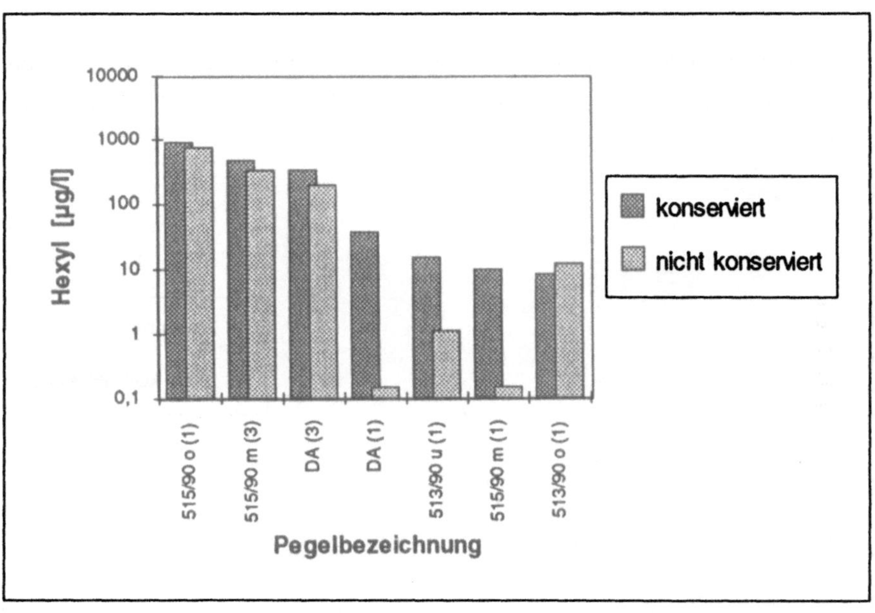
10000
1000
100
10
1
0,1
Hexyl [µg/l]
konserviert
nicht konserviert
515/90 o (1)
515/90 m (3)
DA (3)
DA (1)
513/90 u (1)
515/90 m (1)
513/90 o (1)
Pegelbezeichnung

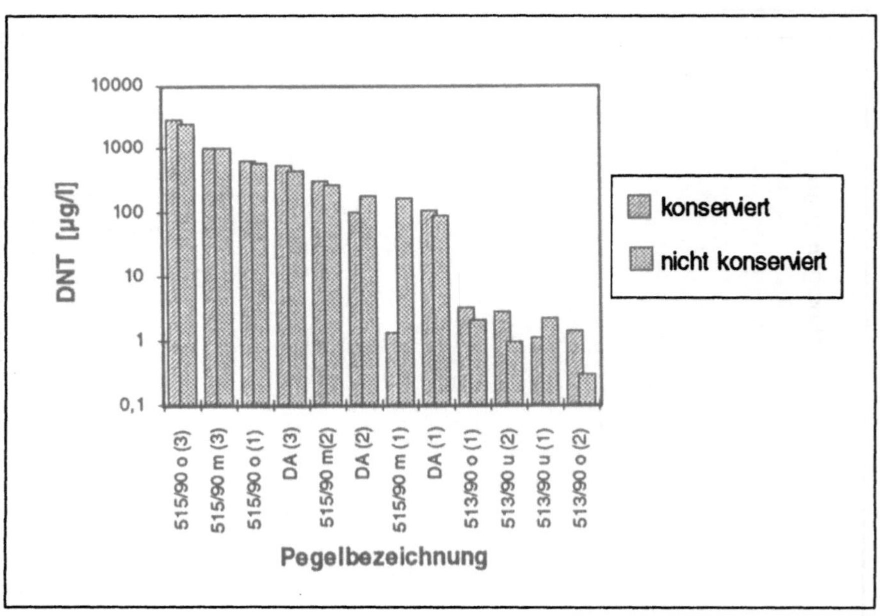
10000
1000
100
10
1
0,1
DNT [µg/l]
konserviert
nicht konserviert
515/90 o (3)
515/90 m (3)
515/90 o (1)
DA (3)
515/90 m(2)
DA (2)
515/90 m (1)
DA (1)
513/90 o (1)
513/90 u (2)
513/90 u (1)
513/90 o (2)
Pegelbezeichnung

Schlußfolgerungen zur Probennahme, -transport, -vorbereitung und Analysenmethodik:

1. sanfte Probennahme (Doppelkolbenpumpe oder MP 1) am Pegel über Probenteiler nach Einstellung der Leitparameter (elektrische Leitfähigkeit, Sauerstoffgehalt/Redoxpotential, pH-Wert)
2. Flaschenpräparation mit Dichlormethan-Spülung und Vorkühlung
3. Vorlage von 20 ml DCM je Flasche (~ 1 l) zur Probenkonservierung
4. Wassertransport in Kühlbehältern < 4°C
5. 3 Extraktionen mit DCM (20, 10, 20 ml) innerhalb von 12 h nach der Probennahme
6. Eindampfen der Extrakte im Rotationsvakuumverdampfer bis zur Trockne
7. Aufnahme mit Methanol (1 ml)
8. Analyse der Proben nach einheitlichem Verfahren (HPLC), Kalibrierung mittels gleicher Referenzlösung, Parallelbestimmung mittels GC/MS ergänzend möglich
9. Tiefkühlung der Restprobe

Die Vordeichsländer als Quelle für Carbonat in der Elbe

J. Duve, G. Miehlich, A. Gröngröft; Hamburg

1. Einleitung

Durch die Eindeichung der Elbe seit dem 11. Jahrhundert wurden die Deichvorländer ständig reduziert. Heute beträgt ihre Fläche entlang der Unterelbe (Geesthacht bis Cuxhaven) nur noch ca. 11000 ha.

Seit 1986 werden am Institut für Bodenkunde der Universität Hamburg umfangreiche Untersuchungen über den Wasser- und Stoffaustausch zwischen Elbe und Deichvorland durchgeführt. Während Sturmfluten werden Sedimente auf diesen Flächen abgelagert, so daß die Deichvorländer eine Senke für Elbsedimente sind. Diese Sedimente unterliegen nach Ablagerung der Bodenbildung. Inhaltsstoffe werden gelöst und mit dem Grundwasser an die Elbe abgegeben.

Ergebnisse zeigen, daß die Deichvorländer eine Quelle für Eisen, Arsen und Hydrogencarbonat sind.

2. Bildung von Carbonat im Boden durch Lösung von Kalk

Bei der Mineralisation der organischen Substanz im Boden wird CO_2 gebildet. CO_2 und Wasser verbinden sich zu Kohlensäure, die unter Lösung von Kalk neutralisiert wird.

$$CO_2 + H_2O + CaCO_3 = Ca^{2+} + 2HCO_3^-$$

3. Kalkgehalte in den Deichvorländern

Es wurden auf insgesamt sechs Untersuchungsflächen zwischen Hamburg und der Elbmündung bodenkundliche und hydrologische Untersuchungen durchgeführt. Die Bestimmung der Kalkgehalte zeigt, daß die Kalkgehalte in den Oberböden der Vordeichsländer zur Nordsee hin zunehmen. Während die Kalkgehalte im Oberboden (0 bis 60 cm Tiefe) der Deichvorländer in Hetlingen (nahe Hamburg) durchschnittlich 0,5% betragen, liegen die Kalkgehalte in Neufeld (Elbmündung) bei durchschnittlich 5,0%.

4. Carbonatausträge aus den Deichvorländern über die Priele

Messungen der Carbonatkonzentrationen im Prielwasser im Verlauf verschiedener Tiden zeigen, daß zwischen dem bei Niedrigwasser ablaufenden Grundwasser und dem bei Hochwasser einströmenden Elbwasser signifikante Konzentrationsunterschiede bestehen.
Die Carbonatgehalte des abströmenden Grundwassers in den Prielen schwanken im Jahresverlauf zwischen 200 und 660 mg/l. Im Winter sind die Konzentrationen höher als im Sommer. Im Gegensatz hierzu schwanken die Carbonatgehalte des einströmenden Elbwassers in wesentlich geringerem Maße. Sie betragen im Sommer etwa 120 mg/l und erhöhen sich im Winter auf Konzentrationen von bis zu 170 mg/l. Hieraus wird deutlich, daß die Deichvorländer eine Quelle für Karbonat sind.

Der Vergleich der verschiedenen Untersuchungsgebiete entlang der Elbe zeigt, daß die Carbonatkonzentrationen im abströmenden Grundwasser zur Nordsee hin zunehmen. Während die Konzentration im Prielwasser in Hetlingen im Jahr zwischen 220 und 250 mg/l schwanken, erreichen sie in Neufeld (Elbmündung) Werte zwischen 260 und 660 mg/l.

Der Abstrom von Grundwasser aus den Deichvorländern in die Elbe entspricht im wesentlichen den Vorgängen in rein terrestrischen Wasserhaushaltssystemen. Daher erfolgt der überwiegende Abstrom von Grundwasser in den Wintermonaten. Der Austrag von Carbonat ist abhängig von der Sickerwassermenge, die den Bodenkörper durchströmt. Höhere Sickerwassermengen und niedrigere Bodentemperaturen im Winterhalbjahr erhöhen nicht nur den Carbonataustrag über den erhöhten Abstrom von Grundwasser, sondern führen auch zu höheren Carbonatkonzentrationen im abströmenden Grundwasser. Da die Deichvorländer aber sehr schnell auf hohe Niederschläge mit der erhöhten Abgabe von Grundwasser reagieren, kann es auch im Sommer kurzzeitig zu hohen Carbonatausträgen kommen.

Sturmfluten im Herbst und Winter führen zu einer Durchsickerung der Deichvorländer mit Elbwasser. Hierdurch können durch Verdünnungseffekte in den Tagen nach der Überflutung im Grundwasserabstrom der Priele niedrigere Carbonatkonzentrationen auftreten, als zu dieser Jahreszeit zu erwarten wären.
Diese Ergebnisse zeigen, daß der Austrag von Carbonat aus den Vordeichsflächen im wesentlichen von der Sikerwassermenge abhängt. Erste Bilanzierungen deuten darauf hin, daß der überwiegende Anteil des Karbonataustrages im Winterhalbjahr erfolgt. So wurden für das Untersuchungsgebiet Böschrücken mit einem Einzugsgebiet von ca. 8 ha (nahe Brunsbüttel) Austräge im Winter von bis zu 117 g und im Sommer von <1 g für jeweils eine Tide bestimmt.

5. Zusammenfassung

- Die Vordeichländer sind für die Elbe eine Quelle für anorganischen Kohlenstoff.
- Die Carbonatkonzentrationen im abströmenden Grundwasser in den Prielen nehmen zur Nordsee hin zu.
- Die Carbonataustäge aus den Deichvorländern in die Elbe erfolgen zum größten Teil im Winterhalbjahr.

Untersuchungen zur Sanierung sprengstoffbelasteter Grund- und Sickerwässer im Auengebiet Torgau

H. Junge, L. Ebner, H. Zarmer; Oranienburg

In den im Rahmen des EG-Phare-Projektes untersuchten Grund- und Oberflächenwässern im Umfeld der WASAG wurden Sprengstoffe und deren Metaboliten nachgewiesen. Bei den gefundenen Sprengstoffen und deren Abbauprodukten handelt es sich um Nitro- und Aminoaromaten unterschiedlicher Struktur.

Bei der Entwicklung einer Technologie zur Wasserreinigung mußte davon ausgegangen werden, daß sich das verwendete Verfahren zur Dekontamination von Wässern eignen muß, die durch die Anwesenheit einer Vielzahl von Stoffen charakterisiert werden, welche sich jedoch durch ähnliche physikalisch-chemische Eigenschaften auszeichnen.

Diese ähnlichen physikalisch-chemischen Eigenschaften können folgendermaßen zusammengefaßt werden:

1. Aggregatzustand bei Umgebungstemperatur fest
2. schlechte Löslichkeit in Wasser
3. gute Löslichkeit in zahlreichen organischen Lösungsmitteln
4. mäßige Abhängigkeit der Löslichkeit von der Temperatur
5. chemische Struktur: aromatischer Kern mit einer oder mehreren polaren Gruppen (Nitro- bzw. Aminogruppen) sowie weiteren Seitenketten

Die zu entwickelnde Technologie muß nachstehend aufgeführte Merkmale besitzen:

1. Eliminierung aller im Wasser gefundenen Schadstoffe
2. niedrige Investitions- und Betriebskosten
3. wartungsarmer Betrieb bei hoher Zuverlässigkeit

Für die Wasserreinigung kommen folgende möglichen Verfahren in Frage

- chemische Verfahren (Naßoxidation mit der H_2O_2/UV bzw. Ozon)
- biologische Verfahren
- physikalische Verfahren (Extraktion, Adsorption, Permeation)

Aus der sich daraus ableitenden Vielzahl von Verfahren und deren Kombinationen müssen daher jene eliminiert werden, bei denen begründete Verdachtsmomente gegen einen Einsatz sprechen.

Naßoxidation:
Bei der Naßoxidation sowohl unter Verwendung von H_2O_2/UV als auch Ozon werden eine Vielzahl weiterer Metaboliten erzeugt, die in ihrer Wirkung auf den Menschen und die Umwelt nicht einzuschätzen sind. Das bedeutet, daß u.U. die Toxizität der Metaboliten höher ist als die der Ausgangsstoffe. Weiterhin benötigen diese Anlagen eine ständige Überwachung. Als nachteilig erweist sich auch der erhebliche Energie- und Oxidationsmittelaufwand. Diese Verfahren erweisen sich daher als weniger geeignet.

biologische Verfahren:
Hier tritt ebenfalls das o.g. Problem der Metabolisierung auf, die eigentlichen Abbauschritte sind bisher nur unzureichend bekannt. Ein weiterer Nachteil liegt in den hohen Verweilzeiten, die biologische Verfahren benötigen. Daraus resultieren entsprechend große Reaktoren zur Behandlung des Wassers, die erhebliche Investitions- und Betriebskosten verursachen.

Extraktion:
Zur Extraktion werden i.a. organische Lösungsmittel verwendet, welche die Schadstoffe besser lösen als Wasser. Da die sich einstellenden Mischungsverhältnisse auch eine Lösung des organischen Lösungsmittels in Wasser ermöglichen, sind diese Verfahren für die Wasseraufbereitung ungeeignet.

Permeation:
Bei der Wasseraufbereitung mittels Membranverfahren kann es infolge der schlechten Löslichkeit der Schadstoffe in Wasser zum Auskristallisieren in den Membranmodulen und damit zur Zerstörung dieser kommen. Weitere Nachteile dieser Verfahren sind die geringe Standzeit der Module sowie der hohe apparative Aufwand.

In Anbetracht der Eigenschaften der Schadstoffe sowie der Anforderungen an eine Wasserbehandlungsanlage sind adsorptive Verfahren als technologisch und wirtschaftlich am sinnvollsten einzuschätzen. Als Adsorptionsmittel kommen Aktivkohlen und Adsorberpolymere zum Einsatz.

Folgende Gegenüberstellung soll die Vor-und Nachteile von Adsorberpolymeren und Aktivkohlen verdeutlichen:

1. Adsorberpolymere / Ionenaustauscher weisen eine bessere Kinetik und Kapazität auf als Aktivkohlen, dadurch reduziert sich die Größe der Säulen drastisch.
2. Adsorberpolymere / Ionenaustauscher sind im Gegensatz zu Aktivkohlen durch pH- und Lösungsmitteländerung vor Ort (in der Anlage) regenerierbar.
3. Es treten keine Abbrandverluste wie bei Aktivkohlen auf.
4. Aktivkohlen weisen eine etwas bessere Feinreinigungscharakteristik (bessere Adsorption im Spurenbereich) als Adsorberpolymere / Ionenaustauscher auf, diesem Nachteil der Polymere kann jedoch durch eine sinnvolle Verschaltung mehrerer Säulen begegnet werden.
5. Adsorberpolymere / Ionenaustauscher sind infolge des festen Einbaus in der Anlage und der milderen Regenerationsbedingungen empfindlicher gegen mechanische Verunreinigungen (Trübstoffe, Eisen und Manganschlamm).

Versuchsergebnisse

Über einen Zeitraum von ca. 4 Monaten haben wir sowohl eine Reihe von Batch- als

auch Säulenversuchen mit TNT, DNT und verschiedenen Adsorberpolymeren durchgeführt.
Bei der Auswahl der Adsorberpolymere wurden zwei unpolare Polymere ver-schiedener Hersteller getestet, die von ihrer stofflichen Charakteristik her bereits für die Adsorption von Nitro- und Aminoaromaten geeignet sein mußten.

Batchversuche (Isothermen)

Beim Einsatz geeigneter Adsorberpolymere (unpolar) sind ausgezeichnete Kapa-zitäten (0,5g TNT/g Polymer bei 10 mg/l Lösungskonzentration) zu finden. Eine Regeneration mit einer Anreicherung um den Faktor 1000 kann durch die Ver-wendung von einem Lösungsmittel als Desorptionsmittel erfolgen. Die Aufarbeitung des Lösungsmittels ist destillativ oder durch Verbrennung möglich.

Ein ähnliches Verhalten zeigt sich für DNT und ist für weitere Metaboliten (Nitroaromaten) zu erwarten.

In der folgenden Darstellung sind die Adsorptionsisothermen für eines der untersuchten Polymere im System TNT/Wasser/Lösungsmittel in Abhängigkeit verschiedener Lösungsmittelkonzentrationen dargestellt. Weiter Systeme sind ver-messen worden und zeigen ähnliche Abhängigkeiten.

Säulenversuche

Zur Durchführung dieser Versuche wurde eine Säule mit einem Volumen von 30ml Polymer mit einer Lösung von 10mg/l TNT in Wasser (mit 3% Lösungsmittel) beaufschlagt. Die TNT-Konzentration am Austritt wurde mittels UV-Spektralphotometer bestimmt.

Nach 8 Wochen Versuchsdauer und einem Durchsatz von insgesamt 3000 Kolonnenvolumen wurde kein TNT am Austritt festgestellt (d.h.<100μg/l). Infolge der außerordentlich langen Standzeit der Säulen sind im Moment noch keine weiteren Aussagen (Durchbruchskurven, Hysteresen etc.) möglich.

Es deutet sich jedoch an, daß die Verwendung von Adsorberpolymeren dem Einsatz von Aktivkohlen hinsichtlich der Eliminierung der Wasserschadstoffe gleichgestellt ist, wobei sich die Größe der verwendeten Säulen erheblich reduzieren lassen kann und eine preiswerte Regeneration vor Ort möglich ist.
Bei einer geeigneten Schaltung der Säulen lassen sich die Nachteile der Adsorberpolymere / Ionenaustauscher bezüglich der etwas schlechteren Kapazität im Spurenbereich umgehen.

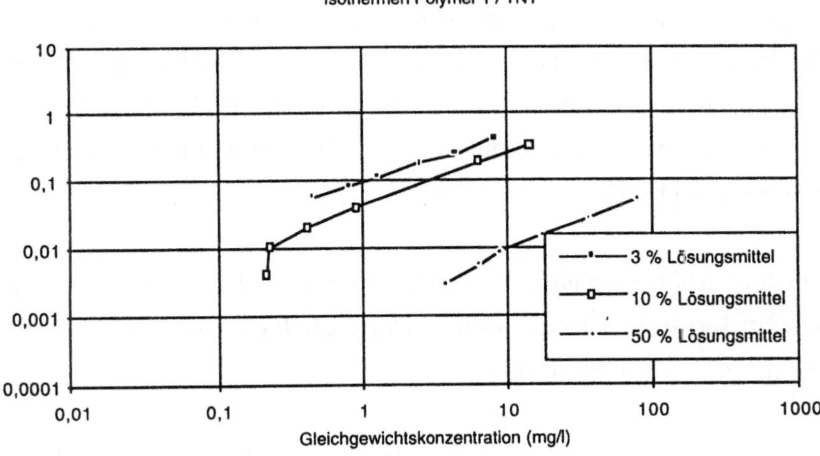

Verunreinigung der Elbe in der Nähe der Agglomeration Hradec-Pardubice

J. Langhammer; Praha

1. Situation

Das Gebiet, manchmal als Mittelelbebecken bezeichnet, ist ein Gebiet des tschechischen Abschnittes des Elbelaufes in der Nähe der Siedlungsagglomeration der Städte Hradec Králové und Pardubice. Es handelt sich um eine Region mit entwickelter Industrie, dichter Besiedlung, einem umfangreichem Verkehrsnetz und intensiver Landwirtschaft.

Alle diese Faktoren tragen zur intensiven Nutzung dieser Landschaft und damit zu ihrer hohen Belastung durch Produkte und Abgase bei, die fast aus allen Sphären der menschlichen Tätigkeiten und Aktivitäten dieser Region stammen. Die gesamte Umwelt ist in dieser Region betroffen: die Atmosphäre wird von dauernden Exhalationen der chemischen Industrie, der Siedlungskomplexe, dem Verkehr und den riesigen Wärmekraftwerken belastet, das Wasser leidet unter regelmäßigen Einleitungen toxischer Stoffe aus dem industriellen und kommunalen Bereich, wozu auch der Eintrag von künstlichen Düngern aus den landwirtschaftlich intensiv genutzten Böden durch Flächenabschwämmungen zählt. Und der Boden absorbiert und kummuliert die über die Atmosphäre, das Wasser und direkte Punktquellen eingetragenen Schadstoffe.

Dieses Gebiet gehört deshalb zu den größten Verschmutzern des Wasserlaufs der Elbe auf dem Territorium der Tschechischen Republik und nimmt so in zahlreichen Parametern den traurigen Primat ein.

In meinen Ausführungen befaßte ich mich mit Untersuchungen der Beschaffenheit der Atmosphäre, der Gewässer und des Bodens am Wasserlauf der Elbe im Profil

Valy, das sich ungefähr 10 km unterhalb des Siedlungs-Industrie-Komplexes Hradec-Pardubice befindet.

2. Verschmutzungsquellen

Nach dem Charakter der Verunreinigung und untersuchten Schadstoffe können die durch ihre Produktion den Wasserlauf der Elbe belastenden Quellen in drei Hauptbereiche aufgeteilt werden: Siedlungsagglomerationen mit vorwiegend kommunaler Abfallproduktion, Landwirtschaft, die vor allem stickstoff- und phosphathaltige Stoffe produziert, und die Industrie, die fast den ganzen Bereich der zu untersuchenden Schadstoffe abdeckt.

Unter den Industrieverunreinigern nimmt der chemische Betrieb Synthesia Semtín eindeutig die Spitzenposition ein. Durch seine Produktion deckt er fast das gesamte Sortiment chemischer Produkte ab und gehört zu den größten Unternehmen seiner Art in der Tschechischen Republik überhaupt. Neben den "klassischen" Verschmutzungsstoffen wie Nitrate, Sulfate und Phosphate belastet er den Flußlauf vor allem mit großen Mengen von hoch toxischen und gefährlichen Stoffen - Schwermetalle, Benzen, Toluen, Xylen, PCB u.a.. Zur Belastung der Elbe durch diese Stoffe trägt in nicht geringem Maße auch der Betrieb PARAMO Pardubice bei, der sich vor allem mit der Produktion von Motorölen und Ölderivaten befaßt.
Aus den städtischen Siedlungsgebieten stammt größtenteils die Belastung des Wasserlaufes mit gelösten Stoffen und BSB_5.
Die landwirtschaftliche Nutzung: Die größten Anteile an stickstoff- und phosphathaltigen Stoffen im Gewässer stammen aus den reichlich angewandten künstlichen Düngern.

3. Meßwerte

Die meisten der untersuchten verunreinigenden Stoffe im Wasserlauf erreichen während des größten Teils des Jahres Werte, die in der Gewässergüteklassifizierung den schlechtesten Güteklassen entsprechen - vor allem was stickstoffhaltige Stoffe,

Phosphor, BSB_5 und gelöste Stoffe anbelangt. Die Maximalwerte,deren Ursprung vor allem in der Landwirtschaft liegt, entsprechen dabei dem Charakter der Quelle (bei N-NO_3 und Phosphor). Sie liegen in den Frühjahrsmonaten, in denen es durch Schneeschmelze zur Abschwemmung der in den Herbstmonaten angewandten künstlichen Düngemittel kommt. Zur Ermittlung dieser Tatsache ist es unerläßlich, neben Angaben über durchschnittliche Konzentrationen auch Angaben über die gesamte Menge der einzelnen Schadstofffrachten, die als Kombination der Angaben über durchschnittliche Konzentrationen und Durchflußwerte des Flusses gewonnen werden, anzuwenden. Dabei wird die Verzerrung beseitigt, die bei Auswertung der Graphen des monatlichen Frachtenabflusses durch große Durchflüsse in den Frühjahrsmonaten verursacht wird.

Die Verunreinigung der Elbe durch gelöste Stoffe ist in diesem Gebiet dagegen von einem relativ ausgeglichenen Charakter. Die Ausgeglichenheit wird auch von der Umrechnung in die absolute Stofffracht (Differenz zwischen Maximum und Minimum) bestätigt, die bei anderen Stoffen bis zu einigen Hundert Prozent und hier 30% erreicht.

Von großer Bedeutung ist die Belastung durch Schwermetalle. Hier standen solide Daten nur für die Quecksilberkonzentration zur Verfügung. Trotz des hohen Durchflusses bewegen sie sich während des ganzen Jahres in der Güteklasse 3-4; bei Umrechnung auf den Gesamtumfang kommen wir dann zu wirklich alarmierenden Zahlen. Als Beweis der schlimmen Situation kann ein Beispiel der Analyse der Hg-Konzentration in Fischen dienen, die im Fluß in dieser Gegend 1990 abgefangen wurden. Diese erreichte ca. 5,75 mg/kg, was das 5-6fache der Konzentrationen ist, die in den Meeresgebieten gemessen wurden, wo die Fischerei wegen des hohen Gehaltes an Schwermetallen im Fischfleisch sogar verboten wurde!

Als Ergänzungsanalyse zur Auswertung der Konzentrationsreihen der einzelnen Verunreinigungsstoffe in der Elbe im Profil Valy habe ich eine Analyse des Gehaltes an Schwermetallen im Flußsediment und im Boden unmittelbar neben dem Flußbett durchgeführt. Die Proben wurden im Längsprofil des Strombettes - zwei in größerer

Entfernung vom Flußlauf, zwei aus der Uferpartie und zwei aus dem eigentlichen Flußbett entgenommen. Das Ergebnis der Analyse, die im Labor der Bodenchemie an der University of Amsterdam mit der AAS-Methode durchgeführt wurde, hat die Abhängigkeit des Gehaltes an Schwermetallen, namentlich Blei, Kadmium, Zink und Kupfer von der Entfernung vom Wasserlauf bestätigt. Dabei überschreiten die aus dem eigentlichen Strombett entnommenen und die vom Ufer und der Flußaue stammenden Proben in den meisten Fällen die genehmigten Bodengrenzwerte weit. Dagegen waren in entfernteren Gebieten die Meßwerte niedriger, im Fall von Kadmium sogar unter der Nachweisgrenze.

4. Schlußfolgerung

Die Studie hat gezeigt, daß das untersuchte Gebiet zu den wirklich bedeutsamen Verursachern der Verschmutzung der Elbe gehört. Neben den allgemein bekannten und lang untersuchten Parametern BSB_5, Nitrate, Phosphate, gelöste Stoffe kann man hier vor allem eine ernste Betlastung des Wasserlaufes durch toxische Abfälle beobachten, die ihren Ursprung vor allem in der chemischen Industrie (in diesem Gebiet besonders konzentriert) haben. Besonders wichtig sind dabei die Schwermetalle. Ihre Gefahr besteht vor allem darin, daß die davon betroffenen Organismen fähig sind, diese aufzunehmen und daß sich die Folgen dieser Einwirkung nicht sofort sondern erst nach einer längeren Zeit zeigen. Die Bedeutung dieser Stoffe im Naturzyklus ist in dieser Region um so größer, da es sich um ein Gebiet mit intensiver Landwirtschaft handelt und hier ein Risiko der Verteilung von kontaminierten Produkten in weitere Gebiete besteht.

Für den gesamten Belastungzustand der Elbe ist dieses Gebiet ein Schwerpunkt. Der Fluß bekommt hier nämlich in einer verhältnismäßig frühen Flußlaufphase einen unübersehbaren Zuschuß an verunreinigenden Stoffen, zu denen dann allmählich weitere Belastungen aus den Industriegebieten sowohl der Tschechischen Republik als auch der BRD hinzukommen.

Um diesen Zustand zu ändern, muß zunächst ein detaillierteres Monitoringsystem installiert werden. Vor allem wird es nötig sein neben den laufend registrierten Verunreiningungsstoffen, Stoffe mit hohem Schadstoffgehalt, wie die schon erwähnten Schwermetalle, aber auch PCB´s, Benzene, Xylene und die übrigen Abfallprodukte der chemischen Industrie zu untersuchen. Es wird ein gründlicheres Kontrollsystem der einzelnen Einleiter aufgebaut und eine strenge Bestrafung für eine nachgewiesene Verletzung der festgelegten Grenzwerte durchgesetzt. Unumgänglich ist auch die Installierung von modernen Kläranlagen mit hohem Wirkungsgrad. Für die gesamte Situation des Flusses ist es jedoch nötig, die betreffenden Probleme komplex zu lösen und dabei nicht ein Gebiet vom anderen abzusondern. Hoffentlich wird dieses Schlüsselprinzip auch im Fall der Elbe angewandt, des Flusses, der eine wichtige Lebens-, Verkehrs- sowie Kulturader zwischen zwei europäischen Staaten - der Tschechischen Republik und Deutschland - ist.

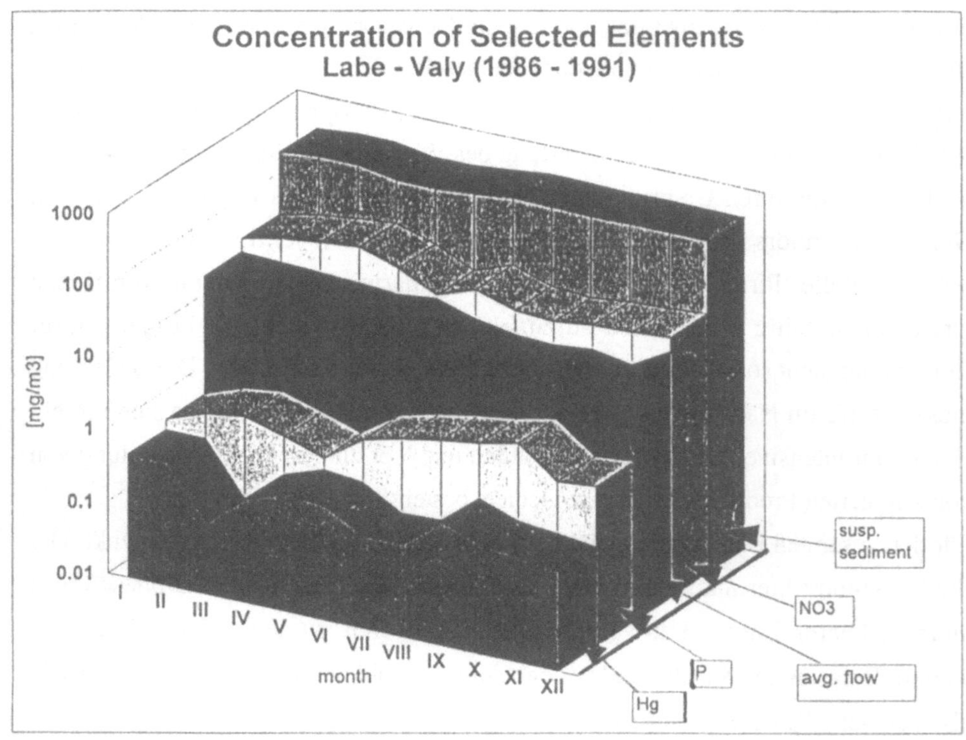

Abb.1: Konzentrationen ausgewählter Elemente im Flußsediment

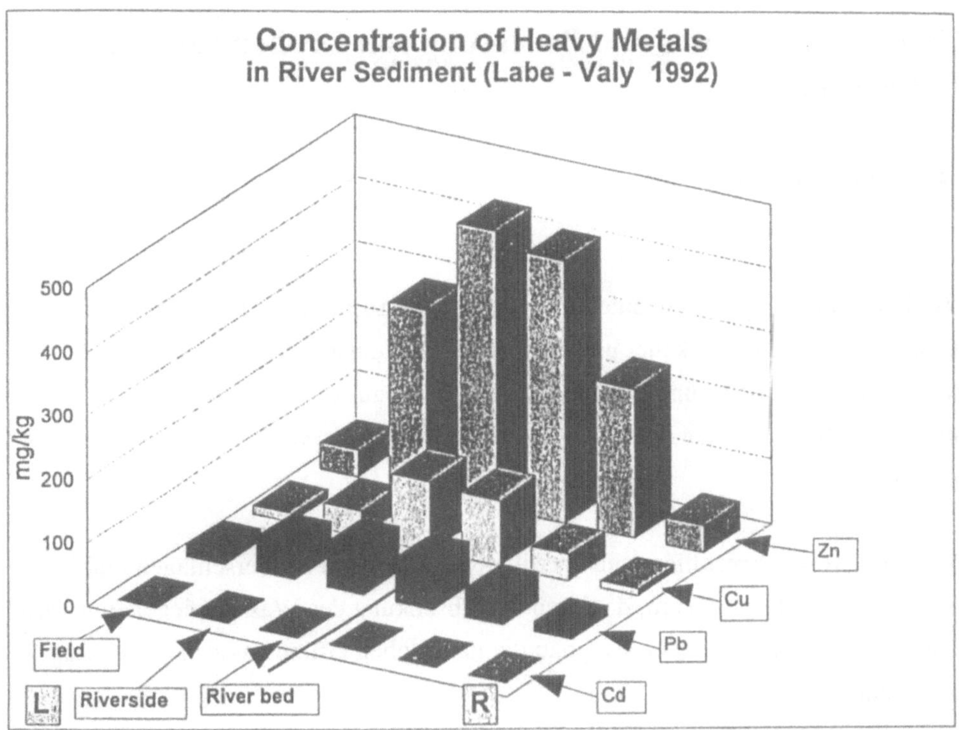

Abb.2: Schwermetallkonzentrationen im Flußsediment

Genese, Chemismus und Bedeutung von Grubenwässern im Erzgebirge

M. Martin; Freiberg

Das Erzgebirge ist eine bedeutende Bergbauregion Europas. Durch seine Lage im Einzugsgebiet von Zwickauer und Freiberger Mulde hat es beträchtlichen Anteil an der Schwermetallbelastung der Elbe. Neben Bergbau- und Erzaufbereitungshalden und deren Sickerwässer tragen besonders Grubenwässer Schwermetalle in die Vorfluter ein.

Die Grubenwässer resultieren aus vertikal versickernden Niederschlägen und horizontal zusetzenden Wässern, da durch die Absenkung des Wasserspiegels mit dem in die Tiefe fortschreitenden Bergbau die natürlichen Grundwasserfließrichtungen umgekehrt werden.

Mineralisationen verwittern im oberflächennahen Bereich wie die Gesteine, entlang von tektonischen Bruchzonen unter natürlichen Bedingungen auch bis in große Tiefen. Unter den Bedingungen des Bergbaus werden diese Oxidationszonen ("Eiserner Hut" der Lagerstätte) durch Absenken des Grundwasserspiegels lateral und auch vertikal wesentlich ausgedehnt. Besonders schnell und intensiv verwittern Sulfide und Arsenide, häufig unter Bildung von Schwefelsäure, die wiederum, unterstützt von Mikroorganismen, den Verwitterungsprozeß weiter forciert. Dabei wird ein Teil der breiten Metallpalette, vor allem migrationsfreudige Elemente wie Cu, Zn, Cd in Form wasserlöslicher Verbindungen mit dem Grubenwasser ausgetragen. Ein weiterer Teil verbleibt in sulfatischer, arsenatischer oder oxidischer Form als Krusten und Imprägnationen im und auf dem Gestein (besonders Fe, Bi, W, Sn).
Die sich im Grubenwasserlauf ändernden pH- und Eh- Werte führen zu elementspezifischen wechselnden Transportkapazitäten. Bei Erdoberflächenaustritten erfolgen Oxidations- und Fällungsreaktionen, die zu Verockerung und Sinterbildung führen.

Auf diese Weise weichen Grubenwässer in ihrem Chemismus sehr stark von allen anderen Wassertypen ab. Dies kann als Methode der "Hydrogeochemischen Prospektion" zur Suche nach Erzlagerstätten benutzt werden, da ja auch unbekannte, bergmännisch nicht erschlossene Mineralisationen solche Wässer aus normalen Quellen emittieren.

Die erwähnte Ausfällung von Ockern und Sintern stellt eine wichtige Selbstreinigungskomponente dar, wie wir sie von den Oberflächenwässern her kennen. Die zunächst in den sauren Wässern gelösten Eisen- und Manganverbindungen fallen bei weiterem Sauerstoffzutritt und Erhöhung des pH-Wertes (oft durch Verdünnen mit Oberflächenwasser) aus und reißen eine große Zahl von anderen Metallen in erheblichen Konzentrationen mit. So gebildete Eisen- und Manganniederschläge, -krusten und -sinter sind Fallen für umweltrelevante Elemente ("geochemische Barrieren"), ein Umstand, den man für Sanierungstechnologien ausnutzen kann und sollte. Diese "Selbstreinigung" kann soweit gehen, daß Trinkwasserqualität erreicht wird.

Seit 1991 wurden im Erzgebirge ca. 60 Stollenmundlöcher sowie eine Reihe von untertägigen Grubenwässern beprobt, wobei eine gewisse Vollständigkeit angestrebt wurde. Außer der Bestimmung von Meßparametern (pH, Leitfähigkeit usw.) ist in Wasser, Schwebstoffen (Druckfiltration < 0,45 µm) und Sedimenten die Schwermetallführung analysiert worden.

Die Grubenwässer des Erzgebirges gelangen heute zum größten Teil direkt oder über Nebenflüsse in die Zwickauer bzw. Freiberger Mulde und damit bei Dessau in die Elbe. Der Rothschönberger Stollen führt einen großen Teil der Freiberger Grubenwässer über den Fluß Triebisch direkt in die Elbe ab.

Im Ergebnis mehrjähriger Untersuchungen dieser Grubenwässer können erstmals genauere Abschätzungen der Schwermetallgesamteinträge durch Stollenwässer in die Vorfluter gemacht werden. Hierbei wurden sowohl die gelösten als auch die an Schwebstoffe gebundenen Anteile berücksichtigt (Tab.). Während die Stollenwässer des Freiberger Revieres vor allem Zink und Cadmium führen, fallen die Westerzgebirgischen besonders durch erhöhte Arsenfrachten auf. Der Anteil der Grubenwässer an der Schwermetallfracht der Elbe ist für Zink besonders hoch. Es wird deutlich, daß Grubenwässer einen beträchtlichen Anteil an der Schwermetallfracht im Wasser und in den Schwebstoffen der unmittelbaren Vorfluter haben. Dabei ist zu beachten, daß die Hauptmenge der Schwermetalle bis zur Elbe und in der Elbe vorwiegend im Sediment gebunden und nur diskontinuierlich bei Hochwasserereignissen transportiert wird.

Element	Westerzgebirge, Eintrag in Zwickauer Mulde (kg/a)	Freiberger Revier, Eintrag in Freiberger Mulde (kg/a)	Rothschönberger Stolln, Eintrag in die Elbe oberhalb der Muldemündung (kg/a)
As	130	40	200
Zn	2500	30000	100000
Cd	30	300	600
	Elbe vor Muldemündung (ohne Rothschönberger Stolln) (kg/a)	**Summe des Eintrags aus den Grubenwässern des Erzgebirges (kg/a)**	**Anteil der Grubenwässer an der Schwermetallfracht der Elbe (Wasser und Schwebstoffe) in %**
As	34400	370	1,1
Zn	356000	132500	37
Cd	18100	930	5

Tab.: Vergleich des Schwermetalleintrags durch Stollenwässer mit den Schwermetallfrachten von Mulde und Elbe

Abschließend sei auf die Nutzanwendung von Grubenwässern zur Elektroenergieerzeugung (z.B. Kavernenkraftwerk "Drei Brüder Schacht" bei Freiberg), zur Wärmeenergiegewinnung über Wärmepumpen sowie zur Trink- und Brauchwassergewinnung hingewiesen.

Literatur:

Martin; Beuge; Kluge; Hoppe: Spektrum der Wissenschaft, 5 (1994) 102-107

Zur Schwermetallsituation im Flußgebiet der Weißen Elster

A. Müller, C. Hanisch, L. Zerling; Leipzig

Die Weiße Elster als Nebenfluß der Saale und indirekt der Elbe ist mitverantwortlich für gewaltige in Richtung Nordsee verfrachtete Schadstofflasten. Hierbei spielen auch die Schwermetalle eine beachtliche Rolle. Im Rahmen eines vom Bundesminister für Forschung und Technologie geförderten Verbundprojektes wird derzeit vor allem der Ist-Zustand der Schwermetallkontamination des rezenten Flußsediments erfaßt, um das Gefahrenpotential einschätzen und Sanierungsschwerpunkte festlegen zu können. Weiterhin geht es darum, die räumliche und zeitliche Entwicklung der Belastung zu verfolgen, anthropogene und geogene Einträge zu unterscheiden sowie das Transport- und Sedimentationsverhalten der einzelnen Metallspezies' zu verfolgen. Hierbei spielen Staueinrichtungen eine besondere Rolle.

Seit Ende 1990 werden an bis zu 180 Probenahmepunkten an der Weißen Elster und ihren Nebenflüssen und -bächen Flußschlammproben entnommen und in verschiedenen Fraktionen (vor allem <20 µm) im Königswasseraufschluß auf Schwermetalle analysiert (wichtigste Schwermetalle mittels FAAS; weitere seltene Metalle mittels ICP-MS durch die Arbeitsgruppe Atomspektroskopie an der Fakultät für Chemie der Universität Leipzig). Die Darstellung der Ergebnisse erfolgt zum einen in Flußlängsprofilen nach Klassen des Geoakkumulationsindex' (I_{geo}-Klasse nach G. MÜLLER 1979), zum anderen in Flußlängsdiagrammen mit besonderer Kennzeichnung der Nebenflußmündungen.

K a d m i u m als einer der wichtigsten Kontaminanten erreicht im Flußgebiet der Weißen Elster Konzentrationen bis 125 mg/kg. Nachdem schon in den Oberläufen die Kontaminationsklassen 3 und 4 zu verzeichnen sind, führt eine gewaltige Kadmiumzufuhr zwischen Elsterberg und Greiz zu etwa gleichbleibend hohen Konzentrationen zwischen 15 und 30 mg/kg bis zur Mündung der Weißen Elster in die Saale. Einmündende Nebengewässer wirken in der Regel verdünnend. Für K u p f e r gilt ein allmählicher Anstieg vom Gebiet um Plauen bis zum Raum zwischen Leipzig und Halle. Hier wirken Nebenbäche z. T. konzentrationserhöhend, wie der Schwarzbach infolge der vielseitigen Kupferverarbeitung in der westerzgebirgischen Leichtindustrie und der Gessenbach (Kupfer als Begleitmetall bei der Uranerzaufbereitung). Quecksilber (max. 11 mg/kg) weist rückläufige Gehalte im oberen Vogtland und dann eine steil ansteigende Kontamination bis in den Raum Greiz auf; nach allmählichem Rückgang bis in den Raum Leipzig auf 1 bis 2 mg/kg ist unterhalb von Leipzig nochmals eine Belastungsspitze aufgesetzt (I_{geo}-Klasse 3).

In ähnlicher Weise zeigt Zink als einer der Hauptkontaminanten Konzentrationen bis über 6000 mg/kg, verursacht vor allem durch die Zellstoffindustrie. Chrom fällt durch Spitzenwerte bis 22000 mg/kg als Folge der Einleitungen durch die lederverarbeitende Industrie auf. Bei Blei heben sich aus einer mittleren regionalen Kontamination (Klassen 3, 4) punktuelle, gemischt industriell-kommunale Einleitungen (Klassen 4 bis 6) heraus. Nickel und Kobalt weisen nur stellenweise mäßige Belastungen (Klassen 2, 3) auf. Besonders interessant ist die Verteilung von Uran mit leichten Belastungen durch die Nebenflüsse Trieb und Göltzsch und hohen Belastungen durch Uranbergbau und -aufbereitung im Raum Gera - Ronneburg. Die Uranwerte in der Weißen Elster sind bei allmählich nachlassenden Konzentrationen (Klassen 6 bis 3) bis zur Mündung in die Saale erhöht. Auch die Einträge in die Sprotte machen sich bis in die Pleiße hinein bemerkbar. Silber ist im gesamten Gebiet durch den beträchtlichen geogenen Hintergrund sowie als Folge der umfassenden und langzeitlichen Gewinnung, Verarbeitung und Nutzung mit hohen Konzentrationen vertreten, die eine starke Zunahme in Richtung flußab und interessante punktuelle Schwerpunkte zeigen.

Im Zeitraum von 1991 bis 1993 ist bereits ein Nachlassen der bedeutendsten Kontaminationen zu erkennen (Abb. 1), nachdem 1991 Spitzenwerte aufgetreten waren. Dies betrifft vor allem die Konzentrationen der Hauptkontaminanten Kadmium, Zink, Blei und Chrom in den Flußschlämmen. Wichtige punktuelle Schadstoffquellen verloren an Bedeutung. Dies wirkte sich bereits stromabwärts aus. Die rückläufige Tendenz setzte sich auch 1994 fort und ist vorwiegend auf Stillegungen von Industriebetrieben zurückzuführen.

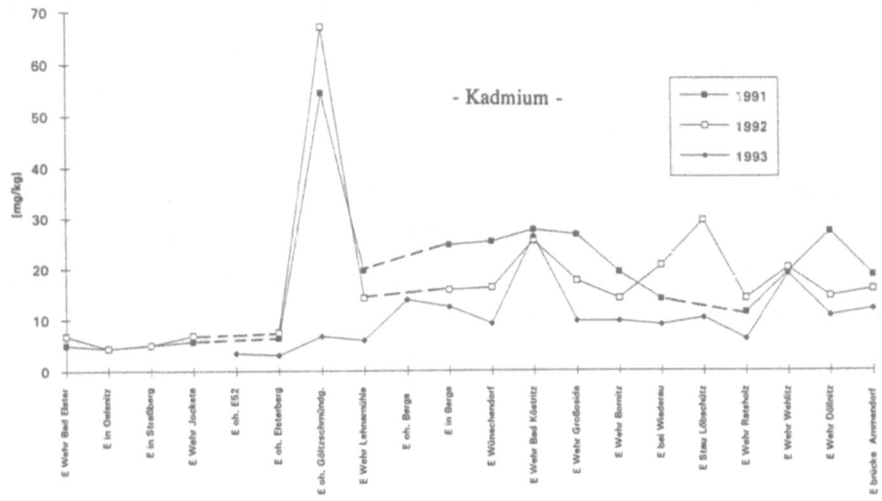

Abb. 1: Kadmiumgehalte des rezenten Flußsediments der Weißen Elster für 1991, 1992 und 1993; von der Quelle (links) bis zum Mündung (rechts). Deutlich wird das Fehlen der stärksten Belastungsspitze für 1993 und eine z. T. darauf zurückzuführende verringerte Belastung bis zur Mündung in die Saale.
Fraktion: < 20 µm

Engräumige Untersuchungen in einem naturnahen Flußabschnitt geben Einblick in die starke Variabilität der Schadstoffkonzentrationen im rezenten Flußsediment auf einer Flußstrecke ohne punktuelle Schadstoffeinträge (s_{n-1} = 17-24 % je nach Element). Neben der Abhängigkeit von den Korngrößen zeigt sich eine bemerkenswerte Abhängigkeit der Schwermetallgehalte von denen der organischen Substanz (s_{n-1} = 9-13 % je nach Schwermetallspezies bei Normierung auf organische Substanz).

In größeren Flußstauseen der Weißen Elster und der Pleiße zeigen sich Abhängigkeiten der Schwermetallkonzentrationen im Sediment von der Entfernung vom Stauwerk (Alter der Schlammablagerung) und dem Gehalt an organischer Substanz für die Talsperre Pirk, sehr gleichmäßige Sedimentationsbedingungen dagegen für den flachen Stausee Windischleuba.

Überschlägliche Berechnungen der Schwermetallmengen in den Stauräumen verschiedener Wehre mittels Schlammdickenmessungen führen je nach Flußregime zu sehr unterschiedlichen Ergebnissen, so daß ein differenziertes Herangehen an die einzelnen Wehrbereiche geboten ist.

Untersuchungen von Flußwasser und Schwebstoff, die parallel zu denen der Sedimente erfolgten, erlauben eine unterschiedliche Differenzierung der Metallausträge aus dem Flußgebiet der Weißen Elster in gelöste und partikuläre Anteile je nach Metallspezies (Abb. 2).

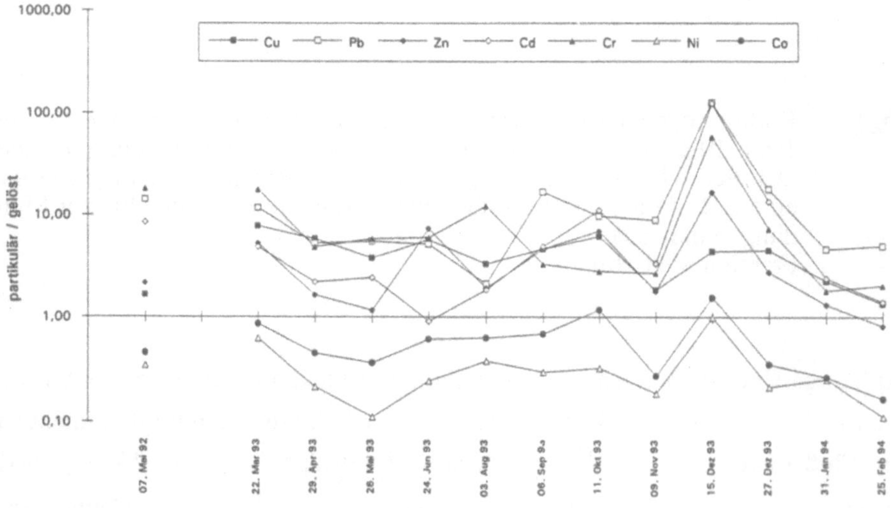

Abb. 2: Verhältnis der partikulären zu den gelösten Schwermetallausträgen der Weißen Elster bei ihrer Mündung in die Saale für einige Metalle.
Bei Nickel und Kobalt überwiegt der Transport in gelöster Form; bei Kupfer, Kadmium, Zink, besonders aber bei Chrom und Blei überwiegt der Transport in partikulärer Form. Bei ansteigendem Hochwasser (15.12.1993) ist das Flußwasser verdünnt, die Schwebstofffracht noch konzentriert; daher hohe Quotienten.
Fraktionen: < 20 µm

Jihočeské papírny a.s. Vètřní
(Südböhmische Papierfabriken AG Vètřní)

V. Prokop

Die Papierfabriken Jihočeské papírny a.s. Vètřní gliedern sich wie folgt auf:

JIP-Papírny Vètřní AG (SBP-Papierfabriken Vètřní AG)
JIP-Papírny Vltavský mlýn Loučovice (Papierfabriken Vltavský mlýn Loučovice)
JIP-Českobudèjovické papírny Č. Budèjovice
JIP-CEREPA Červená Řečice
MANN-FILTR-JIPAP Přibyslavice
JIP-PACK Přibyslavice.

Die Südböhmischen Papierfabriken AG Vètřní stellen das zweitgrößte Papierproduktionsunternehmen in der Tschechischen Republik dar. Mit ihren sechs Tochteraktiengesellschaften haben sie heute 3 500 Angestellte.

Die meisten Papierwerke dieser Aktiengesellschaft befinden sich in Südböhmen, nur die Papierwerke Přibyslavice liegen in Süd-Mähren. Die Papierherstellung in den einzelnen Papierfabriken der Gesellschaft knüpft an eine langjährige Tradition der Papierherstellung in den böhmischen Ländern an. Die jüngste ihrer Papierfabriken steht schon seit 110 Jahren. Die älteste ist die Papierfabrik CEREPA in Červená Řečice, die 1996 ihr 320jähriges Bestehen feiern wird.

Die jetzige Form der Südböhmischen Papierfabriken AG entstand im Rahmen des Privatisierungsprozesses der tschechischen Industrie im Jahre 1992, wo aus den drei Tochtergesellschaften dann gemeinsame Unternehmen mit führenden ausländischen Partnern geschaffen wurden.

Die Südböhmischen Papierfabriken AG sind in der Tschechischen Republik der größte Hersteller von Wellpappen und Kartonware aus Wellpappe, der größte Hersteller von hygienischem Papier und dessen Erzeugnissen, der größte Hersteller von Saughüllen und Filtereinlagen. Sie sind ein bedeutsamer Hersteller von Druckereipapier und speziellen Sorten Verpackungspapier. Ein Drittel ihrer Produktion exportieren sie ins Ausland.

Es existiert ein Bauprojekt einer neuen Papiermaschine zur Herstellung von angestrichenen Holzpapieren für den Druck von Bildzeitschriften. Einen Teil des Baues der neuen Papiermaschine umfaßt auch den Ausbau der Faserproduktion auf mechanische Art, der die Abstellung der bestehenden auf dem Ca-Bisulfit-Verfahren basierenden Zellstoffabrik ermöglichen wird.

Vom Standpunkt des Projektes Elbe aus sind die Papierfabriken in Vètřní am wichtigsten, die an der Moldau in unmittelbarer Nähe der historischen Stadt Česky Krumlov liegen und die bis vor kurzem zu den größten Punktverunreinigern der Moldau zählten. Aus diesem Grunde wurden sie auch in das Projekt Elbe eingereiht.

Durch den erbauten sogenannten Umfassungskanal mit einer Länge von über 4 km wurden alle Abwässer aus den Papierfabriken sowie der Gemeinde Vètřní unter Česky Krumlov zusammengeführt, wo eine mechanisch-biologische Kläranlage erbaut wurde, die diese Abwässer gemeinsam mit dem kommunalen Wasser aus Česky Krumlov reinigt. Zwecks Verminderung der organischen Verunreinigung der Abwässer aus den Papierfabriken wurde in den Papierfabriken eine sogenannte Waschlinie des Sulfitzellstoffes mit Anbindung an eine Abdampfstation der Sulfitablaugen gebaut. Durch Realisation dieser technischen Maßnahmen wurden die Zulaufbedingungen für die biologische Kläranlage so optimal gestaltet, daß diese einen hohen Kläreffekt in allen entscheidenden Parametern erreicht und die Güte der aus der Kläranlage abfließenden Abwässern alle legislativen wasserwirtschaftlichen Anforderungen erfüllt. Mit der weiteren Intensität der Kläranlage durch Einführung von Einblaseaeration wird hier eine ausreichende Reserve für eine weitere Entwicklung der Papierfabriken in Vètřní geschaffen.

Ein Teil des Ausbaues der biologischen Kläranlage (BKA) wurde der Ausbau einer gesicherten Deponie für feste Abfälle, wohin die Papierfabriken alle Sorten fester Abfälle, die bisher nicht effektiver auszunutzen waren, ablagern können.

Durch den Ausbau der BKA, der Deponie für feste Abfälle und durch die Umstellung des Heizwerkes auf Erdgas, wobei die erste Etappe bis Ende 1994 abgeschlossen sein wird, werden die Papierfabriken in Větřní alle drei grundlegenden Einwirkungsgebiete auf die Umwelt zufriedenstellend gelöst haben.

Phosphate im Einzugsgebiet der oberen Moldau

E. Skořepová; Prag

Natürliche Quellen des anorganischen Phosphors in den Gewässern sind: Auflösung einiger verwitterter Gesteine und Minerale (Apatit, Phosphorit, Kaolinit), Abschwemmungen von den landwirtschaftlich bearbeiteten, mit Phosphatdüngern gedüngten Böden, Abwässer aus Brauereien, Wäschereien und der Textilindustrie und kommunale Abfälle, die Polyphosphate beinhalten, die den Waschmitteln beigesetzt werden. Quelle des Phosphates organischer Herkunft ist die sich zersetzende abgestorbene Flora und Fauna, die sich am Fluß-, Staubecken- und Seeboden ablagert hat.

Die Phosphorverbindungen spielen eine bedeutende Rolle im natürlichen Stoffkreislauf. Sie sind unerläßlich für niedrigere sowie höhere Organismen, die diese in organisch gebundenen Phosphor umwandeln. Nach Absterben und Zersetzung der Organismen werden die Phosphate wieder an die Umgebung abgegeben. Durch Auslaugung gelangen sie ins Wasser, wo sie beim Wachstum von grünen Organismen benötigt werden. Deswegen ist der Gehalt an Phosphaten in den Oberflächengewässern in der Winterzeit am höchsten und im Sommer beim Vegetationsmaximum, wenn eine intensive photosynthetische Assimilation abläuft, am niedrigsten. Möglicherweise können die Phosphate sogar ganz verschwinden. Höhere Konzentrationen von Phosphaten in den Oberflächengewässern sind unerwünscht, da diese eine übermäßige Entfaltung von Algen und Blaualgen unterstützen, wodurch sie Ursache einer Erhöhung der Eutrophisierung von stehenden Gewässern sowie Wasserläufen sind.

Für das Phosphatmonitoring wurden drei Grundmethoden angewandt - die Klassifizierung der Oberflächengewässergüte gemäß der tschechischen Norm ČSN 757221, die Auswertung des Längsprofiles und die Kartierung der spezifischen Stofffracht. Es wurden Daten aus dem HMÚ (Hydrometeorologisches

Institut) von 1988 - 1992 über 23 Profile des Einzugsgebietes der oberen Moldau verarbeitet.

1.) Klassifizierung gemäß ČSN 757221

Die Klassifizierung wird durch Berechnung des charakteristischen Wertes und dessen Vergleich mit den in der Norm vorgegebenen Grenzwerten vorgenommen. Das Ergebnis ist die Einreihung von einzelnen Profilen in fünf Gewässergüteklassen.
Aus der Klassifizierung ging hervor, daß die Phosphate ein großes Problem im Einzugsgebiet der oberen und mittleren Moldau darstellen. Zwei große Zuflüsse, die Lužnice und die Otava, die oberhalb des Staubeckens Orlík in die Moldau fließen, liegen vor der Mündung in der Güteklasse IV, die Lužnice in Nová Ves, die Lomnice und die Skalice sogar in der Klasse V. Ein so hoher Phosphorzufluß in das Becken hat jeden Sommer einen kalamitätartigen eutrophisierenden Zustand zur Folge. An allen übrigen Profilen, außer Vyšší Brod (Klasse II), werden die Phosphate in die Klasse III eingeordnet. Die bedeutendste Verunreinigungsquelle stellen kommunale Abwässer dar. Viele Siedlungen besitzen keine Kläranlage mit entsprechender Kapazität, und dort, wo sich die Kläranlagen befinden, fehlt die vierte Reinigungsstufe zur Beseitigung von Phosphor.

2.) Längsprofil der Moldau

Es wurden drei Darstellungstypen der Längsprofile ausgearbeitet. Der erste Typ stellt die durchschnittlichen fünfjährigen Konzentrationen von Phosphaten in sieben Profilen der Moldau dar, der zweite stellt die Situation dar, die am 4.8.1992 herrschte und der dritte Raumtyp stellt die durchschnittlichen fünfjährigen Monatskonzentrationen von Phosphaten in vier Moldauprofilen dar.
Der Verlauf der Konzentrationen von Phosphaten im Längsprofil der Moldau am 4.8.1992 und der der durchschnittlichen Konzentrationen ist derselbe. Die maximale Konzentration im Profil Hluboká war am 4.8.1992 dreimal höher als im Durchschnitt. Zu dieser Zeit wurden hier extrem niedrige Durchflüsse gemessen. Die

Phosphate sind mehr von den Punktquellen abhängig, das heißt, daß ihre Konzentration mit sinkendem Durchfluß steigt.
Die Verminderung der Konzentration von PO_4 in Týn wird durch das neugebaute Staubecken Hněvkovice bewirkt, wo offenbar eine Eutrophisierung ablief. Die Eutrophisierung übt auch einen entscheidenden Einfluß auf die Konzentration von PO_4 in den Profilen des Staubeckens Orlík aus. Die Phosphate werden bei der Photosynthese der grünen Algen verbraucht und auf diese Weise in organisch gebundenen Phosphor umgesetzt. Beim Absterben der Wasserorganismen wird der Phosphor in den Bodensedimenten gebunden und am Ende der Vegetationsperiode in Form von Phosphaten wieder ins Wasser freigegeben. Deshalb ist in der Sommerzeit ihr Gehalt im Becken am niedrigsten und im Winter am höchsten.

3.) Spezifische Stofffracht (=SSF)

Die spezifische Stofffracht ist die Menge eines vorgegebenen Stoffes, die von 1 km^2 des vorgegebenen Einzugsgebietes innerhalb einer bestimmten Zeiteinheit abfließt. Die spezifische Stofffracht wurde bilanzartig aufgefaßt - das heißt, daß von dieser bestimmten Stofffracht, die aus dem vorgegebenen Teileinzugsgebiet abfließt, alle Stofffrachten, die in dieses Einzugsgebiet zufließen, abgezogen wurden. Erst dann wurde die auf diese Weise berechnete Stofffracht auf die Fläche des vorgegebenen Teileinzugsgebietes bezogen.
Der Einfluß des stehenden Wassers auf einzelne Einzugsgebiete ist auch für die spezifische Stofffracht von Phosphaten typisch. So wurde eine negative spezifische Stofffracht von Phosphaten in den Einzugsgebieten vermerkt, die mit folgenden Profilen enden:

Moldau - Solenice (SSF = -2.03 $kg \cdot Tag^{-1} \cdot km^{-2}$)
Lužnice - Veselí (SSF = -0.40 $kg \cdot Tag^{-1} \cdot km^{-2}$)
Moldau - Zvíkov (SSF = -0.20 $kg \cdot Tag^{-1} \cdot km^{-2}$) und
Moldau - Vyšší Brod (SSF = -0.02 $kg \cdot Tag^{-1} \cdot km^{-2}$).

Wie auch aus dieser Auswertung hervorgeht, sind die Konzentrationen von Phosphaten in den Oberflächengewässern vor allem von den Punktquellen abhängig. Es läßt sich der Einfluß ungenügend gereinigter kommunaler Abwässer von České Budéjovice im Einzugsgebiet der Moldau oberhalb des Profils Hluboká erkennen: Der Einfluß eines Teils der Kanalisation von Tábor, der nicht an die Kläranlage im Einzugsgebiet der Lužnice (Profil Tábor) angeschlossen wird, der Einfluß von Sušice und Horažd'ovice im Einzugsgebiet der Otava im Profil Hoštice, der Einfluß von Jindřichův Hradec im Einzugsgebiet der Nežárka und der Einfluß von Gmünd und České Velenice im Einzugsgebiet der oberen Lužnice.
Es ist anzunehmen, daß hier teilweise auch der Einfluß der Landwirtschaft zum Ausdruck gebracht wird, da die typisch landwirtschaftlichen Einzugsgebiete (Kamenice, Žirovnice, Lomnice, Skalice, Volyňka) eine geringfügig höhere spezifische Stofffracht von Phosphaten aufweisen als die nichtlandwirtschaftlichen (obere Otava und obere Moldau) .

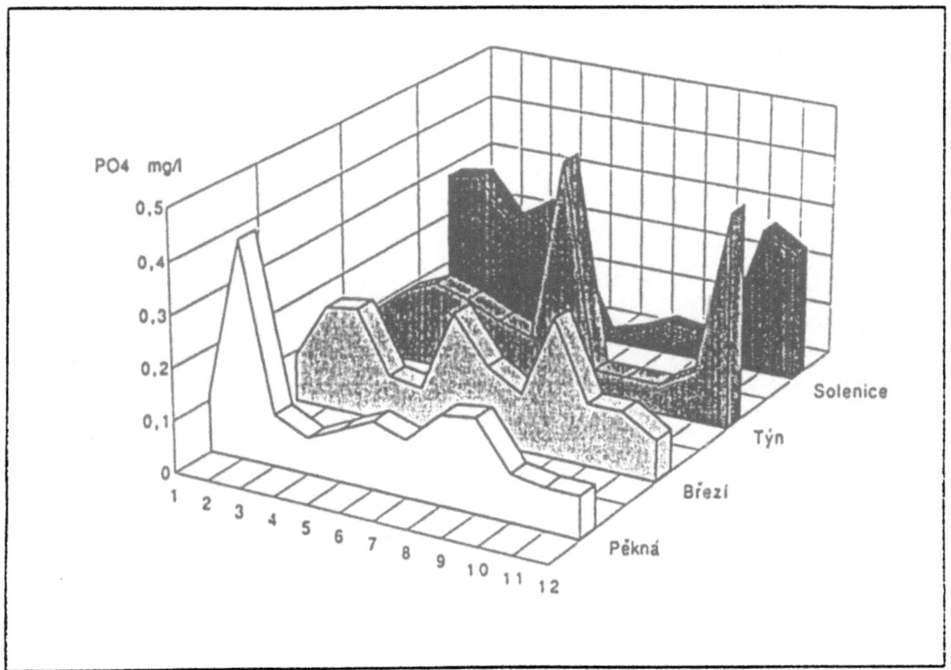

Durchschnittliche fünfjährige (1988-1992) Monatskonzentrationen der Phosphate im Längsprofil der Moldau.

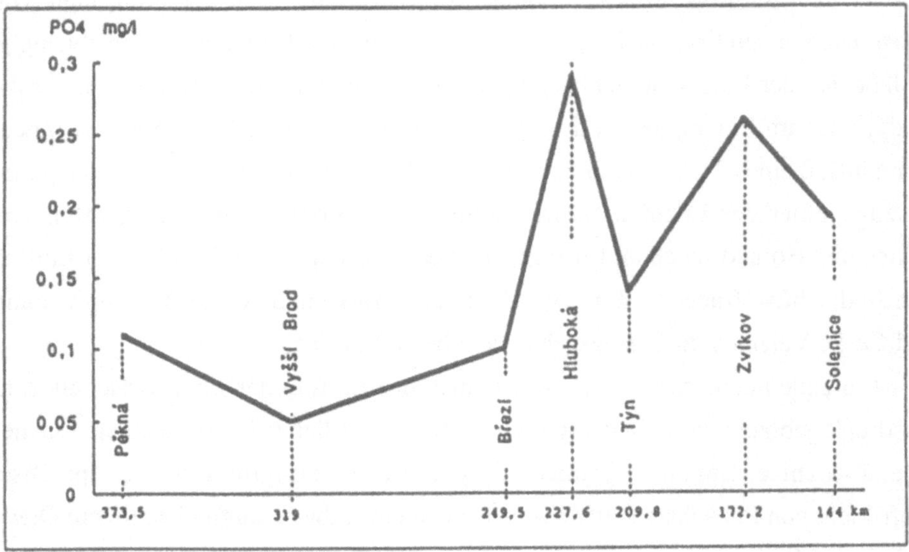

Längsprofil der Moldau - durchschnittliche fünfjährige (1988-1992) Phosphatkonzentrationen

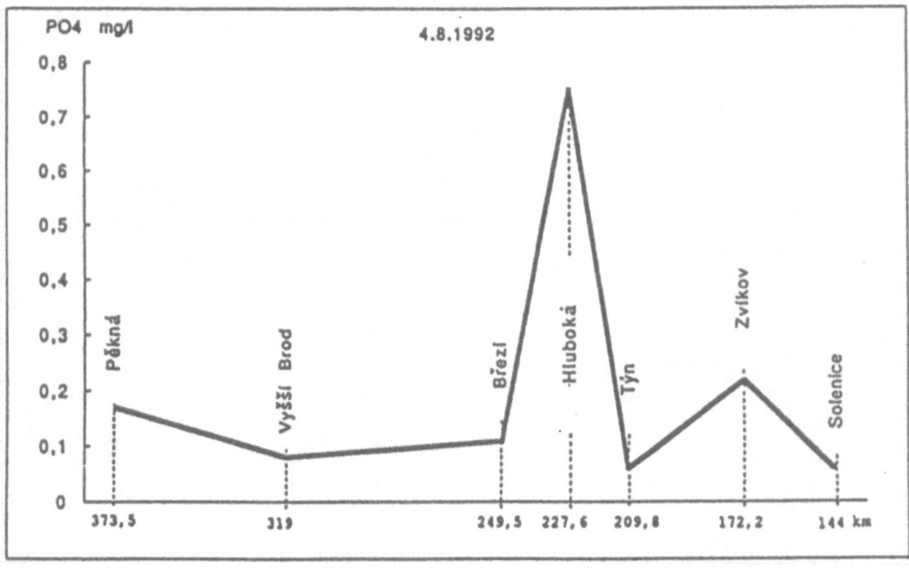

Längsprofil der Moldau - Phosphatkonzentrationen gemessen am 4.8.1992.

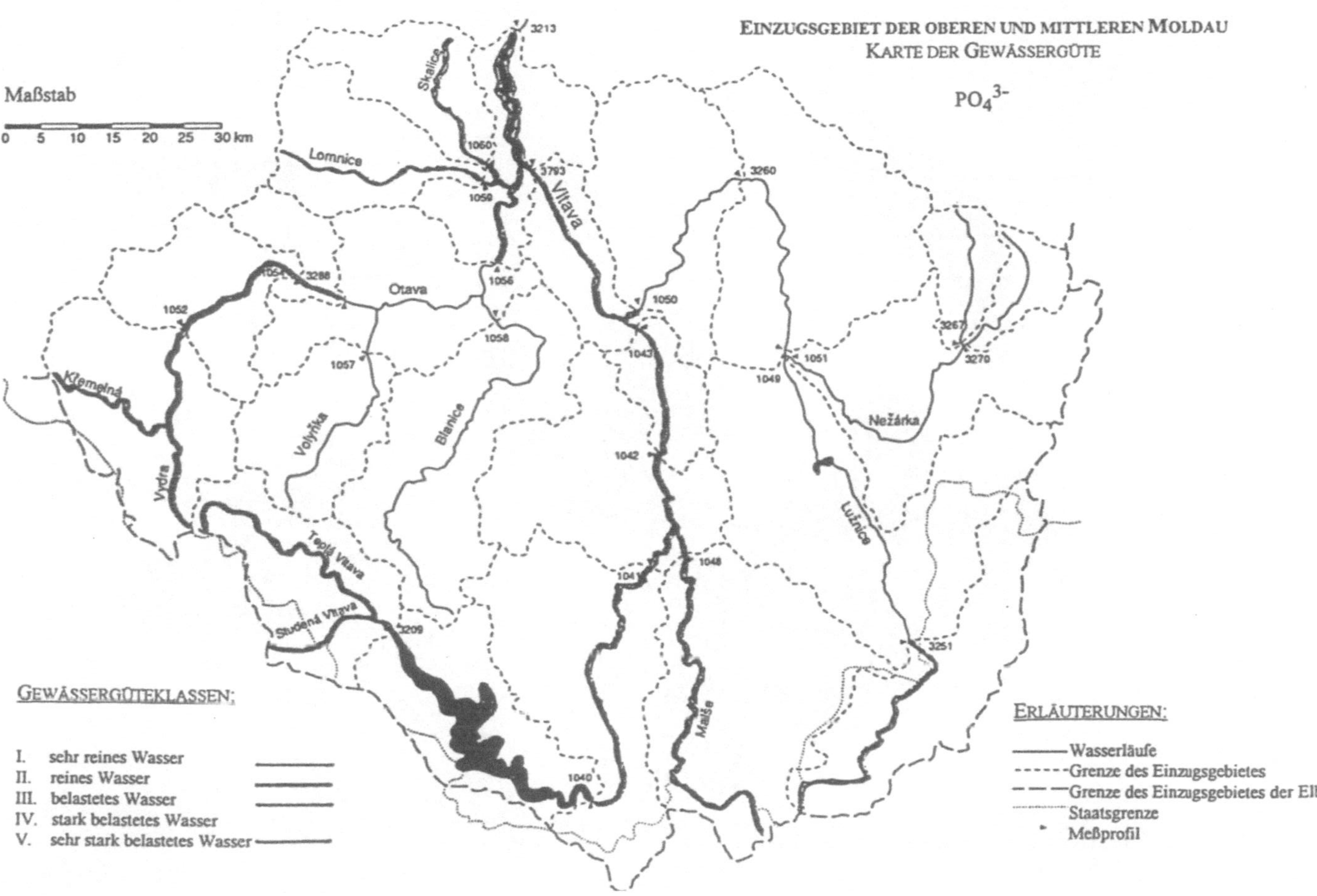
EINZUGSGEBIET DER OBEREN UND MITTLEREN MOLDAU
KARTE DER GEWÄSSERGÜTE
PO4 3-
Maßstab
0 5 10 15 20 25 30 km
Lomnice
Skalice
Vltava
Otava
Volyňka
Blanice
Křemelná
Vydra
Teplá Vltava
Studená Vltava
Malše
Lužnice
Nežárka
3213
1060
3793
1059
1056
1058
1057
1054
3288
1052
1050
1043
1042
1041
1040
1048
3209
3260
1049
1051
3267
3270
3251
GEWÄSSERGÜTEKLASSEN:
I. sehr reines Wasser
II. reines Wasser
III. belastetes Wasser
IV. stark belastetes Wasser
V. sehr stark belastetes Wasser
ERLÄUTERUNGEN:
Wasserläufe
Grenze des Einzugsgebietes
Grenze des Einzugsgebietes der Elbe
Staatsgrenze
Meßprofil

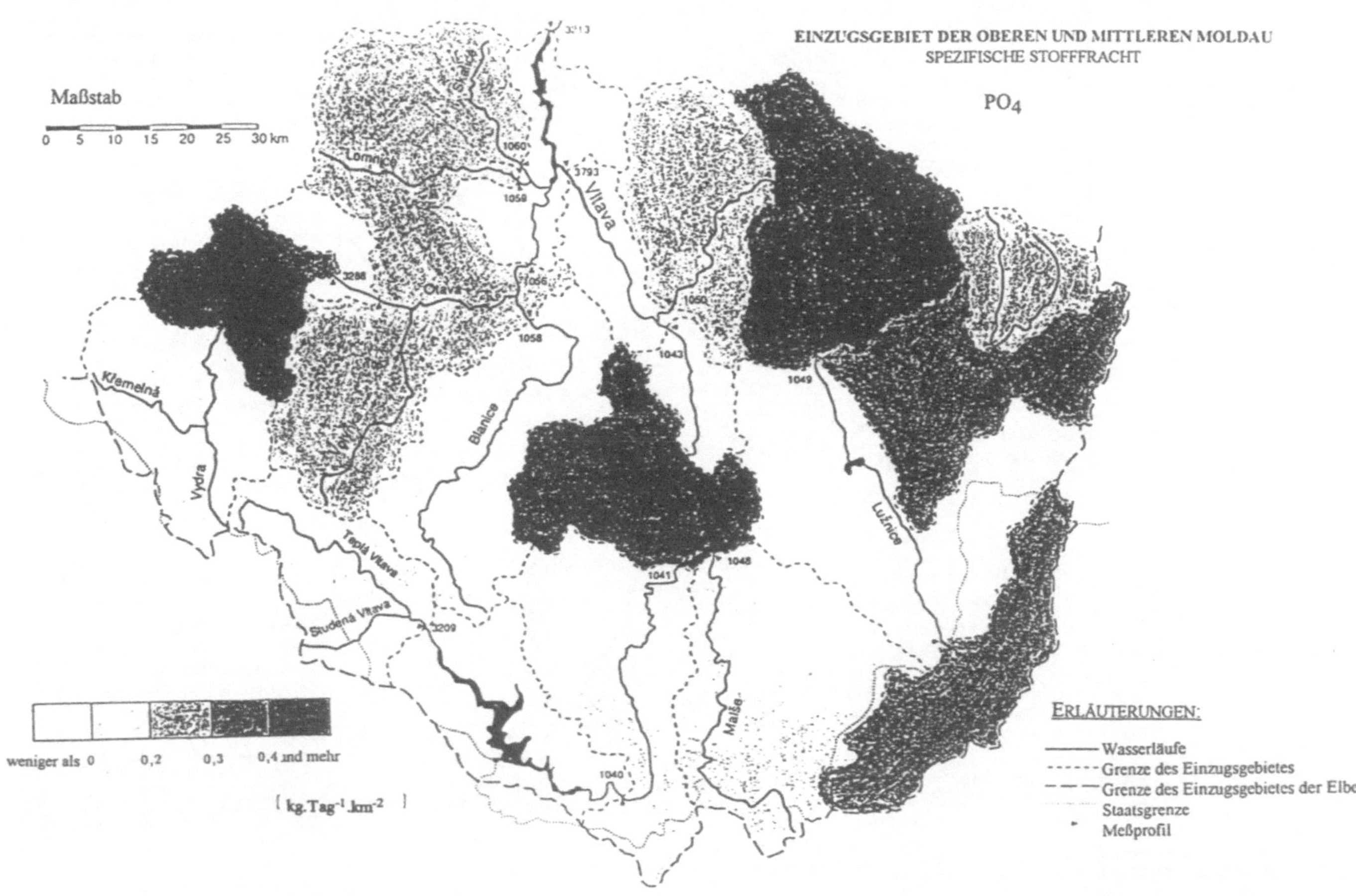
EINZUGSGEBIET DER OBEREN UND MITTLEREN MOLDAU
SPEZIFISCHE STOFFFRACHT
PO4
Maßstab
0 5 10 15 20 25 30 km
Lomnice
Otava
Vltava
Blanice
Lužnice
Malše
Teplá Vltava
Studená Vltava
Vydra
Křemelná
3213
3793
1060
1059
1056
1058
3288
1043
1050
1049
1041
1048
3209
1040
weniger als 0
0,2
0,3
0,4 und mehr
[kg.Tag-1.km-2]
ERLÄUTERUNGEN:
Wasserläufe
Grenze des Einzugsgebietes
Grenze des Einzugsgebietes der Elbe
Staatsgrenze
Meßprofil

Verhältnisse der Belastung der Elbesedimente und Wirkung der Flußbettdynamik auf die Verbesserung ihrer Qualität

M. Rudiš; Prag

Der Verfasser hat sich im Rahmen des tschechischen Elbeprojekts in den Jahren 1991 bis 1993 mit Problemen des Schwebstofftransportes und der Sedimentation in der Elbe ab Jaroměř bis zur Staatsgrenze befaßt. Im Rahmen dieser Untersuchungen wurde 1992 eine Sedimentbeprobung durchgeführt. Die entnommenen Proben wurden auf ihren Gehalt an Schwermetallen analysiert. Die Probenahmestellen wurden so ausgewählt, daß die zu gewinnenden Ergebnisse typisch für verschiedene dynamische Stromwirkungen sein würden. Zur dynamischen Wirkung wurde nicht nur die natürliche Stromgeschwindigkeit, sondern auch die Wirkung der Schiffahrt eingerechnet, die an den Wasserlauf eine beträchtliche Menge Energie abgibt. Diese kommt vor allem in dem kanalisierten Teil zur Wirkung. Die Ergebnisse der Analysen wurden mit den Analysen von älteren Sedimentenproben von 1990 verglichen. Die Proben wurden an den typischen Stellen der Sedimentation genommen, wo weder die natürliche Stromdynamik noch die Wirkung der Schiffahrt eingegriffen haben. Der Vergleich ergab, daß sich die Konzentration der entscheidenden Schwermetalle vermindert. Die Ursache dafür ist einerseits die allgemeine Einschränkung der Produktion. Diese äußert sich durch eine mäßige allgemeine Verminderung der Belastung durch Metalle, die ihren Ursprung in der industriellen Produktion haben. Andererseits zeigt sich eine örtliche Verminderung, die proportional zur Stromdynamik ist, unter Einrechnung all ihrer Komponenten, einschließlich der Wirkungen der Schiffahrt.

Um die Wirkung und Energiemenge, eingebracht in den Wasserlauf durch die Schiffahrt, mit der natürlichen Stromenergie vergleichen zu können, hat der Verfasser die Leistung berechnet, die an den Wasserlauf von einem typischen Elbetandemverband, d.h. einem Tausend-Tonnen-Schubprahm zum Transport von Massensubstraten TC-1000 und einem Schubschlepper TR-500, unter laufend benutzter Drehzahl abgegeben wird. Die Leistung besteht aus zwei Komponenten. Einerseits ist es die direkte Stromwirkung der Propeller des Schubschleppers, andererseits die Leistung, die durch Transformation des Stirnwiderstands des Schubprahms in die Wellenbewegung entsteht. Die Leistung der Propeller wurde ursprünglich aufgrund der Analogie mit dem Rührwerkbetrieb festgelegt, später stand eine direkte Leistungsmessung an der Propellerwelle zur Verfügung. Die Leistung, entsprechend der Veränderung des Stirnwiderstands in die Wellenbewegung, wurde nach den in der Theorie von Schiffbewegung angewandten Formeln berechnet. Die in einzelne Abschnitte des Wasserlaufs oder Stauanlagen eingebrachte Energie pro Tag wurde dann aus der Gesamtleistung, Anzahl der passierten Schiffe, deren mittlerer Geschwindigkeit gegenüber dem sie umgebenden Wasser und aus der Verzögerungszeit in den Abschnitten berechnet. Die natürliche Energie ist dagegen zum Durchfluß des Wassers proportional, zu dessen Dichte und zu dem Quadrat der mittleren Geschwindigkeit.

Der Wasserlauf der Elbe ab Jaroměř bis zur Staatsgrenze, wo Sedimente untersucht wurden, läßt sich in 4 Abschnitte aufteilen, die sich durch ihre Dynamik markant voneinander unterscheiden. Zwischen Jaroměř und Chvaletice wird der Wasserlauf zumeist, bis auf kurze staufreie Abschnitte, kanalisiert. Auf den ausgebauten Stauwerken sind Kraftwerke vorhanden, Schiffahrt wird nicht betrieben. Also sind die Stromgeschwindigkeit und der Durchfluß die einzigen Energiequellen. Diese Energie ist in natürlichen Abschnitten etwa zehnmal höher als in den Stauungen und liegt in der Größenordnung von einigen hundert kWh / Tag.
Ein weiterer Abschnitt, Chvaletice - Mělník, ist gänzlich kanalisiert und weist regelmäßig betriebene Schiffahrt auf. Die Gesamtenergie in den einzelnen Staubecken beträgt im Durchschnitt etwa 3000 kWh /Tag. Davon werden jedoch maximal 6,5 % von der natürlichen Stromenergie beigetragen. Ähnliche Verhältnisse herrschen zwischen Mělník und Střekov, wo jedoch nach dem Zusammenfluß mit der Moldau ein größerer Durchfluß und größere Geschwindigkeiten auftreten. So beträgt die mittlere Gesamtenergie in einzelnen Staubecken etwa 7500 kWh / Tag, wobei der Anteil der natürlichen Stromenergie auf 11 % bis 16 % ansteigt. Die Ausnahme bildet hier die Staustufe Střekov, wo infolge geringer Schiffahrt die Gesamtenergie

nicht ganz 6000 kWh / Tag und der Anteil der natürlichen Energie angesichts niedriger Strömungsgeschwindigkeiten nur 6 % betragen.

Unterhalb von Střekov folgt ein regulierter Abschnitt mit Schiffahrt, wo die größten Durchflüsse der ganzen tschechischen Elbe und große Geschwindigkeiten auftreten. Die Gesamtenergie schwankt in einzelnen Unterabschnitten im Intervall zwischen 10 bis 15 MWh / Tag und der Anteil der natürlichen Energie beträgt ca. 50 %. Die gesamte Energiezufuhr ist hoch, jedoch ist ihre Menge, bezogen auf eine Umfangeinheit sogar um etwas niedriger als im kanalisierten Abschnitt der Mittelelbe. Also ist der Gesamteffekt auf die Sedimentequalität nicht höher, wie aus den im Poster veröffentlichten Tabellen, die im Forschungsinstitut für Wasserwirtschaft T.G.M. zur Verfügung stehen, ersichtlich wird.

Die Ergebnisse der Sedimentenanalysen wurden in drei Gruppen eingeteilt:

- freier Wasserlauf, Wehrboden, Schifflinie im freien Wasserlauf, exponierte Schiffahrtsanlagen
- Schiffahrtskanäle, Schifflinie im Staubecken
- Stellen der Sedimentation (Gebiete oberhalb des Wehres, nichtbenutzte Häfen, Altarme).

Im ersten Fall zeigt sich beim Eisen und Mangan eine mäßige Verminderung im ganzen untersuchten Abschnitt (beim Mn am markantesten in den Wehrböden der Mittelelbe), bei Zn, Cu und Pb bringt sich eine drei- bis mehrfache Verminderung der Konzentrationen zum Ausdruck, beim Cadmium sind die Ergebnisse nicht beweiskräftig (so wie auch in weiteren Fällen), weil die Bestimmungsmethode 1992 weniger genau war. Das Quecksilber weist die größte Abnahme im regulierten Abschnitt bis zu einer Stelle unter der Mündung vom Fluß Bílina, die offensichtlich eine starke örtliche Quelle ist, auf.

Bei den Schiffahrtskanälen und der Schifflinie in den Staubecken kommt eine Verminderung beim Eisen und Mangan nicht markant (bis auf Staubecken der kanalisierten Mittelelbe) zum Ausdruck. Bei übrigen Metallen ist eine zwei- bis mehrfache Verminderung ersichtlich, die am markantesten in den Staubecken der Mittelelbe ist.

An den Stellen der Sedimentation kommt beim Eisen, Mangan und Zink keine Verminderung zum Ausdruck, beim Kupfer und Blei ist eine Verminderung in den Staubecken der Mittelelbe ersichtlich, beim Quecksilber besteht jedoch in den, von der Dynamik des Wasserlaufes praktisch unbeeinflußten Sedimenten im ganzen Abschnitt in den zwei untersuchten Jahren keine nennenswerte Verminderung.

Abschließend kann man sagen: Vom Standpunkt der Qualitätsverbesserung der Sedimente aus, was den Gehalt an Schwermetallen anbelangt, spielt die Schiffahrt eine entscheidende Rolle, vor allem in kleinen Staubecken der Mittelelbe. Praktisch wird hier auf kurzer Strecke die markante Verschlechterung der Qualität unterhalb von Pardubice und Kolín ausgeglichen. Andererseits ist die Wirkung der starken Strömung im regulierten Teil der Elbe so markant wie es zu erwarten war. Die selbstreinigende Wirkung hängt offensichtlich vom täglichen Energieeintrag in der Umfangeinheit des jeweiligen Abschnittes ab. Von diesem Standpunkt aus hat also die rasante Energieerhöhung durch die Schiffahrt die größte Wirkung gerade bei den kleinen Staubecken der Mittelelbe. So gesehen ist ebenfalls evident, daß der Ausbau von Unterelbestaustufen Malé Březno und Dolní Žleb die Qualität der Sedimente nicht bedrohen würde, unter der Voraussetzung, daß im betroffenen Abschnitt das Ausmaß des Schiffsverkehrs beibehalten oder nur geringfügig erhöht wird.

Die Probenahmestellen wurden unter dem Aspekt der Einbeziehung von Bereichen unterschiedlicher dynamischer Stromwirkung ausgewählt.

MIKE 11 als Instrument zur Steuerung der Gewässergüte der Elbe

S. Verner, P. Martínek, D. Rychecký; Hradec Králové

Das Programmpaket des Dänischen hydraulischen Institutes MIKE 11 stellt ein integriertes System dar, das eine statisch-dynamische Modellierung der hydraulischen Verhältnisse der Wasserläufe und der Gewässergüte in den Wasserläufen ermöglicht. Die grobe Modellberechnung der durchschnittlichen Gewässergüte der Elbe (für BSB5 und CSB) auf dem tschechischen Gebiet unter Anwendung von MIKE 11 wurde zum ersten Mal 1992 von der Firma Dorsch Consult GmbH München in Zusammenarbeit mit der Firma Hydroprojekt Prag vorgenommen.

Nach Erfassung und Verarbeitung von umfangreichen Meßreihen von Parametern des Flußbettes der Elbe, der Gewässergüte in den Kontrollprofilen der Elbe und deren Zuflüsse, der Menge und der Verunreinigung der in die Elbe abgeleiteten Abwässer werden nun in der Wasserwirtschaftsdirektion Elbe AG routinemäßig ausführliche Berechnungen von Modellsituationen an der Elbe einschließlich Kallibrierungen laut tatsächlichen Meßwerten durchgeführt. Simuliert wird auch die Gewässergüte bei verschiedenen hypothetischen Situationen:

- Beeinflussung durch neue Verunreinigungsquellen
- Klärungsmaßnahmen oder Abschaffung von bestehenden Verunreinigungsquellen
- Verunreinigung des Wassers durch Havarien
- Ausbau oder Beseitigung von wasserwirtschaftlichen Anlagen an der Elbe
- Beeinflussung durch Handhabungen an den wasserwirtschaftlichen Anlagen
- Extreme Durchflüsse und Wassertemperaturen.

Vor allem die Berechnungen für Extrembedingungen stellen dann eine wertvolle Hilfe dar, die Auswirkungen auf die Gewässergüte der Elbe haben können.

MIKE 11 ermöglicht simultan, die Konzentrationen vom gelösten Sauerstoff, BSB5, Ammoniak- und Nitratstickstoff sowie deren Beziehungen untereinander zu modellieren. Was diese Parameter anbelangt, herrscht die kritischste Situation an der Elbe im Abschnitt Pardubice bis zur Mündung der Jizera. Eine bedeutsame Rolle spielen hier auch die Staustufen, wo es bei höheren Temperaturen und niedrigen Durchflüssen zu einem starken Sauerstoffabfall kommt. Gleichzeitig laufen intensive Nitrifikation- sowie Denitrifikationsprozesse ab.

II. Auswirkungen und Gewässerschutzmaßnahmen

Analyse von Schwermetallen und Nachweis induzierter schwefelhaltiger Peptide im Wassermoos *Fontinalis antipyretica* hedw.

I. Bruns, G.-J. Krauss, J. Miersch, R. Baumbach, A. Siebert; Halle
B. Markert; Zittau

Aquatische Makrophyten werden zunehmend als Schwermetallindikatoren genutzt. Moose haben sich als besonders geeignet erwiesen, da sie aufgrund ihrer Anatomie über gute Akkumulationseigenschaften von Schwermetallen verfügen und somit deren Analytik vereinfachen. Das Wassermoos *F. antipyretica* findet wegen seiner hohen Schwermetall-Akkumulationsleistung als Bioindikator Verwendung. Erste Versuche zur Exposition von *F. antipyretica* in der Elbe an Standorten des Landesmeßnetzes Sachsen-Anhalt wurden durchgeführt und belegen eine Anreicherung von Schwermetallen. Die Vitalität des Pflanzenmaterials wurde begleitend mittels Chlorophyllgehalts-Bestimmungen und Plasmolyse Tests bestimmt.
Die Probenvorbereitung und Analytik von Cd, Pb, Cu, Zn mittels ICP-MS, AAS, ICP-AES wurden optimiert.
Wie auch in Laboruntersuchungen gezeigt werden kann, reagiert das Wassermoos auf Schwermetalle mit der Bildung schwefelhaltiger Peptide (Phytochelatine). Der Einsatz der HPLC zur quantitativen Erfassung von Phytochelatinen ist Voraussetzung für die Bewertung der Schwermetallbelastung über die physiologische Reaktion.

Wasserinjektionsbaggerungen - Ergebnisse begleitender hydrologischer Messungen (Unterelbe)

H.-J. Dammschneider; Hamburg

Verfahrenstechnisch kann die Beseitigung von Mindertiefen in schiffbaren Ge-wässern nicht nur mittels konventioneller Baggerung, sondern auch über die Methode der "Wasserinjektion" vorgenommen werden.
Bei diesem Vorgehen wird vom schwimmenden Gerät über ein zur Sohle führendes Druckrohr Wasser in das Sohlensediment "injiziert", d.h. unter hohem Druck eingespritzt. Dabei bildet sich, besonders bei feinkörnigem Sediment, unmittelbar an der Sohle eine Suspension des anstehenden Bodenmaterials. Unter gerichteter Bewegung des Wasserinjektionsgerätes kann somit ein **sohlennaher Dichtestrom** erzeugt werden, der entsprechend der Arbeitsrichtung des Gerätes und dem Gefällegradienten des Gewässerbodens Sediment auch aus strömungsarmen Mindertiefenbereichen abführt.

Zur Feststellung der grundsätzlichen Verteilung bzw. Verdünnung des resuspendierten Materials sowie zur Abschätzung der hydrographischen Wirkung des feinkörnigen Umlagerungsgutes auf Trübung/Sauerstoff/Ph-Wert wurden im Bereich der Glückstädter Nebenelbe (für Hafen Glückstadt) bzw. im Bereich des Hamburger Jachthafens (Wedel) gewässerkundliche Messungen durchgeführt.

Ziel der Untersuchungen war, festzustellen, in welcher Distanz vom Hafen und nach welcher Zeiteinheit noch eine Trübungserhöhung und damit hydrographische "Wirksamkeit" der Umlagerungen im Unterschied zu normalen, d.h. durchschnitt-lichen Naturzuständen in den betroffenen Elbebereichen besteht.

Das Poster beschreibt Aufbau und Durchführung der Messungen sowie einige grundsätzliche Ergebnisse. Es wird erkennbar, in welcher Weise die O_2-Situation des Tide-Gewässers auf Schwebstoff- bzw. Trübungsveränderungen reagiert.

Erkenntnisse zum Feststofftransport in der Elbe über die Ermittlung der relativen Mineralverhältnisse in Schwebstoffen

A. Ernst, J. Kasbohm, J. Lehmann, K.-H. Henning; Greifswald

Die relativen Mineralverhältnisse in den Schwebstoffen, insbesondere das Quarz-/Tonmineralverhältnis, in Verbindung mit der Erfassung verschiedener Begleitparameter (Feststoffkonzentration, POC, Korngrößenverteilung etc.) geben Informationen zur Herkunft der Schwebstoffe, zur Schwebstoffzusammensetzung und der damit einhergehenden Transportkraft der Schwebstoffflocken. Das Relief im Einzugsgebiet, der daraus resultierende Stromausbau, die hydrologische Situation sowie die saisonalen Veränderungen der biogenen Phasen zeichnen sich als die entscheidenden Einflußgrößen auf die Schwebstoffzusammensetzung ab.

Im Ergebnis der Beprobung des Elbelängsschnittes Schmilka - Geesthacht im April 1992 bei Durchflüssen weit über 1000 $m^3 s^{-1}$ (4 Tage nach dem Hochwasserscheitel) lassen sich in Abhängigkeit vom Transportverhalten der Schwebstoffe drei verschiedene Abschnitte unterscheiden:

1. Abschnitt *Schmilka - Meißen:*

- hohes Relief, drastisch wirkende Erosion, verstärkter Eintrag geogenen Materials

= hohe Quarz- und niedrigere Tonmineralgehalte (Abb. 1), hoher anorganischer Feststoffanteil (Tab. 1)

2. Abschnitt *Mühlberg - Tangermünde:*

- Resuspendierung der in strömungsberuhigten Zonen abgelagerten und dort konsolidierten Schwebstoffe mit höheren Gehalten an organischer Substanz

= niedrigere Quarz- und höhere Tonmineralgehalte bei gleichzeitig nur geringfügigem Anstieg der Gehalte der Korngrößenfraktionen < 2 µm und 2 - 20 µm, niedrigerer anorganischer Feststoffanteil, stetige Zunahme des POC -Gehaltes, (Tab.1)

3. Abschnitt *Tangermünde - Geesthacht:*
- äußerst geringe Differenzierung des Reliefs, starke Überschwemmung der Überflutungsebenen, Einsatz umfangreicher Sedimentation von Schwebstoffen, die vorher im oberen Flußlauf resuspendiert wurden
= höhere Quarz- und niedrigere Tonmineralgehalte (Abb.1), leichte Abnahme der Fließgeschwindigkeit, Kornverfeinerung, leichte Abnahme des POC - Gehaltes, Wiederanstieg des anorganischen Feststoffanteils, (Tab. 1)

Nach den Beprobungen bei Niedrig- und Mittelwasser (Juli 7/92, November 11/92, April 4/93) lassen die Untersuchungsergebnisse lediglich eine Gliederung in zwei Abschnitte zu:

1. Abschnitt *Schmilka - Meißen:*
- hohes Relief im Einzugsgebiet
= 4/93: hohe Quarz- und niedrigere Tonmineralgehalte (Abb. 1), hoher anorganischer Feststoffanteil (Tab. 1)
= 7/92; 11/92: niedrigere Quarz- und höhere Tonmineralgehalte (Abb. 1), hoher anorganischer Feststoffanteil (Tab. 1)

2. Abschnitt *Mühlberg - Geesthacht:*
- niedriges Relief
= 4/93: niedrigere Quarz- und höhere Tonmineralgehalte (Abb. 1)
= 7/92; 11/92: höhere Quarz- und niedrigere Tonmineralgehalte (Abb. 1).

Aufgrund der viermaligen Beprobung innerhalb eines Jahres kann jedoch eine Differenzierung des Transportverhaltens der Schwebstoffe beim Vergleich der Probennahmeserien untereinander vorgenommen werden, so daß saisonale Aspekte des Feststofftransportes erfaßt werden. Interessant ist, daß die relativen Quarzgehalte zwischen Mühlberg und Tangermünde sowohl in der Serie 4/92 als auch 4/93 unter den Gehalten der Serien 7/92 und 11/92 liegen (Abb. 1). Der im Flußverlauf zunehmende Quarzgehalt und erhöhte Feststoffkonzentrationen im Sommer mit niedrigerem anorganischen Feststoffanteil sowie höherem POC-Gehalt (Tab. 1) verdeutlichen die größere Transportkraft der Schwebstoffflocke während der "biologisch aktiven Phase".

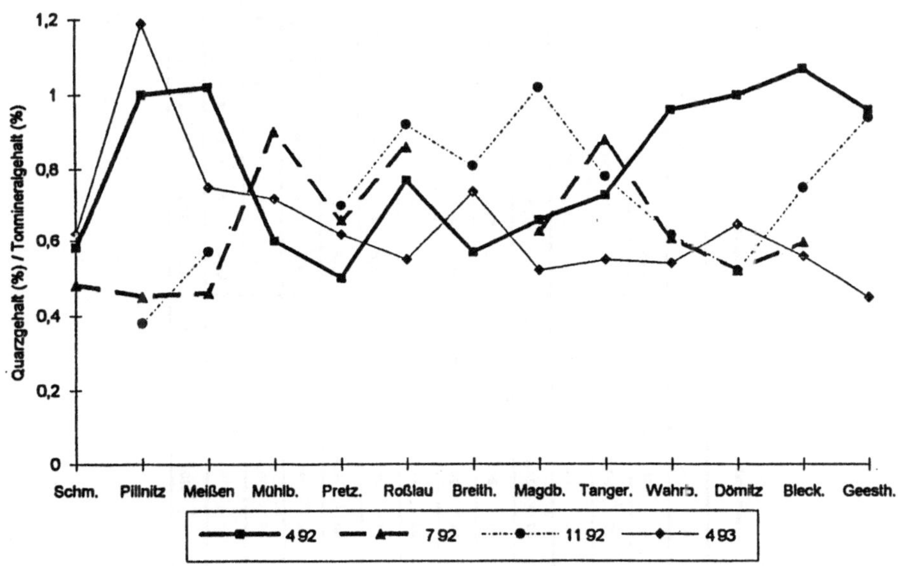

Abb. 1: Verhältnis der relativen Quarzgehalte (%) zu den relativen Tonmineralgehalten (%) im Längsschnitt der Elbe Schmilka - Geesthacht während der Probennahme 1992: April (4/92), Juli (7/92), November (11/92) und April 1993

	Fließgeschwindigkeit [m s⁻¹]			Feststoffkonzentration [mg l⁻¹]			anorg. Feststoffanteil [%]				POC [%]		Korngrößenfraktion < 2 µm [%]				Korngrößenfraktion 2 - 20 µm [%]			
	492	792	493	492	792	493	492	792	1192	493	492	792	492	792	1192	493	492	792	1192	493
Schmilka	1,78	1,3	1,3	56	42	16	87	84	78	85	6,68	9,48	43,5	50,0	61,9	58,0	30,4	36,4	27,8	28,0
Pillnitz	1,70	1,2	0,7	48	40	22	88	83	83,4	77	7,00	9,53	44,0	56,5	61,8	52,0	30,2	31,5	31,4	28,0
Meißen	1,73	1,2	1,2	52	33	31	81	81	82	80	7,39	13,0	n.n.	52,3	45,2	59,0	n.n.	29,3	43,0	25,0
Mühlberg	1,88	1,3	0,7	41	36	28	85	82	84,2	83	5,14	10,9	40,4	53,0	46,0	54,0	34,8	27,9	39,3	24,0
Pretzsch	1,76	1,4	1,4	43	43	36	85	81	80	81	7,99	9,66	49,3	51,0	58,8	55,0	32,2	30,2	23,8	27,0
Roßlau	1,83	1,4	1,2	26	54	43	84	81	76	81	7,72	10,8	45,6	43,9	45,0	50,0	30,0	27,2	36,2	31,0
Breitenhg.	1,69	1,1	n.n.	26	51	39	85	82	71,5	76	8,11	n.n.	46,0	n.n.	50,8	56,0	30,5	n.n.	38,2	28,0
Magdeburg	1,58	1,3	1,2	24	58	32	83	81	80	74	12,1	12,1	46,8	51,3	44,0	51,0	32,2	30,2	40,0	31,0
Tangermd.	n.n.	n.n.	n.n.	24	58	39	74	80	74,3	77	9,19	12,1	45,6	54,3	40,8	64,0	28,9	29,6	42,7	17,0
Wahrenbg.	1,63	0,8	1	22	63	36	79	84	76	77	11,0	12,6	49,9	48,7	63,2	62,0	29,8	29,8	27,1	25,0
Dömitz	1,43	0,7	n.n.	n.n.	n.n.	n.n.	72	83	73,4	78	18,4	8,39	57,7	43,3	63,2	60,0	30,3	43,3	26,6	28,0
Bleckede	1,44	0,7	1	10	54	35	81	82	76	79	11,0	12,7	53,0	58,2	66,6	62,0	26,5	23,6	22,0	28,0
Geesth.	n.n.	n.n.	n.n.	13	22	31	77	74	78	77	10,6	16,6	54,2	62,3	17,0	64,0	28,5	29,7	69,6	23,0

Tab. 1: Fließgeschwindigkeit (m s^{-1}), Feststoffkonzentration (mg l^{-1}), anorganischer Feststoffanteil (%), POC - Gehalt und Korngrößenanteil < 2 µm und 2 - 20 µm im Längsschnitt der Elbe Schmilka - Geesthacht während der Probennahmeserien 1992: April (4/92), Juli (7/92), November (11/92) und April 1993 (4/93)

Glühverlust - Maß für den Gehalt an organischer Substanz ?

A. Ernst, St. Richter, H. Meyer; Greifswald

Entsprechend der DIN 38 414, Teil 3 (Deutsche Einheitsverfahren zur Wasser-Abwasser- und Schlammuntersuchung - Schlamm und Sedimente, Gruppe S, November 85) wird der Glühverlust als der durch das "Glühen (550°C) der Trockenmasse eines Schlammes oder Sedimentes als Gas entwichene Massenanteil (%)" angegeben, der "auch eine Aussage über den Gehalt ... an organischer Substanz erlaubt".
Aus der Mineralogie ist bekannt, daß sowohl Tonminerale als auch Fe- und Mn-Oxide und Hydroxide bis 550°C bereits erhebliche Mengen des in den Mineralen gebundenen Wassers (Hydroxyl-, Zwischenschicht- und Kolloidwasser) z.T. kontinuierlich, z.T. in Stufen abgeben (z.B. Kaolinit 14 % Masseverlust).
Methodische Untersuchungen zur Bestimmung des Gehaltes an organischer Substanz in einem schlickigen Sediment (tonig - siltiger Feinsand) der "Alten Elbe" in der Kreuzhorst bei Magdeburg vergleichen die Ergebnisse:

- thermogravimetrischer Analysen der unbehandelten und H_2O_2 - behandelten Probe und
- der Bestimmung des C_{org} - Gehaltes der stufenweise getemperten Proben.

Die in Tabelle 1 zusammengefaßten Ergebnisse zeigen, daß der Masseverlust mineralischer Bestandteile durch Entwässerung beim Glühen von 550°C (11,3 %) einen nicht zu unterschätzenden Anteil am Glühverlust (25,8 %) ausmacht, so daß eine positive Korrelation der Schadstoffgehalte mit dem Glühverlust eine Korrelation zum Gehalt an organischer Substanz und/oder zu den Gehalten an Tonmineralen und Fe- und Mn - Oxiden und Hydroxyden bedeuten kann. Die Bestimmung des C_{org} - Gehaltes in stufenweise getemperten Proben (105, 200, 300, 350, 400, 450, 500, 550°C) zeigt, daß erst bei 450°C von einer fast vollständigen Beseitigung der organischen Substanz gesprochen werden kann. Doch auch das Tempern bei 450°C stellt keine Alternative zum Glühen bei 550°C dar, da bereits bei 450°C alle bis zu Temperatur von 550°C greifenden Veränderungen der Minerale eingesetzt haben (z.B. Dehydroxylation des Kaolinits und Chlorits).

Zuverlässige Korrelationen von Schadstoffgehalten mit den Gehalten an organischer Substanz zur Gewinnung von Erkenntnissen zu den Bindungsverhältnissen dieser Schadstoffe können also lediglich über die Korrelation zum C_{org}- Gehalt (und anderen geeigneten biochemischen Parametern, z.B. Proteingehalt ?) durchgeführt werden.

T [°C]	C_{org}-T[1] [%]	C_{org}-L[2] [%]	Masseverlust* [%]	Masseverlust H_2O_2** [%]	Masseverlust "org. Substanz"*** [%]
20	11,76	11,76	0	0	0
105	11,16	10,97	1,67	2,33	-0,66
200	11,94	11,49	3,89	4,67	-0,78
300	6,32	5,65	11,94	6,67	5,27
350	4,94	4,29	15,00	7,33	7,67
400	2,21	1,87	18,33	8,00	10,33
450	0,30	0,25	21,11	9,33	11,78
500	0,30	0,24	23,89	10,67	13,22
550	0,10	0,09	25,83	11,34	14,49
Korngrößenverteilung: < 2 µm: 12,0 %; 2 - 6,3 µm: 12,2 %; 6,3 - 20 µm: 4,9 %: > 63 µm: 58 %					
Glühverlust (550°C):		25,8 %			

1 C_{org} [%], bezogen auf die getemperte Probe (Analysenwert), Analyser CHN - 1000 (Fa. LECO)

2 C_{org} [%], bezogen auf die lufttrockene Probe (Korrekturwert), Analyser CHN - 1000 (Fa. LECO)

* Masseverlust der unbehandelten Probe [%], Thermogravimetrie: Derivatograph (Fa. MOM)

** Masseverlust der H_2O_2-behandelten Probe [%], Derivatograph (Fa. MOM)

*** Differenz des Masseverlustes der unbehandelten Probe und des Masseverlustes der H_2O_2-be-handelten Probe=Masseverlust, der auf die Beseitigung der "organischen Substanz" zurückzu-führen ist[%]

Tab. 1: Bestimmung des Gehaltes an "organischer Substanz" über C_{org}-Bestimmung und Thermogravimetrie, Schlick "Alte Elbe", 0-3 cm Sedimenttiefe

Überwachung der Gewässergüte im "ELBE-WESER-DREIECK"

H. D. Franke; Stade

Zwischen den Mündungsabschnitten der beiden größten deutschen Tideflüsse Elbe und Weser - unterhalb von Hamburg und Bremen - liegt das sogenannte "Elbe-Weser-Dreieck" oder auch das oft als "Nasses Dreieck" bezeichnete Gebiet, an dessen äußerer nordwestlicher Spitze Cuxhaven gelegen ist. Diese Region deckt sich weitgehend mit dem Amtsbezirk des Staatlichen Amtes für Wasser und Abfall Stade (StAWA Stade).

Der Name "Nasses Dreieck" bezieht sich einmal auf die vielen Niederschläge im Küstenbereich, aber auch darauf, daß hier die Landschaft von einer Vielzahl von Gewässern und künstlichen Entwässerungskanälen geprägt wird, die dazu dienen, die weiten Moor- und Marschengebiete zu entwässern (Teufelsmoor, Elbe- und Wesermarsch).

In diesem Gebiet ist die Oste, die im alten Bundesgebiet den größten Elbenebenfluß darstellte, mit ihren Zuläufen dominierend.

Die Überwachung der Gewässergüte im Amtsbezirk des STAWA Stade gliedert sich wie folgt:

- Für das Meßprogramm der ARGE Elbe werden an 68 Meßstellen Unter-suchungen durchgeführt (Häufigkeit: 4 bis 52 mal pro Jahr)
- Im Rahmen des Gewässerüberwachungssystemes Niedersachsen (GÜN) werden 33 Meßstellen untersucht (Häufigkeit: 6 bis 24 mal pro Jahr) .
- An weiteren 100 Meßstellen werden im dreijährigen Turnus regelmäßig Güteuntersuchungen durchgeführt.
- 68 Grundwassermeßstellen werden jährlich 1 bis 2 mal untersucht.

Charakterisierung der Schwebstoffe der Mulde hinsichtlich ihrer Schwermetallgehalte in den Jahren 1992/93

A. Greif; Freiberg

1. Einleitung

Mit diesem Poster sollen anhand von geochemischen Untersuchungen an Schwebstoffen der Mulde folgende zwei Bereiche betrachtet und miteinander in Beziehung gesetzt werden:

- die Komplexität der Schwebstoffe als Partikel mit mineralischen und organischen Anteilen, deren spezifische Dichte dem Flußwasser nahekommt, und die aufgrund ihrer großen spezifischen Oberfläche und ihrer Zusammensetzung Schwermetalle adsorbieren und transportieren; und
- die Spezifik des Einzugsgebietes der Mulde mit seinen erhöhten geogenen Untergrundwerten und umfangreichen Mineralisationen, seiner historischen industriellen Entwicklung (u.a. Bergbau) und hohen Bevölkerungsdichte.

2. Untersuchungen

Im Rahmen des vom BMFT geförderten Projektes "Bestandsaufnahme der Schwermetallsituation in den Gewässersystemen von Mulde und Weißer Elster im Hinblick auf die zukünftige Gewässergüte" (02-WT-9113/9) wurden Schwermetallanalysen von Fließgewässern, Flußsedimenten und Schwebstoffen über das gesamte Einzugsgebiet durchgeführt.

In drei der fünf Probennahmekampagnen (9/1991 bis 9/1993) wurden Schwebstoffe aus den Flußwasserproben durch Druckfiltration (0,45 µm-Celluloseacetat-Filter sowie Glasfaserfilter) gewonnen. Für die Königswasseraufschlüsse der schweb-beladenen Celluloseacetat-Filter stand ein Mikrowellen-Druckaufschlußsystem, zur Schwermetallanalytik ein ICP-AES und AAS-Spektrometer zur Verfügung.

3. Ergebnisse

Die im Einzugsgebiet der Mulde transportierten Schwebstoffmengen unterliegen starken,

- durch die Wasserführung bedingten (jahres)zeitlichen
- sowie räumlichen Schwankungen.

Während bei Niedrigwasser im Herbst durchschnittlich 2 bis 8 mg/l transportiert wurden, waren es im Mai 1992 bis zu 20 mg/l, bei einem Hochwasserereignis im März 1993 mehr als 360 mg/l. Beim Vergleich der Schwebstofführung der einzelnen Flußsysteme ergeben sich regionale Unterschiede, die mit Bergbau, Industrie und Bevölkerungsdichte zusammenhängen. So führt der die Stadt Freiberg entwässernde Münzbach bis zu 58 mg/l Schwebstoffe bei Niedrigwasser. Diese kommunalen Einleitungen können auch durch den Glühverlust des Schwebstoffs (bei 450 °C), der im wesentlichen dem Anteil an organischer Substanz entspricht, charakterisiert werden. Er erreicht in Einzelfällen, z.B. im o.g. Münzbach, bis zu 80 %, schwankt im Muldeeinzugsgebiet zwischen 40 und 60 %.

Eine exemplarische Trübungsmessung mit einer Hydrosonde über den Flußquerschnitt der Freiberger Mulde bei Freiberg diente zur Aufklärung von Fließgeschwindigkeiten und Partikelgrößenverteilungen. Zur Größenklassifizierung der transportierten Partikel erfolgte eine Aufteilung in verschiedene Korngrößen-klassen. Etwa 80 Prozent der Partikel sind kleiner als 50 µm.

Beim Vergleich der Schwermetallgehalte der Flußsedimente (Fraktion < 20 µm) und der Schwebstoffe ist festzustellen, daß die Schwermetallgehalte der Schwebstoffe im Bereich der Bergbau- und Industriezentren die der Sedimente überschreiten. Für die Freiberger Mulde sind die Elemente As, Pb, Cd, Cu, Co, Zn und für die Zwickauer Mulde As, Co, Cu, Ni und U charakteristisch. Die Schwebstoffe - wie auch die Sedimente - widerspiegeln ihre Herkunft aus den verschiedenen geochemischen Provinzen des Erzgebirges.

Aus den Durchflußmengen und Schwermetallgehalten der Wasser- und Schwebstoff-Proben wurden die Tagesfrachten der einzelnen Elemente für den jeweiligen Probepunkt berechnet. Beim Vergleich der anteilig gelöst- bzw. partikulär-gebunden transportierten Schwermetallanteile kommt

- sowohl die regionale Herkunft des Elements
- als auch die Transportform

zum Ausdruck.

Im Herbst 1992 machte der partikulär transportierte Schwermetallanteil bei den Elementen Pb und Fe deutlich mehr als die Hälfte der Gesamtfracht aus (Tab. 1). As, Co, Mn, Ni und Zn werden bevorzugt gelöst verfrachtet. Cu und Cd nehmen eine Mittelstellung ein.

Element	Freiberger Mulde	Zwickauer Mulde	vereinte Mulde
Arsen	24	21	23
Blei	**84**	k.A.	k.A.
Cadmium	24	56	44
Cobalt	8	k.A.	5
Chrom	35	k.A.	31
Kupfer	52	61	28
Eisen	**84**	k.A.	84
Mangan	17	11	11
Nickel	19	19	6
Zink	17	39	16

Tab. 1: Anteil der partikulär transportierten Schwermetalle an der Gesamtfracht in den Teileinzugsgebieten der Mulde in Prozent (alle Angaben sind Durchschnittswerte, k.A. = keine Angabe)

Innerhalb der einzelnen Flußläufe lassen sich kaum Änderungen der Transportformen feststellen, lediglich bei den Elementen Zink und Cadmium nimmt der partikulär gebundene Anteil in der Zwickauer Mulde zu, was auf die Kopplung mit einer höheren Abwasserlast aus dem Großraum Zwickau-Chemnitz zurück-zuführen sein kann.

4. Zusammenfassung

Die Flußgebiete der Zwickauer Mulde und der Freiberger Mulde lassen sich in Bezug auf die verfrachteten Mengen und die hauptsächliche Transportform der Schwermetalle gut unterscheiden. Zink und Cadmium werden in der Freiberger Mulde sowohl gelöst auch auch partikulär gebunden verfrachtet, dagegen ist Blei stärker an den Schweb gebunden. Von der Zwickauer Mulde werden Nickel, Uranium und Arsen überwiegend gelöst verfrachtet.

Untersuchungen zur Kolmationszone der Elbe im Bereich von Uferfiltratwasserwerken

T. Grischek, W. Nestler, T. Fischer; Dresden

Während für die Wasserwerksbetreiber vor einigen Jahren noch die gewinnbare Menge an Uferfiltrat (hydraulischer Aspekt der Kolmation) Priorität hatte, steht heute die Kontrolle der Wasserbeschaffenheit im Mittelpunkt des Interesses (Beschaffenheitsaspekt der Kolmation).

Zur Charakterisierung der Kolmationszone hinsichtlich ihrer Wirkung bei der Beschaffenheitsveränderung des infiltrierenden Elbewassers und der Ausbildung eines potentiellen Schadstoffpools wurden teufenorientierte Sedimentuntersuchungen, Wasseranalysen sowie Säulenversuche durchgeführt. Die Ergebnisse der Sedimentuntersuchungen im Bereich der Uferfiltratwasserwerke Meißen-Siebeneichen und Torgau-Ost lassen keine Gefährdung der Rohwasserbeschaffenheit durch eine eventuelle Remobilisierung von Schwermetallen erkennen. Eine deutliche Anreicherung von organischer Substanz war nur in den ersten Zentimetern nachweisbar. Hochwasserereignisse wirken im Bereich der sächsischen Elbe wie eine Grobreinigung der Flußsohle und verhindern eine bedenkliche Schadstoffakkumulation.

Um die Leistungsfähigkeit und Verletzbarkeit der Kolmationszone bei der Sicherheitskonzeption der Uferfiltratwasserwerke berücksichtigen zu können, wurden im Fassungsbereich der Wasserwerke Meißen-Siebeneichen und Torgau-Ost bei Niedrigwasser im Uferbereich Kolmationsmeßstellen eingebaut. Diese ermöglichen eine Uferfiltrat-Probenahme in einer Tiefe von 1,3 m, 2,3 m und 5,3 m unterhalb der Elbesohle. Die Beprobungsergebnisse 1992-94 zeigen, daß bereits auf den ersten Dezimetern der Bodenpassage eine deutliche Elimination von Schadstoffen erfolgt. Die Konzentrationsverringerung der für die Bewertung der

Rohwasserqualität wichtigen Summenparameter DOC und AOX liegt bei 25-40 Prozent.
Die Eliminationsleistung der Kolmationszone ist dabei stark wasserstands- und temperaturabhängig. Beim Abbau organischer Substanz und durch die stattfindende Nitrifikation wird der gelöste Sauerstoff nahezu vollständig verbraucht. Gleichzeitig wird bereits auf dem ersten Meter eine deutliche Denitrifikation beobachtet.

Mit Hilfe eines Kolmationsgerinnes werden die Stoffwandlungsprozesse in der Kolmationszone naturnah simuliert. Dabei wird kontinuierlich frisches Elbewasser durch ein Fließgerinne gepumpt. Im Gerinneboden befinden sich Öffnungen, an welche Keramiksäulen von 42 cm Länge und 9 cm Innendurchmesser angekoppelt sind. Die Säulen wurden mit Bodenmaterial aus dem Elbuferbereich der Wasserwerke Dresden-Tolkewitz, Meißen-Siebeneichen und Torgau-Ost gefüllt. Der Vergleich mit den Beprobungsergebnissen der Kolmationsmeßstellen ergibt eine gute Repräsentanz der Säulenversuche. Erste Versuche zur Wirksamkeit der Kolmationszone bei Stoßbelastungen zeigen, daß Pflanzenschutzmittel und leichtflüchtige chlorierte Kohlenwasserstoffe einer deutlichen Retardation unterliegen. Diese beruht vor allem auf dem großen Adsorptionsvermögen der Kolmationszone in den obersten Zentimetern, welche einen hohen Anteil organischen Kohlenstoffs im Sediment aufweisen.

Die Abhängigkeit der Zusammensetzung von Marschsedimenten von den holozänen und rezenten Ablagerungsvorgängen an der Unterelbe

A. Gröngröft, G. Miehlich; Hamburg

Einleitung

In den Tideästuaren stellen die an die Wattflächen angrenzenden Vordeichsländer sowohl unter dem Gesichtspunkt des Biotopschutzes als auch unter dem Gesichtspunkt des Stoffhaushalts wichtige Landschaftseinheiten dar. Die dort vorkommenden Marschböden sind typischerweise aus schichtig abgelagerten, mehr oder weniger feinkörnigen Sedimenten aufgebaut, die durch Bodenbildungsprozesse überformt sind. Im Zusammenhang mit der ökologischen Funktionsweise und der genetischen Entstehung ist es von Interesse, die Eigenschaften der Marschsedimente zu charakterisieren und, soweit möglich, eine Typisierung der feinkörnigen Kleie vor-nehmen zu können. Dabei ist zu berücksichtigen, daß das Alter der Sedimente stark variieren kann - erste Kleiablagerungen an der Unterelbe traten bereits im Atlantikum auf (LINKE 1979) - und daß innerhalb des Tideästuars eine Überlagerung von Sedimenten mariner und limnischer Herkunft stattfindet, wobei sich diese Ver-mischung ebenfalls in der Zeit regional verlagert haben kann.

Ziel der hier vorgestellten Untersuchung ist es, anhand der Elementgesamtgehalte von zahlreichen Marschsedimenten der Unterelbe (n=1195, u.a. aus HINTZE 1985) zu prüfen, durch welche Parameter der marine Einfluß sich von dem limnischen abgrenzen läßt, ob die Sedimente durch Konzentrationstrends geprägt sind und ob daher eine Klassifizierung der Marschsedimente auf der Basis der Elementgehalte möglich ist. Dabei muß berücksichtigt werden, daß die intensivste Abhängigkeit bei den Gesamtgehalten von der Korngrößenverteilung besteht, zu Vergleichszwecken daher zunächst eine Korngrößenkorrektur angewandt werden muß.

Beziehungen von Elementgehalten zu den Korngrößenfraktionen

An 331 Proben (ohne reine Sande, Sandgehalt unter 95 %) wurde die Beziehung zwischen Elementgesamtgehalten und analysierten Korngrößenfraktionen statistisch geprüft. Die engste Korrelation bestand bei den körnungsabhängigen Parametern zur Fraktion < 20 mm. Diese Fraktion (F<20) läßt sich für das Gesamtkollektiv am besten durch folgende Funktion durch die Parameter Siliciumgesamtgehalt (Si_T) und Gehalt an organischem Kohlenstoff (C_{org}) beschreiben:

$$F<20 = 199{,}26 - 4.489 * Si_T - 0.841 * C_{org} \qquad r^2=0.58647$$

Mit dieser Funktion kann für jede Probe ein Feinkornanteil berechnet werden und dieser Wert als Basis einer Körnungskorrektur eingesetzt werden.

Ergebnisse

Für das Kollektiv aller untersuchten Proben ergibt sich ein mittlerer berechneter Feinkornanteil (F<20) von 52,3 %. Für alle Proben und die feinkorngebundenen Elementgehalte wurde daher eine Körnungskorrektur auf einen F<20-Wert von 50 % vorgenommen. Am Beispiel des Aluminiums kann gezeigt werden, daß so die Spannweite der Werte stark eingeengt wird (50 % der Meßwerte liegen im Bereich von 4,5 - 8,4 %, 50 % der körnungskorrigierten Werte zwischen 5,4 - 7,1 % Al), eine Vergleichbarkeit der Proben damit hergestellt ist.

Auf dem Poster wird unter Anwendung der Technik der Clusteranalyse demonstriert, wie sich die Marschsedimente der Unterelbe gruppieren lassen, und welche Rückschlüsse sich daraus auf die Marschengenese ableiten lassen.

Literatur

HINTZE, B. (1985): Geochemie umweltrelevanter Schwermetalle in den vorindustriellen Schlickablagerungen des Elbe-Unterlaufs.Hamb.Bodenkundl.Arb.,2,S.230

LINKE, G. (1979): Ergebnisse geologischer Untersuchungen im Küstenbereich südlich Cuxhaven. Probleme der Küstenforschung im südlichen Nordseegebiet, 13, S. 39-83.

Biochemische Untersuchungen zum Schwermetalltransport im Elbelängsschnitt-Schmilka-Geesthacht-

C. Hammer, A. Ernst, J. Lehmann, K.-H. Henning; Greifswald
U. Brockmann; Hamburg

Einleitung

In der Diskussion um die Schadstoffdynamik der Elbe hat es sich gezeigt, daß neben den Schwebstoff- und Schadstoffkonzentrationen im Gewässer die Veränderungen der Schwebstoffzusammensetzung erfaßt werden müssen. Zunehmendes Interesse gilt dabei der Klärung des jahreszeitabhängigen, biogenen Einflusses auf den partikulären Schadstofftransport .
Deshalb wurde in der vorliegenden Arbeit versucht, Schwebstoff- und Schwermetallkonzentrationen unter Einbeziehung biochemischer Parameter (C-gehalt, Protein- und Kohlenhydratgehalt), die die organische Substanz beschreiben und quantifizieren, zu diskutieren.
Die Untersuchungen erfolgten an Proben des Elbelängsschnittes Schmilka - Geesthacht.

Material und Methoden

An jeweils 30 Probennahmepunkten des Elbelängsschnittes Schmilka - Geesthacht wurden im Juni ´92, April und September ´93 Wasserproben im Querprofil (rechts, Mitte, links) genommen. Die Abtrennung der Schwebstoffe (>0,45µm) erfolgte durch Filtration vor Ort.
Folgende Parameter wurden bestimmt:

- Schwebstoffkonzentration (Trockengewicht)
- Schwermetallkonzentration (AES- ICP)
- Kohlenstoff (CHN- O - RAPID)
- Proteingehalt (photometrisch nach Breadford)

- partikuläre Kohlenhydrate (photometrisch nach Liu et. al.& Autoanalyzer)

Parallel dazu wurden Schwebstoffgroßproben (200 l) gewonnen, an denen die Bestimmung der Korngrößenverteilung (Sedimentanalyse nach Atterberg) des anorganischen Feststoffanteils, des Glühverlustes sowie der Schwermetall-konzentration durchgeführt wurde.

Ergebnisse

Tabelle 1 gibt eine Übersicht zu den Elementkonzentrationen in den Schwebstoffen der Probennahmeserien 6´92 und 4´93.

Datum		Cu [ppm]	Zn [ppm]	Cr [ppm]	Fe [%]	Mn [%]	Sr [ppm]	C [mg/l]	KH [µg/l]
Juni '92	*Mittelw.*	131,0	1839	138,0	4,80	0,65	199,0	8,75	3,54
	Max.	820,0	10910	0800	30,60	4,44	1390	14,67	5,79
	Min.	60,0	850	40	0,70	0,16	100,00	2,34	1,10
April '93	*Mittelw.*	130,0	1371	196,0	3,40	0,03	148,0	5,70	2,50
	Max.	220,0	2290	0870	7,60	0,04	270,0	7,37	3,81
	Min.	40,0	800	10,0	2,40	0,02	110,00	2,12	0,71

Tab.1: Konzentration der Elemente (Cu, Zn, Cr, Fe, Mn, Sr) und der Kohlen hydrate in den Schwebstoffen der Probennahmeserien 6´92 und 4´93

Auszüge aus der umfangreichen Korrelationsmatrix (Tab. 2) belegen eine positive, signifikante Korrelation :

- zwischen Kupfer und Zink
- von Kupfer und Zink mit Nebenelement Mangan
- von Kupfer und Zink mit Kohlenstoff und Kohlenhydraten

Juni '92											
	Cu	**Zn**	**Sr**	**Cr**	**Fe**	**Mn**	**C (CHN)**	**KH**	**GV**	**< 2µm**	**Feststoff**
Cu	1	0,8506	0,1592	0,2143	0,1275	0,7222	0,5581	0,1353	-0,4521	-0,3166	0,8995
Zn	P=0,000	1	0,1309	0,0904	0,0487	0,7257	0,8547	0,4894	-0,4007	-0,3197	0,931
Sr	P=0,418	P=0,507	1	0,9663	0,9207	0,1652	0,0753	0,0608	-0,3024	-0,2505	0,2829
Cr	P=0,273	P=0,647	P=0,000	1	0,8911	0,1696	0,0097	-0,012	-0,2951	-0,2402	0,2769
Fe	P=0,000	P=0,806	P=0,000	P=0,000	1	0,1142	-0,0324	-0,129	-0,4053	-0,3268	0,2243
Mn	P=0,000	P=0,000	P=0,401	P=0,0388	P=0,563	1	0,7039	0,3661	0,2019	0,2798	0,8283
C (CHN)	P=0,003	P=0,000	P=0,709	P=0,962	P=0,873	P=0,000	1	0,7674	-0,1286	-0,0771	0,7952
KH	P=0,519	P=0,013	P=0,0608	P=0,954	P=0,530	P=0,072	P=0,000	1	0,198	0,1953	0,339
GV	P=0,091	P=0,139	P=0,255	P=0,267	P=0,119	P=0,471	P=0,635	P=0,462	1	0,6936	-0,3235
< 2µm	P=0,270	P=0,265	P=0,368	P=0,389	P=0,235	P=0,333	P=0,785	P=0,468	P=0,003	1	-0,2497
Feststoff	P=0,000	P=0,000	P=0,137	P=0,146	P=0,242	P=0,000	P=0,000	P=0,084	P=0,205	P=0,351	1

April '93											
	Cu	**Zn**	**Sr**	**Cr**	**Fe**	**Mn**	**C (CHN)**	**KH**	**GV**	**< 2µm**	**Feststoff**
Cu	1	0,932	0,7799	0,7452	0,8088	0,779	0,5876	0,5251	0,2072	0,4566	0,6836
Zn	P=0,000	1	0,813	0,6707	0,8081	0,8407	0,6104	0,6082	0,2654	0,4514	0,6916
Sr	P=0,000	P=0,000	1	0,3886	0,9256	0,6639	0,3644	0,6848	-0,2525	-0,0305	0,9041
Cr	P=0,000	P=0,000	P=0,037	1	0,4856	0,6083	0,3407	0,282	0,063	0,4674	0,3267
Fe	P=0,000	P=0,000	P=0,000	P=0,008	1	0,7427	0,3991	5698	-0,1463	0,1314	0,8147
Mn	P=0,000	P=0,000	P=0,000	P=0,001	P=0,000	1	0,7988	0,5147	0,0965	0,6673	0,6432
C (CHN)	P=0,001	P=0,001	P=0,052	P=0,071	P=0,032	P=0,000	1	0,572	-0,0038	0,4279	0,6449
KH	P=0,004	P=0,001	P=0,000	P=0,146	P=0,002	P=0,005	P=0,001	1	-0,0773	0,1884	0,7647
GV	P=0,477	P=0,359	P=0,364	P=0,063	P=0,603	P=0,743	P=0,989	P=0,776	1	0,0876	-0,3169
< 2µm	P=0,117	P=0,122	P=0,918	P=0,092	P=0,654	P=0,013	P=0,112	P=0,519	P=0,766	1	0,0054
Feststoff	P=0,000	P=0,000	P=0,000	P=0,084	P=0,000	P=0,000	P=0,000	P=0,000	P=0,229	P=0,985	1

Tab. 2: Korrelationsmatrizen von 11 Variablen; Schwebstoffe-Probennahmeserie 6 '92 und 4 '93

was sowohl für die Bindung an die organische Substanz als auch an Fe- und Mn-Oxide und -Hydroxide spricht. Aufgrund seiner hohen Gehalte in Schwermineralen und Schwerepartikeln (HENNING et al. 1994) kann Eisen durch lokale Einträge die vorhandenen positiven Korrelationen sowohl zu Mangan als auch zu Kupfer und Zink überdecken. Die positive, signifikante Korrelation von Eisen zu Strontium stützt diese Annahme, da sich Abweichungen der Sr- Konzentrationen vom natürlich geogenem Gehalt gut eingrenzen lassen.

Im Gegensatz zu Kupfer und Zink zeigt Chrom eine wechselnde Korrelation zu den angeführten Parametern, was ebenfalls auf lokale Einträge zurückgeführt werden könnte.

Widererwartend sind die Korrelationskoeffizienten der organischen Substanz mit Kupfer und Zink in den Aprilproben ´93 größer als in den Sommerproben ´92. Ursache dafür könnte die von IRMER et al. (1985) beschriebene "Verdünnung" der Schwermetallkonzentration infolge erhöhter Biomasseproduktion sein.

Vergleiche zwischen den organischen Parametern machen deutlich, daß Kohlenstoff und Kohlenhydrate signifikant, Proteine mit Kohlenstoff und Kohlenhydraten jedoch nur teilweise korrelieren.
Der Glühverlust, oft als Maß für den Gehalt an organischer Substanz verwendet, zeigt keine Korrelationen zu anderen organischen Parametern (Tab. 2).
Untersuchungen der Proben 9´93 zeigen erhebliche Unterschiede in der Korrelation von organischer Substanz mit den Schwermetallkonzentrationen im Querprofil (rechts, Mitte, links).

Literatur:

HENNING,K.-H.et al.: Schwerminerale und Schwerepartikel in den Schwebstoffen der Elbe.-Greifswalder geowissenschaftliche Beiträge, 2, (1994)

IRMER,U.et al.:Einfluß der Schwebstoffbildung auf die Bindung und Verteilung ökotoxischer Schwermetalle in der Tideelbe.-vom Wasser, Geesthacht, 65, (1985)

Schwerminerale und Schwerepartikel in Schwebstoffen der Elbe

K.-H. Henning, J. Lehmann, A. Ernst; Greifswald

Im Rahmen des DFG-Projektes "Mineralogisch-geochemisch-sedimentologische Untersuchungen der Schwebstoffe und Sedimente in der deutschen Mittel- und Oberelbe" (HENNING u.a. 1993) wurden Schwerminerale und Schwerepartikel (Dichte > 2,9 g/cm^3) nach der in der Petrographie üblichen Methode der Schwermineraltrennung aus Schwebstoff-Flocken gewonnen und lichtmikroskopisch sowie rasterelektronenmikroskopisch unter Einbeziehung der Elektronenstrahlmikroanalyse untersucht. Dabei sind in den Sedimenten und Schwebstoffen der Elbe, wie auch anderer Flüsse, in den Schwermineralassoziationen außer geogenen Mineralanteilen auch anthropogene und biogene Schwerepartikel zu erwarten. Die Untersuchungen wurden zunächst an Proben aus dem Raum Schmilka und Roßlau durchgeführt.

Zu den Partikeln mit relativ sicherer **anthropogener** Herkunft zählen die Flugaschen, Schlacken und der Mullit-Anteil der Schwerefraktion der Schwebstoffe, deren Chemismus mit Hilfe der Elektronenstrahlmikroanalyse bestimmt wurde. Als Flugasche wurden alle kugelförmigen Partikel bezeichnet, für die aufgrund der Verhältnisse von Fe/Si, Ca/Si, Al/Si und Ti/Si sowie aufgrund der Abwesenheit von Ni bei den eisenreichen Partikeln nach EMEIS (1987) eine kosmogene Herkunft nicht in Frage kommen kann. Die Flugasche überwiegt nach Korn-% in der Gruppe der anthropogenen Partikel. Es wurden wurden vier chemisch unterschiedliche Typen festgestellt:

- *Partikel mit hohem Fe-Gehalt (meist Magnetit)*
- *Fe/Ca/Al - Silikate*
- *Fe/Al - Silikate*
- *Ca/Al - Silikate mit relativ geringem Fe-Gehalt.*

In den letzten drei Typen kann auch Si-haltiges Glas vorhanden sein.

Weiterhin wurde das Verhältnis von anthropogenen Partikeln (Flugasche, Schlacke, Mullit) zu den geogenen Schwermineralen als Summe der Kornprozente bestimmt und in einem Histogramm dargestellt.
Aus diesem Diagramm ist ein unerwartet hoher Anteil von anthropogenem Eintrag von Schwerepartikeln in den Fluß und Fixierung in den Schwebstoff-Flocken abzulesen. Weiterhin ist erkennbar, daß dieser Bestandteil am Probenahmepunkt Schmilka am höchsten mit über 60 Korn-% liegt. Im gleichen Jahr (1990) und im gleichen Monat (Juli) in Rosslau gemessen, beträgt dieser Anteil ca. 40 Korn-%. Weiterhin ist die Tendenz abzulesen, daß der anthropogene Eintrag durch Industriegebiete bedingt, zwei Jahre später deutlich abgenommen hat und zwar auf ca. 40 Korn-% (Schmilka) und auf ca. 20 Korn-% (Rosslau). Aussagen über die Herkunft und Art der industriellen Beeinflussung erscheinen anhand des Chemismus und der Gefügeeigenschaften der anthropogenen Partikel möglich. Weiterhin muß noch die Stabilität dieser Partikel wie auch der Schwerminerale im Flußsystem im Zusammenhang mit der Führung toxischer Metalle geklärt werden.

Die untersuchten Schwebstoffproben erbrachten folgende **geogene** Schwermineralassoziation: Augit, Magnetit, Granat, Ilmenit, Zirkon, Apatit, Epidot, Chromit, Pyrit, Baryt, Rutil, Titanit, Goyazit und nicht näher bestimmte Fe-Ti-Silikate. Dabei waren folgende Minerale nicht in allen Proben vorhanden: Epidot, Chromit, Pyrit, Baryt und Titanit. Auch diese Schwerminerale wurden ausgezählt und die Ergebnisse in Histogrammen (in Korn-%) dargestellt. Aus diesen Diagrammen wird ersichtlich, daß Flugaschen und Schlacken in wesentlichen Anteilen, aber in unterschiedlichen Mengenverhältnissen, in allen untersuchten Proben vorhanden sind. Von den geogenen Schwermineralen sind insbesondere Augit und Magnetit zu nennen, neben Granat, Ilmenit, Apatit, Zirkon und Rutil. Einige dieser Minerale werden in den rasterelektronenmikroskopischen Abbildungen mit ESMA-Diagrammen vorgestellt.

Schlußfolgerungen über die Genese und Herkunft der gefundenen Schwermineralassoziationen und ihre Beziehungen zum geologischen Hinterland entlang des Flußlaufes stehen noch aus. Dazu werden weitere Schwermineraluntersuchungen unter

Einbeziehung der Flußsedimente und der Überflutungssedimente erfolgen. Schwerminerale der Fluß-Schwebstoffe haben eine Indikatorfunktion für die genetische Diskussion des geogenen Anteils.

Wenige Körner können als **authigen** gebildete Partikel (wie z.B. Goyazit) angesehen werden und ebenso selten waren Körner **biogenen** Ursprungs (wie Fäkalpellets).

Zusammenfassend kann festgestellt werden:

- Schwerepartikel der Fluß-Schwebstoffe haben eine Indikatorfunktion für die Einschätzung der Größenordnung und der Art der anthropogenen Beeinflussung.
- Der fluviatile Transport von mineralischem, anthropogenen und biogenen Detritus verläuft zu einem wesentlichen Teil in bzw. über Schwebstoff-Flocken.
- Die Schwebstoff-Flocken sind sich ständig verändernde Systeme mit hoher mechanischer Stabilität wie der Transport von Mineralen und Partikeln auch hoher Dichte ausweist.
- Die Untersuchungen werden an Proben von Entnahmepunkten flußabwärts fortgesetzt.
- Weiterhin werden Flugaschen und Schlackepartikel der Schwerefraktion von in Elbenähe liegenden Kraftwerken bzw. Industriestandorten zu Vergleichszwecken untersucht.

Literatur:

EMEIS, K.-C. (1987): A Note on Fly Ash from Coal Combustion: Charakteristics and Possible Usefulness as a Tracer Substance.- Mitt. Geol. Paläont. Inst. Univ. Hamburg, **62**: 99 - 108

HENNING; K.-H.; LEHMANN,J.; ERNST, A. & KASBOHM; J. (1993): Mineralogisch-geochemisch-sedimentologische Untersuchungen der Schwebstoffe und Sedimente in der deutschen Mittel- und Oberelbe.- DFG-Zwischenbericht zum Projekt He 2330/1-2, Greifswald, 131 Seiten und 8 Anlagen (mit weiterer Literatur)

Ergebnisse phasenanalytischer Untersuchungen an Schwebstoffen der Elbe

K.-H. Henning, J. Lehmann, A. Ernst, J. Kasbohm, T. Bähr; Greifswald

Im Rahmen des DFG-Projektes "Mineralogisch-geochemisch-sedimentologische Untersuchungen der Schwebstoffe und Sedimente in der deutschen Mittel- und Oberelbe" (HENNING u.a. 1993) wurden Schwebstoff-Flocken phasenanalytisch untersucht: u.a. die Menge der anorganischen Schwebstoffe in den Flocken, der Mineralbestand im anorganischen Anteil, der Anteil an biogenem Opal, die Korngrößenverteilung, die Schwermineral- und Schwerepartikelassoziation und der Aufbau und das Gefüge der Schwebstoff-Flocken. In der folgenden kurzen Zusammenfassung werden einige vorläufige Ergebnisse vorgestellt, wobei auf das Poster und die übrigen Zusammenfassungen und Poster unserer Arbeitsgruppe zum "6. Magdeburger Gewässerschutzseminar" in Cuxhaven verwiesen werden kann. Zur Untersuchung gelangten und gelangen Schwebstoff-Proben von ca. 25 Probenahmepunkten auf ca. 380 km Länge von Schmilka bis Geesthacht von 10 Bereisungen im Zeitraum von Februar 1989 bis Juli 1994. Dabei sollten sowohl saisonale jahreszeitliche Trends als auch besondere Ereignisse (z.B. Hochwasser-Beprobung April 1992) erfaßt werden.

Der **anorganische Schwebstoffgehalt** im Verhältnis zum organischen Feststoffgehalt wurde mittels der Derivatographie (Differentialthermoanalyse, Thermogravimetrie und Differentialthermogravimetrie) bestimmt. Im Mittel über alle Bereisungen liegt der anorganische Feststoffgehalt im oberen Teil des beprobten Flußabschnittes (Schmilka bis Pretzsch) bei ~80 Masse-% und im unteren Teil (Wahrenberg bis Geesthacht) bei ~75 Masse-%, das bedeutet eine Abnahme des anorganischen und eine Zunahme des organischen Anteils in Fließrichtung. Saisonale und ereignisbedingte Unterschiede lassen sich erkennen, wie z.B. die höchsten Gehalte an anorganischem Material in den Hochwasserproben April 1994 ausweisen.

Der **Mineral- und Phasenbestand im anorganischen Feststoffanteil** setzt sich im Mittel aus 5 - 20 Masse-% biogenem Opal und 95 bis 80 Masse-% hauptsächlich geogener Minerale und untergeordnet anthropogener Phasen zusammen. Davon entfallen auf Quarz 30 bis 55 Masse-% und auf die Tonminerale i.e.S. 40 bis 50 Masse-%. Die Tonmineralfraktion wiederum besteht aus: Muskowit/Illit (20 bis 35 Masse-%), Kaolinit/Chlorit (20 bis 30 Masse-%) und Mixed-Layer-Mineral Mu/Mo (< 5 Masse-%). Weiterhin sind in den Schwebstoff-Flocken enthalten: Calcit, Feldspäte, Fe-Mn-Umkrustungen und Akzessorien (diese mit teilweise erheblichen Anteilen anthropogener Phasen wie Flugasche und Schlacke-Partikel).

Der **biogene Opal** wird zum größten Teil durch den relativ hohen Anteil an Kieselalgen in den Schwebstoff-Flocken bestimmt. Die absoluten Anteile liegen zwischen 5 und 22 Masse-%, wobei eine deutliche Zunahme der Gehalte von biogenem Opal in Fließrichtung insbesondere während der "biologisch aktiven Phase" (z.B. Probenahme Juli 1992) bis zum maximalen Wert bei Geesthacht (22 Masse-%) zu beobachten ist. In den Flocken lebende Kieselalgen mit Schwebeborsten wahrscheinlich aus Chitin neben Schleimfäden und -überzügen unterschiedlicher Herkunft sowie zerbrochene Skelette von Diatomeen wurden im Raster-elektronenmikroskop nach Cryopräparation von Schwebstoff-Flocken beobachtet.

Die **Korngrößenverteilung der anorganischen Schwebstoffe** zeigt bei den Durchschnittswerten im Vergleich zwischen den einzelnen Bereisungen Übereinstimmung, wobei aber ereignisbedingte und saisonale Abweichungen insbesondere in den groberen Fraktionen sichtbar werden. Es dominiert die Tonfraktion (< 2 µm) mit Gehalten um 50 Masse-%. Die Durchschnittswerte der übrigen Fraktionen betragen in der Reihung zunehmender Korngröße: 2 - 20 µm -- 30 Masse-%; 20 - 63 µm -- 13 Masse-%; >63 µm --7 Masse-%. Saisonale Abweichungen zeigen sich sich z.B. in der Erhöhung des Anteils > 63 µm in den Schwebstoff-Flocken der Sommerbeprobungen und sind damit ein Hinweis auf die größere Transportkraft der Flocken während der "biologisch aktiven" Zeiten.

Die Untersuchung der **Schwermineral- und Schwerepartikelassoziation** (D > 2,9 g/cm³) in den Schwebstoff-Flocken nach Schweretrennung erbrachte bisher folgende Erkenntnisse. Es lassen sich genetisch mehrere Gruppen unterscheiden: geogene Schwerminerale (z.B. Augit, Magnetit, Granat, Zirkon, Ilmenit, Apatit u.a.), anthropogene Schwerepartikel (Flugaschen, Schlacken, Mullit u.a.), authigene Minerale (Pyrit, Phosphate) und biogene Partikel (Fäkalpellets). Damit haben die Schwerepartikel eine Indikatorfunktion für die Art und Größenordnung des anthropogenen Eintrags (z.B. wurden in der Schwerefraktion bei Schmilka im Juli 1990 mehr als 60 Korn-% anthropogene Partikel gefunden). Weiterhin kann abgeleitet werden, daß der fluviatile Transport von Detritus im wesentlichen von Schwebstoff-Flocken gesteuert wird, die wiederum biologische Prozesse zu ihrer Bildung voraussetzen. Da sie in der Lage sind, auch Minerale und Partikel von höherer Dichte und relativ großem Durchmesser zu transportieren, haben sie bei aller Veränderlichkeit eine relativ hohe mechanische Stabilität.

Zum **Aufbau und Gefüge der Schwebstoff-Flocken** werden rasterelektronenmikroskopische Untersuchungen nach Cryopräparation der Flocken und unter Einsatz der Elektronenstrahlmikrosonde durchgeführt. Die bisherigen Ergebnisse bestätigen das Modell der Schwebstoff-Flocken wie es z.B. von GREISER (1988) aufgrund fluoreszenzmikroskopischer Untersuchungen beschrieben wurde. In den Flocken sind sowohl organische als auch anorganische Bestandteile zu finden. Die Biomasse der Flocken stammt hauptsächlich vom Mikrophytobenthos und vom Phytoplankton. Dazu zählen Kieselalgen, coccale Grünalgen, Bakterien und wahrscheinlich auch filamentöse Pilze. Der abgesonderte Schleim bzw. die Schleimfäden als Exopolymere stabilisieren die Flocken ebenso wie chitinöse Schwebeborsten der Diatomeen. Die Schleime können aus sauren Polysacchariden, die negativ aufgeladen sind, bestehen. Damit erreichen die Schwebstoff-Flocken die oben beschriebene mechanische Stabilität. Zu den biotisch gebildeten anorganischen Bestandteilen der Flocken zählen Diatomeenskelette (Skelettopal bzw. Opal A oder Opal CT) und untergeordnet Kalkschalen. Der geogene Anteil unterteilt sich in mineralischen Detritus und in authigene Neubildungen wie oben beschrieben. Auch der anthropogene Anteil wurde schon genannt. Das Gefüge der Schwebstoff-Flocken zeigt zellige, flächige, netzartige, insgesamt vielfältige Strukturen, die noch systematisch erfaßt werden sollten.

Literatur:

HENNING; K.-H.; LEHMANN,J.; ERNST, A. & KASBOHM; J. (1993): Mineralogisch-geochemisch-sedimentologische Untersuchungen der Schwebstoffe und Sedimente in der deutschen Mittel- und Oberelbe.- DFG-Zwischenbericht zum Projekt He 2330/1-2, Greifswald, 131 Seiten und 8 Anlagen (mit weiterer Literatur)

GREISER, N. (1988): Zur Dynamik von Schwebstoffen und ihren biologischen Komponenten in der Elbe bei Hamburg.- Hamb. Küstenforsch., 45, S. 1 - 170

Lignin-Komponenten in Schwebstoffen

M. Hoberg, L. Neugebohrn, L. Kies; Hamburg

Einleitung

Ziel der Untersuchungen ist es, den Beitrag der Makrophyten an der Schwebstoffbildung der Unterelbe qualitativ und quantitativ zu erfassen. Das ausschließlich in höheren Pflanzen vorkommende und vergleichsweise abbauresistente Lignin wird dabei als Biotracer für die Phytobiomasse in Schwebstoffen verwendet.

Die Vegetation höherer Pflanzen im Bereich der Unterelbe wird in erster Linie durch die umfangreichen Röhrichte gebildet. Deren weitaus größten Flächenanteile werden von *Bolboschoenus maritimus, Phragmites australis* und *Schoenoplectus tabernaemontani* bedeckt. Nach Erfassung der Nettoprimärproduktion (SEELIG, 1993) wurde für diese Hauptarten die jährlich produzierte Biomasse mit 34.000 t pro Jahr errechnet. Diese Phytomasse (abzüglich ca. 10% Treibselabfuhr durch die Ämter für Land- und Wasserwirtschaft) kann entweder direkt in den Wasserkörper eingetragen oder im Bereich des Röhrichtes einsedimentiert und dekompostiert werden. Nach Sturmfluten und Sedimentumlagerungen gelangen die Bruchstücke anschließend u.U. durch Resuspension in den Wasserkörper, wo sie Bestandteile von Schwebstoffen werden. Größere Pflanzenbruchstücke können qualitativ mit dem Durchlichtmikroskop nachgewiesen werden, kleinere Bruchstücke ohne zellulären Aufbau sind morphologisch kaum von anderen Strukturen trennbar und können nicht erfaßt werden. Eine Quantifizierung des Makrophytenmaterials ist deshalb mikroskopisch nicht möglich.

Lignin ist ein Bestandteil der Zellwände höherer Pflanzen (ab Pteridophyta) und zur mechanischen Stabilisierung der Zellulose notwendig. Es ist mengenmäßig die zweitwichtigste organische Substanz in der Natur. Sein Anteil z.B. am Holz beträgt 20-30 % (BREMER, 1991). Die Grundbausteine des Lignins entstammen dem sekundären Pflanzenstoffwechsel der Pflanze. Ausgangsstoff ist p-Cumarsäure, aus der die drei Grundbausteine p-Cumaralkohol, Coniferylalkohol und Sinapinalkohol durch Methoxylierung aufgebaut werden. Durch enzymatische Dehydrierung polymerisieren diese Alkohole in den Zellwänden zu dreidimensionalen Makromole-külen. Das Lignin ist auf Grund seines hohen Polymerisationsgrades und seiner Komplexizität sehr stabil und kann als Biotracer für Phytobiomasse verwendet werden. Darüberhinaus ist nach Zerlegung des Moleküls über die drei Grundbausteine eine Zuordnung des Lignins zu systematischen Pflanzengruppen möglich.

Material und Methode

Der Nachweis von Lignin wird durch analytische Pyrolyse mit direkter Trennung der Pyrolyse-Produkte in einem Capillar-Gas-Chromatographen (Py-GC) durchgeführt. Bei der Pyrolyse wird das Lignin thermisch zersetzt, seine Pyrolyse-Produkte werden nachgewiesen und können späterhin den drei Ausgangsalkoholen zuge-ordnet werden. So entstehen bei der Pyrolyse von Fichtenlignin (Gymnospermae) überwiegend Derivate des Coniferylalkohols. Aus dem Lignin der Buche (Angiospermae, Dikotyledonae) werden zusätzlich verschiedene Sinapinverbin-dungen freigesetzt. Bei dem thermischen Abbau von Bambuslignin (Angiospermae, Monokotyledonae) schließlich werden neben Coniferyl- und Sinapin-Derivaten auch p-Cumaralkohol-Derivate freigesetzt. Um eine eindeutige Analyse der gas-chromatographisch getrennten Stoffe durchführen zu können, müssen die Derivate mit Hilfe eines dem GC nachgeschalteten Massenspektrometers (MS) verifiziert und quantitativ an einem internen Standard bestimmt werden. Die Analysen und Aus-wertungen werden in Zusammenarbeit mit den Herren Faix und Meier (Bundesforschungsanstalt für Forst- und Holzwirtschaft, Institut für Holzchemie und chemische Technologie des Holzes, Hamburg) durchgeführt.

Ergebnisse

Untersuchungen des Lignins von Röhrichtpflanzen aus dem Unterelberaum zeigen Derivate aller drei Alkohole in unterschiedlichen Anteilen. Als Beispiel ist hier das

Pyrogramm des Halmmaterials von *Bolboschoenus maritimus* abgebildet (s. Abb. 1a). Die eindeutig zuordnungsfähigen *peaks* sind mit Nummern entsprechend Tabelle 1 gekennzeichnet. Insgesamt konnten bei dieser Pflanzenart 13 der 17 möglichen Pyrolyse-Produkte nachgewiesen werden, der *peak* Nr. 66 (4-Vinylguajakol) ist besonders ausgeprägt. Da Derivate aller drei Gruppen analysiert wurden, muß es sich um Material monokotyler Pflanzen gehandelt haben.

URSPRUNGS-ALKOHOL	PYROLYSE-PRODUKTE	*peak* Nr.
Coniferylalkohol	Guajakol	46
	4-Methylguajakol	54
	4-Vinylguajakol	66
	trans-Isoeugenol	75
	Vanillin	77
	trans-Coniferylalkohol	103
	Coniferylaldehyd	104
Sinapinalkohol	Syringol	70
	4-Methylsyringol	n.v.
	4-Vinylsyringol	86
	trans-4-Propenylsyringol	97
	Homosyringaaldehyd	n.v.
	4-(2-propen-1-on)-Syringol	n.v.
	Sinapinaldehyd	110.1
	trans-Sinapinalkohol	110
p-Cumaralkohol	Phenol	45
	4-Vinylphenol	n.v.

Tab.1: Unterschiedliche Ursprungsalkohole, mögliche Pyrolyse-Produkte und Nummern der *peaks* in den dargestellten Pyrogrammen (n.v. = nicht vorhanden; vergl. Abb. 1; Nummernzuordnung nach BREMER, 1991).

Ein entsprechendes Pyrogramm von Elbe-Schwebstoffen (s. Abb. 1b) ergibt analog deutliche *peaks* ähnlicher Lokalisierung wie beim autentischen *Bolboschoenus*-

Material. Dennoch ist ein direkter Vergleich der Pyrogramme noch nicht möglich, da z.B. hohe Anteile von Kationen die Pyrolyse-Produkte, bzw. die Position der *peaks*, verändern können. Ein weiteres Problem ist in dem geringen Glühverlust (ca. 40%) des Flockenmaterials zu sehen, da entsprechend große Probenmengen verwendet werden müssen, die zu einer verlängerten Aufheizzeit führen und so ebenfalls zu einer Veränderung des Produkt-Spektrums beitragen. Die vorgelegten Ergebnisse können daher erst nach einer Überprüfung per Py-GC MS direkt miteinander verglichen werden.

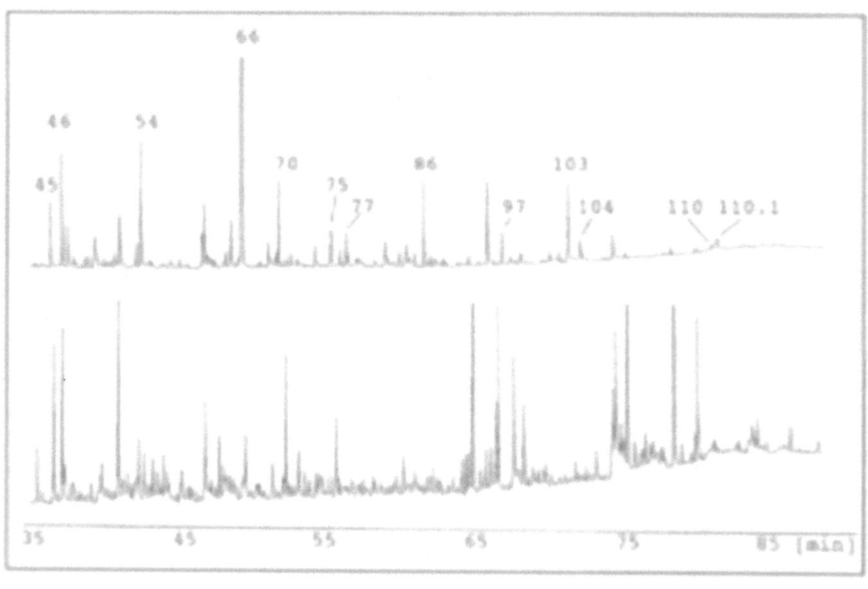

Abb. 1 a,b: Pyrogramme unterschiedlicher Materialien (Retentionszeit 35-85 min)
a (oben): *Bolboschoenus maritimus*, Halmmaterial (*peak*-Nummern s. Tab. 1)
b (unten): Elbe-Schwebstoffe, Nienstedten, 14.04.94, Flutstrom

Zusammenfassung und Ausblick

Der Nachweis und die Quantifizierung von Lignin mit Hilfe der Mikropyrolse ist generell möglich. Nach Verifizierung der Ergebnisse mit Hilfe der Massen-spektrometrie wird ein Standard-Pyrogramm für Schwebstoffe erarbeitet. Die Be-stimmung der

Ligningehalte in den Elbe-Schwebstoffen soll Aufschluß über den Beitrag des Makrophytendetritus an ihnen, über die jahreszeitlichen Schwankungen und die räumlichen Verteilungen geben. Weiterhin soll geklärt werden, in welchen Flokkenfraktionen der Makrophytendetritus schwerpunktmäßig vorhanden ist und welchen Transportmechanismen er unterliegt.

Literatur:

SEELING, A. (1993) Primärproduktionsmessungen an *Phragmites australis* (Cav.) Trin. ex Steud im Elbe-Ästuar. Archiv für Hydrobiologie, Suppl., **75(3/4):** 325-340.

BREMER, J. (1991) Quantifizierung der Gerüstsubstanzen von Lignocellulosen durch analytische Pyrolyse - Gaschromatographie / Massenspektrometrie. Diss. Universität Hamburg, Fachbereich Biologie, 1991.

Anlagerung von Metallen an Schwebstoffe

M. Hoberg, L. Neugebohrn, L. Kies; Hamburg

Einleitung

Ziel der Untersuchungen war es, Aussagen über das Anlagerungsverhalten von Metallen, insbesondere von Kupfer an *suspended particulate matter* (SPM) zu machen. SPM bildet unter natürlichen Verhältnissen Flocken, die aus organischen (z.B. Makrophyten- und Mikrophytendetritus, Mikrophyten, Bakterien, Exopolymeren) und anorganischen Komponenten (z.B. Ton, Schluff, Sand, biogenem Opal) zusammengesetzt sind. In diesem Zusammenhang ist die Rolle der Flocken als Transportvehikel für Nährstoffe und toxische Substanzen ebenso interessant wie die lokale Verteilung dieser Stoffe an den Flocken.

Material und Methode

Nährstoffe und Metalle werden in Abhängigkeit ihrer elektrischen Ladungen an organische und anorganische Komponenten unterschiedlich stark angelagert. Um die Frage zu beantworten, an welchen Teilen der Flocken eine bevorzugte Anlagerung stattfindet, wurde eine an ein Raster-Elektronenmikroskop (REM) gekoppelte energiedispersive Röntgenmikroanalyse (System LINK) verwendet.

Natürliche Elbe-Flocken wurden filtriert, gefriergetrocknet und anschließend morphologisch mit Hilfe des REM und der Röntgenmikroanalyse untersucht. Da der native Metallgehalt einzelner Flocken unter der Detektionsgrenze liegt, wurden diese in Metallsalz-Lösungen inkubiert (z.B. $CuCl_2$, 0,5 ppm Cu für 1/2 h). Nach der Präparation wurden bei 300facher Vergrößerung zunächst die flächenintegralen Elementzusammensetzungen gemessen. Anschließend wurden zweidimensionale Verteilungsbilder ausgesuchter Elemente festgehalten. In einem nachfolgenden

Arbeitsgang wurden Orte besonders intensiver Anreicherung mit Hilfe der Punktanalyse gesondert auf ihre Elementzusammensetzung hin untersucht.

Ergebnisse

Ein flächenintegrales Elementspektrum natürlicher Elbe-Flocken, die im Sommer 1993 am Anleger Teufelsbrück gewonnen wurden, ist in Abbildung 1 dargestellt. Es wird deutlich, daß die verbreiteten Elemente der Erdkruste mit niedriger Ordinationszahl große Anteile an den Flocken aufweisen (z.B. Al, Si). Im Gegensatz dazu sind seltenere Elemente, wie z.B. Ti, Mn oder Cu, nur in geringen Mengen in den Flocken nachweisbar. Das nach einer Kupfer-Inkubation aufgezeichnete flächenintegrale Elementspektrum (s. Abb. 2) weist vergleichbare *peaks* auf, allerdings ist der Kupfer-*peak* jetzt wesentlich stärker ausgeprägt. Demnach hat eine Anlagerung von Kupfer in oder an den Flocken stattgefunden.

Das Verteilungsbild des Elementes Kupfer macht deutlich, daß die Anlagerung des Kupfers auf der Flockenoberfläche nicht gleichmäßig ist. Der größte Teil der Flocke hat kein Kupfer angenommen, wohingegen an einigen Stellen verstärkte Anlagerungen erfolgen. Zur näheren Untersuchung dieser Bereiche wurde das Kupfer-Verteilungsbild dem morphologischen Bild des REM überlagert. Von den besonders intensiv gefärbten Kupfer-Anlagerungsstellen wurde mit Hilfe der Punktmessung Spektren gemessen, von denen zwei ([1], [2]) beispielhaft in den Abbildungen 3 und 4 dargestellt sind:

[1] Dieser Teil der Flocke ist durch die Elemente Si und Al dominiert, daneben kommen geringere Mengen K, Ca und Mg vor (s. Abb. 3). Der relative Kupferanteil beträgt ca. 5,5%. Das Spektrum ähnelt sehr stark dem von Dreischicht-Tonmineralen gewonnenen.

[2] In diesem Spektrum herrschen Mn und Fe vor, K und Ca konnten ebenfalls in größerem Umfang detektiert werden (s. Abb. 4). Der relative Kupferanteil be-

trägt hier ca. 22,0%. Bodenproben, die Fe-Mn-Oxide enthalten, weisen vergleichbare Spektren auf.

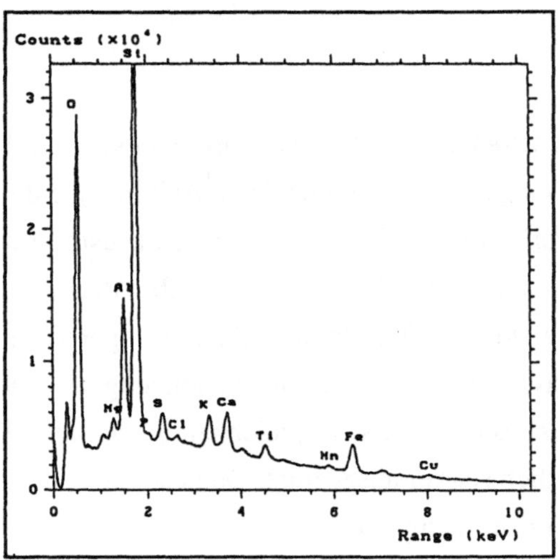

Abb. 1: Flächenintegrale Elementzusammensetzung nativer Elbeflocken (Teufelsbrück, Sommer 1993). Der Kupfer-*peak* (rechts) ist vom Grundrauschen fast nicht zu trennen.

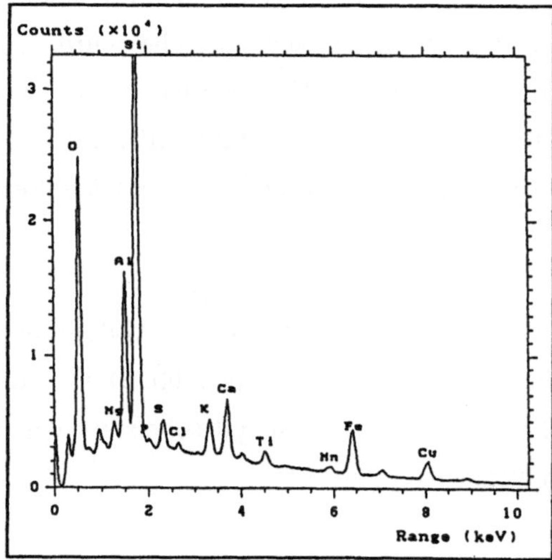

Abb. 2: Flächenintegrale Elementzusammensetzung von Elbeflocken nach Kupfer-Inkubation ($CuCl_2$, 0,5 ppm Cu für 1/2 h). Der Kupfer-*peak* ist deutlich zu erkennen.

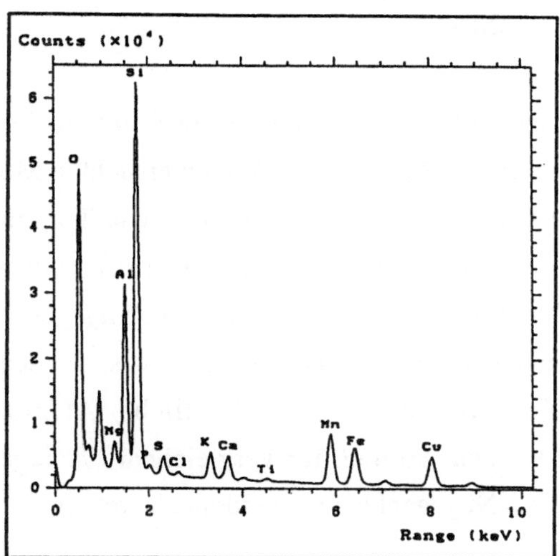

Abb. 3: Punktspektrum [1]. Dieser Teil der Flocke ist durch die Elemente Si und Al dominiert, daneben kommen geringere Mengen K, Ca und Mg vor.

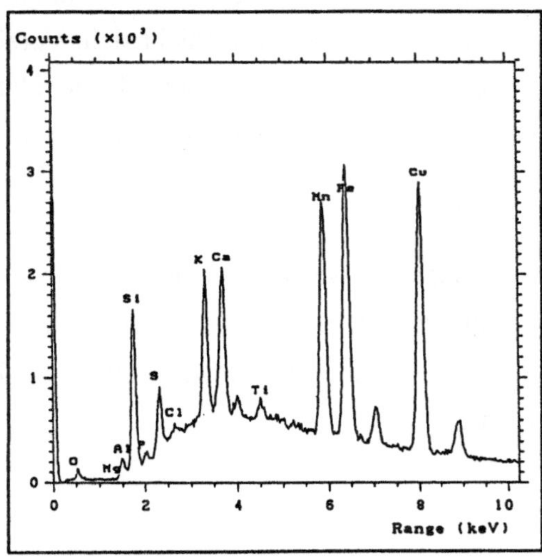

Abb. 4: Punktspektrum [2]. In diesem Spektrum herrschen Mn und Fe vor, K und Ca konnten ebenfalls in größerem Umfang detektiert werden.

Zusammenfassung und Ausblick

Ganz offensichtlich gibt es innerhalb einer einzelnen Schwebstoffflocke Orte unterschiedlich starker Bindungskräfte für Metallionen. Die untersuchten Metalle lagern sich bevorzugt an Verwitterungsprodukte von Gesteinen wie Tonminerale oder Sesquioxide an. Auch Montmorillonit und Pflanzengewebe (*Schoenoplectus tabernaemontani*) binden in Inkubationsversuchen viel Kupfer, wohingegen Kaolinit und geglühte Diatomeenschalen eine geringe Affinität besitzen. Zwischen den untersuchten Metallen (Cu, Zn, Ni) kann eine unterschiedliche Affinität zu den Bindungsstellen festgestellt werden. So muß für vergleichbare Anlagerungen die Inkubationszeit zum Beispiel bei Ni gegenüber Cu verdoppelt werden.

Die Metalle scheinen sich innerhalb der Flocke bevorzugt an anorganische Partikel anzulagern. Der Nachweis organischer Substanzen ist schwer zu führen, da Kohlenstoff nicht quantifiziert werden kann. Kupferreiche Partikel niedriger Dichte können vom Elektronenstrahl durchdrungen werden, und kupferfreie Partikel tieferer Schichten werden mitgemessen. Die Proben müssen während der Präparation für das REM dehydriert werden. Sie deformieren dabei, und das Volumenverhältnis zwischen organischer und anorganischer Substanz verschiebt sich. Verzichtet man auf die Gefriertrocknung, so gelingt die Elementanalyse nicht, da die relativ kleinen *peaks* der interessanten Elemente nicht von dem durch das Wasser verursachten Grundrauschen zu trennen sind.

Die verwendete Technik der energiedispersiven Röntgenmikroanalyse ist ein geeignetes Mittel, um Elementverteilungen auf Oberflächen festzustellen. Allerdings können aufgrund der variierenden Dichte und Eindringtiefe bisher keine Quantifizierungen gemacht werden.

Der See Mladotické Jezero - Dynamik der Verlandung von Seebecken

B. Janský; Prag

In der Tschechischen Republik befinden sich verhältnismäßig wenige Seen natürlicher Herkunft. Vom Standpunkt der Seengenese überwiegen die Seen der Gletscherherkunft, deren Becken in der Zeit des größten Umfanges der Pleistozän-Vereisung im Böhmerwald ausgehöhlt und eingedämmt wurden. Verhältnismäßig zahlreich sind auch Seebecken in Torf- und Moorgründen, die in Hrubý Jeseník, Böhmerwald, Erzgebirge, Slavkovský les entstanden sind. Zu den Seen natürlicher Herkunft gehören auch verlassene Flußmäander (Altarme) im Mittelelbebecken und kleine Seen in den Karstgebieten Moravský und Hranický kras.

Der See Mladotické, der durch Eindämmung des Bachtales durch eine Blockrutschung der Sandsteine entstanden ist, hat eine einmalige Genese. Der See Mladotické (auch Odlezelské genannt) ist der viertgrößte und gleichzeitig der jüngste See der Tschechischen Republik. Er liegt zwischen dem 6. und 7. Flußkilometer des Baches Mladotický, einem linksseitigen Zufluß des Flusses Střela (im Einzugsgebiet der Berounka).

Die Entstehung des Sees

Alle Ursachen und der Mechanismus der Abhangbewegungen werden in der Studie von B. Janský (1976) ausführlich beschrieben. Hier werden sie nur kurz erwähnt:

- Aufgrund einer relativ schnellen Erosion hat sich der Bach immer mehr in die Schichtgruppe von karbonischen Sandsteinen und Konglomeraten eingeschnitten, bis er die weichen Tonsteinsedimente erreichte. Diese Schichten sogen das Wasser ein, und es kam zur allmählichen Rutschung der Gesteinblöcke, zuerst am Abhangfuß und dann immer höher.

- Zur Stabilitätsstörung des Hanges trug auch der Mensch bei. Laut historischen Dokumenten wurde hier schon seit dem 13. Jahrhundert der Sandstein gebrochen und für den Bau von Kirchen, Klostern und Erzeugung von Mühlrädern in der Umgebung benutzt (siehe dazu "Kaceřovský urbář", 1558, Dunder J.A., Chroniken der Gemeinden). Die hängende Schicht wurde also beträchtlich gestört und das Niederschlagswasser sickerte sich einfacher zur Tonsteinschicht ein.

- 1872 wurde die Eisenbahn Pilsen-Saatz gebaut. Der Einschnittaushub der Bahn hat den Hangfuß in der Länge von etwa 200 m durchgeschnitten. Der ganze Einschnitt schob sich bei der Rutschung um 80 m nach unten. Der Bau war also nicht der Hauptgrund für die Hangbewegungen, er hat aber auch die Stabilität des Hanges beeinträchtigt.

- Von einer entscheidenden Bedeutung waren gewaltige Regenniederschläge, die im Mai 1872 das sämtliche südwestböhmische Gebiet betroffen haben. Ab Mittag des 25. Mai bis zum nächsten Morgen fielen insgesamt 40 mm Niederschläge. Dies verursachte gewaltige Überschwemmungen an der Střela sowie auch Berounka. In Prag kulminierte der Durchfluß der Moldau am 26.5. um 14 Uhr bei 3300 m^3/s. Das war die fünftgrößte Überschwemmung der seit 1785 vorgenommenen Untersuchungen. In die hängende Schicht wurde eine große Menge Wasser eingesogen, die Untergrundtonsteine wurden aufgeweicht (quatschig) und schufen so eine günstige Gleitfläche für die Rutschung. Die mit Wasser getränkte Sandsteinschicht, 15 bis 35 m mächtig, hat sich innerhalb von zwei Tagen (27. und 28.5.1872) ins Bachtal geschoben und dieses in einer Länge von ca. 300 m versperrt.

Entwicklung des Seebeckens

Die erste tachymetrische Aufnahme des Seegrundrisses wurde 1972, also genau 100 Jahre nach der Entstehung dieses Sees, vorgenommen (in Jansky B., 1977). Damals wurde eine Fläche von 5,9364 ha gemessen, wobei 802 m^2 die Sedimentinseln im Gebiet des Seezuflusses einnahmen. Die Wasserspiegelfläche betrug also 5,8562 ha.

Eine wiederholte Tiefenmessung wurde 1990 vorgenommen. Aus den beiden bathymetrischen Untersuchungen resultierten folgende Unterschiede:

- Die maximale Tiefe sank von 7,7 m auf 6 m. Angesichts dessen, daß der Wasserspiegel während der Meßzeit im Jahre 1990 um 26 cm niedriger als der langjährige Normalwert war, d.h. an der Kote 413,24 m, ist dieser Wert noch zuzurechnen. Also betrug das Maximum im Jahre 1990 6,26 m.

- Gänzlich verschwanden die Tiefhöhenlinien von 6 und 7 m, die Tiefhöhenlinienfläche von 4 und 5 m verminderte sich um mehr als die Hälfte, die Tiefhöhenlinienfläche von 1 m um etwa 1/3. Ungefähr um 27 % sank auch die Wasserspiegelfläche.

- In der Periode zwischen zwei Messungen stieg die Fläche der Sedimentinseln von 802 m^2 im Jahre 1972 auf 3 895 m^2 1990 an.

- Mit Hilfe von bathymetrischen Kurven wurde das Volumen (Kubatur) des Seebeckens festgestellt. 1972 wurde im See 141 380 m^3 Wasser akkumuliert, 1990 nur 101 199 m^3. Das Volumen der Sedimente beträgt für diese Periode also 40 181 m^3, d.h., daß die Seebeckenkubatur um 28,4 % sank.

Dynamik und Ursachen der Verlandung des Seebeckens

Wie mächtig ist die Sedimentschicht, die das ursprüngliche Flußbett vom Bach Mladotický potok aus der Zeit vor 1872 bedeckt? Da keine seriöse Angabe über die

Seetiefe knapp nach ihrer Entstehung zur Verfügung stand, wurde eine Rekonstruktion der ursprünglichen Fallhöhenverhältnisse des Baches gemäß gegenwärtiger topographischer Karten durchgeführt. Von den Längsprofilen des Wasserlaufes wurde festgestellt, daß 1972 die Anschwemmung etwa 11 m bei damaliger Tiefe von 7,7 m betrug. Zum Zeitpunkt der Entstehung konnte sich also die Seetiefe 20 m nähern.

Die Verlandung verlief offenbar kurz nach der Entstehung des Sees am schnellsten. Das Material der Eindämmung war unverfestigt und unterlag leicht der Abrassion. In das Seebecken rutschten die Uferpartien ab. Erst später wurde die Uferlinie stabilisiert und durch Baumwurzeln verfestigt. Damals sank die Verlandungsintensität. Zu ihrer Vergrößerung kam es erst nach der Kollektivierung der Landwirtschaft in den 60er und 70er Jahren. Im Einzugsgebiet wurde eine unbedachte Melioration durchgeführt, die frühere günstige Terassierung des Hanges wurde beseitigt. Angesichts der beträchtlichen Größe des Ackerlands im Einzugsgebiet, schwerer roter Tonerden und fehlender Rasenstreifen neigt das Einzugsgebiet bedeutend zu Wassererosion.

Prognose der weiteren Entwicklung des Sees

Aufgrund der Ergebnisse von zwei bathymetrischen Messungen in den Jahren 1972 und 1990 läßt sich eine Theorie über die weitere Entwicklung des Seebeckens formulieren. Wenn das Volumen der Anschwemmungen binnen 18 Jahre 40 181 m^3 war, entspricht das einer Anschwemmungsintensität von 2 232 m^3 pro Jahr. Laut diesen Werten würde das heutige Volumen des Sees 101 199 m^3 (bei durchschnittlichem Wasserspiegel auf Kote 412,50 m) in ungefähr 45 Jahren ganz verlandet, d.h. so um das Jahr 2035.

Nehmen wir an, daß sich im Gebiet der größten Tiefen während 18 Jahren eine Sedimentschicht von 1,6 - 1,8 m angesammelt hat, dann entspricht es einer Verlandungsgeschwindigkeit von etwa 10 cm jährlich. Unter unveränderten Bedingungen würde das Gebiet der maximalen Tiefen ungefähr in 60 Jahren, d.h. um 2050, verlandet sein.

Neben der Geschwindigkeit der Sedimentation könnte auch der Seeabfluß eine Rolle in der künftigen Entwicklung spielen. Der schneidet sich nach und nach immer mehr in die Eindämmung ein. Bei einer extremen Überschwemmung könnte es auch zur markanten Vertiefung des Seeabflusses kommen. Das würde auch eine Senkung des Wasserspiegels und einen schnelleren Untergang des Sees bedeuten.

Der Verlangsamung der Verlandungsprozesse im Seebecken des Sees Mladotické kann die Durchführung von konsequenten Schutzmaßnahmen gegen Erosion der Erde im ganzen Einzugsgebiet des Sees und einer Abflußregelung behilflich sein.

Literatur

Dunder, J.A. (1845): Králowství České staticky a polohopisně popsané. Kraj Plzeňky. S.221, w Praze (Das Böhmische Königreich statisch- und Lagebeschrieben. Pilsengebiet. B.221, in Prag)

Janský, B. (1976): Mladotické hrazené jezero - Geomorfologie sesuvných území (Der Sperrsee Mladotické jezero - Geomorphologie der Rutschungsgebiete). Acta Universitatis Carolinae - Geographica. Jahrgang XI., Nummer 1, Seiten 3-18. Prag.

Janský, B. (1977): Mladotické hrazené jezero - Morfologické a hydrografické poměry (Der Sperrsee Mladotické jezero - Morphologische und hydrographische Verhältnisse). Acta Universitatis Carolinae - Geographica. Jahrgang XII., Nummer 1, Seiten 31-4618. Prag.

Skrejšovský, F. (1872): Zhoubná povodeň v Čechách dne 25. a 26. května 1872 (Die verderbliche Überschwemmung im Böhmen am 25. und 26. Mai 1872). B.117, Prag.

Urbanová, H. (1991): Odtokový režim a jakost vod v povodí Mladotického potoka. Diplomová práce na přírodovědecké fakultě UK (Abflußregime und Gewässergüte im Einzugsgebiet vom Bach Mladotický potok. Diplomarbeit an der Naturwissenschaftlichen Fakultät der KU) Prag.

Abb. 1: Die Sperre des Sees unmittelbar nach der Abrutschung im Mai 1872. Zeichnung von E. Herold (Reproduktion aus dem Buch von F. Skrejšovský, 1872).

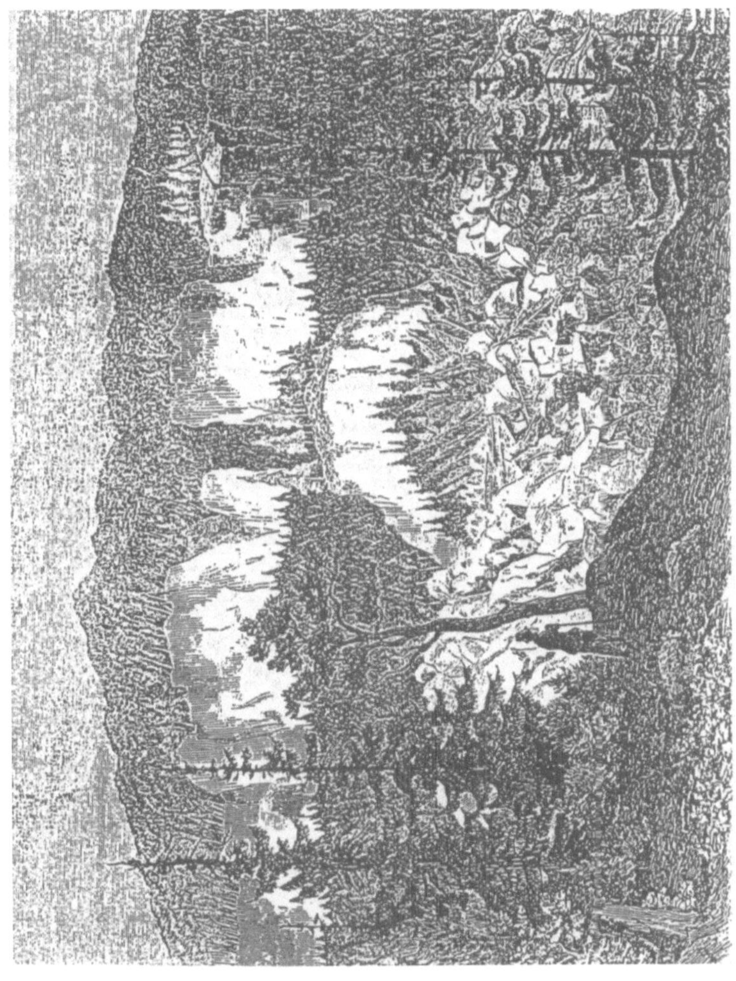

Abb. 2: Das Absonderungsgebiet der Abrutschung unmittelbar nach der Abrutschung im Mai 1872. Zeichnung von E. Herold (Reproduktion aus dem Buch von F. Skrejšovský, 1872).

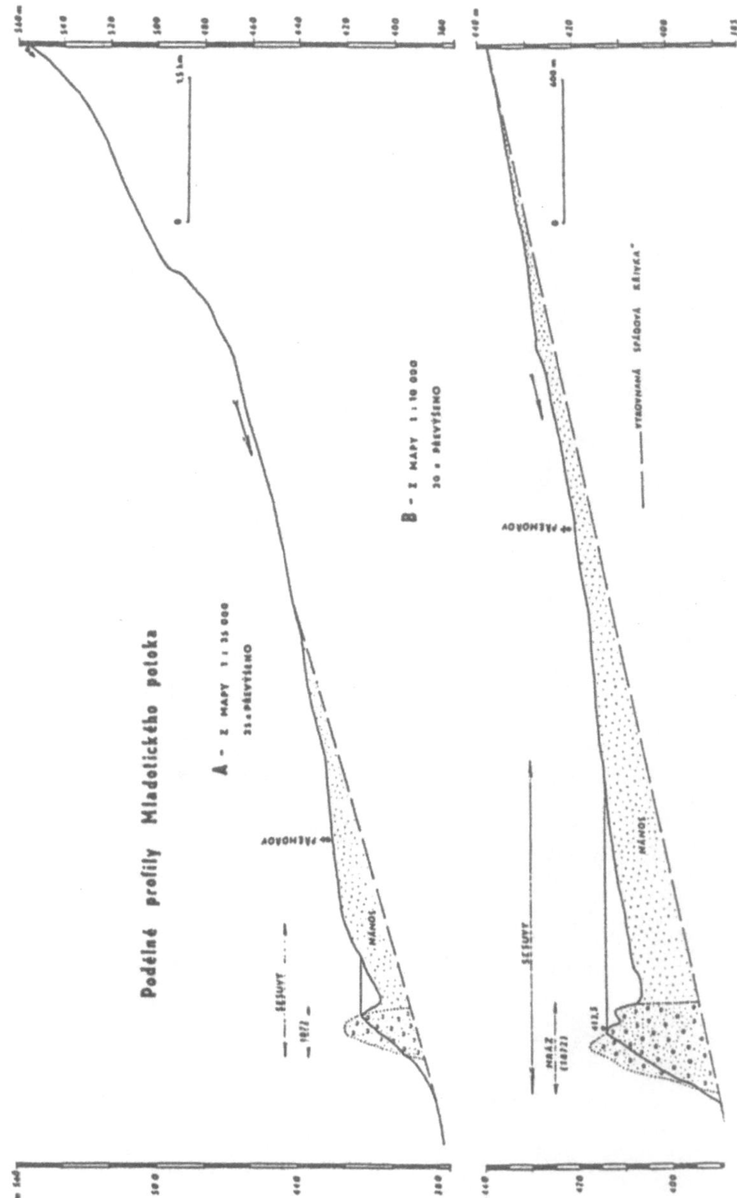

Abb. 3: Die Längsprofile des Baches Mladotický potok aus den Karten 1 : 25 000 (A), Höhenunterschied 25fach, und 1 : 10 000 (B), Höhenunterschied 20fach.

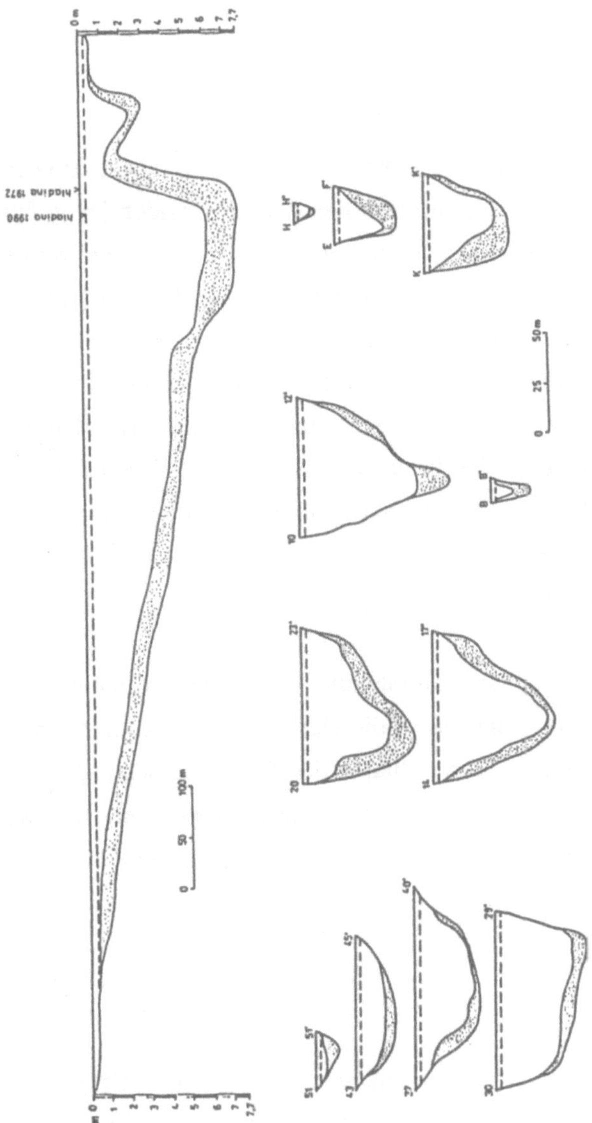

Abb. 4: Das Längsprofil und die Querprofile durch das Seebecken.
Die Sedimentschicht ist mit einer gestrichelten Linie dargestellt.

Beitrag der Algen zum Schwebstoff in der Elbe

L. Kies, Th. Fast, K. Wolfstein, M. Hoberg; Hamburg

Fragestellungen und Ziele

Das Phytoplankton spielt durch die Bereitstellung von Matrixmaterial, das über-wiegend aus sauren, teilweise sulfatisierten Polysacchariden (exopolymeric substances, EPS) besteht, eine wichtige Rolle bei der Bildung von Schwebstoff-Flocken. Die Zusammensetzung des Schwebstoffes ändert sich quantitativ und qualitativ im Jahresgang und im Längsschnitt der Tide-Elbe.

Je nachdem, ob die planktischen Algen frei im Wasser schweben oder an Flocken gebunden sind, zeigen sie unterschiedliches Transportverhalten. Wegen der Bedeutung der Schwebstoffe für das Ökosystem Tide-Elbe ist es notwendig auch das Transportverhalten des Phytoplanktons näher zu untersuchen.

Untersuchungsgebiet

Das Untersuchungsgebiet umfaßt die Tide-Elbe stromabwärts vom Hamburger Hafen (oligohaline Zone) bis in die Deutsche Bucht (polyhaline Zone). Auf diese Weise soll die gesamte Variabilität in der Zusammensetzung des Schwebstoffes erfaßt werden. Um saisonale Unterschiede zu dokumentieren, wurden vom SFB-Meßponton bei Brunsbüttel aus, von April bis Dezember 1992 und 1993, monat-liche Proben genommen.

Methoden

Zur Probennahme wurde ein sogenanntes OWEN-Rohr (Braystoke SK 110 sampler) verwendet, das eine Auftrennung des Schwebstoffes in unterschiedlich schnell sinkende Fraktionen erlaubt. Es wurden zwei Wassertiefen beprobt (Ober-fläche und Bodennähe).

Die Proben wurden in jeweils drei Fraktionen unterteilt:

a) Fraktion mit einer Sinkgeschwindigkeit von ≤ 1,9mm s^{-1}
b) Fraktion mit Sinkgeschwindigkeiten von 0,2 bis 1,9 mm s^{-1}
c) Fraktion mit einer Sinkgeschwindigkeit von ≥ 0,2 mm s^{-1}

Aus diesen drei Fraktionen wurden Unterproben für die Bestimmung des Schwebstoffgehaltes, des Glühverlustes (näherungsweise gleich dem Anteil an organischer Substanz) sowie des Pigmentgehaltes (bestimmt mittels HPLC) entnommen.

Ergebnisse

Der **Schwebstoffgehalt** im Längsschnitt ist im Bereich von Strom-km 680 bis 690 am höchsten (Trübungsmaximum). Sowohl in den bodennahen Proben als auch in den Oberflächenproben hat die langsam sinkende Fraktion den höchsten Anteil am Gesamtschwebstoff. Nur wenig Schwebstoff gehört bei den Oberflächenproben der schnell sinkenden Fraktion an, in Bodennähe war dagegen mehr schnell sedimen-tierender Schwebstoff vorhanden. Der Anteil der mittelschnell sinkenden Flocken am bodennahen Gesamtschwebstoff nimmt vom Hamburger Hafen bis zum Trübungsmaximum zu, geht jedoch ab Strom-km 690 bis in die Elbemündung stark zurück.

Der organische Anteil am Schwebstoff ist in der langsam sinkenden Fraktion am höchsten, er variiert an der Wasseroberfläche zwischen 8% im Trübungs-maximum und 26% bei Teufelsbrück. In dieser Fraktion sind zwischen den Ober-flächenproben und bodennahen Proben nur wenig Unterschiede vorhanden. In den Fraktionen mit höheren Sinkgeschwindigkeiten ist der organische Anteil in Bodennähe ungefähr doppelt so hoch wie an der Oberfläche. Es ist zu vermuten, daß bei den schneller sinkenden Flocken der organische Anteil an schwerere Komponenten, z.B. Tonminerale gebunden ist und so schnell zu Boden sinkt. Die schnelleren Flokken gehen in Ablagerungs- und Resuspensionsprozesse ein, während die langsam sinkenden Flocken eher dem advektiven Transport unterliegen.

Der Chlorophyll a-Gehalt (Abb.1) nimmt vom Hamburger Hafen stromabwärts bis zum Trübungsmaximum von 37 µg/l bis auf 5 µg/l stark ab. Erst im äußeren Ästuarbereich (ab km 730) steigt der Gehalt an Algenbiomasse wieder an.
Um Aufschluß zu erhalten, aus welchen Algengruppen sich das Phytoplankton zusammensetzt, wurde die **Pigmentverteilung** der Algen analysiert. Chlorophyll b ist typisch für Grünalgen, Chlorophyll c läßt sich überwiegend auf Kieselalgen zurückführen. Grünalgen lassen sich nur in der oligohalinen Zone bis Strom-km 650 nachweisen, während die Kieselalgen sowohl in der oligohalinen Zone (limnische Kieselalgen) als in der meso- bis polyhalinen Zone (marine Kieselalgen) des Süßwassers verbreitet sind (Abb. 2).

Schlußfolgerungen

Das Phytoplankton hat nicht nur als Nahrung für Herbivore, sondern auch als Bestandteil von Flocken eine große Bedeutung für das Ökosystem Tide-Elbe. Planktische Algen, Algendetritus und algenbürtige Exopolymere bestimmen zu einem erheblichen Teil die Entstehung, das Sinkverhalten und die Adsorptionsfähigkeit von Schwebstoff-Flocken u.a. gegenüber Schwermetallen.

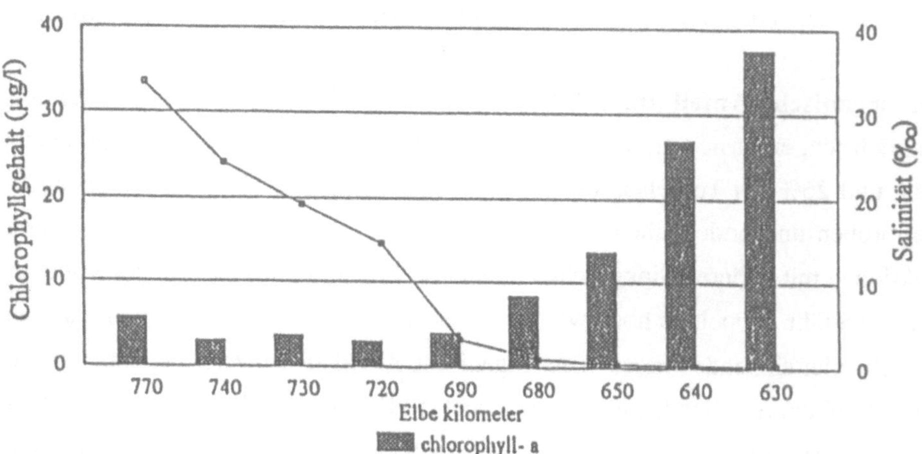

Abb. 1: Chlorophyll a-Gehalt und Salinität an der Wasseroberfläche im Längsschnitt (April 1993)

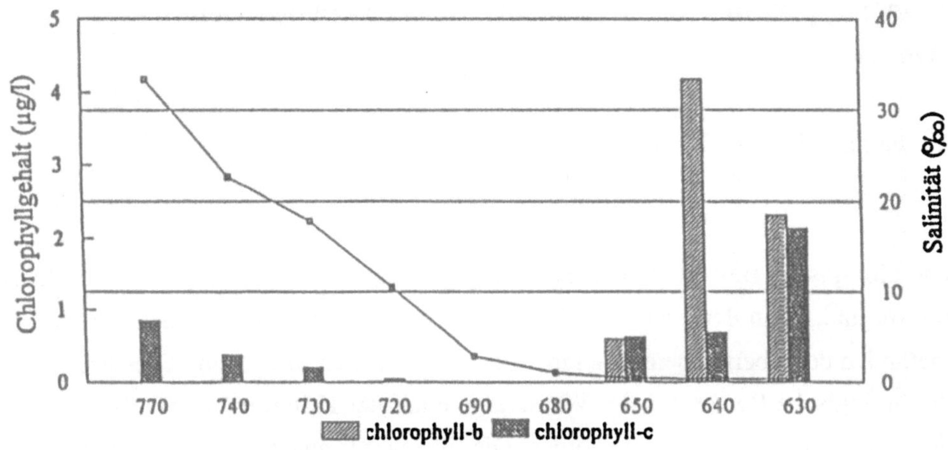

Abb. 2: Chlorophyll b- und c-Gehalt und Salinität an der Wasseroberfläche im Längsschnitt (April 1993)

Makrozoobenthos der Elbe im Netz der staatlichen Kontrollprofile und Bedeutung seiner saprobiellen Auswertung

V. Koza; Hradec Králové

Die biologische Bewertung des Belastungsgrades, einschließlich der Oberflächenwassergüte, ist in der Tschechischen Republik Bestandteil standardisierter Normmethoden der Oberflächenwasseranalysen seit Ende der 70-er Jahre. Gleichzeitig ist die biologische Bewertung der Wassergüte eines der Kriterien bei der Beurteilung der Oberflächenwassergüte geworden. Die Elbe wurde aus dieser Sicht schon früher untersucht (z.B. Vágner, 1970), regelmäßige Untersuchungen werden jedoch erst seit 1986 vorgenommen. An 12 von insgesamt 16 Meßprofilen des staatlichen Kontrollnetzes wird auch Makrozoobenthos entnommen und ausgewertet.

Für die Bedürfnisse der routinemäßigen Praxis eines wasserwirtschaftlichen Labors war es bei der Gestaltung der Methodik notwendig, auf eine Reihe von Kompromißlösungen der methodischen Herangehensweisen einzugehen, bei der Probenahme angefangen, über die Probenvorbehandlung im Gelände und anschließend im Labor, nötiges Niveau der Taxondetermination, Auswertungsweise der Häufigkeit der Organismen bis schließlich zur angewandten Berechnung des Saprobienindexes.

Die Probenahme erfolgt am Meßprofil oder in seiner Nähe durch Materialsammlung vom festen Untergrund oder durch Spülung des feinen Sedimentes durch Siebe (Maschenweite 0.5 mm). Es werden solche Probenahmestellen gewählt, an denen die Stromlinie dicht beim Ufer liegt oder das Ufer direkt berührt. Die Elbe ist größtenteils kanalisiert, deswegen war die Wahl einer geeigneten Meßstelle an vielen Meßprofilen sehr problematisch. Direkt im Gelände wird das entnommene Material nur grob sortiert und die Probe mittels Formalin in Endkonzentration von etwa 2 % fixiert. Die Untersuchung der Organismen erfolgt im Labor. Die Auswertung der Häufigkeit (Abundanz) ist relativ (siehe tschechische Norm ČSN) und gleichzeitig werden die Organismen bestimmt. Bei einigen Gruppen bemüht man sich um Bestimmung von einzelnen Arten oder Artengruppen wie bei den Ordnungen Ephemeroptera, Plecoptera, Odonata, einigen Gruppen der Ordnung Diptera, Trichoptera und Coleoptera, ferner bei Krebstieren (Malacostraca), Weichtieren (Mollusca) und Egeln (Hirudinea). Bei den übrigen Gruppen genügt eine Stamm- oder Familiendetermination (Oligochaeta, Diptera u.ä.).

Die bisher gültige Berechnungsmethodik des Saprobienindex resultiert aus artmäßigen Saprobiewerten. Sogenannte Gruppenindizes - d.h. Saprobienwerte der Arten-, Stamm- oder Familiengruppen werden in der tschechischen Norm ČSN nur sporadisch einbezogen. Der Indikationswert einzelner Taxone ist verschieden und der Mitarbeiter kann sich eine Vorstellung über dessen Höhe mittels des Koeffizienten "Indikationsgewicht der Art" machen. Dieser Wert wird im Verzeichnis, das ein Bestandteil der ČSN ist, angeführt. Die Bestimmung der Saprobie wird aufgrund der Berechnung des Saprobieindex durchgeführt. Dieser wird in der Staatsnorm als die klassische Berechnung nach PANTLE und BUCK präsentiert, obwohl im Kommentar zur Norm auch andere Berechnungsweisen angeführt werden. Im Labor der Wasserwirtschaftsdirektion Elbe wird die Modifikation der Berechnung nach MARVAN angewandt, wo das Indikationsgewicht des Taxons genutzt wird.
Die präsentierten Ergebnisse sollen die Entwicklung der Saprobie im Längsprofil der Elbe und Entwicklung der Saprobität während des Untersuchungszeitraumes belegen. Gleichzeitig ist es möglich, auch die Saisonveränderungen auszuwerten, da am Anfang der Untersuchungen die Probenahmen quartalsweise, seit 1990 halbjährig durchgeführt wurden.

Das am höchsten gelegene Kontrollmeßprofil, wo Makrozoobenthos entnommen und ausgewertet wurde, war Klášterská Lhota. Weitere - flußabwärts der Reihe nach - waren Debrné, Hořenice, Opatovice n.L., Němčice, Valy, Veletov, Litol (resp. Lysá n.L.), Štěpán (resp. Obříství), Liběchov, Litoměřice, Vilsnice (resp. Děčín) und das Grenzprofil Hřensko.Im Längsprofil ändert sich der Saprobienindex des Makrozoobenthos von besserer Betamesosaprobität bis zur Polysaprobität im mittleren Teil (Meßprofil Valy - Belastung aus der chemischen Industrie in Pardubice - Semtín), wobei den größten Anteil die Abschnitte bilden, die eine schlechtere Betamesosaprobität aufweisen.

Die Probenahmeweise ermöglicht nicht, eine Probe mit allen an der Probenahmestelle lebenden Organismen zu entnehmen. In dem Teil des Flusses, der kanalisiert wurde, ist es z.B. problematisch die Organismen von der Flußsohle zu gewinnen. Die Probenahmen, die zu diesem Zweck von einem Schiff aus vorgenommen wurden, haben jedoch bewiesen, daß vor allem infolge starker Belastung und des Bodencharakters (bewegliche Sande) die Flußsohle nur spärlich belebt ist. Am dichtesten sind die Steinschüttungen bzw. feine Sedimente in der Uferzone besiedelt.

Die häufigsten Organismen im gesamten Längsprofil der Elbe stellen die Egel - Gattung Erpobdella (Erpobdella octoculata) und Wasserasseln (Asellus aquaticus) dar. Von den Weichtieren sind im unteren Flußabschnitt die Muscheln Musculium und Sphaerium häufig vorhanden, spärlicher waren die Gattungen Anodonta und Pisidium und Schnecken Bithynia tentaculata und Radix auriculata vertreten. In torrentilen Abschnitten sind die Schnecken Ancylus fluviatilis häufig vertreten, in den lenitischen werden sie vom Acroloxus lacustris abgelöst. Im gesamten Längsprofil ist an geeigneten Strömungsabschnitten häufig Hydropsyche anzutreffen, im Oberlauf kommen die Gattungen Rhyacophila und Potamophylax, im Unterlauf Vertreter der Familie Polycentropodidae hinzu.

Sehr häufig und in zahlreichen Populationen begegnet man oft den Oligochaeta (in reineren Strömungsabschnitten Stylodrilus, Nais und Eiseniella tetraedra, in belasteten Abschnitten häufig Tubifex und Limnodrilus). Große Populationen werden fast im ganzen Längsprofil von Stylaria lacustris gebildet.
Das Poster stellt übersichtlich die Entwicklung der Saprobität des Makrozoobenthos im Längsprofil der Elbe im tschechischen Gebiet gemeinsam mit ausgewählten chemischen Belastungsparametern dar. Daneben werden die gesammelten Angaben über die Stromorganismen (Übersichten der festgestellten Taxone) zur Auswertung der anthropogenen Auswirkungen auf den Fluß genutzt.

Schadstoffmonitoring mit Dreissena polymorpha in der tidefreien Elbe zwischen Schmilka und Schnackenburg

Th. Gaumert, Hamburg; L. Küchler, Radebeul
U. Raschewski, S. Thieme; Magdeburg

1. Ziel des Schadstoffmonitoring

Mit dem Ziel der Dokumentation des bioverfügbaren Anteils der Schadstoffe in der Elbe begann im Frühjahr 1992 ein Schadstoffmonitoring mit "Dreissena polymorpha" in 4 Meßstationen zwischen Schmilka und Schnackenburg. Erfahrungsgemäß eignen sich Muscheln als festsitzende filtrierende Organismen besonders gut für derartige Untersuchungen. Neben der absoluten Höhe der Belastung an den Meßstationen läßt sich langfristig gesehen die Entwicklung der Schadstoffbelastung in der Elbe dokumentieren. So kann bespielsweise aufgezeigt werden, ob die eingeleiteten Sanierungsmaßnahmen entlang dieses Elbabschnittes greifen und somit der gewünschte Rückgang hinsichtlich der Gefährdung der Biozönose durch den bioverfügbaren Anteil der Kontaminanten tatsächlich eintritt.

2. Material und Methoden:

Die an den einzelnen Meßstationen der neuen Bundesländer durchgeführten Expositionsversuche entsprachen der von der Wassergütestelle Elbe in der Meßstation Schnackenburg entwickelten und erprobten Verfahrensweise. Das Besatzmaterial wurde dem gering belasteten Gartower See entnommen. Von einem Teil der Tiere wurde die Ausgangsbelastung mit Schadstoffen bestimmt. Der andere Teil wurde in Durchflußhälterungsanlagen der Meßstationen Schmilka (Strom-km 4,1), Zehren (Strom-km 87,8), Magdeburg (Strom-km 318,1) und Schnackenburg (Strom-km 474,5) für zwei Monate ausgesetzt. Dieser Zeitraum stellt, wie vorangegangene Untersuchungen gezeigt haben, einen aus naturwissenschaftlicher Sicht vernünftigen Kompromiß dar zwischen der Aktualität der gemessenen Befunde einerseits und der voraussichtlichen Höhe der Endbelastung andererseits.

Nach Hälterungsende wurden die Muscheln zum Untersuchungslaboratorium transportiert und dort für 24 Stunden im filtrierten Elbewasser zum Auskoten gehältert.

Anschließend erfolgte an ca. 60 Individuen jeder Probe die Aufnahme der morphometrischen Merkmale. Bevor das Frischgewicht der einzelnen Muschelweichkörper ermittelt wurde, fand ein 5minütiges Abtropfen auf Fließpapier statt.

In einem weiteren Arbeitsschritt wurde dann von rd. 60 Muschelkörpern jeder Probe ein Homogenat hergestellt, von dem ca. die eine Hälfte für die Schwermetallbestimmung, die andere Hälfte für die CKW-Untersuchungen weiter aufbereitet wurde.

Aus der Gruppe der Schwermetalle wurde Quecksilber (Hg), Blei (Pb), Cadmium (Cd), Kupfer (Cu), Zink (Zn), Chrom (Cr) und das zu den Halbmetallen zählende Arsen (As) der Muschelweichkörper (Poolprobe) analytisch berücksichtigt.

Aus der Gruppe der CKWs gingen folgende Substanzen in das Untersuchungsprogramm ein: Hexachlorbenzen (HCB), Hexachlorcyclohexan (α-, β-, γ- und δ- HCH), die beiden Metaboliten des DDT, nämlich 4,4'-DDE und 4,4'-DDD, Octachlorstyrol (OCS) und von den polychlorierten Biphenylen (PCBs) die in der „Verordnung über Höchstmengen an Schadstoffen in Lebensmittlen" (SHmV) angeführten Kongenere Nr. 28, Nr. 52, Nr. 101, Nr. 138, Nr. 153 und Nr. 180 sowie zusätzlich die Kongenere Nr. 118 und Nr. 194.

Die Elementgehalte im Muschelfleisch werden in der nachfolgenden Ergebnisbetrachtung auf das Feuchtgewicht bezogen mitgeteilt. Die CKW-Verbindungen wurden im Fett bestimmt.

3. Ergebnisse und Diskussion

Die für die Abb. ausgewählten Schwermetalle und organischen Verbindungen sind Mittelwerte von 5 zweimonatigen Expositionen an allen Stationen zwischen

dem 4. Mai 1992 und dem 1. November 1993.
Als wichtigstes Ergebnis ist festzuhalten, daß die dem Elbwasser ausgesetzten Muscheln die berücksichtigten Elemente und CKW´s in erheblichem Maße anreichern. Was den bioverfügbaren Anteil dieser Meßgrößen anbelangt, muß die Elbe als ein hochgradig belastetes Gewässer angesehen werden.
Pauschal kann festgehalten werden, daß die elbwassergehälterten Muscheln in der Regel eine bessere Kondition aufweisen als die Muscheln aus dem Gartower See (Fettgehalt). Dies ist offenbar auf das bessere Nahrungsangebot in der Elbe zurückzuführen (in der Regel hoher Gehalt an Phytoplankton und anderem organischen Seston).
Beispielhaft werden die Akkumulation von Quecksilber, Cadmium, β-Hexachlorcyclohexan und dem Polychlorierten Biphenyl 153 dargestellt. Für alle 4 ausgewählten Komponenten läßt sich zweifelsfrei erkennen, daß die Schadstoffbelastung der Elbe bzw. ihr bioverfügbarer Anteil signifikant über dem Niveau des Gartower Sees liegt.
Der Konzentrationswert nach Elbwasserhälterung war mindestens 2 mal so hoch (Cd, Hg) und maximal 85 mal so hoch (β-Hexachlorcyclohexan) wie der Ausgangswert.
Zwischen den Einzelkomponenten sind augenfällige Unterschiede zu verzeichnen:

Quecksilber:

Die in Schmilka exponierten Muscheln haben die höchste Anreicherung zu verzeichnen (auf das 3fache des Ausgangswertes); im weiteren Flußlauf nimmt die Anreicherung kontinuierlich ab, wobei in Schnackenburg immer noch das doppelte Ausgangsniveau gemessen wurde.
Der Belastungsschwerpunkt für den bioverfügbaren Teil des Quecksilbers liegt offenbar auf dem Territorium der Tschechischen Republik.

Cadmium:

Ganz anders ist die Situation beim Cadmium, bei dem in Schmilka eine Verdopplung des Ausgangswertes ermittelt wurde. Die in Zehren gehälterten Muscheln weisen im Vergleich zum Gartower See eine Verzehnfachung des

Cd-Gehaltes auf. Bis Schnackenburg erfolgt dann eine kontinuierliche Abnahme auf rund das 3fache des Gartower Sees.
Dieser massive Schadstoffstoß stammt ohne Zweifel aus dem Einzugsgebiet zwischen Schmilka und Zehren; offensichtlich hat hier die aus der Zeit des Silberbergbaus im Freiberger Raum stammende Grubenentwässerung über Rothschönberger Stollen und Triebisch den Hauptanteil.

β- Hexachlorcyclohexan:

Die Elbeexposition zeigt in Schmilka eine 20fache Anreicherung, in Magdeburg eine 85fache Anreicherung gegenüber dem Expositionsbeginn. Auf den Fließstrecken zwischen Schmilka und Zehren sowie Magdeburg und Schnackenburg erfolgt jeweils eine geringfügig schwächere Akkumulation dieses Schadstoffs; d. h., es erfolgt keine Belastungszunahme für diesen Wasserschadstoff.
Der Belastungsschwerpunkt für β- HCH liegt offensichtlich im Industriegebiet um Leipzig - Halle - Bitterfeld.

Biphenyl 153

Das Bild der Akkumulation von PCB 153 durch die Dreikantmuscheln ähnelt dem des Quecksilbers.
Die Meßwerte aus Schmilka sind 5 mal so hoch wie der Ausgangswert. Auf der weiteren Fließstrecke erfolgt eine ständige Abnahme bis auf das 3fache des Ausgangswertes in Schnackenburg.
Als Belastungsschwerpunkt für das PCB 153 wird durch die vorgestellten Untersuchungen das Gebiet der Tschechischen Republik ausgewiesen.

Insgesamt belegen die Ergebnisse des durchgeführten aktiven Schadstoff-Biomonitorings, daß sich die Dreikantmuschel im Rahmen von Routineuntersuchungen zur Beschreibung des bioverfügbaren Schadstoffanteils der Elbe ausgezeichnet eignet. Dieses Verfahren hat sich als eine unverzichtbare Komponente im Rahmen der Gewässerüberwachung der Elbe erwiesen. Die vorgestellten Ergebnisse sind eine wertvolle Ergänzung der in den Meßstationen betriebenen Biotests (Daphnientest, Dreissena-Monitor), die lediglich das Überschreiten von Schadstoffschwellenwerten signalisieren.

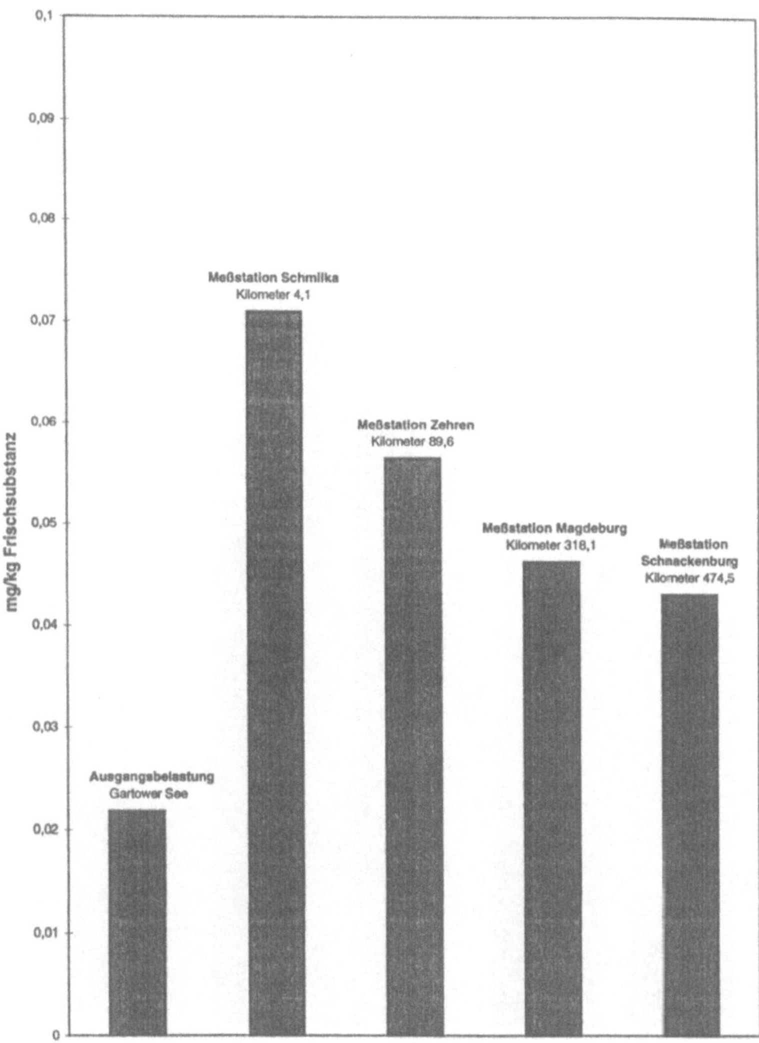

Abb.1: Quecksilbergehalt im Muschelfleisch

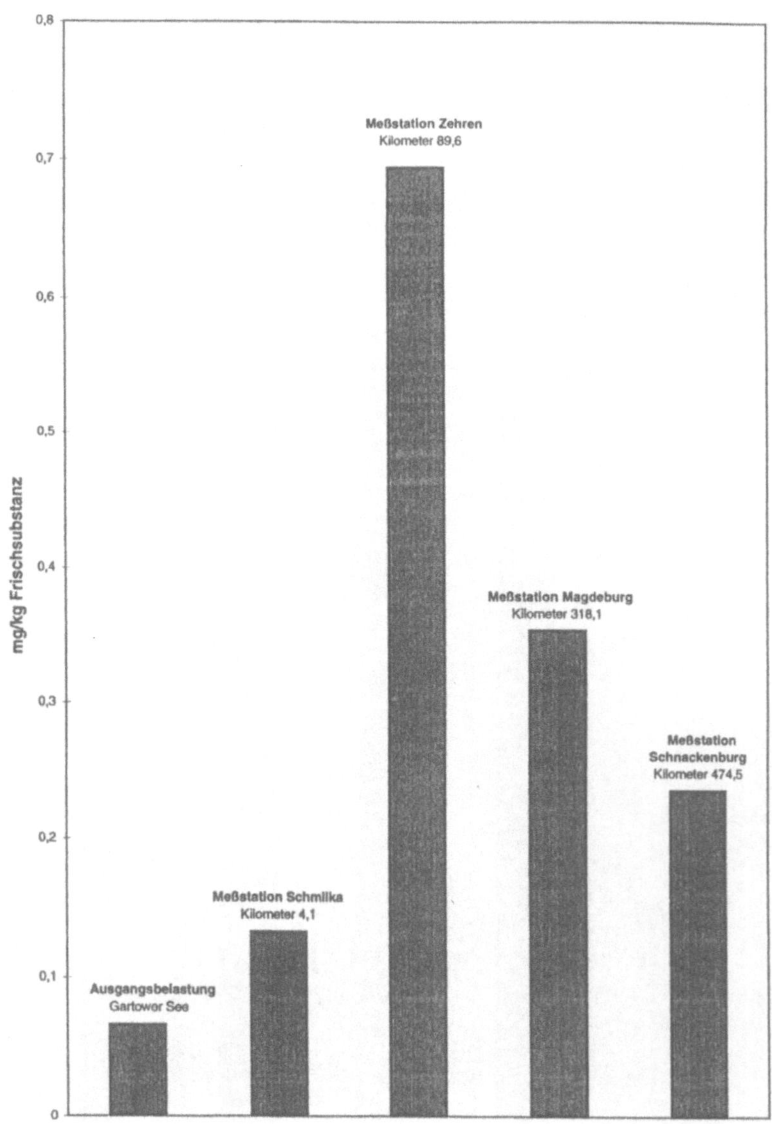

Abb.2: Cadmiumgehalt im Muschelfleisch

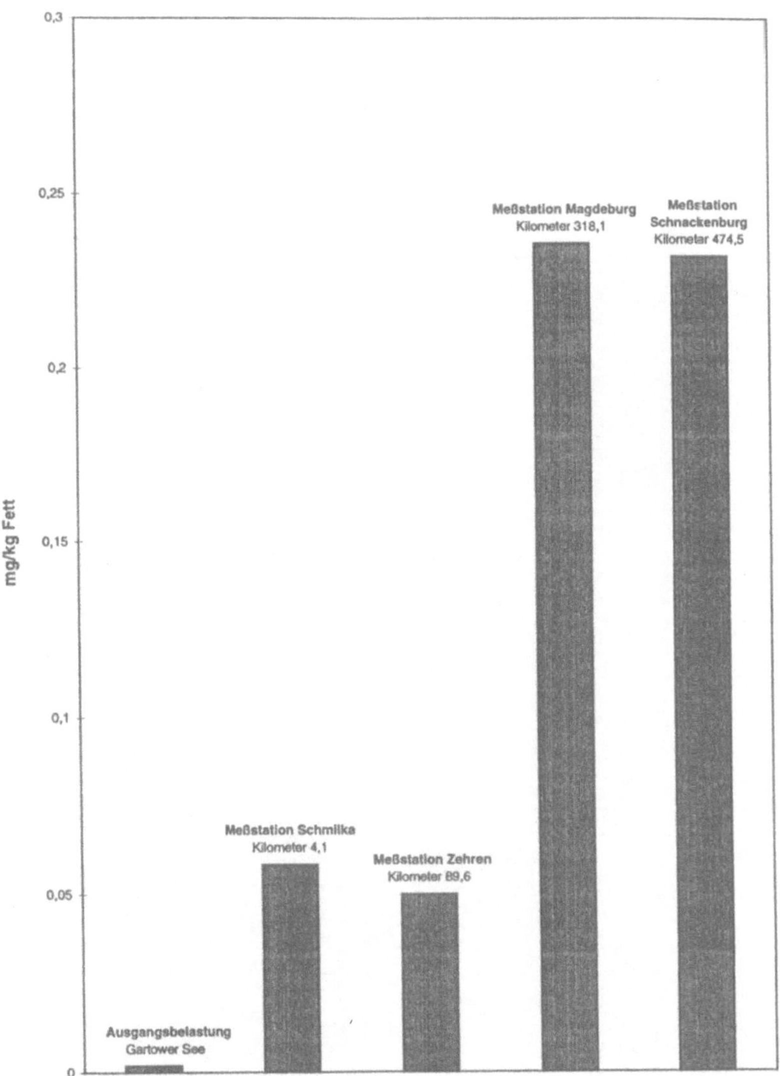

Abb.3: ß-Hexachlorcyclohexangehalt im Fett

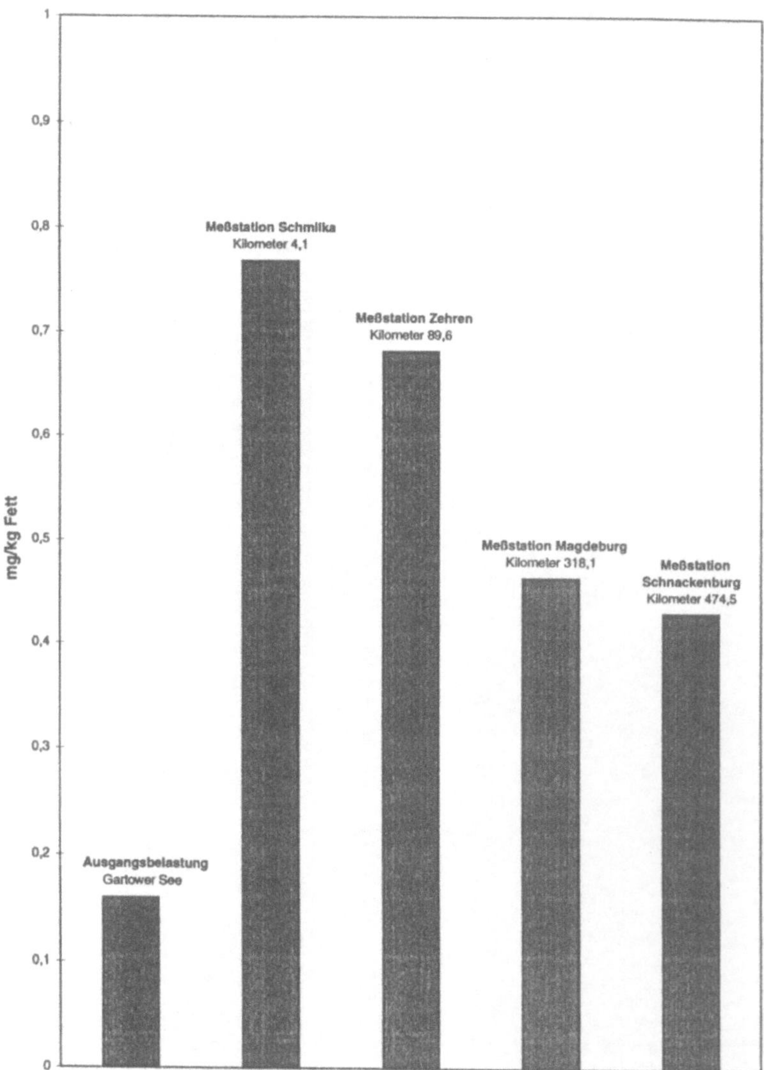

Abb.4: Gehalt Polychlorierte Biphenyle im Fett (Konginär 153)

Zur Bestimmung der Schwermetallführung von Schwebstoffen der Elbe

J. Lehmann, A. Ernst, K.-H. Henning, J. Kasbohm; Greifswald

Seit 1989 sind in mehrmonatigen Abständen an gleichen Meßpunkten der Elbe im Flußabschnitt zwischen Schmilka und Wahrenberg bzw. Geesthacht (seit 1990) Schwebstoffe zur mineralogisch-phasenanalytischen Untersuchung entnommen worden. Die Proben wurden als Punktproben mit einem Volumen von jeweils 200 Litern Flußwasser aus einer Wassertiefe von ca. 1 m mittels Schöpfern von Brükken, Fähren oder ausladenden Pontons entnommen. Die Feststoffanteile sind durch Sedimentation angereichert und mittels Vakuumfiltration über Membranfilter der Porenweite 0,45 µm gewonnen und gefriergetrocknet worden.

Die vergleichbaren hydrologischen Bedingungen während der einzelnen Bereisungen sowie typische ortsabhängige Eigenschaften der Schwebstoffe sprechen für die Eignung der Art der Probenahme und eine Repräsentanz der gewonnenen Proben.

So lagen die jeweiligen Durchflußwerte bis auf die Kampagne 4/1992 in einem engen Variationsbereich unter den mittleren Durchflüssen (MQ 1981-1990). Die ermittelten Strömungsgeschwindigkeiten bewegen sich relativ übereinstimmend um den Wert von 1 m/s (0,8...1,4 m/s) und sinken in Fließrichtung geringfügig ab. Eine Ausnahme bildet die Hochwasserbeprobung 4/1992 mit einer mittleren Fließgeschwindigkeit von 1,4 m/s (1,3...1,9 m/s). Die Schwebstoffkonzentrationen er-reichen Werte von 8 bis 45 mg TS/l, wobei die Wirkung des Strömungsregimes deutlich von saisonalen Einflüssen der biologischen Primärproduktion überlagert wird. Mit Hilfe einer methodischen Kombination von Differentialthermoanalyse und Thermogravimetrie sind an den Proben die Masseanteile der anorganischen Substanz bestimmt worden. Die Werte verringern sich in Fließrichtung von durchschnittlich 79,9 % (Mittelwert aller Proben im Raum Schmilka - Pretzsch) auf durchschnittlich

75,4 % (Mittelwert aller Proben im Raum Wahrenberg - Geesthacht). Die Hochwasserproben 4/1992 zeigen dabei die höchsten Gehalte an anorganischem Material.

Aufgrund der geringen Probemengen wurde für die chemische Analyse der Schwebstoffe die enegiedispersive Sekundärtarget-Röntgenfluoreszenzanalyse (System Kevex Analyst 770) als zerstörungsfreies Verfahren benutzt. Es sind Probenmengen von > 500 mg erforderlich, die als lose geschüttete, getrocknete und homogeniserte Pulver in PE-Präparatehaltern durch einen Spezialfolieboden hindurch angeregt und gemessen werden. Die Messungen erfolgen bei den Bedingungen:

Anregungsstrom 0,25...3 mA
Anregungsspannung 15 ... 55 kV
Meßzeiten 500 s
Röntgentargets wählbar Ti, Ge, Ag, Gd, Zr
Kalibrierung mit ZGI-Gesteinsstandard TS (Schwarzschiefer)
Meßbereich Elemente > Ordnungszahl 12
Doppelbestimmungen, Akzeptanz der Meßwerte ab RSD < 5%.

Unter konstanten Meßbedingungen konnte eine große Anzahl von Schwebstoff-proben gleicher Vorbehandlung über einen längeren Untersuchungszeitraum hinweg analysiert werden. Die für Schwermetalle und Spurenelemente ermittelten Konzentrationsbereiche (Tab. 1) stehen in guter Übereinstimmung mit den Angaben anderer Autoren (ARGE Elbe, Zahlentafel für 1991).
Die räumliche und zeitliche Auswertung der Elementgehalte (Abb.1 u. 2 als Beispiele) ermöglicht verschiedene Aussagen:

1. Die Schwebstoffe der Elbe und der Nebenflüsse Schwarze Elster, Mulde, Saale und Havel besitzen lokale sowie zeitlich wiederkehrende Element-verteilungsmuster, die für räumlich spezifische geogene und anthropogene Einflüsse auf die Spurenelementführung der Schwebstoffe sprechen und wegen der erzielten Reproduzierbarkeit die Zweckmäßigkeit der gewählten Methodik unter-

streichen.

2. Die Längsprofilentwicklung anthropogener Spurenelemente läßt mit ihren Maxima als Belastungsschwerpunkte beispielsweise für Cr und As die Räume Dresden-Meißen und Roßlau-Dessau erkennen und von den "Abbaustrecken" (z.B. Raum Tangermünde) unterscheiden.

3. Anthropogene Spurenelemente wie Cr, Cu,As und Pb zeigen nach 1990 eine deutliche Gehaltsabnahme, die mit den Veränderungen der Industrielandschaft an der Elbe in Verbindung zu bringen ist.

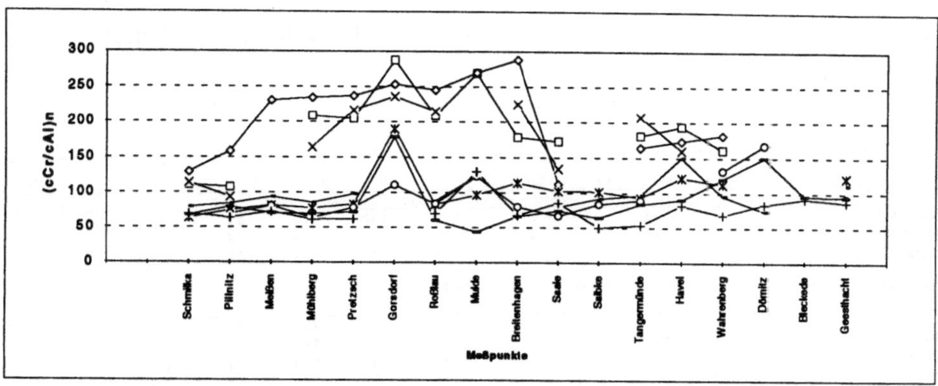

Abb. 1: Entwicklung der rel. Chromgehalte von Elbe-Schwebstoffen, Al-normiert - Legende wie Abb. 2

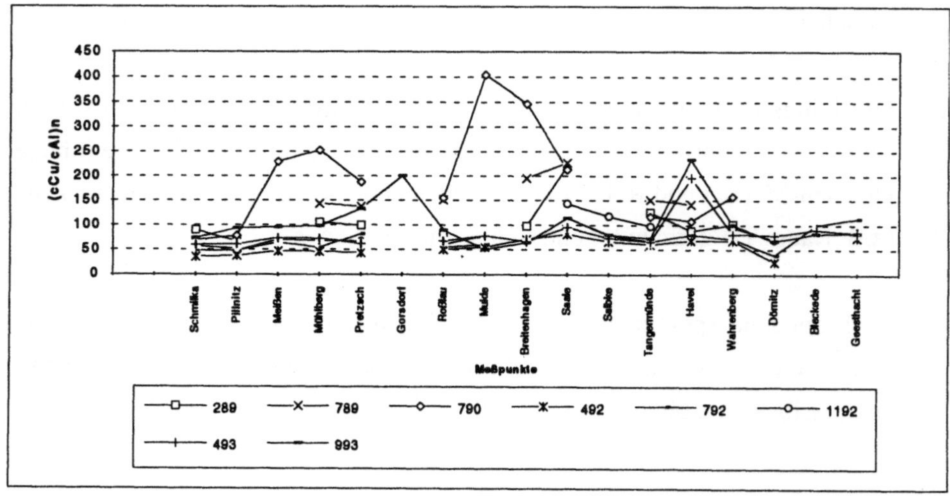

Abb. 2: Entwicklung der rel. Kupfergehalte von Elbe-Schwebstoffen, Al-normiert

	Pb	As	Cr	Cu	Zn	Sr	Ba	Zr	Fe	Mn	Ti
	ppm	ppm	ppm	ppm	ppm	ppm	ppm	ppm	%	%	%
Oberlauf	81	24	356	274	1113	136	279	156	5.1	0.57	0.48
Mittellauf	118	33	372	303	1320	162	394	139	6.4	0.45	0.43
Unterlauf	95	24	350	230	1506	137	329	100	5.9	0.58	0.37
Schnackenburg 1991	225	27.5	343	381	2420						
Elster	54		340	106	1154	143	252	22	20.7	1.9	0.12
Mulde	151	139	382	314	2246	107	266	50	10.9	0.96	0.28
Saale	144		326	469	1789	244	431	122	5.4	0.24	0.34
Havel	94		220	139	1622	69	100	28	3.9	1.19	0.13

Tab. 1: Mittlere Elementkonzentrationen von Schwebstoffen im Zeitraum 1989 bis 1993

Die Entwicklung des Makrozoobenthon im Sächsischen Elbeabschnitt in den Jahren 1989 bis 1994 - Ein Spiegelbild der Belastungsverminderung

K. Mädler; Dresden

Mit Unterstützung durch die Deutsche Forschungsgemeinschaft und die Umweltbehörde der Freien und Hansestadt Hamburg

Die Elbe gehörte bis 1989 zu den am stärksten belasteten größeren Flüssen Europas. Die Situation im Ballungsraum Pirna - Dresden - Meißen war gekennzeichnet durch

- hohe organische Belastung der Elbe von etwa 25 mg CSB/l bereits oberhalb des Ballungsgebietes und
- starke Abwassereinleitungen, besonders der Zellstoffindustrie, die zu enormen lokalen Erhöhungen der organischen Last führten (linksseitig zwischen Pirna und Dresden auf 189 mg CSB/l, rechtsseitig zwischen Dresden und Meißen auf 93 mg CSB/l)[1].

Diese Einleitungen erfolgten in der Regel im Uferbereich und verursachten sehr große Unterschiede in der Beschaffenheit der beiden Flußseiten; eine vollständige Einmischung der seitlich eingeleiteten Abwässer war erst nach einer Fließstrecke von 30 bis 40 Kilometern erreicht.

Seit 1990/91 hat eine wesentliche Verminderung der organischen Belastung stattgefunden, die allerdings weitgehend auf Betriebsstillegungen und Produktionseinschränkungen, zunehmend aber auch auf echte Sanierungsmaßnahmen zurückzuführen sind. 1992 und 1993 liegen die CSB-Werte im gesamten Untersuchungsbereich bei 18 - 22 mg/l.

---

1) Die Angaben zur organischen Belastung beziehen sich auf einen Durchfluß von 150 m^3/s = 0,45 MQ und CSB in der filtrierten Probe; alle Zahlenwerte nach Sächs. Landesamt für Umwelt und Geologie (1993).

Die starke Belastung der Elbe mit organischen Abwässern bis 1990 wirkte sich äußerst nachteilig auf die Besiedlung aus. Die Zahl der Arten war niedrig. Während sich an den "normalen", mäßig belasteten Stationen jeweils 10 bis 15 Arten (ohne Chironomiden und Oligochaeten) mit großer Stetigkeit nachweisen ließen, verringerte sich an den stärker belasteten Stationen die Zahl der vorkommenden Tiergruppen und Arten; es traten nur noch verschmutzungstolerante Indikatorarten für starke organische Belastung auf. Unter extremen Belastungsbedingungen ging die Zahl der dort vorkommenden Arten noch weiter zurück; es wurden lediglich noch wenige Oligochaeten- und Chironomidenarten und eventuell der Egel Erpobdella octoculata gefunden, alle anderen Organismengruppen fehlten (Tab.1, Spalte A).

Die Verringerung der Belastung 1990/91 machte sich bereits im 2. Halbjahr 1991, besonders aber 1992 deutlich bemerkbar: an den früher nahezu verödeten Stellen trat eine Besiedlung auf, die zwar noch artenarm war, sich aber doch schon aus 5 bis 6 unterschiedlichen taxonomischen Gruppen zusammensetzte.

Die Verbesserungen im Besiedlungsbild waren vor allem 1993 besonders auffällig und zeigten ein nahezu sensationelles Ergebnis: die Zahl der nachgewiesenen Taxa (ohne Berücksichtigung der Oligochaeten und der Chironomiden) erhöhte sich auf 49, darunter befanden sich 21 Taxa, die 1993 erstmalig (wieder) im Untersuchungsgebiet nachgewiesen werden konnten. Eine Gesamtübersicht der nachgewiesenen Taxa enthält Tab.1 in Spalte "1993".

Auch 1994 konnte eine weitere Bereicherung der Besiedlung festgestellt werden. Bei Untersuchungen im ersten Halbjahr traten neu auf:

Crustacea	Gammarus pulex L.	17 Tiere
Ephemeroptera	Habrophlebia fusca (Curtis)	1 Tier
Trichoptera	Rhyacophila nublia Zett.	2 Tiere
	Limnophilidae	35 Tiere.

Mehrere sensitive Arten, die 1993 erstmals beobachtet wurden, kamen 1994 in größerer Dichte und Stetigkeit vor (Heptagenia flava, H. sulphurea, Neureclepsis bimaculata, Vertreter der Leptoceridae sowie der Simuliidae).

Auch die biologische Gütebewertung nach dem Saprobiensystem zeigt - wie die Artenstruktur - deutlich die Verbesserung der Wasserbeschaffenheit: während in den Jahren 1988/89 im untersuchten Elbeabschnitt die Saprobienindices zwischen 2,6 und 3,5, im Mittel bei **2,96** lagen (Mädler et al. 1991), konnte 1993 aus dem ermittelten Artenbestand (Tab.1, Spalte 1993) ein Saprobienindex von **2,20** bestimmt werden.

Die festgestellten Änderungen in der Bestandsstruktur des Makrozoobenthon der oberen Elbe:

- Erhöhung der Taxazahl (ohne Oligochaeten und Chironomiden) auf 53,
- Auftreten von 25 Arten, die in den vergangenen Jahrzehnten im Untersuchungsgebiet nicht nachgewiesen werden konnten,
- Vermehrung und Stabilisierung des Bestandes bei vorher seltenen Taxa

stellen eine außerordentlich bemerkenswerte Entwicklung einer Fließgewässerbiozönose dar; die Dokumentation dieses "Freilandgroßexperimentes" ist ein Beitrag zur Frage von Reaktionsnorm und -geschwindigkeit von Fließgewässerbiozönosen auf Änderung ihrer ökologischen Bedingungen.

Es ist zu erwarten, daß die Entwicklung der Elbe-Lebensgemeinschaften von "verarmten Restbiozönosen verschmutzungstoleranter euryöker Formen" (Mädler et al. 1991) hin zu reichhaltigen, intakten und stabilen Organismengesellschaften weiterhin anhält; die weitere Untersuchung, Dokumentation und Bewertung dieses Prozesses ist eine wichtige und lohnende Aufgabe.

Literatur

Mädler K., Augst T., Bahr I., Guderitz I., Weise G., Wittann B. (1991): Ermittlung der Auswirkungen veränderter Abwassereinleitungen und Aufstellung ökologisch begründeter Grenzwerte für die obere Elbe. Forschungsbericht, TU Dresden, Sektion Wasserwesen, Bereich Hydrobiologie.

Mädler K. (1994): Manifestation von Bestandsänderungen des Makrozoobenthon im sächsischen Teilabschnitt der Elbe bis Herbst 1993. Ber.Zentr.Meeres- u. Klimaforsch., Hamburg, Reihe E, Nr.7 (im Druck)

Sächs. Landesamt f.Umwelt u.Geologie (1993): Gewässergütebericht Elbe 1992.

		1985/90				1993
		A	B	C	D	
Porifera	Spongilla lacustris (L.)			1	3	3
	Ephydatia fluviatilis (L.)				1	1
Hydrozoa	Hydra sp.			1	1	2
	Cordylophora caspia (PALL:)					1*
Tricladida	Dugesialugubris (O.S.SCHMIDT)			1	2	2
	Dugesia tigrina (GIR.)					1*
	Dendrocoelum lacteum MÜLL.			1	1	1
Gastropoda	Ancylus fluviatilis MÜLL.			1	1	2
	Acroloxus lacustris L.			1	1	1
	Bithynia tentaculata L.		1	2	3	3
	Lymnaea peregra (DRAP.)		1	1	3	1
	Gyraulus sp.					1*
Bivalvia	Pisidium sp.			1	1	1
	Sphaerium corneum (L.)			1	2	2
	Anodonta sp.			1	1	1
	Unio pictorum L.				1	1*
Bryozoa	Plumatella emarginata ALLM.			1	4	2
	Fredericella sultana (BLUM)				1	1*
	Paludicella articulata EHR.				1	1*
Oligochaeta		1	4	2	2	2
Hirudinea	Glossiphonia complanata (L.)		1	2	2	2
	G. heteroclita (L.)		1	1	1	1
	Erpobdella octoculata (L.)	1	4	4	2	3
	E. nigricollis (BRANDES)		1	2	2	2

Tab. 1: **Makrozoobenthon im sächsischen Teilabschnitt der oberen Elbe:** 1985/90 nachgewiesene Taxa an Stationen zwischen Pirna und Zehren mit übermäßiger (A), starker (B) und "normaler" Belastung (C) sowie an Stationen oberhalb von Pirna (D); 1993 nachgewiesene Taxa zwischen Pirna und Zehren. 1...5: relative Häufigkeit; *: 1993 erstmals (wieder) zwischen Pirna und Zehren nachgewiesen (Mädler 1994)

			1985/90			1993
	Helobdella stagnalis (L.)			1	1	1
	Hemiclepsis marginata (MÜLL.)			1	1	1
	Theromyzon tessulatum (MÜLL.)				1	1*
	Piscicola geometra (L.)		1	1	1	1
Crustacea	Asellus aquaticus L.		2	2	3	3
	Oronetes limosus RAF.				1	1*
	Eriocheir sinensis MILNE-EDW.					1*
Ephemeropt	Baetis div. sp.			1	2	1
	Ephemerella ignita PODA			1	1	1
	Paraleptophlebia submarg.(STEPH.)					1*
	Heptagenia flava ROSTOCK			1		1
	Heptagenia sulphurea (MÜLL.)					1*
	Potamanthus luteus L.			1	1	
Plecoptera	Isoperla grammatica PODA (?)					1*
	Nemoura sp.					1*
Odonata	Calopteryx splendens (HARRIS)				1	1*
	Ischnura elegans (VANDERLINDEN)					1*
Trichopt.	Hydropsyche contub. McLEACH		1	4	4	5
	Neureclepsis bimac. (L.)					1*
	Cyrnus trimaculatus CURTIS (?)					1*
	Leptoceridae					1*
Diptera	Chironomidae	1	4	5	4	5
	Simuliidae					1*
	Ptychoptera sp.					1*
	Dicranota sp.				1	1*
	Empididae					1*
	Limnophora sp.			1		1

Fortsetzung der Tabelle 1.

Auswirkungen der Agrarstrukturreform in den neuen Bundesländern auf die Veränderung des diffusen Stoffeintrages in die Elbe

R. Meißner, J. Seeger, H. Rupp, P. Schonert; Magdeburg

1. Problemstellung

Besonders die Eutrophierung der Nordsee hat sich in den letzten Jahren zu einem zentralen Umweltproblem entwickelt. Deshalb wurde auf den internationalen Nordseeschutzkonferenzen beschlossen, im Zeitraum 1985 bis 1995 den Eintrag an den maßgeblich eutrophierungsbeeinflussenden Nährstoffen Stickstoff (N) und Phosphor (P) um 50 % zu senken.
Nach Schätzungen entstammen etwa 12 - 13 % der jährlich in die Nordsee eingeleiteten N- und P-Mengen der Elbe. Vorliegenden Studien zufolge überwiegen beim N die Einträge aus diffusen Quellen mit 57 % (AUERSWALD et al., 1990; WERNER, 1994), wobei 80 % der Landwirtschaft zuzuschreiben sind (ISERMANN, 1990). Während beim Phosphor die Konzentrationen und Frachten in den Flüssen durch die positive Entwicklung bei der P-Eliminierung aus Abwässern und dem Einsatz P-freier Waschmittel kontinuierlich abnehmen und die genannte Eintragsreduktion bis 1995 realisierbar erscheint, wird diese Zielstellung beim N nicht erfüllt (HAMM, 1993). Es wird eingeschätzt, daß der entscheidende Durchbruch bei der Verminderung der Gewässerbelastung mit N-Verbindungen nur gelingt, wenn die diffusen Einträge aus der Landwirtschaft durch die Einführung eines flächendeckenden Gewässerschutzes vermindert werden.
Besonders für das im Einzugsgebiet der Elbe befindliche Territorium der neuen Bundesländer (NBL) ist davon auszugehen, daß die seit 1990 eingetretenen Änderungen im Bereich der Landwirtschaft, vor allem durch

- Flächenstillegung und Extensivierung,
- Rückgang der Tierbestände sowie die damit verbundene Verringerung der Gülleanfallmengen,

- Neubau an Kläranlagen einschließlich Erhöhung des Klärschlammanfalls und deren umweltgerechte Entsorgung, speziell auf landwirtschaftlich genutzten Flächen,

Auswirkungen auf den diffusen Stoffeintrag in die Gewässer ausüben. Die Quantifizierung der veränderten Stoffflüsse ist kompliziert, da der sicker- und grundwasserbedingte Stofftransport von pedologischen, geologischen und hydrologischen Gebietsparametern abhängig ist und meist mehrjährige Zeiträume in Anspruch nimmt. Auf der Grundlage von Kenndaten aus Lysimetermessungen und gleichzeitig durchgeführten Untersuchungen in einem 2429 ha umfassenden vorwiegend landwirtschaftlich genutzten Kleineinzugsgebiet in dem Bereich der Elbe wird der Versuch unternommen, die aus der Rotationsbrache (begrenzte Stillegung einer ackerbaulich intensiv genutzten Fläche, in der Regel 1 Jahr) resultierenden Veränderungen auf die N-Emission (Austrag vom Boden in den Vorfluter) und die N-Immission (Austrag mit dem Durchfluß aus dem Gebiet) abzuschätzen.

2. Material und Methoden

Zur Gewinnung der Kenndaten über den Einfluß von Flächenstillegung und Extensivierung auf vormals intensiv ackerbaulich genutzten Standorten dient ein auf der GKSS-Forschungsstelle in Falkenberg bereits 1983 angelegter und 1991 modifizierter Lysimeterversuch (MEISSNER und RUPP, 1993). In diese Auswertung sind 36 Lysimetergefäße (1 m^2 Oberfläche, 1,25 m Tiefe, schichtenweise gefüllt mit der Bodenart lehmiger Sand), die nach den gültigen Regelungen der Flächenstillegung bewirtschaftet wurden, integriert. Die Übertragung der Modellergebnisse erfolgte auf ein etwa 15 km von der Lysimeterstation entfernt liegendes Kleineinzugsgebiet, dem Schaugraben. Dieser entwässert über die Nebenflüsse Biese und Aland bei Schnackenburg in die Elbe. Sowohl hinsichtlich der klimatischen Faktoren als auch der Bodenparameter bestehen weitgehende Übereinstimmungen zwischen dem Standort der Lysimeter und dem Untersuchungsgebiet. Zur Erfassung der Dynamik des gebietsspezifischen Wasser- und Stoffaustrages wurden in Zusammenarbeit mit dem Staatlichen Amt für Umweltschutz

Magdeburg 4 Pegel eingerichtet. Die landwirtschaftliche Nutzungsstruktur wurde auf der Grundlage einer Befragung der Flächenbewirtschafter ermittelt.

3. Ergebnisse und deren Diskussion

Der vom Gesetzgeber geförderte Abbau von Agrarüberschüssen wird in den NBL hauptsächlich durch Formen der Flächenstillegung praktiziert. Von den 1991 etwa 600000 ha stillgelegten Flächen wurden 68 % in Dauerbrachen überführt und ca. 25 % in Form von Rotationsbrachen genutzt. Anhand von Lysimeterversuchen konnte nachgewiesen werden, daß der bei der Rotationsbrache vorgenommene Wechsel von intensiver Flächennutzung mit hohem Agrochemikalieneinsatz und anschließender Brachlegung und dann wieder einsetzender Intensivbewirtschaftung mit erheblichen N-Austrägen aus dem Boden in Richtung Grundwasser verbunden ist (Abb. 1). Es wurden als Ergebnis im Stillegungsjahr NO_3-Konzentrationen von bis zu 800 mg/l gemessen (MEISSNER u.a., 1993).

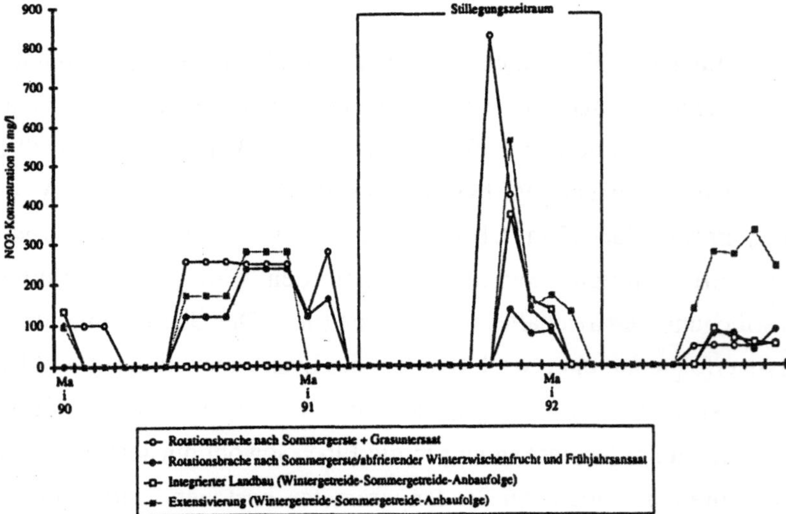

Abb. 1: Vergleich der mittleren monatlichen NO_3-Konzentrationsverläufe unterschiedlicher Varianten der einjährigen Flächenstillegung mit denen des Integrierten Landbaues und der Extensivierung

Auf der Grundlage dieser aktuellen Lysimeterergebnisse wurde versucht, die durch die Änderungen der Landnutzung in einem speziellen Kleineinzugsgebiet der Elbe zu erwartenden Auswirkungen auf die N-Emissions- und Immissionsgröße zu quantifizieren.

Als Voraussetzung zur Übertragung von Modellergebnissen wurde ein Vergleich der in den Lysimetern gemessenen Sickerwassermengen mit der im Gebiet zu erwartenden errechneten Grundwasserneubildung(GWN) durchgeführt. Neben der bereits in der früheren DDR gebräuchlichen Methode "RASTER", basierend auf langjährigen meteorologischen und hydrologischen Mittelwerten (GLUGLA u.a., 1976), wurde die GWN durch rechnerische Ermittlung nach der von DYCK (1978) auf der Grundlage des BAGROV-GLUGLA-Verfahrens (GLUGLA und TIEMER, 1971) beschriebenen Methodik abgeschätzt. Als weitere Möglichkeiten zur Ermittlung der GWN wurden von RENGER und WESSOLEK (1990) für die wichtigsten Nutzungsformen - Ackerland (Getreide), Grünland und Nadelwald - erarbeitete Regressionsbeziehungen sowie ein von DÖRHÖFER und JOSOPAIT (1980) entwickeltes graphisches Verfahren herangezogen. Die Gegenüberstellung der auf diese Weise ermittelten GWN mit eigenen, durch Korrelationsanalyse der Niederschlagshöhen mit langjährigen Lysimetermeßwerten der Sickerwasserabflußmengen erhaltenen Werten zeigte untereinander mehr oder weniger starke Abweichungen, die deutlich machen, daß die Bestimmung der Höhe der GWN einen Unsicherheitsfaktor darstellt, der zu weitreichenden Konsequenzen bei der Abschätzung der mit dem Sickerwasser ausgetragenen Stoffe aus der ungesättigten Bodenzone in das unterirdische Wasser führen kann. Trotz der aufgetretenen Diskrepanzen lagen die mit den Lysimetern bestimmten Sickerwassermengen in der Variationsbreite der mit anderen Modellansätzen ermittelten Grundwasserhöhen. Damit ist belegt, daß die Lysimeterergebnisse zur Berechnung der N-Emission aus der Bodenzone geeignet sind.

Anschließend wurde für das hydrologische Jahr 1993 auf der Grundlage der durch Befragung der Flächenbewirtschafter ermittelten prozentualen Anteile der einzelnen Ackerfrüchte eine Übertragung der entsprechenden aktuellen Lysimetermeßdaten auf das Einzugsgebiet durchgeführt. Von besonderem Interesse ist dabei, daß jährlich ca. 8 % der im Einzugsgebiet befindlichen Ackerflächen in Form von Rotationsbrachen stillgelegt werden. Eine Gegenüberstellung der erhaltenen N-Emissions- und der N-Immissionsgröße - letztere ermittelt aus Quantitäts- und Qualitätsmessungen an den 4 Meßpegeln des Schaugrabens - läßt erste Schlüsse über das bestehende Stickstoffgefährdungspotential zu.

Drei verschiedene Szenarien mit prozentual unterschiedlichem Flächenstillegungsanteil (8 % gegenwärtiger Umfang; 15 % zukünftig vorgesehener Umfang; 25 % fiktiver Stillegungsanteil), unter Voraussetzung gleicher Denitrifikationsleistung zeigen, daß mit der Zunahme der Rotationsbrache eine Erhöhung des N-Austrages um 5 bzw. 13 % aus dem Gebiet über den Vorfluter Schaugraben in Richtung Elbe verbunden ist (Abb. 2).

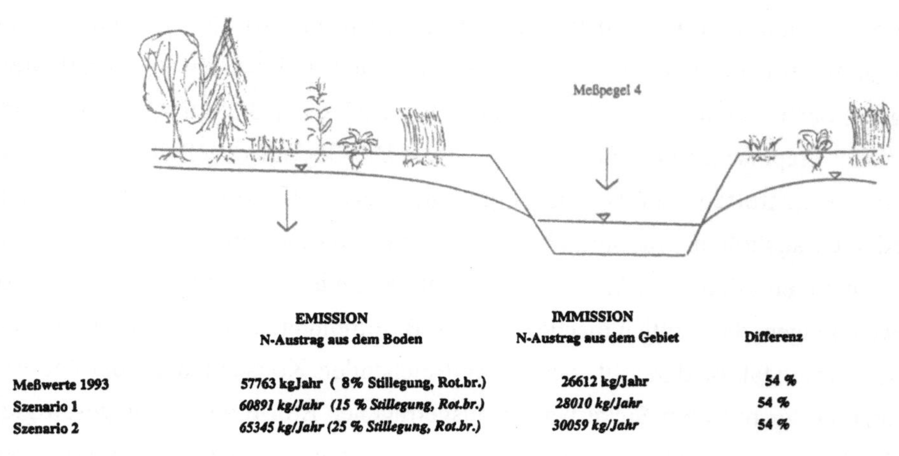

	EMISSION **N-Austrag aus dem Boden**	**IMMISSION** **N-Austrag aus dem Gebiet**	**Differenz**
Meßwerte 1993	**57763 kgJahr (8% Stillegung, Rot.br.)**	**26612 kg/Jahr**	**54 %**
Szenario 1	***60891 kg/Jahr (15 % Stillegung, Rot.br.)***	***28010 kg/Jahr***	**54 %**
Szenario 2	***65345 kg/Jahr (25 % Stillegung, Rot.br.)***	***30059 kg/Jahr***	**54 %**

Abb. 2: Vergleich der N-Auswaschung aus der Bodenzone mit dem N-Austrag aus dem Einzugsgebiet des Schaugrabens

4. Schlußfolgerungen

Für die Abschätzung der durch Umstrukturierungen in der Landwirtschaft bedingten N-Emissions- und N-Immissionsgröße bietet die Übertragung von Lysimeterergebnissen auf ein spezielles Einzugsgebiet eine solide wissenschaftliche

Grundlage. Die in der Literatur zur Problematik der Flächenstillegung vorhandenen Daten über den Stoffaustrag sind begrenzt, da dieses Phänomen erst seit Ende der achtziger Jahre aktuell ist.

Lysimeterergebnisse und darauf basierende Szenarien belegen die These, daß mit der Erhöhung des Flächenstillegungsanteils, vor allem in Form einer den Agrarmarkt entlastenden Rotationsbrache, die Gefahr des verstärkten N-Eintrages in die Gewässer besteht.

Da sich das Grundwasser bei seinem Eintritt in den Vorfluter bedingt durch unterschiedliche Verweilzeiten aus verschieden alten Wässern zusammensetzt, ist eine längerfristige Gegenüberstellung der N-Emissions- und N-Immissionswerte unter Verwendung jeweils konkreter Lysimetermeßdaten notwendig.

Eine wesentliche Fehlerquelle bei der Ermittlung der auf den landwirtschaftlichen Flächen im Einzugsgebiet ausgebrachten Düngermengen besteht in der unzureichenden Auskunftsbereitschaft der dort tätigen Landwirte. Um eine realistische flächenbezogene Bilanzierung der Stoffeinträge und -abfuhren durch die Erntegüter vornehmen zu können, ist eine enge Kooperation mit den Flächenbewirtschaftern aufzubauen. Nur wenn diese funktioniert, sind Maßnahmen zur Entlastung mit Nähr- und Schadstoffen aus diffusen Quellen wirkungsvoll durchsetzbar.

Literatur

Auerswald, K.; Isermann, K.; Olfs, H. W.; Werner, W. : Stickstoff- und Phosphoreintrag in Fließgewässer über diffuse Quellen. In: Studie "Phosphate und Wasser" in der Fachgruppe Wasserchemie in der GDCh (Hrsg.) "Wirkungsstudie Fließgewässer" (1990).

Dörhöfer, G.; Josopait, V.: Eine Methode zur flächendifferenzierten Ermittlung der Grundwasserneubildungsrate. In: Geologisches Jahrbuch, Reihe C, 27 (1980), S. 45-65.

Dyck, S.: Angewandte Hydrologie, Teil II, Verlag für Bauwesen, Berlin (1978), 544 S.

Glugla, G.; Tiemer, K.: Ein verbessertes Verfahren zur Berechnung der Grundwasserneubildung. In: Wasserwirtschaft Wassertechnik 21 (1971) Heft 10, S. 349-351.

Glugla, G. ; Enderlein, R.; Eyrich, A. : Das Programm RASTER - ein effektives Verfahren zur Berechnung der Grundwasserneubildung im Lockergestein. In: Wasserwirtschaft Wassertechnik 26 (1976) Heft 11, S. 377-382.

Hamm, A.: Problembereich Nährstoffe aus wasserwirtschaftlicher Sicht. In:Schriftenreihe agrar-spectrum, Band 21 (1993), S. 11-21.

Isermann, K.: Die Stickstoff- und Phosphor-Einträge in die Oberflächengewässer der Bundesrepublik Deutschland durch verschiedene Wirtschaftsbereiche unter besonderer Berücksichtigung der Stickstoff- und Phosphor-Bilanz der Landwirtschaft und der Humanernährung. In: Schriftenreihe der Akademie für Tiergesundheit, Band 1 (1990), S. 358-413.

Meissner, R.; Rupp, H.: Nutzungsumstellungen landwirtschaftlicher Kulturböden im Elbeeinzugsgebiet - Feld- und Lysimeterversuche. In: Wasserwirtschaft Wassertechnik 33 (1993) Heft 5, S. 18-22.

Meissner, R. u.a.: Der Einfluß von Flächenstillegung und Extensivierung auf den Stickstoffaustrag mit dem Sickerwasser. In: Vom Wasser, 81 (1993), S. 197-215.

Renger , M.; Wessolek, G.: Auswirkungen von Grundwasserabsenkungen und Nutzungsänderung auf die Grundwasserneubildung. In: Mitteilgn. des Inst. für Wasserwesen 386 (1990), S. 295-305.

Werner, W.: Stickstoff- und Phosphoreinträge in die Oberflächengewässer im Lockergesteinsbereich der neuen Bundesländer. Vortrag auf dem UBA-Kolloquium über "Nährstoffeinträge in die Gewässer" am 16. 2. 1994 in Berlin.

Problematik der radioaktiven Kontamination der Flußsedimente in der Litoralzone der Ploučnice

J. Novák; Chomutov

1. Einleitung

Das Pilotprojekt Ploučnice wurde 1992 im Rahmen des Revitalisierungsprogramms des Flußsystems der Ploučnice entsprechend den Regierungsberatungen zwischen FV ŽP ČSFR (Föderalkomitee für die Umwelt) und dem Dänischem Umweltministerium vorbereitet. Die Durchführung und Koordination lag auf tschechischer Seite bei Povodí Ohře a.s. (die Wasserwirtschaftsdirektion Eger AG), Sektion HEPS AIP, und auf dänischer Seite beim Danish Hydraulic Institute (DHI).

Im Einzugsgebiet der "Eger" wird seit den 60er Jahren Uranerz gefördert. Es waren hier Truppen der ehemaligen Sowjetunion stationiert, außerdem fließt der Fluß durch das Industriegebiet Nordböhmens. Seit 1986 hat sich die Wasserwirtschaftsdirektion Eger in Zusammenarbeit mit dem Forschungsinstitut für Wasserwirtschaft ernster mit der radioaktiven Kontamination in der Ploučnice befaßt, die durch 20jährige Einleitung von stark kontaminiertem, vor allem schlammhaltigem Grubenwasser ins Flußbett verursacht worden ist. Obwohl seit 1988 eine Dekontaminationsstation in Stráž pod Ralskem in Betrieb ist, wurde durch systematische Messungen das "unselige Erbe" des Uranbergbaus in Form von großflächig kontaminierten Flußsedimenten im Abschnitt Stráž pod Ralskem - Děčín (ca 85 km) nachgewiesen. Angesichts der oben angeführten Tatsachen ist das dortige Grundwasserreservoir bedroht.

Der Fluß Ploučnice ist ein rechtsseitiger Elbezufluß mit einem Einzugsgebiet von 1194 km^2. Die Schutzgebiete nehmen gemeinsam mit den Zonen des hygienischen Wasserschutzes fast 83 % der Gesamtfläche des Einzugsgebietes ein. Der Fluß entspringt am Fuß des Ještěd und mündet bei Děčín in die Elbe und beeinflußt daher die Wasser- und Sedimentqualität nicht nur des eigenen Flußbetts, sondern auch der Elbe. Im oberen Abschnitt des Wasserlaufs ist das in der mesozoischen Kreidetafel gebildete Flußbett stark mäandrierend mit verhältnismäßig kleinem Neigungsgefälle und großem Inundationsgebiet. Im unteren Flußabschnitt fließt die Ploučnice mit großem Gefälle durch ein enges, durch tertiäre Eruptivgesteine gebildetes Tal durch nahezu vollständig bebautes Gebiet bis zur Mündung des Flusses.

2. Terrainuntersuchung: Das Schwebstoffregime des Wasserlaufs

Im Rahmen der Arbeiten am Pilotprojekt wurden folgende Untersuchungen und Messungen von Sediment-Transport-Eigenschaften des Wasserlaufes durchgeführt:

- Die systematische Messung des Regime der suspendierten Stoffe im Wasserlauf unter normalen sowie erhöhten Wasserständen in den 50er Jahren ist die Orientierungsgrundlage für eine ausführlichere Untersuchung geworden.

- Probenahme und granulometrische Auswertung repräsentativer Proben von Bodensedimenten im interessanten Wasserlaufabschnitt unter normalen sowie erhöhten Wasserständen.

- Probenahme und granulometrische Auswertung der durch eine Überschwemmungswelle frisch geförderten Sedimente.

Die letzten drei Untersuchungen von August 1992, Oktober 1992 (experimentelle Überschwemmungswelle - EÜW) und März 1993 (natürliches Frühjahrshochwasser) wurden methodisch mit besonderer Rücksicht auf sehr feine Schwebstoffpartikeln ausgewertet. Von diesen war vorauszusetzen, daß sie Hauptträger der radioaktiven Kontamination der Sedimente in der Ploučnice sind. Die während der EÜW durchgeführte Untersuchung hat eine enge Beziehung zwischen der Menge von suspendierten Stoffen und der Menge von übertragener radioaktiver Verunreinigung bestätigt.

3. Qualitative Auswertung der Belastung der Sedimente

Suspendierte Stoffe, Sedimente (Fluß- und Inundations-), Wasser und interstitielles Wasser wurden radiochemischen Analysen unterzogen, die auf alpha- und beta-Aktivitäten, Gehalt an Uran 238 und Radium 226 sowohl für gelöste als auch für abfiltrierbare Stoffe (GS, AS) hinzielten. Bei einigen Proben wurden ebenfalls weitere chemische Analysen auf Schwermetalle, Salze, Leitfähigkeit, Redox-Potential u.ä. durchgeführt. Diese Auswertungen wurden stets mit hydraulischen resp. hydrologischen Charakteristiken von Ort und Zeit ergänzt.

4. Mechanismus der Verbreitung der Kontamination im Gebiet und sekundäre Kontamination

Die Übertragung der Kontamination (Wasser, suspendierte Stoffe, Sediment, interstitielles Wasser) kann mittels Gleichungen der Adsorption, Desorption, Sedimentation und Resuspension beschrieben werden, der eigentliche Transport mittels Advektions- und Diffusionsgleichungen.

Die Ergebnisse der Untersuchung von Veränderungen der Wasserkontamination einschließlich abfiltrierbarer Stoffe zwischen 1986 und 1992 haben gezeigt, daß sich die Wassergüte im Vergleich mit dem Zustand vor der Inbetriebnahme der Dekontaminationsstation wesentlich verbessert hat. Bei der Analyse von interstitiellem Wasser war der Gehalt an radioaktiven Stoffen höher als beim Flußwasser selbst, und es ist anzunehmen, daß er der Kontamination der Sedimente entspricht. Die bestehenden sekundären Quellen der Kontamination im Einzugsgebiet wurden durch Bestimmung der Gehalte radioaktiver Stoffe in den Bodensedimenten der Ploučnice unterhalb der Abwassereinleiter bestätigt. Hier werden die früheren Meßwerte bestätigt. Die höchsten Meßaktivitäten wurden dabei auf dem Gebiet der sog. "Zentraldeponie" der sekundären Kontamination zwischen Mimoň und Česká Lípa, gemessen. Die radiometrische Analyse der einzelnen Korngrößenfraktionen der Sedimente hat gezeigt, daß sich die größten Massenaktivitäten in der Fraktion mit einer Korngröße von weniger als 0.08 mm finden.

Die Ergebnisse der Transportuntersuchung von radioaktiven Stoffen unter künstlichen Überschwemmungszuständen erklären den Migrationsmechanismus dieser Stoffe im Wasserlauf und in den Überschwemmungsgebieten unter erhöhten Durchflußmengen in der Ploučnice. Es wurde nachgewiesen, daß radioaktive Stoffe und ungelöstes Barium(II)-sulfat bei einem nichtstationären Regime in einer Durchflußwelle resuspendieren, in das Überschwemmungsgebiet werden und nachfolgend in diesem Gebiet sedimentiert werden, wo sie dann eine sekundäre Quelle der Verunreinigung darstellen.

Die Kontamination der Plouènice im Abschnitt Stráž pod Ralskem - Mimoň hat sich durch den Einsatz der Dekontaminationsanlage und wegen des Transports radioaktiver Stoffe (GS sowie AS) bei künstlichen und natürlichen Überschwemmungen vermindert und in den Abschnitt unterhalb von Mimoň, im Gebiet Mimoň Lagunen-Boreček, in das sog. "2D-Gebiet" (für die Lösung ist ein zweidimensionales Modell anzuwenden) verschoben.

5. Applikation der mathematischen Modelle MIKE 11, MIKE 21 und FLUVIUS

Das hydrodynamische Regime und das Schwebstoffregime des Wasserlaufs wurden mathematisch modelliert. Vor Beginn der eigentlichen Simulationen mußten zahlreiche Eingangsdaten, von denen ein Einfluß auf Qualität und Genauigkeit der Simulationen zu erwarten war, erfaßt und analysiert werden. Es handelte sich um geodätische, hydrologische, Sedimentations-, chemische und radiochemische Daten.

Das mathematische Modell MIKE11 wurde zur Lösung des eindimensionalen Modells der instationären Wasserströmung im Flußbett und im Inundationssystem der Ploučnice im Abschnitt Stráž p.R. - Česká Lípa (ca. 40 km) angewandt. Die Ergebnisse dieses hydrodynamischen Moduls (HD) sind Grundlage für nachfolgende Simulationen durch Transportmodul (AD), Modul der Bewegung der Bodensedimente (ST), Modul der zusammenhaltenden Stoffe (CST), Modul des

Schwermetalltransports (HM) und Modul der Wassergüte (WQ), sowie für die Vorbereitung der Randbedingungen für zweidimensionales Modellieren geworden.

Mittels Simulation des CST-Moduls wurde die ursprüngliche Hypothese bestätigt, daß die Restkonzentration feiner Partikeln, die das "2D-Gebiet" verlassen, nicht mehr abgelagert, sondern höchstwahrscheinlich bis in die Elbe transportiert wird.

Das Modell FLUVIUS wurde für die Lösung der zweidimensionalen Hydrodynamik im Gebiet des vorgeschlagenen zentralen Ablagerungsraums für kontaminierte Sedimente angewandt (ehemaliger Militärraum im Gebiet Mimoň, Lagunen-Boreček, neue Brücke) angewandt. Die Simulationen haben ein Bild der Inundationsströmung während der Überschwemmungsdurchflüsse in dieser hydraulisch sehr komplizierten Gegend geliefert. Durch die Analysen der erzielten Ergebnisse war es möglich, die primären Voraussetzungen über den Transformationswirkungsgrad zu nennen und die hohe Sedimentationsfähigkeit dieses Raumes zu bestätigen.

Das Sediment-Transport-Modul aus dem Modell MIKE21 wurde mit dem Ziel angewandt, die Akkumulations- und Reduktionsfähigkeit des für uns interessanten Gebiets im Zusammenhang mit den Konzentrationen der suspendierten Materialien für große Überschwemmungsdurchflüsse nachzuweisen. Außerdem wurden die Möglichkeiten überprüft, Sedimentationsparameter des jeweiligen Raums durch geeignete technische Maßnahmen zu verbessern und einen Vergleich des Wirkungsgrades des gegenwärtigen gegenüber dem damaligen Zustand (ohne ausgebaute Schlammbehälter - Lagunen) durchzuführen.

Es wurden drei (Zeit-)Zustände des "2D-Gebietes" realisiert:

- ehemaliger Zustand ohne ausgebaute letzte Lagune
- gegenwärtiger Zustand
- künftiger Zustand mit vorgeschlagenen technischen Maßnahmen.

Bei der Lösung wurde das Gelände - Simulationsprogramm ATLAS und die GIS - Microstation für die Analyse, Bearbeitung und Präsentation der mittels mathematischer Simulationen gewonnenen Ergebnisse benutzt. Ein so gestaltetes GIS - System kann in das gesamtstaatliche System HEIS einbezogen werden.

6. Vorschläge technischer Maßnahmen zur Stabilisierung der Kontamination

Gemäß der oben angeführten Simulationen wurden folgende Maßnahmen vorgeschlagen:

- Ein künstlicher Kanal in der oberen Partie des "2D-Gebietes" zur Steuerung der hierdurch strömenden Überschwemmungsdurchflüsse.
- Planierung des Geländes in der Umgebung des künstlichen Kanals zur Gestaltung von besseren Strömungsmöglichkeiten im Inundationsgebiet.
- Anrauhungsvegetationszonen in der unteren Partie des untersuchten Gebiets zur Verminderung der Inundationsgeschwindigkeiten der Überschwemmungsströmung und zur Optimierung der Anordnung der Strömungslinien in der Inundation. In den Modellen war diese Maßnahme durch die Gestaltung von Zonen mit erhöhten Rauheitsparametern (sehr dichtes bis undurchlässiges Gebüsch) repräsentiert.

Bei der Beurteilung der Simulationsergebnisse hat sich als der ungünstigste Zustand der gegenwärtige herausgestellt. Hier hat der untersuchte Raum die kleinste Sedimentationsfähigkeit. Die Variante "ohne Lagunen" hat einen geringfügig besseren Verlauf der Konzentrationen als die Variante mit künstlichem Kanal, die jedoch vom Standpunkt der Lokalisierung der Sedimente und ihrer Qualität günstiger ist. Die Ergebnisse der Variante mit Vegetationszonen zeigten eine bessere Verteilung der Konzentrationen von suspendierten Stoffen sowie höhere Sedimentation der feinen Fraktion. Für einen sehr positiven Beitrag der Vegetationszonen kann man die Tatsache halten, daß es gelang, die Strömungs- und Konzentrationsfelder in die

Inundationsrände zu steuern, vor allem an den linken, zur Sedimentation geeigneten Rand.

Aus den durchgeführten Simulationen gehen folgende Schlußfolgerungen hervor:

- Das untersuchte "2D-Gebiet", dem unser Interesse gilt, ist ein bedeutsamer Sedimentationsraum, der den Durchgang auch von feinsten Sedimenten mehrfach vermindert und in großem Maß deren Migration im Wasserlauf verhindert.

- Die Realisierung der vorgeschlagenen technischen Maßnahmen würde die Sedimentationsfähigkeit dieses Gebietes noch markanter stärken und die durchgehende Sedimentationsstabilisierung kontaminierter Sedimente in den vorgesehenen Depositionsräumen sichern.

- Aufgrund des dauerhaften Charakters der Kontamination der Sedimente ist ein Generationsmeßsystem auszubauen, das einen andauernden Informationsfluß über Entwicklung und Veränderungen der Kontamination sichern wird.

- Aufgrund der Verwaltungsverfahren sind sämtliche Aktivitäten in den bedrohten Partien des Wasserlaufes und des Inundationsgebietes entsprechend zu regeln.

Die vorgeschlagenen Maßnahmen werden eine Überlagerung der belasteten durch hinzukommende unbelastete Sedimente, im Sinne einer kontrollierten Sedimentation, ermöglichen. Selbstverständlich muß man verhindern, daß es im "2D-Gebiet" zu Erosion und somit zur Propagation der Belastung flußabwärts kommt.

7. Schlußfolgerung

Das Pilotprojekt Ploučnice wurde in Zusammenarbeit mit ausländischen (DHI, WQI) und heimischen Partnern (VÚV, ČVUT - FSv, Hydroinform, Hydrosoft) durchgeführt, wobei konkrete Ergebnisse erzielt wurden, die sich auf Datenerhebung vor Ort und aufwendige Datenverarbeitung stützen.

Im Rahmen der Projektarbeiten erfolgte eine Applikation moderner Mittel der Hydroinformatik mit dem Ziel, eine allgemeine Verbesserung der ökologischen Stabilität im untersuchten Gebiet zu erreichen.

Einfluß des hydrochemischen Milieus auf Biozönosen in Kleinfließgewässern der Dübener und Dahlener Heide

C. Orendt, L. Weißflog; Leipzig

Im Rahmen der Umsetzung der TA Luft in den Neuen Bundesländern ist durch die Modernisierung industrieller Großfeuerungsanlagen in naher Zukunft mit einer signifikanten Abnahme der Schadstoffemission zu rechnen, deren Komponenten (basische Stäube und vorwiegend SO_2) in den vergangenen ca. 100 Jahren im Untersuchungsgebiet sedimentierten. Wenn jedoch nicht gleichzeitig mit der Verminderung der Flugstaubemission die saure Belastung der Atmosphäre mit SO_2 und NO_X abnimmt, so ist mit einer zunehmenden Versauerung der Gesamtdeposition zu rechnen. Dabei sind Folgewirkungen für die Böden und Gewässer (längerfristige Versauerung und gleichzeitige Mobilisierung von sedimentierten Schwermetallen) durch Niederschläge mit fallendem pH-Wert zu erwarten, die vorher durch die basischen Sedimentationsstäube aufgekalkt wurden.

Ziel der vorliegenden Untersuchung ist eine ökotoxikologische Analyse und ökologische Bewertung ausgewählter, repräsentativer Kleinfließgewässer (quellnahe Waldbäche) im Einzugsgebiet der mittleren Elbe (Dübener und Dahlener Heide) anhand einer Bestandsaufnahme hydrochemischer und biologischer Grundlagendaten zwischen Herbst 1993 und Herbst 1994.

Im **chemischen Teil** werden (1) Blei, Cadmium, Kupfer, Zink, Chrom, Nickel, Vanadium, Eisen, Mangan und Aluminium, (2) die Bioelemente Magnesium, Calcium und Kalium, (3) die Anionen Sulfat, Nitrat, Phosphat, Chlorid und Borat und (4) die hydro-physikochemischen Parameter pH-Wert, Leitfähigkeit, Redoxpotential, Fließgeschwindigkeit, Temperatur im wöchentlichen Rhythmus untersucht. Im **biologischen Teil** wird vergleichend und erstmalig in der Region das Arteninventar (Makroinvertebraten, Aufwuchs-Diatomeen) quellnaher Waldbäche qualitativ und semiquantitativ ermittelt, die standorttypischen Biozönosen charakterisiert und eine ökologische Bewertung des Ist-Zustandes durchgeführt. Damit sollen Grundlagen für eine Bewertung des regionalen ökologischen Entwicklungstrends repräsentativ ausgewählter, natürlicher, quellnaher Waldbäche anhand von Indikatorarten geschaffen werden. Im Untersuchungszeitraum sind mindestens vier Probennahmen vorgesehen.

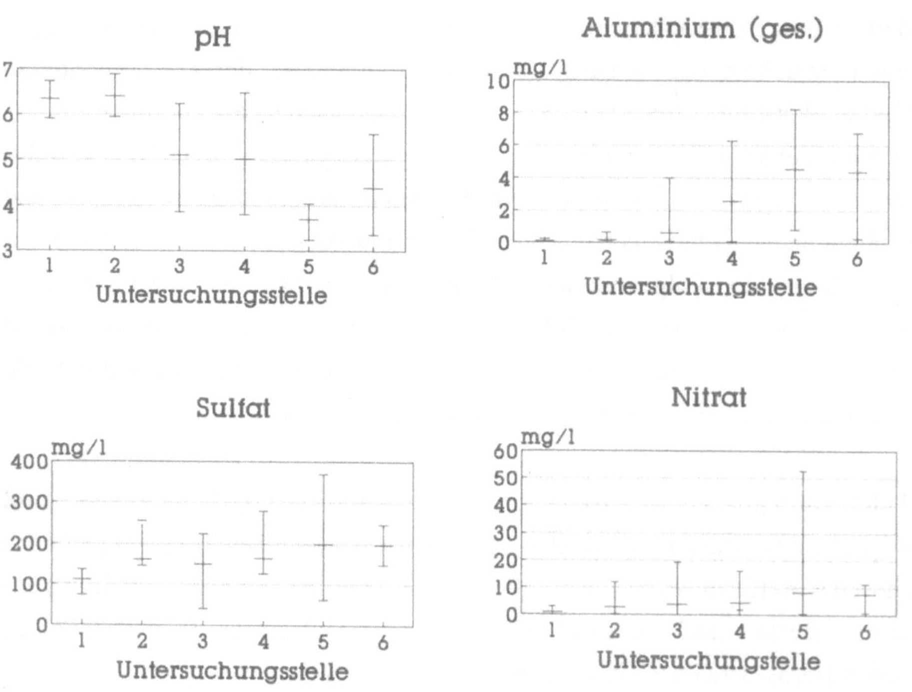

Abb. 1: Abiotische Charakteristika quellnaher Waldbäche der Dübener und Dahlener Heide (nördlich bis östlich von Leipzig)

Chemischer Teil:

Das Wasser aller sechs untersuchten Bäche (Oktober 1993 - Juni 1994) kann als hart bezeichnet werden ([Ca^{2+}]-Mittelwerte bei 36,1-57,8 mg/l, [Mg^{2+}]-Mittelw. bei 3,6-6,5 mg/l). Dies stellt einen wesentlichen Unterschied zu vergleichbaren versauerten

Gewässern in den Mittelgebirgen dar, deren Urgesteine meist weiches Wasser führen. Von NW nach SO (Untersuchungsstelle 1 bis 6) läßt sich ein pH-Gradient erkennen (Abb.1), der auf unterschiedlich saure Depositionen in den letzten Jahrzehnten zurückgeführt werden kann. Ebenso zeigt sich ein unterschiedliches, gradientenhaftes Puffervermögen der Bachwässer in ähnlicher Weise. Bei Bächen mit stark saurem Charakter kommt es zu einem relevanten Anstieg des Al-Gehaltes (durchschnittlich >4 mg/l, max. 8,25 mg/l; Abb.1), was für viele Tiere hoch toxisch ist. Die Werte von Sulfat, Nitrat und Borat lassen ebenfalls auf ein Depositionsmuster entlang eines Gradienten schließen. Die bislang gefundenen Schwermetallkonzentrationen lassen derzeit keine Aussagen über deren chronische Toxizität zu.

Biologischer Teil:

Bis Juli 1994 waren insgesamt 116 Makroinvertebratentaxa erfaßt. Die Artenzahl schwankte zwischen elf und 48 unter den Untersuchungsstellen. Dabei machten die Insekten 91,3%, allein die Chironomiden fast die Hälfte (49,1%) aller Taxa aus. Die Anwesenheit von typischen, meist kaltstenothermen Quell- und Quellbachbewohnern (z.B. *Tanytarsus buchonius, Micropsectra fusca, Trissopelopia longimana, Pisidium personatum, Cordulegaster boltoni*), von Arten, die regelmäßig, aber nicht ausschließlich hier anzutreffen sind (z.B. *Nemoura spp., Nemurella picteti, Prodiamesa olivacea, Heterotanytarsus apicalis, Pisidium casertanum, Gammarus pulex*), von Reinwasserformen (z.B. *Dugesia gonocephala, Deronectes latus, Nemoura spp., Leuctra spp.*) und Säuretoleranten (z.B. *Plectrocnemia conspersa, Sialis spp., Scapholeberis mucronata, Macropelopia spp., Corynoneura fittkaui*) wiesen die Coenosen als biotoptypisch aus. Nur an der versauerten Probenstelle 6 war eine unterdurchschnittlich artenarme, säuretolerante Gemeinschaft anzutreffen.

Nach drei Probennahmen war der Säuregradient auch deutlich in der Besiedlung durch Makroinvertebraten zu erkennen. In den versauerten Bächen im SO des Untersuchungsgebietes fehlen beispielsweise für unbelastete Waldbäche typische, jedoch säuresensible Arten wie *Gammarus pulex, Pisidium spp.* und Baetidae, die in den nicht versauerten Fließgewässern im NW zu finden waren. Dagegen kam in den versauerten Gewässern des SO eine säuretolerante Gemeinschaft vor, die eine verarmte Variante derjeniger nicht versauerter Waldbäche darstellte (z.B. *Plectrocnemia conspersa*, *Sialis lutaria*). Die Auswertung der Kieselalgenarten-Gesellschaften (Gesamtartenzahl bisher 83) wiesen hier z.B. mit den Arten aus der Gattung *Eunotia* ebenfalls auf die Versauerung hin. Die Artenzahlen allein standen bislang noch in keiner klaren Beziehung zum Versauerungsgrad. Eine Säurezustandsbewertung nach Brauckmann (1992) bestätigte jedoch den Versauerungsgradienten im Untersuchungsgebiet, ebenso tendenziell die Bewertung anhand der Diatomeen. Diese Organismengruppe konnte lokal zeitweilige organische Belastungen durch Schwarz- oder Rotwild aufspüren, die anhand der anderen Untersuchungsmethoden nicht erfaßt wurden. Da der pH-Wert im unmittelbaren Quellbereich im Circumneutralen liegt und bei versauerten Bächen erst im weiteren Fließverlauf absinkt, fanden sich dort auch die weiter unten extingierten Arten (*Gammarus pulex, Pisidium spp.*), wie dies bei einer Probestelle nachgewiesen werden konnte.

Als Konsequenz aus den bisherigen Ergebnissen der Untersuchung ergibt sich also ein Handlungsbedarf in der systematischen Erfassung und Untersuchung sowie im Schutz noch wenig beeinträchtigter Quellbereiche.

Phasenanalytische und chemische Untersuchungen am Sediment der "Alten Elbe" in der Kreuzhorst bei Magdeburg

S. Richter, A. Ernst; Greifswald

Mit der vollständigen Abriegelung der Alten Elbe von der Stromelbe durch den Bau des Umflutkanals (um 1870) setzte eine beschleunigte Verlandung des nun stehenden Gewässers ein.

Im NSG Kreuzhorst bei Magdeburg wurden unmittelbar östlich des Deiches in geringer Entfernung zum Nordufer (50 cm Wassertiefe) zwei Sedimentkerne von jeweils 40 cm Mächtigkeit geborgen, die in je 9 Segmente unterteilt wurden. Das sandig - kiesige Flußsediment wird von einer ca. 20 cm mächtigen Schlickschicht (tonig - siltiger Feinsand) bedeckt, in die eine 4 cm mächtige Sandlage zwischengeschaltet ist (Abb. 1). Der Gehalt an organischer Substanz reicht im Schlick bis zu 20 Masse-%. Die unteren 20 cm der Sedimentkerne weisen nur geringe Gehalte von 5 - 6 Masse-% auf (Abb. 2).

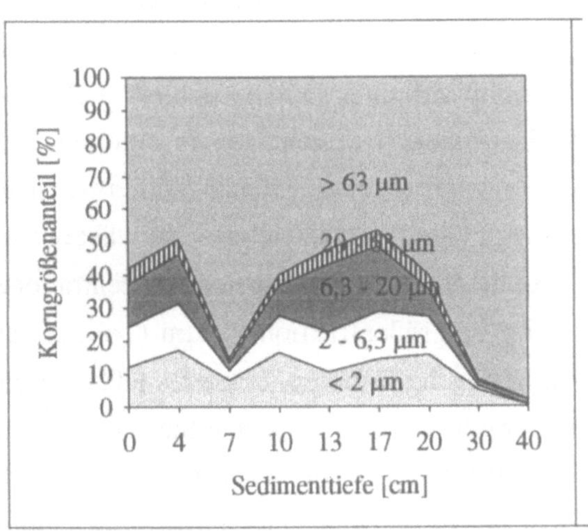

Abb.1: Korngrößenverteilung, Sedimentprofil "Alte Elbe", Schlämmanalyse nach ATTERBERG

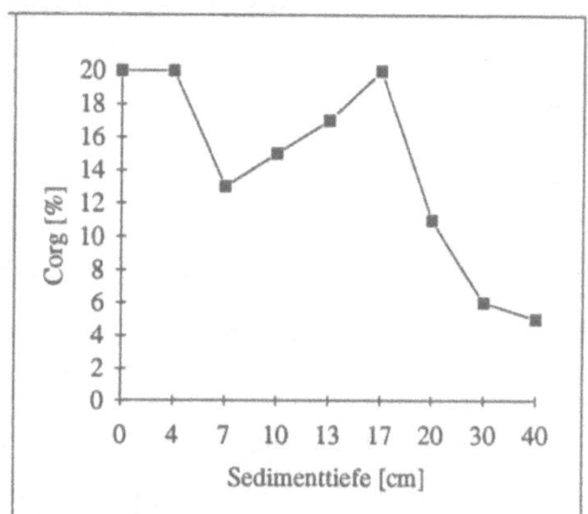

Abb. 2: Verteilung der organischen Substanz, Sedimentprofil, "Alte Elbe", Masseverlust nach H_2O_2 - Behandlung

In den Sedimenten wurde folgende Mineralzusammensetzung röntgenographisch nachgewiesen: Quarz als Hauptbestandteil, Feldspat (Kalifeldspat, Plagioklas), Glimmer (Muskovit, Illit), Kaolinit und Chlorit.

Hauptaugenmerk der Untersuchungen lag auf der Bestimmung der Schwermetallkonzentrationen in den einzelnen Korngrößenfraktionen (< 2µm, 26, 3µm, 6,3-20µm, 20-63µm). Die in Abbildung 3 zusammengefaßten Ergebnisse dieser Schwermetallanalyse (Lithiummetatetraborataufschluß, ICP - Spektrometer Modell 3410, Fa. FISION Instruments) zeigen, daß in den sandig - kiesigen Kernsegmenten (20 - 40 cm Sedimenttiefe) eine deutliche Schwermetallanreicherung in der Korngrößenfraktion <2µm (Ton) zu verzeichnen ist, während im darüberliegenden Schlick (0-20 cm Sedimenttiefe) die höchsten Konzentrationen von Cu, Pb, Zn und Ni sowohl in der Korngrößenfraktion < 2µm (Ton) als auch in der Korngrößenfraktion 2-6,3µm (Feinsilt) auftreten. Letzteres läßt sich unter Einbeziehung der Ergebnisse zur Verteilung der organischen Substanz in den Korngrößenfraktionen <2µm und 2-6,3µm über das Sedimentprofil (C_{org}- Bestimmung, Analyzer CHN - 1000 Fa. LECO; Abb. 3), die ähnliche C_{org} - Gehalte in der Ton- und Feinsiltfraktion aufweisen, als Indiz für eine bevorzugte Bindung dieser Schwermetalle an die organische Substanz im Schlick interpretieren.

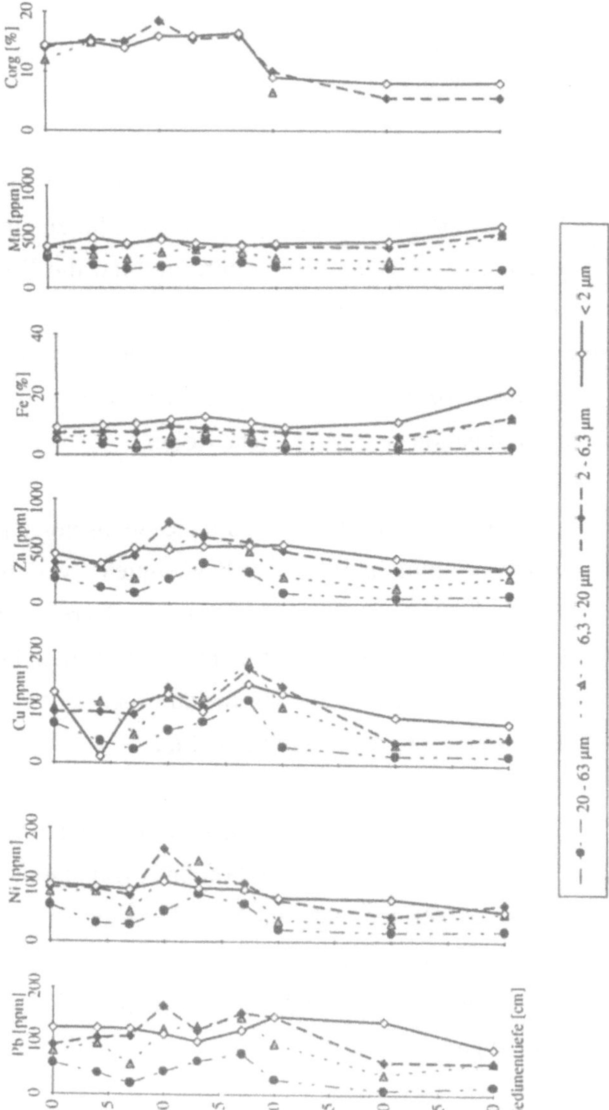

Abb. 3: Schwermetallkonzentrationen und Gehalt an organischer Substanz in den Korngrößenfraktionen, Sedimentprofil "Alte Elbe" im NSG Kreuzhorst bei Magdeburg

Wir danken Herrn Dipl.-Ing. D. Spott, GKSS - Institut für Gewässerkunde Magdeburg, für die Anregung des Themas, die Unterstützung bei der Probennahme und die stets hilfreichen Diskussionen.

Umweltprobenbankaktivitäten in der Elbe und im Elbeästuar

J. D. Schladot, H. W. Dürbeck; Jülich

Eine **Umweltprobenbank** stellt die moderne Form einer systematisch angelegten Sammlung ausgewählter Umweltproben zur Langzeitlagerung für zukünftige analytische Charakterisierungen sowie für die Trendermittlung und die Bewertung von Umweltchemikalien dar. Dieses authentische Material aus den verschiedensten Umweltkompartimenten spielt sowohl in der Überwachung der aktuellen Schadstoffbelastung (**Monitoring**) als auch in der **retro**- und **prospektiven** Beurteilung der Schadstoffsituation eine wesentliche Rolle.

Die laufende Überwachung der Umwelt darf sich dabei nicht nur auf derzeit bekannte Stoffe beschränken; vielmehr muß durch geeignete, veränderungsfreie Archivierung geeigneter Proben aus der Umwelt (Pflanzen, Tiere) dafür Sorge getragen werden, daß auch retrospektiv solche Stoffe untersucht werden können, die in Ermangelung geeigneter analytischer Methoden bislang nicht bestimmbar waren bzw. deren toxisches Potential bisher nicht erkannt wurde.

Die Elbe mit einer Länge von 1.100 km von der Quelle bis zur Nordseegrenze in Cuxhaven entwässert ein Einzugsgebiet von 150.000 km^2. Dabei entfällt auf deutsches Gebiet ein Teileinzugsgebiet von mehr als 95.000 km^2 bei einer Fließstrecke von ca. 730 km. Ungefähr 80.000 km^2 des Einzugsgebietes mit ca. 14 Millionen Einwohnern entfallen auf die neuen Bundesländer, wo 80 % des gesamten Wasserbedarfes aus der Elbe gedeckt werden.

Fließgewässer-Ökosysteme wie die Elbe können als Endglieder im Wirkungsgefüge der Landschaft bezeichnet werden. Sie fungieren als Sammelbecken und Transportmedium des Festlandoutputs und leiten ihn an die marinen Ökosysteme weiter. Auch wenn die Flußläufe selbst flächenmäßig nur eine untergeordnete Rolle spielen, kommt ihnen dadurch eine hohe Indikatorfunktion für viele Vorgänge in ih-

rem Einzugsgebiet zu. Gleichzeitig unterliegen sie selbst verschiedensten, zum Teil außerordentlich intensiven Nutzungen, die von Sport und Erholung über Verkehr, Brauch-, Kühl- und Abwasser bis zur Trinkwasserversorgung für Millionen Menschen reichen.
Die Umweltprobenbank des Bundes, als Teil der ökologischen Umweltbeobachtung und Umweltvorsorge, hat ihre Entnahmestellen für Proben aus der Elbe mit anderen Bundesinstitutionen abgeglichen, so daß die dort gewonnenen Erkenntnisse mit den Ergebnissen der Umweltprobenbank für umweltpolitische Maßnahmen genutzt werden können.

Seit den frühen achtziger Jahren (Beginn der Pilotphase der Umweltprobenbank) werden im Elbemündungsgebiet in periodischen Zeitabständen Proben gesammelt (Blasentang - *Fucus vesiculosus*). Seit 1988 werden von der Vogelschutzinsel Trischen im Bereich des Elbeästuars Silbermöweneier gesammelt und gelagert.

Nach der Wiedervereinigung werden seit 1990 von der Deutsch/Tschechischen Grenze bis nach Hamburg in Zusammenarbeit mit der **Bundesanstalt für Gewässerkunde (BfG),** Außenstelle Berlin, Sedimentproben aus der Elbe gesammelt und gelagert. An den gleichen Stellen werden in Zusammenarbeit mit dem **Institut für Biogeographie der Universität des Saarlandes** Fischproben (Brassen - *Abramis brama*) gesammelt und eingelagert.

Untersuchungen der Silbermöweneier von Trischen zeigen für bestimmte Stoffe (Quecksilber und bestimmte chlorierte Kohlenwasserstoffe) einen deutlichen Rückgang der Belastungswerte seit der Wiedervereinigung, was zum großen Teil auf Schließung von Industriebetrieben entlang der Elbe und ihren Nebenflüssen zurückzuführen ist. Zum anderen ist es aber auch Beleg dafür, daß eingeführte neue Umwelttechnologien im Bereich der kommunalen und industriellen Abwasseraufbereitung Erfolge zeigen.

Ähnliche Ergebnisse werden auch von Sedimentuntersuchungen erbracht. Jedoch wird bei dieser Probenart im Rahmen der Forschungsarbeiten der

Umweltprobenbank nach geeigneten Richtlinien für die Probenentnahme von Schwebstoffen gesucht, um repräsentative Belegproben für die Belastungsfracht der Elbe archivieren zu können.

Im Rahmen der Ausweitung der Umweltprobenbankidee überprüfen Kollegen des Instituts für Ökologie der Tschechischen Republik die Probenentnahmerichtlinien der Umweltprobenbank des Bundes für ihre Aufgabengebiete, um gegebenenfalls gleichartige Proben aus der Elbe und ihren Nebenflüssen in der Tschechischen Republik zu sammeln und zu archivieren. Durch enge Kooperation mit der Tschechischen Republik könnten dann Einflußparameter des gesamten Fließgewässer - Ökosystems Elbe untersucht und möglicherweise geklärt werden.

Hochwasserschutz im Einzugsgebiet der Elbe

M. Simon; Magdeburg

Große Teile des Einzugsgebietes der Elbe liegen im Mittelgebirgsraum, zu denen u. a. gehören: Riesengebirge, Adlergebirge, Isergebirge, Böhmerwald, Böhmisches Mittelgebirge, Lausitzer Bergland, Erzgebirge, Frankenwald, Thüringer Wald und Harz. Die Elbe gehört aufgrund ihrer Durchflußparameter und ihrer Regimekennziffern zu den Strömen des Regen-Schnee-Typs. Das Abflußverhalten wird daher vorwiegend durch Winter- und Frühjahrshochwässer geprägt.

Die größten Hochwasserereignisse treten immer dann ein, wenn es durch plötzliche Temperaturerhöhungen zu einer Schneeschmelze kommt und gleichzeitig Niederschläge in Form von Regen fallen, die noch mit einem warmen Wind verbunden sind.

Eine Auswertung von Hochwasserereignissen am Pegel Barby (Elbe-km 296,5) bei einem Wasserstand über 600 cm im Zeitraum 1895 - 1994 zeigt, daß von 22 Hochwässern 19, d. h. 86 % Winterhochwässer (Dezember - April) waren.

Die extremen Hochwässer im Dezember 1993 im Rheingebiet und der oberen Moldau sowie im April 1994 im Einzugsgebiet Saale waren der Anlaß, daß durch das Sekretariat der IKSE der aktuelle Stand des Hochwasserschutzes im Einzugsgebiet der Elbe auf der Grundlage vorhandener Veröffentlichungen und sonstiger verfügbarer Unterlagen zusammenfassend von der Quelle der Elbe bis zur Mündung in die Nordsee untersucht wurde. Dabei wurden die anthropogenen Beeinflussungen der Hochwasserverhältnisse im Einzugsgebiet der Elbe durch Deichbau, Flußbegradigungen, Bau von Staustufen und Talsperren sowie der Einfluß durch die Urbanisierung, den Betrieb von Schöpfwerken und Meliorationsmaßnahmen bewertet. Des weiteren wurden die Eisverhältnisse an der Elbe und der Stand der Hochwasservorhersage dargestellt.

Das Poster beschreibt die wichtigsten Ergebnisse der Untersuchungen, und es werden die erarbeiteten Schlußfolgerungen schwerpunktmäßig vorgestellt. Die größten Auswirkungen auf den Ablauf von Hochwasserwellen ergeben sich durch die Eindeichungen an der Elbe und den Nebenflüssen sowie den Talsperrenbau, was aus den nachstehenden Tabellen ersichtlich ist.

Zeitraum	Stauraum in der Tschechischen Republik (Mill. m^3)		Stauraum in Deutschland (Mill. m^3)		Stauraum gesamt (Mill. m^3)		Anteile (%)	
	Gesamt	davon HSR	Gesamt	davon HSR	Gesamt	davon HSR	Gesamt	davon HSR
bis 1930	150,85	13,37	70,06	4,98	220,91	18,35	5,6	4,0
1930-1955	71,88	11,56	545,69	56,30	617,57	67,86	15,6	14,8
1956-1960	603,25	49,85	117,72	11,82	720,97	61,67	18,2	13,4
1961-1965	844,58	70,73	134,35	45,52	978,93	116,25	24,8	25,3
1966-1970	410,91	57,71	83,17	33,50	494,08	91,21	12,5	19,9
1971-1975	278,10	0,82	175,04	23,40	453,14	24,22	11,5	5,3
1976-1980	110,46	8,26	165,33	59,26	275,79	67,52	7,0	14,7
1981-1993	67,83	8,06	122,19	3,80	190,02	11,86	4,8	2,6
Summe	2 537,86	220,36	1 413,55	238,58	3 951,41	458,94	100,0	100,0

HSR - Hochwasserschutzraum

Tab. 1: Zeitliche Entwicklung der Schaffung von Stauräumen durch Talsperren im Einzugsgebiet der Elbe

Elbeprofil	Elbe-km	Scheitelerhöhung um ... cm	davon durch Fahrwasservertiefung von 10,0 auf 13,5 m (cm)
Brokdorf	684	20 - 40	bis 10
Kollmar	665	30 - 45	
Stadersand	655	30 - 50	5 - 15
Hamburg St. Pauli	623	50 - 60	10 - 15
Altenwerder	620	50 - 60	
Bunthaus	610	60 - 90	
Zollenspieker	598	65 - 90	5 - 15

Tab. 2: Erhöhung der Scheitel hoher Sturmfluten infolge der Summe aller wasserbaulichen Maßnahmen in der Tideelbe im Zeitraum 1950 - 1980 (Eindeichungen - Vordeichungen, Bau von Sturmflutsperrwerken an den Elbenebenflüssen und Fahrwasservertiefung der Elbe)

Zeitraum	Retentionsflächen vorhandene zu Beginn des Zeitraumes (ha)	Retentionsflächen Reduzierung (ha)	Retentionsflächen Reduzierung (%)	Noch vorhandene Retentionsflächen (ha)	Noch vorhandene Retentionsflächen (%)	Verringerung des Retentions-volumens (Mill. m^3)
1100 - 1900	617 200	464 400	75,2	152 800	24,8	1 400
1900 - 1990	152 800	69 146	45,2	83 854	54,8	761
1100 - 1990	617 200	533 546	86,4	83 854	13,6	2 161

Tab.3: Zusammenstellung der Verringerung der Retentionsflächen und des Retentionsvolumens durch Deichbaumaßnahmen an der Elbe (1100 - 1900) und den Mündungsbereichen der Hauptnebenflüsse der Elbe (1900 - 1990) auf dem Gebiet der neuen Bundesländer (ab Einmündung der Schwarzen Elster bis Alandmündung)

Lfd. Nr.	Bezeichnung der Talsperre	Lfd. Nr.	Bezeichnung der Talsperre
1	Rozkoš	22	Saidenbach
2	Seč	23	Přísečnice
3	Josefův důl	24	Eibenstock
4	Lipno I	25	Muldenstausee
5	Římov	26	Dröda
6	Hněvkovice	27	Pöhl
7	Orlík	28	Zeulenroda
8	Slapy	29	Borna
9	Želivka	30	Witznitz
10	Nýrsko	31	Bleiloch
11	Hracholuský	32	Hohenwarthe
12	Skalka	33	Ohra
13	Jesenice	34	Schmalwasser
14	Horka	35	Straußfurt
15	Stanovice	36	Kelbra
16	Nechranice	37	Rappbode
17	Lehnmühle	38	Bautzen
18	Klingenberg	39	Quitzdorf
19	Niemtzsch	40	Spremberg
20	Fláje	41	Rhinspeicher
21	Rauschenbach	42	Kyritz

Abb.: Standorte großer Talsperren im Einzugsgebiet der Elbe (> 15 Mill. m^3 Stauraum)

Schwebstoff- und Schwermetallbelastung der Elbe bei Hochwasser - Untersuchungen am linken Ufer von Magdeburg im Zeitraum Dezember 1993 bis Mai 1994

D. Spott; Magdeburg

Die bei Hochwasser stark erhöhten Schwebstoff- und Schwermetallgehalte der Elbe sind u.a. deshalb von besonderem Interesse, weil die Schadstoffe bei Überflutungen auf die Auenflächen ausgetragen werden und hier zu entsprechenden Bodenbelastungen führen.

Im Zeitraum von Dezember 1993 bis April 1994 sind in der Elbe drei Hochwasserwellen abgeflossen, deren beschaffenheitsmäßige Entwicklung durch wöchentliche Untersuchungen und tägliche Zusatzproben in der Anstiegsphase verfolgt wurde (Tab. 1). Im Gegensatz zu früher gewonnenen Daten von aufeinanderfolgenden Hochwasserwellen trat 1993/94 die höchste Schwebstoffbelastung erst beim dritten Wasserstandsanstieg im April auf, bei dem man durch die Abschwemmung der leichter erodierbaren Flußsedimentanteile während der vorausgegangenen Perioden hoher Abflüsse niedrige Werte erwartet hätte (Abb.1). Auffällig ist weiterhin bei einigen der hauptsächlich partikulär gebundenen Schwermetalle die fehlende Bindung an die jeweiligen Schwebstoffgehalte. Beispielsweise wurde die höchste Gesamt-Quecksilberkonzentration (1,8 µg/l) beim März-Hochwasser mit einem relativ niedrigen Schwebstoffgehalt (144 mg/l) gefunden, während beim April-Hochwasser mit max. 281 mg/l Schwebstofftrockensubstanz im Liter eine Gesamt-Quecksilberkonzentration von nur 0,47 µg/l auftrat. Bei Annahme einer vollständigen Bindung des Quecksilbers an die partikuläre Substanz lassen sich aus den genannten Werten die auffallend unterschiedlichen spezifischen Gehalte im Schwebstoff von 12.5 und 1,7 mg Hg/kg TS berechnen.

Die Suche nach den Ursachen für dieses Verhalten führt zu den bei den einzelnen Hochwasserwellen unterschiedlichen Beiträgen aus den Teileinzugsgebieten von Mulde und Saale. Es ist zu vermuten, daß beim Dezember-Hochwasser insbesondere Sedimente aus der Elbe selbst mobilisiert wurden, während im März die Mulde einen wesentlichen Beitrag lieferte. Die hohen Elbe-Abflüsse im April fallen mit einem extremen Hochwasser im Saaleeinzugsgebiet zusammen, das wesentliche Anteile zur Schwebstoffbelastung der Elbe beigesteuert haben dürfte. Auffällig sind hierbei die ermittelten relativ niedrigen Quecksilberkonzentrationen, die scheinbar in Widerspruch zur bekannten hohen Kontamination der Saale-Sedimente stehen. Leider lassen sich die Aussagen zum Mulde- und Saaleeinfluß nicht mit Meßwerten belegen, da die Extremsituationen zeitlich außerhalb der festgelegten Probenahmetermine der staatlichen Überwachungsprogramme lagen.

Wegen der sich andeutenden Möglichkeit aus Hochwasseruntersuchungen Rückschlüsse auf die Liefergebiete der Schadstoffbelastungen ziehen zu können, wird für zukünftige Ereignisse dieser Art eine gemeinsame Untersuchung durch alle an der Mittelelbe arbeitenden Institutioen mit einer ausreichend hohen Probenahmefrequenz angeregt. Von derartigen Aktionen wären auch Hinweise zur Erodierbarkeit der inzwischen weitgehend bekannten schadstoffkontamierten Sedimentdepots zu erwarten.

Datum	Q	Schwebstoff-		Hg	Cd	Cr	Cu	Ni	Pb	Zn	Mn	Fe
		TS	GV									
	m^3/s	mg/l	%	µg/l	µg/l	µg/l	µg/l	µg/l	µg/l	µg/l	mg/l	mg/l
1.12.1993	287	8.7	28	0.11	0.21	3.1	4.8	16.2	3.5	95	0.13	0.48
8.12.1993	357	7.4		0.10	0.24	< 2.0	4.8	6.9	2.3	81	0.13	0.50
15.12.1993	637	37.9	27	0.21	0.27	2.4	5.6	7.2	6.6	150	0.15	1.42
17.12.1993	757	39.4	13	0.28	0.28	3.3	11.1	8.0	10.1	111	0.18	1.61
21.12.1993	724	25.9	11	0.12	< 0.20	2.3	6.0	6.6	6.0	50	0.08	0.38
23.12.1993	864	85.5	18	0.78	0.50	7.2	15.6	10.1	15.4	170	0.19	2.84
24.12.1993	1131	175.8	17	1.18	1.10	10.5	26.0	13.5	29.3	335	0.38	4.43
25.12.1993	1346	153.1	17	0.83	0.89	12.2	23.5	12.3	26.1	465	0.37	4.17
26.12.1993	1473	135.7	16	0.72	0.85	13.1	22.5	11.6	25.8	240	0.37	4.36
27.12.1993	1616	71.5	18	0.47	0.49	10.0	14.2	9.7	15.2	155	0.23	2.69
4.1.1994	1356	22.9	4	0.14	< 0.20	< 2.0	6.7	6.5	5.6	79	0.10	0.82
6.1.1994	1510	38.9	13	0.18								
12.1.1994	1404	8.6	16	< 0.10	< 0.20	< 2.0	4.2	6.2	2.2	53	0.08	0.51
19.1.1994	1068	17.5	15	0.10	< 0.20	2.4	4.5	5.6	3.8	61	0.11	0.66
26.1.1994	762	20.0	15	< 0.10	< 0.20	2.4	5.2	6.4	4.4	85	0.15	0.75
30.1.1994	1026	41.6	14									
2.2.1994	1155	24.5	16	< 0.10	< 0.20	< 2.0	5.0	4.7	4.5	68	0.10	0.76
9.2.1994	868	13.8	22	< 0.10	< 0.20	< 2.0	3.2	5.2	< 2.0	67	0.10	0.40
16.2.1994	692	15.8	16	< 0.10	0.23	< 2.0	4.0	5.5	< 2.0	150	0.14	0.59
23.2.1994	572	20.1	42	< 0.10	0.73	5.3	15.0	9.0	14.0	59	0.14	0.34
2.3.1994	652	21.1	36	< 0.10	< 0.20	< 2.0	4.8	6.1	3.8	86	0.18	0.60
9.3.1994	971	19.3	10	< 0.10	0.22	< 2.0	4.5	6.5	3.2	68	0.15	0.64
16.3.1994	989	14.2	2	< 0.10	< 0.20	< 2.0	4.2	5.4	2.8	64	0.12	0.44
17.3.1994	1106	44.9	19	< 0.10	0.28	< 2.0	9.1	5.6	6.4	75	0.14	0.71
18.3.1994	1346	143.8	14	1.80	0.96	11.0	20.0	8.6	24.0	160	0.28	2.40
19.3.1994	1547	119.4	13	0.27	0.54	4.0	14.0	8.8	13.0	110	0.23	1.50
20.3.1994	1653	63.4	9	0.14	0.41	2.9	12.0	6.9	9.2	93	0.18	1.00
21.3.1994	1717	65.6	14	< 0.10	0.40	3.3	14.0	6.7	12.0	91	0.17	1.00
23.3.1994	1809	49.6	15	0.18	0.27	2.6	8.4	6.9	8.2	79	0.14	0.80
25.3.1994	1616	34.7	3	< 0.10	< 0.20	3.7	4.4	5.4	4.5	67	0.10	0.49
29.3.1994	1543	33.2	14	0.11	0.26	< 2.0	5.4	6.7	5.5	76	0.10	0.54
5.4.1994	1165	21.1	12	< 0.10	0.23	< 2.0	4.6	5.7	3.3	61	0.11	0.43
12.4.1994	838	21.3	27	< 0.10	0.26	< 2.0	8.9	6.7	3.3	74	0.14	0.48
15.4.1994	1409	280.8	10	0.47	0.71	4.2	26.0	11.0	31.0	180	0.34	1.80
16.4.1994	1597	110.6	9	0.30	0.52	3.5	15.0	11.0	16.0	130	0.23	1.10
17.4.1994	1750	72.5	7	0.13	0.40	2.7	10.0	8.9	12.0	99	0.21	0.98
18.4.1994	1875	66.1	5	< 0.10	0.37	2.6	9.3	7.4	9.8	88	0.17	0.86
20.4.1994	1984	33.1	16	< 0.10	< 0.20	< 2.0	2.1	5.7	< 2.0	16	0.11	
22.4.1994	1848	22.8	3	0.15	0.24	< 2.0	4.5	5.9	3.4	61	0.10	0.44
27.4.1994	1284	15.6	14	0.14	< 0.20	< 2.0	3.9	5.6	< 2.0	47	0.09	0.28
3.5.1994	877	24.9	24	< 0.10	0.31	< 2.0	4.6	5.7	3.4	57	0.14	0.43
10.5.1994	618	33.4	31	0.11	0.33	< 2.0	5.6	6.3	3.4	66	0.17	0.53
18.5.1994	508	40.0	34	0.12	0.37	< 2.0	5.7	6.2	3.2	63	0.18	0.56
25.5.1994	576	29.4	9	0.12	0.36	< 2.0	7.0	5.1	3.7	67	0.17	0.57
31.5.1994	595	29.5	16	0.12	0.32	< 2.0	6.5	6.9	3.3	62	0.15	0.51

Tab.1: Schwebstoff- und Gesamt-Schwermetallgehalte der Elbe am linken Ufer von Magdeburg beim Winterhochwasser 1993/94 und bei den Frühjahrshochwässern 1994

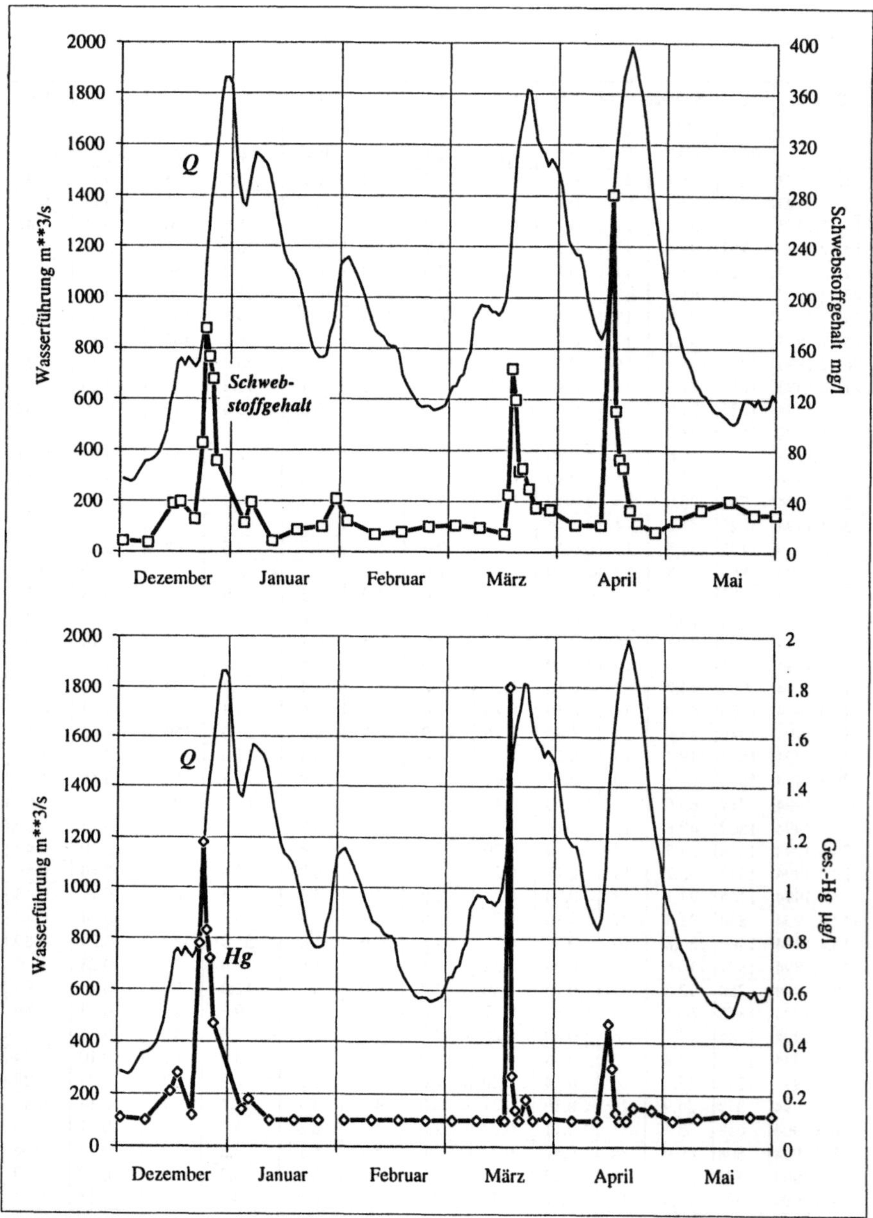

Abb.1: Durchfluß, Schwebstoffgehalt und Gesamt-Quecksilberkonzentration der Elbe am linken Ufer von Magdeburg beim Winterhochwasser 1993/94 und den Frühjahrshochwässern 1994

Produktions- und selbstreinigende Prozesse in der Moldaukaskade bei Veränderungen der Belastung durch Nährstoffe

V. Straškrabová et al.; České Budějovice

Die Moldau als größter Zufluß des tschechischen Abschnittes der Elbe wird an ihrem Wasserlauf mit der Gesamtlänge von 430 km in eine Reihe von Talstaubecken, deren Stau insgesamt 244 Flußkilometer einnimmt, umgewandelt. Im Mittellauf bilden diese Staubecken eine durchgehende Kaskade. Das letzte der großen Staubecken wurde 1960 eingelassen.

Seitdem kam es im Einzugsgebiet der Moldau zu vielen Veränderungen infolge menschlicher Tätigkeit, wovon für die Gewässergüte die folgenden am bedeutsamsten sind:

- Allmählicher Anstieg der Düngemittelmengen in den landwirtschaftlich genutzten Gebieten im Einzugsgebiet und Melioration. Die Folge war der Anstieg der Nitratkonzentration im Moldauwasser auf das Vierfache in den letzten 35 Jahren (1958 bis 1993).

- Ausbau von kommunalen Kläranlagen und der damit verbundene allmähliche Anschluß von weiteren Einwohnern an die öffentliche Kanalisation. Die Kläranlagen waren vom konventionellen Typ ohne erhöhte Beseitigung von Nährstoffen, die Folge davon war der Anstieg der Phosphorkonzentration im Moldauwasser. Vor allem nach dem Jahre 1987, als eine Lizenz zur Herstellung von Polyphosphaten gekauft wurde und der Phosphorgehalt in den Waschpulvern auf das Zweifache angestiegen ist, kam es zum exponentiellen Konzentrationsanstieg des Gesamtphosphores in der Moldau und ihren Zuflüssen (Abb. 1). Aus den Meßwerten im Staubecken Slapy ist ersichtlich, daß die höchsten Phosphorkonzentrationen im Staubecken in der Winterzeit vorzufinden sind, da Phosphor nicht vom Phytoplankton verbraucht wird.

Beide Trends sind nicht nur auf das Einzugsgebiet der Moldau begrenzt, sondern sind in allen Oberflächengewässern bei uns deutlich, obwohl sie mit verschiedener Stärke je nach Einzugsgebiettyp und Dichte der landwirtschaftlichen, kommunalen und industriellen Verunreinigung zur Geltung kommen. Die Werte einiger Parameter im Staubecken Slapy an der unteren Moldau werden in der Tabelle 1 angeführt einschließlich der Prognose, die aufgrund des Trends von 1959 - 1980 (Straškraba und Koll., 1981) berechnet wurde.

Nach 1989 kam es allmählich zu Trendveränderungen. Die Applikation des Stickstoffes und Phosphors in den Düngern auf die landwirtschaftlich bewirtschafteten Flächen im Einzugsgebiet ist nicht angestiegen, sondern ging infolge des Überganges zur Marktwirtschaft sogar zurück (1993 gegenüber 1990 bis zur Hälfte der Mengen). Je nach Wassergehalt in den einzelnen Jahren sind allmähliche Ausschwemmungen der Nitrate aus den landwirtschaftlichen Böden und damit langsame Verminderungen der Werte im Wasser zu erwarten.

In einigen größeren Städten des Einzugsgebietes werden Kläranlagen unter Berücksichtigung der Phosphorbeseitigung renoviert. Allmählich wird die Phosphoreinleitung mit Gebühren belegt und es werden phosphatfreie Waschpulver eingeführt. Diese Veränderungen sind bisher gering und in der Gewässergüte noch nicht zum Ausdruck gekommen.

Eine bedeutsame Veränderung für die Wassergüte der Moldau stellt die Klärung der Abwässer aus den Papierfabriken Větřní am oberen Wasserlauf dar. Diese Abwässer belasteten den Wasserlauf durch organische Stoffe, deren beträchtlicher Anteil resistent gegen biologischen Abbau war und bis zur Mündung transportiert wurde. Die CSB-Werte sanken nach 1991 im Staubecken Slapy von den Jahresdurchschnitten 22 bis 26 mg/l auf 16 mg/l.

Tiefe, thermisch (sowie chemisch) stratiphizierte Talsperren vom Flußbettyp bieten keine günstigen Bedingungen für eine Denitrifikation, so daß es nach erfolgtem Durchlauf der Gewässer durch die Staustufenkaskade der Moldau nicht zur Verminderung der Konzentration des Gesamtstickstoffes kommt. Den Hauptanteil am Gesamtstickstoff bildet das Nitrat.

Dagegen vermindert sich die Konzentration vom Gesamtphosphor nach erfolgtem Durchlauf durch die Staubecken erheblich - ihre prozentuale Verminderung steht in direktem Zusammenhang zur Verzögerungszeit des Staubeckens, aber auch zum Verhältnis des partikulären Phosphors im Zufluß. Während das erste Staubecken, in dem der freie Fluß gestaut wird, den Phosphorgehalt bis um 60 % (bei den Verzögerungszeiten von 1 - 3 Monaten) vermindert, ist in den weiteren Kaskadestufen, falls sie keine seitlichen Zuflüsse haben, die Verminderung prozentual niedriger. Obwohl es nach der Stauung der Gewässer im Staubecken zum Abbau von zersetzbaren, vom Fluß mitgebrachten Stoffen kommt, überwiegt die Primärproduktion des Phytoplankton die Dekomposition. Die Überlegenheit der Produktion ist in der Sommerzeit markanter als in der Winterzeit und ebenfalls in den unteren Staubecken der Kaskade als in der oberen Staustufe. Mit dem Anstieg der Phosphorkonzentration im Fluß erhöhen sich die Primärproduktion in den Staubecken und die durchschnittliche Konzentration vom Chlorophyll als Maß der Biomasse des Phytoplanktons. Im Staubecken Slapy wurden durchschnittliche Saisonkonzentrationen von Chlorophyll zwischen 9,5 und 13,3 mg/l in den Jahren 1963 - 1969 gemessen, in der Periode 1975 - 1981 schwankten die Durchschnittwerte zwischen 11,0 und 23,6 mg/l und in den letzten 10 Jahren beträgt das Intervall 15,5 - 24,1 mg/l.

Ein Vergleich mit der Situation an der Moldau ohne Staustufen läßt sich durch die Abschätzung gemessener Abhängigkeiten zwischen Primärproduktion und Dekomposition ziehen. Diese wurden sowohl im freien Fluß als auch in den Staubecken gemessen und hängen von der Wasserführung und der Temperatur ab. In der kühlen Jahreszeit ist unter allen hydrogeologischen Umständen die Konzentration von zersetzbaren organischen Stoffen sowie Phosphor im Fluß unterhalb der Staubeckenkaskade im Vergleich mit einem gleichlangen Abschnitt des

Flußlaufes ohne Staubecken eindeutig niedriger. In der warmen Jahreszeit ist die Konzentration von organischen Stoffen durch die Kaskade wegen der größeren Primärproduktion in den Staubecken höher. In den Jahren mit niedrigerem Durchfluß wird dies besonders deutlich.

Die langfristige Datenverarbeitung aus der Moldauer Kaskade wurde teilweise von der Grantagentur ČR, Grant Nr. 204/93/1310 und 204/94/1672 finanziell unterstützt.

Jahr	Nitrate	Stickstoff ges.	Phosphate	Phosphor ges.
	mg/l	mg/l	µg/l	µg/l
1960	3,76	1,59	7,51	50
1965	5,93	1,92	92,0	41
1970	8,19	2,56	61,3	41
1975	11,0	3,18	81,9	45,3
1980	15,0	4,24	113	50,3
"1985"	"21,4"	"5,12"	"115"	
1985	12,14	3,25	-	38,9
1987	19,91	5,00	-	50,3
1989	19,04	4,65	-	46,0
"1990"	"31,0"	"6,62"	"125"	
1990	14,52	3,72	-	66,0
1991	12,87	3,33	-	73,6
1992	20,10	4,74	-	56,3

Tab. 1: Jährliche Durchschnittwerte (aus regelmäßigen dreiwöchentlichen Probenahmen) von einigen Parametern der Gewässergüte beim Wasserspiegel des Staubeckens Slapy (Angaben des Hydrobiologischen Institutes der Akademie der Wissenschaften der Tschechischen Republik, Č. Budějovice, teilweise publiziert im Bericht Straškraba und Koll. 1981). "1985" und "1990" - Prognosen der Werte laut Straškraba und Koll. 1981.

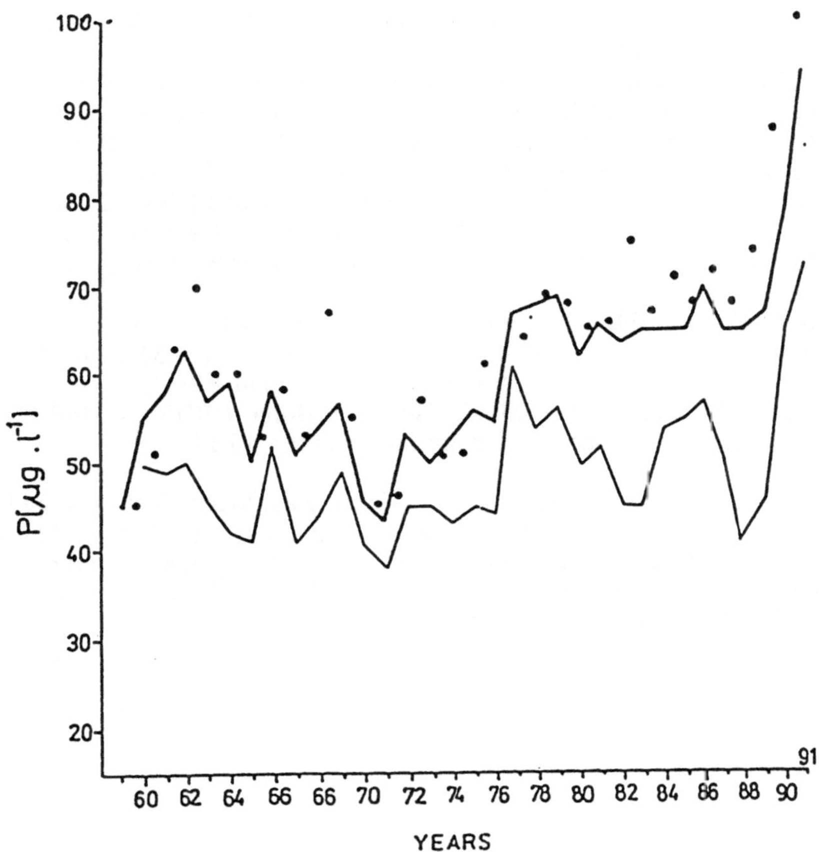

Abb. 1: Durchschnittliche Konzentrationen von gesamten Phosphor in der Oberflächenschicht des Staubeckens Slapy. Dünne Linie - Jahresdurchschnitte, dicke Linie - Durchschnitte von kühlen Perioden (Oktober bis März), Ringe - Durchschnitte von Homothermie-Perioden. Daten aus der Datenbank des Hydrobiologischen Institutes der Akademie der Wissenschaften der ČR verarbeitet von L. Procházková.

Literatur:

Javornický, P. und Komárková, J. (1973): The changes in several parameters of plankton primary producitivity in Slapy Reservoir 1960-1967, their mutual correlations and correlations with the main ecological factors. In: J. Hrbáček und M. Straškraba (eds): Hydrobiological Studies 2, Academia Prag, 155-211.

Procházková, L., Straškrabová, V. und Popovský, J. (1973): Changes and some chemical constituents and bacterial numbers in Slapy Reservoir during eight years. In: J. Hrbáček und M. Straškraba (eds): Hydrobiological Studies 2, Academia Prag, 83-154.

Straškraba, M. und Koll. (1981): Posouzení dalšího vývoje jakosti vody v dolní části Vltavské kaskády. Závěrečná zpráva sektoru hydrobiologie ÚKE ČSAV, Č. Budějovice, vypracovaná pro VÚV Praha (Beurteilung weiterer Entwicklung der Gewässergüte in unterer Partie der Moldauer Kaskade. Abschlußbericht des Hydrobiologiesektors des Institutes für Landschaftsökologie der Tschechoslowakischen Akademie der Wissenschaften, Č. Budějovice, ausgearbeitet für Forschungsinstitut für Wasserwirtschaft Prag).

Straškrabová, V. (1992): Kvalita vody ve Vltavě - Vltavská kaskáda. Sborník semináře Vltava-Labe-pitná voda (Gewässergüte in der Moldau - Moldauer Kaskade. Sammelbuch des Seminars Moldau-Elbe-Trinkwasser), 6.-7.11.1992, Černá v Pošumaví, Nadace H. Bölla, ČSOP (H. Böll-Stiftung, Tschechischer Verband der Naturschützer), Prag, 15-17.

Straškrabová, V. und Procházková, L. (1992): Zadržování fosforu v nádržích. Sborník 2. celostát. konf. Pitná voda z údolních nádrží 1992 (Phosphorauffangen in den Staubecken. Sammelbuch der 2. gesamt- staatlicher Konferenz Trinkwasser aus den Talstaubecken 1992), 25.-28.5.1992 Tábor, W - ET Team Č. Budějovice, 401-405.

Der Belastungszustand von Vordeichländern der Elbe mit organischen Schadstoffen

B. Witter; Geesthacht

Einleitung

Bei Hochwasser werden die den Deichen vorgelagerten Auen der Elbe für einige Tage oder Wochen überflutet. Durch sedimentierte Schwebstoffe und durch einsickerndes Flußwasser kann daraus eine Kontamination der Vordeichländer mit den im Fluß transportierten Schadstoffen resultieren. Anders als die Sedimente im Flußbett werden diese Materialien nur bei extremen Hochwässern resuspendiert, so daß die landwirtschaftlich genutzten Flächen langfristig belastet werden. Man weiß bisher nur wenig über den Kontaminationsgrad der Auen im Elbebereich hinsichtlich organischer Schadstoffe, hingegen liegen für anorganische Schadstoffe ausführliche Untersuchungen von Auen im Kreis Lüchow-Dannenberg vor [5].
Es wurde in der hier vorgestellten Arbeit eine Methode zur Analyse von Auenböden mittels SFE entwickelt, mit der in Zukunft der Belastungszustand von Elbe-Auen untersucht wird.

Methode

SFE ist ein modernes Extraktionsverfahren, bei dem mit einem überkritischen Fluid (CO_2) organische Verbindungen von festen Materialien extrahiert werden können. Über die Dichte und die Temperatur des Fluids werden hierbei die Extraktionsbedingungen gesteuert [2,4]. Zusätzlich können dem Extraktionsmittel organische Lösungsmittel, sogenannte Modifier, beigemischt werden, die das Spektrum extrahierbarer Stoffe erweitern [3].
In der Literatur sind bereits eine Fülle von SF-Extraktionsmethoden für die unterschiedlichsten Stoffklassen beschrieben worden. Allerdings ist die Methodenentwicklung in aller Regel auf ein eng begrenztes Stoffspektrum

beschränkt worden, etwa auf PCBs [1], Triazine [7] oder Phenylharnstoffderivate [8]. Mit der SFE werden in der Regel bessere Ausbeuten erzielt als mit 'klassischen' Extraktionsverfahren [6].

Experimentelles

Da das Ziel dieser Untersuchungen eine möglichst breite Bestandsaufnahme bezüglich organischer Schadstoffe ist, wurden für die vorgestellten Untersuchungen Böden mit chemisch sehr unterschiedlichen Verbindungen dotiert. Hierfür wurden einerseits chlorierte Kohlenwasserstoffe (CKW) ausgewählt (PCB 28, PCB 180, g-HCH, p,p'-DDT und Pentachlorbenzol), andererseits Pflanzenschutzmittel (N/P-Pestizide) aus den Verbindungsklassen der Carbamate (Methomyl, Carbetamid), Triazine (Atrazin), Phenylharnstoffe (Isoproturon) und Phosphorsäure-Derivate (Parathion-Methyl). Die Analytik der Extrakte erfolgte für die CKW mittels GC-ECD, für die N/P-Pestizide mittels HPLC-DAD.

Es wurden die Möglichkeiten einer stufenweisen SF-Extraktion dieser beiden Stoffgruppen getestet in Abhängigkeit von der Matrix und vom Feuchtigkeitsgehalt des Bodens. Als typische Böden der Aue wurde zum einen Auenlehm untersucht, zum anderen feinkörniger Schlamm, der sehr reich ist an organischer Substanz.
Bei allen SF-Extraktionen wurde zunächst 20 min statisch extrahiert, dann folgte eine dynamische Extraktion mit 30 g überkritischem CO_2. Bei zweistufigen Extraktionen wurde im ersten Schritt statisch und dynamisch bei 350 atm extrahiert; im zweiten Schritt wurden 5 % Methanol zugefügt und der Druck auf 450 atm erhöht. Die Temperatur wurde für die verschiedenen Versuche variiert (40, 70, 100, 120 °C).
Die Anreicherung des Extraktes erfolgte über eine Kühlfalle bei + 2 °C, von der die extrahierten Substanzen nach der Extraktion mit 4 ml Aceton eluiert wurden. Gefärbte Extrakte wurden über Florisil gereinigt.

Ergebnisse und Diskussion

Vorversuche ergaben eine gute Extrahierbarkeit der CKW von beiden Matrices bei 100 °C und 350 atm ohne Zusatz von Modifier. Die Ausbeuten lagen für den dotierten Auenlehm bei 80 - 90 %, für den dotierten Schlamm bei 60 - 70 %. Mit Modifier ist keine Verbesserung der Ausbeute zu erzielen. Die Wiederfindung bei der Extraktion von Schlamm liegt grundsätzlich niedriger als die von Auenlehm, was auf den höheren Feinkornanteil und den hohen Gehalt an organischer Substanz zurückzuführen ist. Eine Vergleichsextraktion des Schlammes mit einer Ultraschall-Extraktion ergab ähnliche Ausbeuten.

Bei der Extraktion der N/P-Pestizide war für eine gute Wiederfindung der Zusatz von Methanol als Modifier und die Anwendung möglichst hoher Drücke erforderlich. Ausbeuten um 90 % waren mit 450 atm, 40 °C und 5 % Methanol zu erreichen. Parathion-Methyl läßt sich von getrockneten Böden bereits zu einem hohen Prozentsatz ohne Modifier extrahieren. Methomyl ist zu polar und wird in dem System CO_2 / Methanol nicht extrahiert.

Bei einer fraktionierten, zweistufigen Extraktion getrockneten Bodens mit der für CKW optimalen Temperatur von 100 °C erhält man lediglich Ausbeuten von 30-40 % bei Schlamm und von 50-60 % bei Lehm für die N/P-Pestizide. Bei niedrigeren Temperaturen würde man dagegen - auch mit Modifier - die CKW weniger gut extrahieren können.

Ein ganz anderes Bild ergibt sich bei der Extraktion feuchter Böden. Für CKW ist eine deutliche Verschiebung der Substanzen in die zweite, mit Methanol extrahierte Fraktion zu beobachten. Bei einem Feuchtigkeitsgehalt von 20 % liegen die Wiederfindungen in der Summe noch bei 80 - 95 % von Lehm, bei 80 % von Schlamm. Bei 40 % Feuchtigkeit dagegen liegen die Wiederfindungen unerwarteterweise nur noch bei 20 - 40 %.

Auch bei den N/P-Pestiziden verschieben sich die Anteile in den Fraktionen: Offenbar wirkt das Wasser hier als Modifier ähnlich wie Methanol, so daß bei 40 °C und 20 % Feuchtigkeitsgehalt von Lehm bereits über 80 % der N/P-Pestizide bei 350 atm ohne Methanol extrahiert werden. Auch hier ist eine geringere Ausbeute zu beobachten bei einer Steigerung des Wassergehaltes auf 40 %. Der größere Anteil bleibt in der ersten Fraktion, aber es werden insgesamt nur Ausbeuten von ca. 40 % erreicht. Besonders auffällig ist die schlechte Extrahierbarkeit von Isoproturon bei Temperaturen ab 100 °C: Die thermolabile Verbindung zeigt eine deutlich verringerte Wiederfindung bei 100 °C und kann bei 120 °C nicht mehr detektiert werden.

Zusammenfassung und Ausblick

Die vorgestellten Ergebnisse machen eine extreme Abhängigkeit der SF-Extraktion von CKW und N/P-Pestiziden von der Matrix und auch in überraschender Weise von dem Wassergehalt deutlich. Auch wenn die Untersuchung dotierter Böden nur ein verzerrtes Bild der tatsächlichen Effektivität einer Extraktionsmethode abgibt, so sind diese Resultate doch so eindeutig, daß mit einem großen Einfluß des Wassers auch auf die Extraktion real belasteter Proben gerechnet werden muß. Bei Proben mit wechselndem Feuchtigkeitsgehalt können die Wiederfindungen folglich nur mit einer relativ großen Unsicherheit angegeben werden. Die Möglichkeiten der Fraktionierung von CKW und N/P-Pestiziden über die Extraktionsbedingungen sind ebenfalls durch einen schwankenden Wassergehalt stark begrenzt. Bei trockenen Böden scheint eine Abtrennung der polareren Stoffe von den unpolareren möglich. Allerdings ist denkbar, daß für die Extraktion real belasteter Böden auch für CKW bereits der Einsatz von Modifier nötig ist.
Bei der sich anschließenden Untersuchung von undotierten Böden werden zunächst vergleichende Extraktionen von feuchten, nicht behandelten und von gefriergetrockneten Auen-Böden durchgeführt werden. Um für Screening-Untersuchungen eine größere Übersichtlichkeit der Chromatogramme zu erhalten scheint eine Fraktionierung mittels SFE nicht sehr erfolgversprechend. Es wird mit der SFE durch die Anwendung von hohem Druck und von Modifier eine möglichst umfassende 'Total'-Extraktion angestrebt und eine klassische Fraktionierung, etwa über Kieselgel, ergänzt.

Literatur

[1] BÌwadt, S., Johansson, B.: Analytical Chemistry **66** (1994) 667-673.

[2] Hawthorne, S.B., Miller, D.J., Burford, M.D., Langenfeld, J.J., Eckert-Tilotta, S., Louie, P.K.: Journal of Chromatography **642** (1993) 301-317.

[3] Langenfeld, J.J., Hawthorne, S.B., Miller, D.J., Pawliszyn, J.: Analytical Chemistry **66** (1994) 909-916.

[4] Langenfeld, J.J., Hawthorne, S.B., Miller, D.J., Pawliszyn, J.: Analytical Chemistry **65** (1993) 338-344.

[5] Miehlich, G.: Abhandlungen des naturwissenschaftl. Vereins Hamburg **25** (1983) 75-89.

[6] Snyder, J.L., Grob, R.L., McNally, M.E., Oostdyk, T.S.: Analytical Chemistry **64** (1992) 1940-1946.

[7] Steinheimer, T.R., Pfeiffer, R.L., Scoggin, K.D.: Analytical Chemistry **66** (1994) 645-650.

[8] Wheeler, J.R., McNally, M.E.: Journal of Chromatographic Science **27** (1989) 534-539.

Adressen der Autoren

Dipl.-Biol. J. **Andresen**, Universität Hamburg, Institut für Bodenkunde
20146 Hamburg, Allende-Platz 2

Dipl.-Biol. T. **Augst**, TU Dresden, Institut für Hydrobiologie
01069 Dresden, Mommsenstr. 13

Dipl.-Biol. T. **Bähr**, E.-M.-Arndt-Universität Greifswald, FR Geowissenschaften,
17489 Greifswald, F.-L.-Jahn-Str. 17a

Dr. U. **Ballin**, Staatl. Veterinäruntersuchungsamt f. Fische und Fischwaren Cuxhaven
27472 Cuxhaven, Schleusenstraße

Dipl.-Ing. P. **Barcal**, SPOLCHEMIE AG,
Ústí nad Labem

Dipl.-Chem. R. **Baumbach**, Universität Halle-Wittenberg,
Fachbereich Biochemie/Biotechnologie
06099 Halle/S.,Weinbergweg 16a, PF 8

Dr. R. **Böhm**, Dresden Wasser und Abwasser GmbH
01139 Dresden, Scharfenberger Str. 152

A. **Bongartz**, IABG, Umweltlabor Leipzig
04328 Leipzig, Geithainer Str. 60

Dr. U. **Brockmann**, Universität Hamburg
Institut für Biogeochemie und Meereschemie
20146 Hamburg, Bundesstr.55

Dipl.-Biol. I. **Bruns**, Universität Halle-Wittenberg, Fachbereich Biochemie/Biotechnologie
06099 Halle/S.,Weinbergweg 16a, PF 8

Dipl.-Chem. E. **Claus,** Bundesanstalt für Gewässerkunde, Außenstelle Berlin
12439 Berlin, Schnellerstr. 140

Dr. H.-J. **Dammschneider**, HYDRO-CONSULT
22391 Hamburg, Heegbarg 14

RNDr. B. **Desortová**, VÚV T. G. M., Praha
16062 Praha 6, Podbabská 30

R. **Dilg**, INSITUFORM BROCHIER, Rohrsanierungstechnik GmbH
12249 Berlin, Trachenbergring 93

Dipl.-Biol. U. **Dreyer**, GKSS-Forschungszentrum,
Institut für Gewässerforschung Magdeburg
39114 Magdeburg, Am Biederitzer Busch 12

Dr. H. W. **Dürbeck**, KFA Forschungszentrum Jülich, Umweltprobenbank
Institut für Angewandte Physikalische Chemie
52425 Jülich, Stetternicher Forst

Dipl.-Geogr. J. **Duve**, Universität Hamburg, Institut für Bodenkunde
20146 Hamburg, Allende-Platz 2

Dr. L. **Ebner**, PROTEKUM Umweltinstitut GmbH
16515 Oranienburg, Lehnitzstraße 73

Dr. G. **Ermel**, Ingenierplanung für den Umweltschutz
Dr. Born - Dr. Ermel GmbH
01705 Freital, Poisentalstr. 34

Dipl.-Geol. A. **Ernst**, E.-M.-Arndt-Universität Greifswald, FB Geologie
17489 Greifswald, F.-L.-Jahn-Str. 17a

Dr. H.-U. **Fanger**, GKSS-Forschungszentrum Geesthacht, Institut für Physik
21502 Geesthacht, Max-Planck-Str.

Dipl.-Geo. S. M. **Fischer**, Universität Hamburg, Institut für Bodenkunde
20146 Hamburg, Allende-Platz 2

Dipl.-Geol. T. **Fischer**, Dresden Wasser und Abwasser GmbH
01097 Dresden

Dr. K. **Forejt**, Povodí Vltavy
15024 Praha 5, Holečkova 8

Phys.-Ing. H. D. **Franke**, Staatl. Amt für Wasser u. Abfall Stade
21680 Stade, Harsefelder Str. 2

Dr. L. **Fuchs**, Institut für technisch-wissenschaftliche Hydrologie Hannover
30167 Hannover, Engelbosteler Damm 22

Dr. R. **Furrer**, Universität Heidelberg, Institut für Sedimentforschung
69120 Heidelberg, Im Neuenheimer Feld 236

Dipl.-Biol. T. **Gaumert**, ARGE Elbe, Wassergütestelle Elbe
21129 Hamburg, Focksweg 32a

Ing. J. **Goldbach**, Povodí Vltavy
15024 Praha 5, Holečkova 8

Dipl.-Min. A. **Greif**, TU Bergakademie Freiberg,
Institut f. Mineralogie und Geochemie
09596 Freiberg, Brennhausgasse 14

Dipl.-Ing. T. **Grischek**, Technische Universität Dresden
Institut für Grundwasserwirtschaft
01062 Dresden, Mommsenstr. 13

Dr. A. **Gröngröft**, Universität Hamburg, Institut für Bodenkunde
20146 Hamburg, Allende-Platz 2

Dr. H. **Guhr**, GKSS-Forschungszentrum,
Institut für Gewässerforschung Magdeburg
39114 Magdeburg, Am Biederitzer Busch 12

C. **Hammer**, E.-M.-Arndt-Universität Greifswald, FB Geowissenschaften
17489 Greifswald, F.-L.-Jahn-Str. 17a

Dipl.-Chem. C. **Hanisch**, Sächs. Akademie d. Wissensch. Leipzig
AG Umweltforschung
04103 Leipzig, Talstr. 35

Dipl. Ing. B. **Heine**, Hans Brochier GmbH & Co.
12249 Berlin, Trachenbergring 93

Dr. P. **Heininger**, Bundesanstalt für Gewässerkunde, Außenstelle Berlin
12439 Berlin, Schnellerstr. 140

Prof. Dr. K.-H. **Henning**, E.-M.-Arndt-Universität Greifswald
FR Geowissenschaften, LS Lagerstättenlehre
17489 Greifswald, F.-L.-Jahn-Str. 17a

Dr. H. **Herata**, Umweltbundesamt
14193 Berlin, Bismarckplatz 1

Dipl.-Biol. M. **Hoberg**, Universität Hamburg, Institut für Angewandte Botanik
20355 Hamburg, Marseillerstr. 7

Dipl.-Min. T. **Hoppe**, Bergakademie Freiberg, Institut für Mineralogie
09596 Freiberg, Brennhausgasse 14

Doc. RNDr. CSc. R. **Jaņský**, University Karlovy
12843 Praha 2, Albertov 6

Dipl.-Ing. K.-H. **Jährling**, Staatl. Amt für Umweltschutz
39015 Magdeburg, PSF 4080

Dipl.-Ing. H. **Junge**, PROTEKUM Umweltinstitut GmbH
16515 Oranienburg, Lehnitzstraße 73

Ing. M. **Kalinová**, VÚV T. G. M., Praha
16062 Praha 6, Podbabská 30

Dr. J. **Kasbohm**, E.-M.-Arndt-Universität Greifswald, FR Geowissenschaften,
17489 Greifswald, F.-L.-Jahn-Str. 17a

Prof. Dr. L. **Kies**, Universität Hamburg, Institut für Allgemeine Botanik
22609 Hamburg, Ohnhorststr. 18

Dr. W. **Klemm**, Bergakademie Freiberg, Institut für Mineralogie,
09596 Freiberg, Brennhausgasse 14

Dipl.-Min. A. **Kluge**, Bergakademie Freiberg, Institut für Mineralogie
09596 Freiberg, Brennhausgasse 14

RNDr. V. **Koza**, Povodí Labe
50082 Hradec Králové 3, V. Nejedlého 951

Dr. H. **Krasemann**, GKSS-Forschungszentrum Geesthacht, Institut für Physik
21502 Geesthacht, Max-Planck-Str.

Dr. P. **Krause**, GKSS-Forschungszentrum Geesthacht, Institut für Physik
21502 Geesthacht, Max-Planck-Str.

Prof. Dr. G.-J. **Krauss**, Universität Halle-Wittenberg
Fachbereich Biochemie/Biotechnologie
06099 Halle/S.,Weinbergweg 16a, PF 8

Prof. Dr. K.-E. **Krüger**, Staatl. Veterinäruntersuchungsamt f. Fische und
Fischwaren Cuxhaven
27472 Cuxhaven, Schleusenstraße

Dr. R. **Kruse**, Staatl. Veterinäruntersuchungsamt f. Fische und Fischwaren
Cuxhaven
27472 Cuxhaven, Schleusenstraße

Dr. L. **Küchler**, Sächsisches Landesamt für Umwelt und Geologie
01445 Radebeul 1, Wasastr. 50

Ing. V. **Kulhánek**, Povodí Vlataly
15024 Praha 5, Holečkova 8

Ing. J. **Kumstát**, Synthesia, Pardubice
53217 Pardubice-Semtin

Ing. J. **Kutil**, PKVT, Praha

Mgr. J. **Langhammer**, University Karlovy, Praha
19000 Praha 6 - Prosek, Prosecká 676/129

Dr. J. **Lehmann,** E.-M.-Arndt-Universität Greifswald, FR Geowissenschaften
17489 Greifswald, F.-L.-Jahn-Str. 17a

Dipl.-Ing. W. **Leßmann**, Landesamt für Umweltschutz Sachsen-Anhalt
Abt. Wasserwirtschaft
06116 Halle/Saale, Reideburger Str. 47-49

Dr. K. **Mädler**, TU Dresden, Institut für Hydrobiologie
01217 Dresden, Zellescher Weg 40

Prof. Dr. B. **Markert**, Internationales Hochschul Institut Zittau
Lehrstuhl für Umweltverfahrenstechnik
02763 Zittau, Markt 23

Dipl.-Chem. M. **Martin,** Bergakademie Freiberg, Institut für Mineralogie
09596 Freiberg, Brennhausgasse 14

Dipl.-Ing. P. **Martínek,** Povodí Labe
50082 Hradec Králové, V. Nejedleho 951

Dr. R. **Meißner**, GKSS Forschungszentrum
Institut für Gewässerforschung Magdeburg, Lysimeterstation Falkenberg
39615 Falkenberg, Dorfstr. 55

Dipl.-Chem. C. **Merckel**, PROTEKUM Umweltinstitut GmbH
16515 Oranienburg, Lehnitzstr. 73

Dr. H. **Meyer**, E.-M.-Arndt-Universität Greifswald, FB Geologie
17489 Greifswald, F.-L.-Jahn-Str. 17a

Prof. Dr. G. **Miehlich**, Universität Hamburg, Institut für Bodenkunde
20146 Hamburg, Allendeplatz 2

Dr. J. **Miersch**, Universität Halle-Wittenberg,
Fachbereich Biochemie/Biotechnologie
06099 Halle/S.,Weinbergweg 16a, PF 8

Dr. A. **Müller**, Sächs. Akademie d. Wissensch. Leipzig, AG Umweltforschung
04103 Leipzig, Talstr. 35

Prof. Dr. G. **Müller**, Universität Heidelberg, Institut für Sedimentforschung
69120 Heidelberg, Im Neuenheimer Feld 236

Ing. I. **Nesměrák**, VÚV T. G. M., Praha
16062 Praha 6, Podbabská 30

Prof. Dr. W. **Nestler**, Hochschule für Technik und Wirtschaft Dresden
01069 Dresden

Dr. F. **Nestmann**, Bundesanstalt für Wasserbau
76187 Karlsruhe, Kußmaulstr.17

Dr. L. **Neugebohrn**, Universität Hamburg, Institut für Angewandte Botanik
20355 Hamburg, Marseillerstr. 7

R. **Niedergesäß**, GKSS-Forschungszentrum, Institut für Physik
21502 Geesthacht, Max-Planck-Str.

Ing. J. **Novák**, Povodí Ohře, Chomutov
43026 Chomutov, Bezručova 4219

Dr. C. **Orendt**, UFZ- Umweltforschungszentrum Leipzig-Halle
Sektion Chemische Ökotoxikologie
04318 Leipzig, Permoserstr. 15

Dr. J. **Pelzer**, Bundesanstalt für Gewässerkunde, Außenstelle Berlin
12439 Berlin, Schnellerstr. 140

Dipl.-Biol. A. **Petermeier**, Bundesanstalt für Gewässerkunde
56068 Koblenz, Kaiserin Augusta Anlagen 15-17

Dr. A. **Prange**, GKSS-Forschungszentrum, Institut für Physik
21502 Geesthacht, Max-Planck-Str.

V. **Prokop**, Jihočeské Papírny A.S. Větřní

RNDr. CSc. P. **Punčochář**, VÚV T. G. M., Praha
16062 Praha 6, Podbabská 30

Dipl.-Biol. U. **Raschewski**, STAU Magdeburg
39015 Magdeburg, Postfach 4080

Dr. H. **Reincke**, ARGE Elbe, Wassergütestelle Elbe
21129 Hamburg, Neßdeich 120-121

S. **Richter**, E.-M.-Arndt-Universität Greifswald, FB Geologie
17489 Greifswald, F.-L.-Jahn-Str. 17a

Dr. R. **Riethmüller**, GKSS-Forschungszentrum Geesthacht, Institut f. Physik
21502 Geesthacht, Max-Planck-Str.

DrSc. Dipl.-Ing. M. **Rudiš**, VÚV T. G. M., Praha
16062 Praha 6, Podbabská 30

Dr. H. **Rupp**, GKSS Forschungszentrum
Institut für Gewässerforschung Magdeburg, Lysimeterstation Falkenberg
39615 Falkenberg, Dorfstr. 55

Dipl.-Ing. D. **Rychecký**, Povodí Labe
50082 Hradec Králové, V. Nejedlého 951

Dipl.-Ing. Z. **Šámalová**, Povodí Labe
50082 Hradec Králové 3, V. Nejedlého 951

RNDr. J. **Schindler**,VUV T. G. M., Praha
16062 Praha 6, Podbabská 30

Dr.-Ing. J. D. **Schladot**, KFA Forschungszentrum Jülich, Umweltprobenbank
Institut für Angewandte Physikalische Chemie
52425 Jülich, Stetternicher Forst

Dr. F. **Schöll**, Bundesanstalt für Gewässerkunde
56068 Koblenz, Kaiserin Augusta Anlagen 15-17

Dipl.-Ing. P. **Schonert**, GKSS Forschungszentrum
Institut für Gewässerforschung Magdeburg, Lysimeterstation Falkenberg
39615 Falkenberg, Dorfstr. 55

Dipl. Ing. E. **Schüttemeyer**, Dow Deutschland Inc.- Werk Stade-
21677 Stade, Postfach 1120

Dipl.-Chem. J. **Seeger**, GKSS Forschungszentrum
Institut für Gewässerforschung Magdeburg, Lysimeterstation Falkenberg
39615 Falkenberg, Dorfstr. 55

Dipl.-Biochem. A. **Siebert**, Universität Halle-Wittenberg, Fachbereich
Biochemie/Biotechnologie
06099 Halle/S.,Weinbergweg 16a, PF 8

Dipl.-Ing. M. **Simon**, Internat. Komm. z. Schutz d. Elbe (IKSE)
Sekretariat Magdeburg
39104 Magdeburg, Fürstenwallstr. 20

Dipl.-Ing. M. **Šindlar**, Povodí Labe
50082 Hradec Králové 3, V. Nejedlého 951

Mgr. E. **Skořepová**, University Karlovy, Praha
16000 Praha 6, Uralská 10

Dr. R. **Socher**, BASF Schwarzheide GmbH
01986 Schwarzheide

Dipl.-Ing. D. **Spott**, GKSS-Forschungszentrum,
Institut für Gewässerforschung Magdeburg
39114 Magdeburg, Am Biederitzer Busch 12

Prof. Dr. R. **Starke**, Bergakademie Freiberg, Institut für Mineralogie,
09596 Freiberg, Brennhausgasse 14

Dipl.-Geogr. A. **Steingräber**, Universität Hamburg, Institut für Bodenkunde
20146 Hamburg, Allende-Platz 2

RNDr. Sc. V. **Straškrabová**, Akademie věd ČR, Č.Budějovice
37005 České Budějovice, Na sádkách 7

Dipl.-Ing. J. **Šverma**, Severočeské VaK, Teplice

Dipl.-Ing. S. **Thieme**, STAU Magdeburg
39015 Magdeburg, Postfach 4080

Dr. P. **Tippmann**, Bundesanstalt für Gewässerkunde, Außenstelle Berlin
12439 Berlin, Schnellerstr. 140

Dr. T. **Tittizer**, Bundesanstalt für Gewässerkunde
56068 Koblenz, Kaiserin Augusta Anlagen 15-17

Ing. K. **Trejtnar**, Povodí Labe
50082 Hradec Králové

Ing. J. **Válek**, Povodí Vltavy
15024 Praha 5, Holečkova 8

Dipl.-Ing. S. **Verner**, Povodí Labe
50082 Hradec Králové, V. Nejedlého 951

Dipl.-Ing. CSc. J. **Vostradovský**, VÚV T. G. M., Praha
16062 Praha 6, Podbabská 30

Dr. L. **Weißflog**, UFZ- Umweltforschungszentrum Leipzig-Halle
Sektion Chemische Ökotoxikologie
04318 Leipzig, Permoserstr. 15

Dr. R.-D. **Wilken**, GKSS-Forschungszentrum, Institut für Chemie
21502 Geesthacht, Max-Planck-Str.

Dipl.-Chem. B. **Witter**, GKSS-Forschungszentrum, Institut für Chemie
21502 Geesthacht, Max-Planck-Str.

Dipl.-Biol. K. **Wolfstein**, Universität Hamburg, Institut für Allgemeine Botanik
22609 Hamburg, Ohnhorststr. 18

Chem.-Ing. H. **Zarmer**, PROTEKUM Umweltinstitut GmbH
16515 Oranienburg, Lehnitzstraße 73

Dr. L. **Zerling**, Sächs. Akademie d. Wissensch. Leipzig, AG Umweltforschung
04103 Leipzig, Talstr. 35

Dr. J. **Zirner**, Bayer AG Brunsbüttel
25536 Brunsbüttel, Postfach 1310

TERRATEC '94 Kongreß West-Ost-Transfer Umwelt

Rudolph (Hrsg.)

Abwasser-konzepte

Die Kommunen und Abwasserzweckverbände müssen bei der Realisierung von Abwasserentsorgungskonzepten heute viel stärker auf Kosteneffizienz und Finanzierbarkeit achten als früher. In den vorliegenden Beiträgen wird das Spektrum der technischen und vor allem der organisatorischen Lösungsmöglichkeiten vom Regie- bzw. Eigenbetrieb bis hin zum privatwirtschaftlichen Betreibermodell ausgeleuchtet.

Herausgegeben von
Karl-Ulrich Rudolph,
Witten / Herdecke

1994. 97 Seiten mit
16 Bildern.
16,2 x 22,9 cm.
Kart. DM 32,–
ÖS 250,– / SFr 32,–
ISBN 3-8154-3505-6